兼顾理想与现实

——中国低碳生态城市指标体系构建与实践示范初探

仇保兴　主编

中国建筑工业出版社

图书在版编目(CIP)数据

兼顾理想与现实——中国低碳生态城市指标体系构建与实践示范初探/仇保兴主编. —北京：中国建筑工业出版社，2012.3
ISBN 978-7-112-14077-0

Ⅰ.①兼… Ⅱ.①仇… Ⅲ.①城市环境：生态环境—城市建设—研究—中国 Ⅳ.①X321.2

中国版本图书馆CIP数据核字(2012)第031380号

低碳生态城市是城市可持续发展的集中体现。本书内容包括低碳生态城市的内涵与概念；中国低碳生态城市发展的现状与问题；中国低碳生态城市指标体系构建、解释以及典型案例分析等。

本书可供广大城市规划管理人员、城市规划师、城市规划理论工作者等学习参考。

* * *

责任编辑：吴宇江
责任设计：叶延春
责任校对：王誉欣 王雪竹

兼顾理想与现实
——中国低碳生态城市指标体系构建与实践示范初探
仇保兴 主编
*
中国建筑工业出版社出版、发行(北京西郊百万庄)
各地新华书店、建筑书店经销
北京天成排版公司制版
北京中科印刷有限公司印刷
*
开本：787×960毫米 1/16 印张：27¼ 字数：488千字
2012年3月第一版 2012年3月第一次印刷
定价：**120.00**元
ISBN 978-7-112-14077-0
(22104)

序

一万多年以来，人类文明进化的过程，可以用城市化的过程来概括，从原始的城市化一直到工业化推动的快速城市化。现在，世界上已有超过50%以上的人口居住在城市，世界已经进入城市化时代；未来，城市人口仍将不断增加。气候变化已经成为全球关注的焦点问题，已经和正在产生的影响严重威胁着自然界和人类的安全，如何应对这一问题成为全球共同的责任。作为全球碳排放的主要源头，城市首当其冲成为解决这一问题的关键之处。城市在一方面为人类积聚财富、实现美好梦想的同时，另一方面也占用着地球85%的资源与能源消耗总量，排放着同等规模的温室气体，并由此引发了气候变暖、臭氧减少、海平面上升、碳平衡失调、生物多样性丧失等一系列生态环境连锁性问题。这些不容忽视的生态问题已经引起了全球碳平衡的失调，同时生态环境问题的全球化使得当前城市竞争也在日趋生态化，探求城市的可持续发展之路成为新一轮城市竞争的关键。

低碳生态城市是城市可持续发展的集中体现。目前，包括中国在内的很多国家正在示范和建设各种发展类型的城市，诸如生态城市、卫生城市、智慧城市、园林城市、山水城市等。叹其实质，仍感缺乏一条主轴。人类活动足迹加剧了气候变化，气候变化成为21世纪人类需要共同应对的最复杂挑战之一。因此，在城市发展中要紧紧抓住对自然界尽可能低冲击的主轴，配以低碳生态的要求，推动技术发展和建立低碳经济，创建人与自然和谐的可持续发展城市。

中国作为占全球1/4人口的发展中大国，是未来全球城市建设与发展的核心地区。自20世纪80年代以来，中国高速的经济发展和快速的城市化进程已经迅速地改变了中国的产业结构、城乡格局、资源利用和能源消耗结构，对世界能源、资源、生态环境格局产生了巨大的影响。在未来20～30年中，中国持续的城市化将对全球模式的取舍、能源消耗、温室气体排放和土地格局改变，进而对全球气候变化、资源与能源安全、粮食安全、生态环境保护带来更加持久的影响。因此，面对危及生命安全的全球环境问题以及自然资源短缺问题，必须转变中国现有的城市发展模式，以规划建设低碳生态城市为重要抓手，来构建资源节约、环境友好、经济持续、社会和谐的基本战略，并力图在规划、开发、建设、管理、运营等多个方面为发展中国家乃至全世界的生态城市提供能实施、能复制、能推广的成熟经验与模式。

当前，没有其他任何一种城市发展战略像低碳生态城市发展战略这样获得如此普遍的共识，低碳生态城市发展战略必然将成为中国乃至世界城市未来的发展模式。现在，低碳生态城市的发展之路刚刚起步，目前最紧要的工作就是针对低碳生态城市指标体系构建与生态城市示范评价进行学术上的研究，待指标体系成熟以后再上升为国家标准，从而引导低碳生态城市的健康、合理发展。总之，未来城市可持续发展的低碳生态之路注定是不平坦的，但同时我们也需要认识到，责任、挑战和机遇已经使我们成为时代的创新者和实践者，同行们与有志者必须积极行动起来，坚定地推动城市发展朝着低碳生态的方向前进。未来将会怎么样，就取决于我们现在的所作所为！

住房和城乡建设部副部长
中国城市科学研究会理事长 仇保兴博士

目　录

第3章 中国低碳生态城市发展的现状与问题

第4章 中国低碳生态城市指标体系构建

第 5 章 中国低碳生态城市指标体系解释

第 6 章　中国低碳生态城市典型案例分析

第7章 引导中国低碳生态城市健康发展的对策与行动

附 录

第1章　绪　　论

1.1　低碳生态文明时代全球城市发展面临深刻转型

1.1.1　人类发展迈入崭新的低碳生态文明时代

人类在经历了原始文明、农业文明和工业文明之后，目前已经进入到崭新的低碳生态文明时代。与此同时，随着越来越多的人选择居住在城市，世界也已同步迈入城市社会时代。城市在为人类创造丰厚物质财富的同时也深刻地改变着人类的家园。21世纪以来，全球城市生态问题呈现出愈演愈烈的态势，使得以往基于工业文明的传统城市发展模式已举步维艰、难以为继，因而，主张人与自然和谐共处的低碳生态文明理念成为全球的共识和时代的主题。

低碳生态文明理念的提出，不但是对工业文明以牺牲环境为代价获取经济效益进行深刻反思的结果，更是人类文明发展理念、道路和模式的一次重大进步。

1.1.2　应对气候变化成为规制全球城市发展格局的新规则

气候变化问题是当前深刻影响全人类生存和发展的全球性重大问题，并且随着该问题的不断升温，已经演变为涉及环境、科技、经济、政治、外交和国家安全等多领域交叉的综合性重大战略问题。

气候变化问题是一个全球问题，需要全球性的解决方案。气候变化问题也是一个长期问题，需要长期的解决方案。随着世界各国对气候变化科学认识的逐步加深，应对气候变化正逐渐从科学共识演变为一种全球行动，世界各国根据本国的情况，相应制定了一系列应对气候变化的政策和措施，但由于应对气候变化问题涉及经济社会发展的变革、各国发展空间和经济竞争力等因素，发达国家和发展中国家这两大阵营在历史责任、资金和技术转让等方面围绕减排任务的分担产生了错综复杂的矛盾。同样，在发达国家内部、发展中国家内部也存在着不同程度的减排矛盾分歧。2009年末结束的哥本哈根会议是国际社会共同应对气候变化的又一个重要开端，未来几十年也将是控制全球温室气体排放的关键时期，应对气候变化将面临着比之前更加严峻和复杂的形势。在全球生态负债趋于加剧的形势下，谁能够率先实现降低生态赤字就能够在这场气候竞争中抢占发展先机，而城市作为温室气体排放的主要源头，理所应当地成为世界各国进行博弈的重中之重。

1.1.3 全球城市转型发展的探索与趋势

城市，作为人类文明的重要载体，在表面变得越发"光鲜"的同时，背后却是沉重而又现实的生态环境危机。当前，城市以占全球2%的表面积容纳了全球约50%的人口，在创造了全球80%以上GDP的同时，也占用着全球85%的资源与能源消耗总量，排放着同等规模的温室气体，并由此引发了气候变暖、臭氧减少、海平面上升、碳平衡失调、生物多样性丧失等一系列生态环境连锁性问题，城市既是这些问题的肇事者，也是最大的受害者。因此，面对着前所未有的全球气候变化的挑战，面对着日渐严重的全球环境与城市危机，人们不得不开始重新审视人与自然的关系，探索人类城市发展的理想范式。

从历史上来看，人类对美好城市生活的追求一刻也没有停止过。1898年由霍华德提出的"田园城市"的基本设想就是建设一种兼有城市和乡村优点的理想模式。而我国古代风水说中顺应山水、因地制宜的原则也是自然至上的一种体现。随着规划学科的不断发展，还相继提出了绿色城市、山水城市、宜居城市、生态城市、低碳城市、可持续城市等观点。生态城市(Eco-city)作为目前最广为认可的一种发展模式，是20世纪70年代由联合国教科文组织在人与生物圈计划中率先提出的概念，经过近40年的发展，其理论不断演进和深化，示范实践也在世界许多城市广泛展开，遍布世界各大洲。目前，德国、英国、芬兰、挪威、奥地利、匈牙利、意大利、斯洛伐克、西班牙、瑞典、新西兰、美国、加拿大、澳大利亚、阿根廷、南非、新加坡、巴西、日本、韩国、印度、阿联酋等国家都相继开展了不同规模和类型的示范建设活动，并取得了诸多成功经验。尽管在具体的概念上学术界还尚未达成一致，但推动城市转型发展已成为人类的共识，是人类践行生态文明，实现“城市让生活更美好”的必由之路。

1.2　建设低碳生态城市是实现中国城市转型发展的必由之路

中国在世界政治经济舞台上的影响力越来越大，其所持的气候变化立场也备受国际社会的瞩目，对世界气候制度的形成、发展和未来走向具有举足轻重的作用。由于中国近年来经济飞速发展，再加之气候变化问题的不断升温，中国面临着来自世界各国尤其是发达国家越来越多的减排压力。与此同时，国内的快速城镇化进程及其相伴生的资源瓶颈等问题也使得城市发展面临巨大的障碍和严峻的挑战。因此，无论是国际还是国内环境都迫使中国反思旧有的城市发展模式，寻找城市转型发展的新方向。

1.2.1　转型发展是中国对国际减排压力的积极回应

作为发展中国家，中国人均碳排放量并不算高，但由于人口基数大，碳排放问题同样不容忽视。伴随着快速工业化和城市化的进程，中国的温室气体排放总量1970～2006年之间增长了7倍多(图1-1)。另外，根据有关资料分析显示，随着中国经济发展和城镇化水平的提高，无论是能源消耗还是碳排放总量，在未来一段时期内都将明显上升，我们至少要在未来近20年中面对二氧化碳排放量逐年上升的压力(图1-2)。因此，中国在全球温室气体排放格局中日益凸显的地位必然使得全球减排进一步聚焦中国，中国将面临着国际上尤其是发达国家要求承担减排责任越来越大的压力。

但我们需要认识到，气候变化问题更多的是发达国家历史上长期排放温室气体造成的，作为发展中国家的中国不仅是气候变化问题的受害者，还面临着国内发展自身经济，提高人民生活水平，消除贫困等严峻挑战。发达国家在自身减排、资金与技术援助等方面迟迟不能作出相应的承诺，却不断对新兴发展中国家施压。哥本哈根会议前夕，在坚持“共同但有区别”的原则下，温家宝总理代表中国政府向世界庄严承诺：到2020年，中国单位GDP的二氧化碳排放将比2005年下降40%～45%，不仅是负责任大国形象的体现，也是对减缓全球气候变化作出的积极而重要的贡献。城市作为能源消耗和节能减排的重点，推动其转型发展不仅是中国应对国际减排压力的一个重要手段和措施，未来也将对中国在气候变化问题赢得更大的话语权提供有力支持。

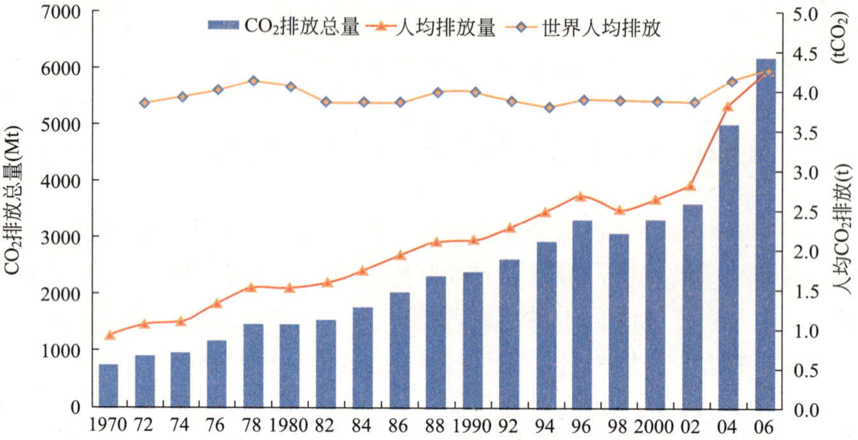

图 1-1　中国温室气体排放总量与人均排放量变化趋势(1970～2006)

来源：联合国开发计划署，中国人民大学. 2009/10 中国人类发展报告迈向低碳经济和社会的可持续未来［M］. 北京：中国对外翻译出版公司，2010

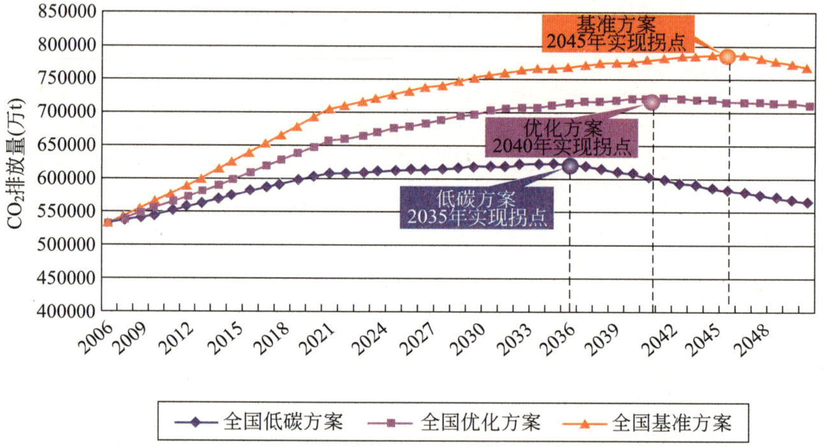

图 1-2　三种情景方案下不同时期全国二氧化碳排放量

来源：中国城市科学研究会. 中国低碳生态城市发展战略［M］. 北京：中国城市出版社，2009：20

1.2.2　转型发展是转变经济社会发展方式的内在要求

中国正处于快速城镇化与环境资源危机并存的阶段。按照世界城镇化发展的“诺瑟姆曲线”(也即 S 形曲线)，城镇化水平在 30％～70％之间时，城镇化进程会进入一个加速发展时期，城镇化水平将持续提高，城市发展也将面临巨大的机遇和挑战。截至 2009 年底，中国的城镇化水平已达到 46.59%（图 1-3），未来 20 年城镇化水平还将以年均提高 0.8～1 个百分点左右的速度继续快速推进，“十二五”期间城镇化率将超过 50%，中国将步入社会结构面临巨大转型的城市社会时代。随着城镇化水平的不断提高，城市在地域空间上的扩展，城市经济活动规模的扩大和比重的提高以及人口生产生活方式的改变，将对中国的整个经济社会和生态环境带来巨大的影响和挑战。

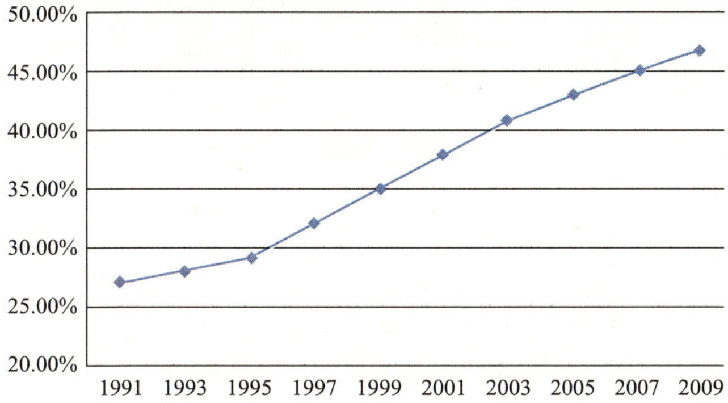

图 1-3　中国 1991～2009 年的城市化率
资料来源：中国统计年鉴

与快速城镇化相伴而生的资源供给和环境承载能力不足的问题同样不容回避。由于我国城市发展速度快，发达国家在 100 多年里出现的各种环境问题，在我国集中暴发，生态环保工作艰巨。目前，中国人均耕地面积仅为世界水平的 40%；人均水资源约为世界人均水平的 1/4，全国约 2/3 的城市缺水；能源人均占有量严重不足，石油资源的对外依存度近 50%，尤其是能源、土地和水这三大基础资源的瓶颈效应已越来越明显。另外，由于中国是正处于工业化初期的发展中国家，经济增长方式粗放，能源结构不合理，能源技术装备水平低和管理水平相对落后，能源消费尚属于生存型消费，导致能源消耗强度远高于主要能源消费国家平均水平，即使与同为发展中国家的印度相比，中国的能效水平也落后很多(图 1-4、表 1-1)。今后必将继续面临资源能源需求量持续上升、缺口日益扩大的问题，可以说，自然资源供需矛盾的日益突出已经严重制约中国城镇的健康发展。因此，城市转型已经成了中国突破资源瓶颈，破解城市难题，促进城镇化健康发展的一条迫在眉睫而又惟一可行的发展道路。

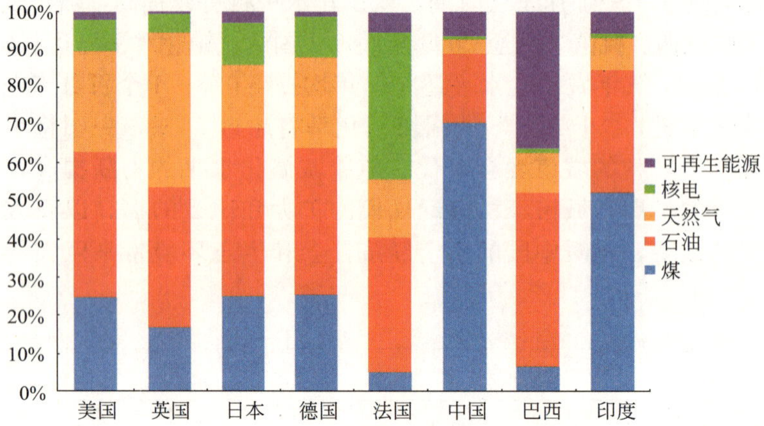

图 1-4　2007 年主要国家的能源消费结构比较

资料来源：联合国开发计划署，中国人民大学. 2009/10 中国人类发展报告——迈向低碳经济和社会的可持续未来［M]. 北京：中国对外翻译出版公司，2010

主要国家能源强度比较(单位：tce/百万美元)　　**表 1-1**

	2000	2005
中国	743	790
美国	236	212
日本	113	106
欧盟	204	197
印度	664	579
OECD	208	195
非 OECD	603	598
世界	284	284

注：美元为 2000 年币值。

资料来源：2050 中国能源和碳排放研究课题组. 2050 中国能源和碳排放报告［M]. 北京：科学出版社，2009

1.2.3　建设低碳生态城市是中国城镇化与经济社会发展的趋势所需

在不可逆转的全球应对气候变化、倡导节能减排和国内快速城镇化、资源环境约束的背景下，中国以何种方式破解当前的种种城市难题，以何种步伐迈入即将到来的城市时代，又以何种模式续写中国城镇化的传奇将成为国家探索实现社会、经济和环境协调发展的核心问题，同时这一问题也将对实现世界城市可持续发展具有重大意义。

低碳生态城市，是可持续发展思想在城市发展中的具体化，是低碳经济发展模式和生态化发展理念在城市发展中的落实。实施低碳生态城市发展战略，就是面向资源环境约束条件下的中国城镇化所面临的现实矛盾与未来挑战，通过明确城市发展的资源消耗和环境影响等目标要求，按照低碳生态城市的理念确定新型城市发展模式，选择一条符合中国城镇化与经济社会发展趋势需要，又能够在城市发展中有效地逐步降低资源消耗和减少碳排放，使城市发展最大限度地满足维系良好人居环境的可持续发展城镇化道路的要求。

低碳生态城市概念的提出为我国城市发展模式的转型提供了明确的方向和思路。建设低碳生态城市，既是顺应城市低碳化、生态化发展趋势的重要战略抉择，同时也是转变城市发展模式，践行科学发展观的重要举措。

第 2 章　低碳生态城市的内涵与概念

2.1　低碳生态城市的概念辨析

“低碳生态城市”（Low-Carbon Eco-city）的概念是在“生态城市”（Eco-city）概念的基础上衍生和发展起来的。1971 年，联合国教科文组织在“人与生物圈”（MAB）计划中正式提出“生态城市”的概念。之后，国内外专家学者分别从不同角度对其进行了研究和阐释。前苏联生态学家亚尼科斯基（O. Yanitsky，1984）认为：生态城市是一种理想城市模式，其中技术与自然充分融合，人的创造力和生产力得到最大程度的保护，物质、能量、信息高效利用，生态良性循环。美国生态学家雷吉斯特（Richard Register，1987）曾提出一个十分概括的定义：生态城市追求人类和自然的健康与活力。第二届国际生态会议上，澳大利亚学者唐顿指出：生态城市是人与人之间、人类与自然之间实现生态平衡的城市；生态城市建设的关键是创建有活力的人居环境，构建与生态原则一致的健康的经济与公平的社会环境（冯端翊，2001）。中国学者王如松（2000）认为：生态城市是一类具有经济高产、生态高效的产业，系统负责、社会和谐的文化，结构健康、生命力强的景观构成的行政单元。黄光宇（1989）认为：生态城市是根据生态学原理，综合研究社会—经济—自然复合生态系统，并应用生态工程、社会工程、系统工程等现代科学与技术手段而建设的社会、经济、自然可持续发展，居民满意、经济高效、生态良性循环的人类住区。沈清基（1998）认为：生态城市是一个经济发达、社会繁荣、生态保护高度和谐，技术与自然达到充分融合，城市环境清洁优美舒适，从而能最大限度地发挥人的创造力和生产力，并有利于提高城市文明程度的稳定、协调、持续发展的人工复合生态系统。黄肇义、杨东援（2001）认为：生态城市是全球或区域生态系统中分享公平承载系统份额的可持续子系统，它是基于生态学原则建立的自然和谐、社会公平、经济高效的复合系统，更是具有自身人文特色的自然与人工协调、人与人之间和谐的理想人居环境。

综合已有研究成果，学界对生态城市的概念有三种理解(董宪军，2002)：

(1) 环境说。这一观点将生态城市进行简单化和现实化理解，强调城市生态保护、居民生活、历史文化、交通、物种多样性等单项要素的良性发展。以“人与生物圈”计划中提出的生态城市规划原则和美国生态学家雷吉斯特提出的生态城市建设原则为其代表。我国许多城市提出的“生态城市”建设目标也主要是从环境的角度来定义这一概念。在“生态城市”概念出现之初，这种观点占主导地位。其操作性和现实性较强，但无法体现人与人、人与环境间的协调关系，存在片面性和局限性。

(2) 理想说。这一观点将“生态城市”完美化和理想化理解，认为生态城市是技术与自然充分融合，人的创造力和生产力得到最大限度发挥，居民的身心健康和环境质量得到最大程度保护的一种理想的人类栖境。该观点以前苏联生态学家亚尼科斯基和我国学者沈清基为代表。理想说可以看作是生态城市的最终实现形式，目前的现实可操作性较差。

(3) 系统说。这一观点认为生态城市是自然和谐、社会公平和经济高效的复合生态系统，强调三者的互惠共生和相互协调。以我国学者王如松、黄光宇、黄肇义和杨东援等对生态城市的定义为代表。这种观点既立足现实，又兼顾城市的各种生态要素及其相互间的关系，因此已被大多数人所接受。这种观点实际上是环境说和理想说的结合，是目前生态城市理论研究的主要依据和立足点。

2009 年，仇保兴在以上理论研究的基础上，把生态城市与低碳经济这两个关联度高、交叉性强的发展理念复合起来，首次提出“低碳生态城市”的概念：“低碳生态城市”是以低能耗、低污染、低排放为标志的节能、环保型城市，是一种强调生态环境综合平衡的全新城市发展模式，是建立在人类对人与自然关系更深刻认识基础上，以降低温室气体排放为主要目的而建立起的高效、和谐、健康、可持续发展的人类聚居环境(仇保兴，2010)。

低碳生态城市不是“低碳”、“生态”、“城市”三个词的简单叠加或者说用“低碳”和“生态”限定“城市”，而是三者结合创造了一个新的完整的概念，并超越了原有概念的含义，是不能分开的。“低碳”不仅局限于降低碳排放，更延伸到经济产业、消费理念，甚至是城市的集约化发展道路上，从能源资源角度进一步强调了生态化。“生态”也不是传统意义上的生态，超越了原有单纯的科学，发展成为一种方法论，用于人们认识和改造自然的一种系统方法论。“城市”已经突破了传统意义上的城市，是在对传统城、乡辩证否定的基础上发展而来的，是城—乡复合共生系统，是人类住区发展高级阶段。从某种意义上来讲，低碳生态城市可理解为是生态城市实现过程中的初级阶段，是以“减少碳排放”为主要切入点的生态城市类型(沈清基等，2010)，也即“低碳型生态城市”的简称。

低碳生态城市在本质上适应了城市可持续发展的内在要求，标志着城市由传统的唯经济增长模式向经济、社会、生态有机融合的复合发展模式的转变。它体现了城市发展理念中传统的人本主义向理性的人本主义的转变，反映出城市发展在认识与处理人与自然、人与人关系上取得新的突破。我们要研究和构建低碳生态城市，必须先弄清低碳生态城市与其他概念城市的关系(表 2-1)。

低碳生态城市与相关概念城市的区别与联系　　表 2-1

相关概念	联　系	区　别	
		低碳生态城市	相关概念城市
绿色城市	健全的绿地系统是生态城市存在的基本条件和客观保证，是自然子系统中的组成部分之一	低碳生态城市除了自然系统外还强调社会人文和经济生态的和谐和健康；低碳生态城市突出经济发展的低碳化道路，更能体现资源节约型城市发展理念	自然保护主义提出的绿色城市通过简单地增加绿色空间，单纯追求优美的自然环境
田园城市	“田园城市”理论被认为是现代生态城市思想的起源	低碳生态城市强调其内部系统的结构合理、功能高效和关系协调	田园城市过分地强调城市的田园性质，而违背了城市发展的集聚要求
健康城市	把城市视为一个有机生命体，健康是生态城市的特征之一	低碳生态城市从生态系统的角度来考察城市，强调的是人—自然系统整体的健康	从现代医学角度提出的“健康城市”从生命个体与环境的关系来看待城市，强调城市居民生理上的健康
山水城市	是具有中国特色的生态城市，注重强调人与自然协调发展	低碳生态城市强调城市建设的“神”，包括自然生态化、经济生态化和社会生态化，内涵相对宽泛	钱学森先生倡导的“山水城市”注重强调城市建设的“形”，对城市的社会和经济属性论述较少，内涵相对狭窄

来源：赵清等．生态城市理论研究述评 [J]．生态经济，2007(5)：155-159

还有诸如“信息(数字)城市”、“卫生城市”、“文明城市”、“环保模范城市”等都是从单一角度提出，它们与低碳生态城市既有区别又有联系，反映了低碳生态城市某一方面的标准和内容，但没有涵盖低碳生态城市的广义生态观(包括深刻的哲学、经济、文化、技术等内涵)。低碳生态城市是对传统城乡的否定之否定，但它不是对传统城乡本质和特征的全盘否定，更不是意味着传统城乡实体的消失，而是作为城乡发展的高级阶段，是城乡融合的“共同体”，从这个角度看，绿色城市、健康城市等相关概念城市尚未突破传统的城市理念，因而与低碳生态城市有本质的区别。

2.2　低碳生态城市的内涵与原则

从低碳生态城市的定义中可体现出其内涵的四个方面内容，即哲学内涵、文化内涵、经济内涵、技术内涵。

哲学内涵强调世界观的改变，从工业文明时代的机械世界观转向一体化宇宙的、生态学的世界观——生态世界观。生态世界观决定了其是在人—自然系统整体协调、和谐的基础上实现自身发展，人与自然的局部价值都不能大于人—自然统一体的整体价值。它的主要特点是从“反自然”走向尊重自然，强调整体而非部分，是一种新的整体论世界观(黄光宇等，2002)。

文化内涵强调人与自然的协调发展，强调文化个性和文化魅力，崇尚健康、节约、平等、民主和正义，关注精神追求与物质满足的协调和多种文化的互补与渗透，反对挥霍、浪费、特权、掠夺和急功近利。低碳生态城市作为承载社会文化的建筑空间，展示着生态文明时代的价值、观念、理想和抱负。它是生态文化的产物，又是生态文化的创造者。

经济内涵是集约，重视质量和综合效益，从根本上解决资源短缺及资源可持续开发利用的问题，强调城市的经济与环境的同等重要性，体现社会平等和环境责任，经济活动要有益于社会和环境，经济成果能够公正分配。低碳生态城市建立的是一种“生态经济”模式，以低碳经济为发展着眼点。

技术内涵是以生态技术手段超越传统城市实现自我发展，同时考虑经济增长、人类健康和环境保护。生态技术是科学知识高度密集的科学化技术群，为解决人类所面临的各类问题提供技术条件。生态技术主张和其他生命物种相互依存、共同繁荣，对资源和能源进行可再生利用，不以经济增长为惟一的目标，而是综合考虑人类健康和环境保护，其组织原则是非线性的和循环的，实现资源的多层次利用。

1996 年，“城市生态”(Urban Ecology)组织提出生态城市建设的 10 条原则(于立，2010)，它们是：

(1) 修订土地利用的重点，在紧邻快速轨道节点或其他交通设施地区创建一个紧凑的、多样化的、安全的、宜人的和充满生气的，具有混合功能的社区。

(2) 修订交通发展的重点，重视步行、自行车、手推车和轨道公交的发展，而不是汽车；强调“近距离的通达”。

(3) 修复受到损坏的城市环境，特别是溪河、海岸线、山脉和湿地。

(4) 建造适宜的、可支付的、便利的和种族与环境融合的住宅。

(5) 培育社会公正，为妇女、残疾人和有色人种创造更多机会。

(6) 鼓励本地区的农业、城市绿色项目和社区园林的发展。

(7) 促进对循环的、创新的技术和资源的保护，减少污染和危险废弃物。

(8) 与商界合作，支持生态型的经济活动；减少污染和废弃物的生成，不鼓励危险材料的生成和使用。

(9) 鼓励自愿地追求简单的生活方式，不鼓励物资产品的过量消费。

(10) 通过各种活动和教育项目，增加人们对生态可持续发展问题的认识，加强对地方环境和生态区域的理解和认知。

2.3 低碳生态城市的起源与演变

城市是创造人类物质和精神财富的核心，也是大量消耗资源能源，导致温室效应等生态问题最为集中的地方(李迅等，2010)。人类自有文明以来，对理想城市(聚落)发展模式的追寻就从来没有停止过(图 2-1)。低碳生态城市源于先人对此的不懈探求和实践。

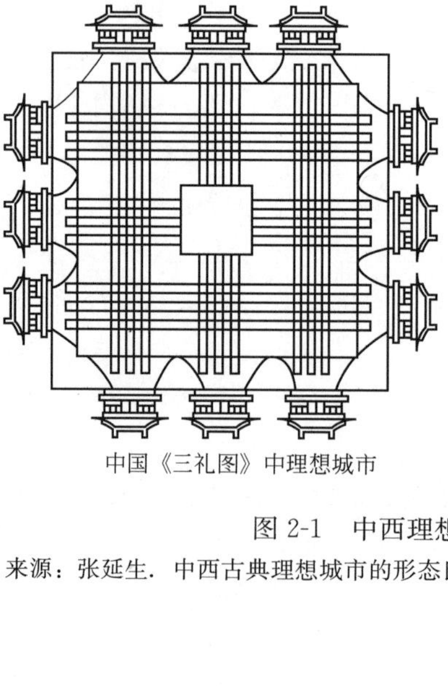

中国《三礼图》中理想城市

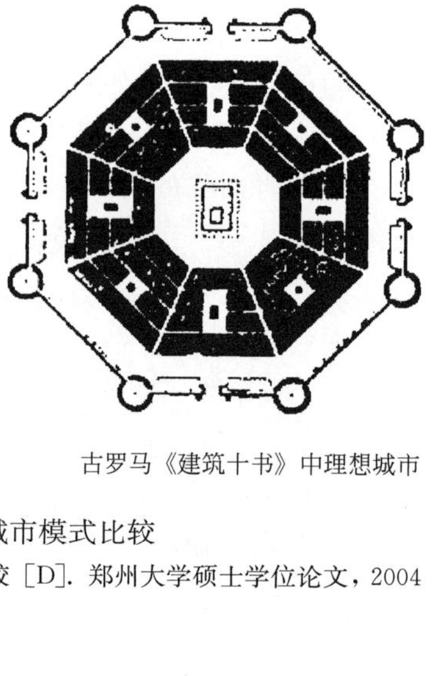

古罗马《建筑十书》中理想城市

图 2-1 中西理想城市模式比较

来源：张延生. 中西古典理想城市的形态比较 [D]. 郑州大学硕士学位论文，2004

在整体论指导下的中国古代哲学体系历来就非常注重人与自然的和谐关系，主张“敬天、顺天、法天、同天”，体现着朴素的生态意识和生态文化思想，以及古朴的“人地和谐”理念。《易经》中“天人合一”的自然观赋予“天”以“人道”，将天、地、人作为一个统一的整体，体现人与自然统一的原则。《管子》提出了因地制宜的城市选址和规划思想：“凡立国都，非于大山之下，必于广川之上。高毋近旱，而水用足，下毋近水，而沟防者。因天材，就地利。”中国传统堪舆学(风水学)将自然万物看作有生命的个体，“取象比类”，崇尚“人法地，地法天，天法道，道法自然”，强调城市的选址和规划布局应融入所处的自然环境，与环境保持高度和谐(图 2-2)。堪舆思想暗合“低碳”、“生态”，对中国古代城镇、村庄和建筑等的选址与规划产生了深远的影响。中国古代的思想和实践虽具有历史局限性，但从本质上看，依然体现着低碳生态的价值观，特别是在处理人与自然的关系方面，为低碳生态城市奠定了基础。

图 2-2　与自然融为一体的中国古代城市(选自《京杭道里图》局部)

来源：http：//kingofkhans. photo. hexun. com/16229944_d. html＃16229944

以还原论为指导的西方古代哲学体系主张“人定胜天”，要求“征服自然，改造自然”，崇尚“向自然索取”。这种世界观虽与低碳生态相悖，但西方哲学体系中萌生的法治与民主意识，以及先进的经济及社会管理理念，却正是低碳生态城之所需。古希腊哲学家柏拉图的《理想国》奠定了西方的政治思想传统，亚里士多德提出理想城邦的两大基石是法治与教育；古罗马建筑师维特鲁威提出理想城市方案，英国空想社会主义者托马斯·摩尔在《乌托邦》中描绘了财产公有、按需分配的美好城市，罗伯特·欧文在“新协和村”的实践中探索了人本主义的管理模式。西方的思想和实践在处理人与人、人与社会关系方面，为低碳生态城市奠定了一定基础。

18 世纪西方工业革命宣布世界工业文明时代的到来，工业革命为城市社会带来了无法想象的物质财富，人类的居住区也迅速发展。过快发展的城市化进程建立在掠夺式地利用自然资源的基础上，引发了一系列严峻的全球性生态环境问题。面对这些问题，在现代城市规划诞生之初，西方逐步认识到“自然”对于城市的价值，也相继提出生态城市的观点和相关研究。1898 年，英国人埃比尼泽·霍华德在其代表作《明日——一条通往真正改革的和平之路》中提出田园城市理论，针对工业革命和城市化带来的“城市病”，主张建设城乡一体、自给自足、自我平衡的“田园城市”（图 2-3），以期“把田园的宽裕带给城市，把城市的活力带给田园”。20 世纪初，英国的田园城市在世界范围内掀起了一场颇具影响的“田园城市运动”。20 世纪 40 年代，“田园城市运动”发展成“新城运动”。这两次运动实质上是西方对自身原有的掠夺式、人地对立式的开发模式的深刻反思，是近现代生态城市的一次大规模实践演练，对西方近代城市和社会的形成及发展产生了深远影响（谢鹏飞，2011）。英国生物学家格迪斯把生态学的原理与方法应用于城市规划与建设，倡导“将自然引入城市”，呼吁城市规划要根据资源条件的潜力和约束来编制，以促进人与自然的和谐。20 世纪初，欧美城市为恢复城市中心的良好环境和吸引力而进行城市“景观改造运动”，即“城市美化运动”。其代表人物之一美国景观设计师奥姆斯特德等人提倡“将城市的景观系统相连”的思想，为研究低碳生态城市奠定了理论基础。

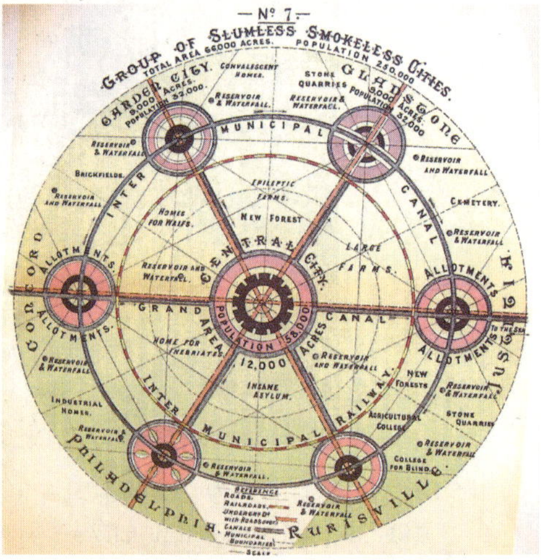

图 2-3　霍华德构思的田园城市群模型

来源：Ebenezer Howard. Tomorrow-a peaceful path to real reform [M]. London: Swan Sonnenschein & Co., Ltd, 1898: 131

20 世纪 60 年代后，以《寂静的春天》、《只有一个地球》为代表的著作较为系统形象地阐述了社会学家和生态学家对世界城市化、工业化与全球环境恶化的担忧，更加激起了人们研究城市生态系统的兴趣，低碳生态城市的研究也进入了一个跨越式发展的阶段。1971 年，在联合国教科文组织的“人与生物圈计划”研究报告中，首次提出了“生态城市”的概念，明确要从生态学的角度用综合生态方法来研究城市，在世界范围内推动了生态学理论的广泛应用，以及生态城市、生态社区、生态村落的规划建设和研究。这一崭新城市概念和发展模式不仅反映了人类谋求自身发展的意愿，也反映出人类对人与自然关系认识的提高。继而，1972 年罗马俱乐部的《增长的极限》指出地球潜伏的危机和发展所面临的困境，并倡导“零增长”（D・梅多斯，1984）；1987 年世界环境与发展委员会正式提出“可持续发展”理论和模式（世界环境与发展委员会，1997）；1990 年在美国加利福尼亚州的伯克利召开的第一届国际生态城市研讨会上，与会专家就如何根据生态学原则建设城市提出了具体的、建设性的意见，在其后的各届国际生态城市讨论会上都将生态城市的设计、建设、技术、方法等作为主要的议题进行国际性探讨；1992 年联合国环境与发展大会通过《21 世纪议程》，注重生态化发展理念和可持续发展思想，新的发展模式开始逐步受到国际社会的重视和认可。近年来，针对日益严重的环境污染和资源、能源危机，国际社会在城市生态化发展中开始更多地关注低碳化进程。1997 年召开的《联合国气候变化框架公约》第 3 次缔约方大会上通过了旨在限制发达国家温室气体排放量以抑制全球变暖的《京都议定书》，世界各国家、地区先后提出推广低碳能源技术的发展策略（截至 2009 年 2 月，已有 183 个国家签订了该协定）。

进入 21 世纪，生态城市的复合生态系统观、生态产业和生态工程技术的应用得到了学术界和社会各界的广泛接受，生态学已经渗透到各个领域，“生态”一词涉及的范畴也越来越广。随着人类对自身与资源环境关系的认识加深，生态平衡、资源节约、环境友好的观念更加深入人心，也逐步体现在城市社会发展的方方面面。尤其在节能减排政策的大力倡导下，各国家、地区开始推行社会低碳化和末端低碳化发展路径以减少全球温室气体排放。

低碳生态城市作为一个崭新的概念，是在人类对经济发展、社会进步、生态保护三者的认识和理解充分融合的基础上发展演变而形成的，在不同的发展时期有着不同程度的认识，具有时代特征，更具有未来的发展特质。

2.4　低碳生态城市的相关理论基础

低碳生态城市建设作为系统工程，需要以许多相关理论为基础。其中较为重要的包括复合生态系统理论、可持续发展理论、复杂科学理论等。

2.4.1 复合生态系统理论

人类社会是一类以人的行为为主导，自然环境为依托，资源流动为命脉，社会体制为经络的人工生态系统。20 世纪 80 年代初，马世骏、王如松等中国生态学家在总结了整体、协调、循环、自生为核心的生态控制论原理的基础上，提出了社会—经济—自然复合生态系统(social-economic-natural complex ecosystem)的理论和时(届际、代际、世际)、空(地域、流域、区域)、量(各种物质、能量代谢过程)、构(产业、体制、景观)及序(竞争、共生与自生序)的生态关联及调控方法，指出可持续发展问题的实质是以人为主体的生命与其栖息劳作环境、物质生产环境及社会文化环境间的协调发展，它们在一起构成社会—经济—自然复合生态系统(图 2-4)。

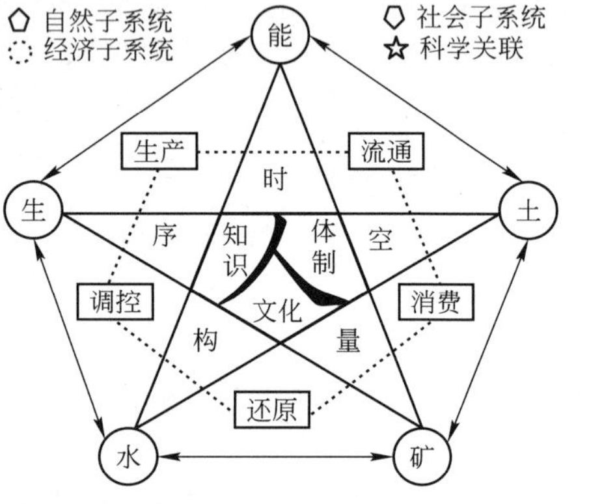

图 2-4 城市复合生态系统示意

来源：王如松，刘晶茹. 复合生态与生态文明［C］. 三生共赢论坛 2009 北京会议，2009

复合生态系统不仅遵从自然界的“道理”，也遵从人类活动的“事理”和人类行为的“情理”，生态控制论不同于传统控制论的一大特点就是对“事”与“情”的调理，强调方案的可行性，即合理、合法、合情、合意。合法，指符合当时当地的法令、法规；合情，指为人们的行为观念和习俗所能接受；合意，指符合系统决策者及与系统利益相关者的意向。其中的控制论原理如：①开拓适应原理；②竞争共生原理；③乘补自生原理；④循环再生原理；⑤连锁反馈原理；⑥多样性主导性原理；⑦生态发育原理；⑧最小风险原理。这些原理可以归结为三类：一是对有效资源及可利用的生态位的竞争或效率原则；二是人与自然之间、不同人类活动间以及个体与整体间的共生或公平性原则；三是通过循环再生与自组织行为维持系统结构、功能和过程稳定性的自生或生命力原则。

对复合生态系统的理解是分析理解低碳生态城市的关键。城市是人类在一定地域空间上汇集自然、社会经济形态及物质空间形态所融合而成的有机体，是以人为主体的复合形式的生态系统。在城市本身、城市与城市间、城市与乡村、城市与区域间，甚至与其更大的区域复合生态系统间，都具备构成典型生态系统所要求的整体性、多样性、开放性和共生性，能够以良好自组织能力实现相互协调，成长发展和共同繁荣，这才是真正意义上的低碳生态城市。

2.4.2　可持续发展理论

可持续发展(Sustainable Development)的概念最初源于生态学，指对于资源的一种管理战略。其后被广泛应用于经济学和社会学范畴，加入了一些新的内涵，是一个涉及经济、社会、文化、技术和自然环境的综合的动态的概念，是“既满足当代人的需求又不危及后代人满足其需求的发展”。

可持续发展的内涵是：①共同发展。地球是一个复杂的巨系统，每个国家或地区都是这个巨系统不可分割的子系统。系统的最根本特征是其整体性，每个子系统都和其他子系统相互联系并发生作用，可持续发展追求的是整体发展和协调发展，即共同发展。②协调发展。包括经济、社会、环境三大系统的整体协调，也包括世界、国家和地区三个空间层面的协调，还包括一个国家或地区经济与人口、资源、环境、社会以及内部各个阶层的协调，可持续发展源于协调发展。③公平发展。公平发展包含两个纬度：一是时间纬度上的公平，当代人的发展不能以损害后代人的发展能力为代价；二是空间纬度上的公平，一个国家或地区的发展不能以损害其他国家或地区的发展能力为代价。④高效发展。公平和效率是可持续发展的两个轮子。可持续发展的效率既包括经济意义上的效率，也包含着自然资源和环境的损益的成分。高效发展是指经济、社会、资源、环境、人口等协调下的高效率发展。⑤多维发展。可持续发展包含了多样性、多模式和多维度选择的内涵。在可持续发展这个全球性目标的约束和制导下，各国与各地区在实施可持续发展战略时，应该从国情或区情出发，走符合本国或本地区实际的、多样性、多模式的可持续发展道路(李龙熙，2005)。

2.4.3　复杂性科学理论

20 世纪 80 年代，不同国家不同学科的研究人员不约而同地开始从新的角度来看待自然界和人类社会中一些复杂的现象，并且提出了复杂性科学(Complexity Science)的概念，兴起了一场跨学科、交叉学科融合的科学革命。它要探讨的是复杂系统中，各组成部分之间相互作用所突现出的共同特性：如演化、涌现、自组织、自适应、自相似等。复杂性科学的兴起，标志着人类对客观世界认识的深化：从感性到理性、从个别到一般、从特殊到普遍、从局部到整体、从简单到复杂，人类的认识在螺旋式推进中不断发展（杨鸿智，2005）。

城市是人类创造的最复杂、最宏大的经济、社会、生态空间等方面复合的体系，而且也是典型的自组织系统。城市作为这种复杂系统，本身具有若干鲜明的特征：①城市作为自组织系统能够通过处理各类信息，从历史和其他城市发展的轨迹中提取有关客观事件发展的规律性，或者将别的城市演进过程中兴衰存亡的经验教训作为制定自身发展战略、城市规划和公共政策的参照；②城市决策机构能够通过发展战略、城市规划、公共政策制定实施等实践活动中的反馈机制来改进和深化对外部世界及自身发展的规律性问题的认识；③市民和开发商的决策是根据外部环境的变化和城市自身的发展目标，两者的互动而进行的，这一过程是通过探索、实践、互动，掌握生存的发展，同时也促进城市的发展；④城市是其社会、自然环境具体的展现和浓缩，它们不仅和环境密不可分，而后者也是城市本身健全发展之所系；⑤城市作为一种共生组织，其生存发展之道在于不断深化最能发挥其功能形态及其在所在的城市群找到最佳的生态位。根据以上特征，我们可以从微循环、微能源、微冲击、微更生、微交通、微创业、微绿地、微调控等方面加强和完善低碳生态城市规划建设(仇保兴，2010)。

本章参考文献

［1］［美］D・梅多斯. 等. 增长的极限［M]. 北京：商务印书馆，1984.

［2］［英］霍华德. 明日的田园城市［M]. 金经元译. 北京：商务印书馆，2009.

［3］Ebenezer Howard. Tomorrow-a peaceful path to real reform［M]. London：Swan Sonnenschein & Co., Ltd，1898：131.

［4］Richard Register. Ecocity Berkeley：Building Cities For a Healthy Future［M]. Berkeley：North Atlantic Books，1987.

［5］仇保兴. 复杂科学与城市的生态化、人性化改造［M］//中国低碳生态城市发展报告 2010. 北京：中国建筑工业出版社，2010.

［6］仇保兴. 绿色建筑应走低成本路线［EB/OL]. “绿色建筑与低碳生态城市建设研讨班”报告，2010.

［7］董宪军. 生态城市论［M]. 北京：中国社会科学出版社，2002.

［8］ 冯端翊．生态城市及其内涵［J］．绿化与生活，2001(4)：4．
［9］ 黄光宇，陈勇．生态城市理论与规划设计方法［M］．北京：科学出版社，2002：52．
［10］ 黄光宇．田园城市·绿心城市·生态城市［Z］．重庆建筑工程学院城市规划与设计研究所．1989．
［11］ 黄肇义，杨东援．国内外生态城市理论研究综述［J］．城市规划，2001，25(1)：59-66．
［12］ 李龙熙．对可持续发展理论的诠释与解析［J］．行政与法(吉林省行政学院学报)，2005(1)：3-7．
［13］ 李迅，曹广忠，徐文珍，杨春志，宋峰，赵培红．中国低碳生态城市发展战略［J］．城市发展研究，2010，17(1)：32-39，45．
［14］ 沈清基，安超，刘昌寿．低碳生态城市的内涵、特征及规划建设的基本原理探讨［J］．城市规划学刊，2010，109(5)：48-57．
［15］ 沈清基．城市生态与城市环境［M］．上海：同济大学出版社，1998：52-55．
［16］ 世界环境与发展委员会．我们共同的未来［M］．长春：吉林人民出版社，1997．
［17］ 生态学知识：复合生态系统理论［EB/OL］．［2004-11-29］．http：//it.sohu.com/20041129/n223241272.shtml．
［18］ 王如松，刘晶茹．复合生态与生态文明［C］．三生共赢论坛 2009 北京会议，2009．
［19］ 王如松．高效·和谐——城市生态调控原则和方法［M］．长沙：湖南教育出版社，1988：268．
［20］ 王如松．生态安全·生态经济·生态城市［J］．学术月刊，2007(7)：5-11．
［21］ 王如松．转型期城市生态学前沿研究进展［J］．生态学报，2000，20(5)：830-840．
［22］ 谢鹏飞．生态城市从理念到现实：来自田园城市运动的启示［J］．现代城市研究，2011(6)：25-28．
［23］ 杨鸿智．“复杂性科学”概念的最概括的说明．［EB/OL］．［2006-05-02］．http：//blog.kdnet.net/bke.asp？yanghz70.showtopic.15361.html．
［24］ 于立．国际生态城镇发展：对中国生态城镇规划和发展的一些启示［M］//中国低碳生态城市发展报告 2010，北京：中国建筑工业出版社，2010．
［25］ 张延生．中西古典理想城市的形态比较［D］．郑州大学硕士学位论文．2004．
［26］ 赵清等．生态城市理论研究述评［J］．生态经济，2007(5)：155-159．

第3章　中国低碳生态城市发展的现状与问题

3.1　中国是世界上探索低碳生态城市最为积极和主动的国家之一

从世界范围的低碳生态城市理论和实践发展来看，低碳生态城市已经不仅仅是生态学界、城市规划界的理论探讨对象，开始逐渐成为引领世界城市建设发展的方向和目标。目前，全球已有许多城市正在按低碳生态城市的目标进行规划与建设。尽管在具体的概念上学术界尚未达成一致，但推动城市的低碳生态转型发展已成为人类的共识，是人类践行生态文明，实现“城市让生活更美好”的必由之路。中国作为世界上最大的发展中国家，低碳生态城市理念的重要性已经广泛被中国政府所关注和倡导，并将其列入城市长期发展计划中。同时在中国的土地上，各种不同类型的低碳生态城市实践活动也在积极地开展进行，而且中新天津生态城和唐山湾（曹妃甸）生态城等一些生态示范项目的规划建设已经取得一定的成果和经验。可以说，中国已经成为世界上探索低碳生态城市最为积极和主动的国家之一。

3.2　中国开展低碳生态城市建设的整体情况

3.2.1　全国提出创建“生态城市”的总体情况

根据2010年底至2011年初，中国城市科学研究会学术交流部对全国287个地级以上城市的调查[1]，目前提出“生态城市”建设目标的城市有230个，所占比重为80.1%，其地理分布如图3-1所示。

[1] 调查对象以中国大陆地区287个地级以上城市为主，含北京、上海、天津、重庆4个直辖市和283个地级市。调查时间自2010年11月起，截至2011年2月。数据来源以官方发布的政府工作报告、城市总体规划、市长讲话等为主，在可获取的范围内尽量保证数据的可靠性和权威性。

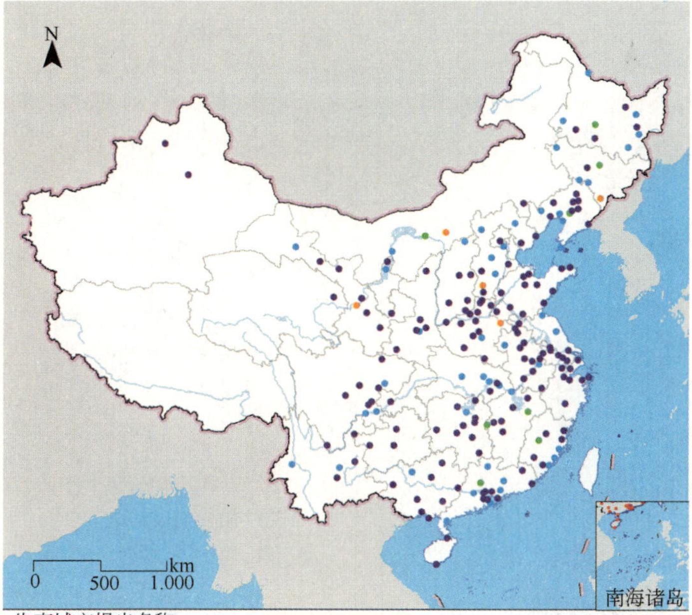

图 3-1　全国提出创建“生态城市”的城市分布示意图

来源：2010～2011 年中国城市科学研究会学术部调研结果

从提出时间来看，“生态城市”的建设目标最早由江西宜春在 1986 年提出，继而是海南三亚和四川泸州，而后发展至东部沿海地区和西南地区，2004～2010 年是全国提出“生态城市”建设目标相对集中的时间段，除了西部内陆地区以外，全国大部分地区均呈现出相对均衡分布的特点，具体如图 3-2 所示。

从每年和累计提出“生态城市”发展目标的城市数量来看，总体保持递增的趋势，具体如图 3-3 所示。其中 2003～2004 年以此为目标的城市数量显著增加，并一直保持着较为稳定的增速。

1. 东部地区提出创建“生态城市”的总体情况

东部地区[1]包括 12 个省、自治区、直辖市，115 个地级以上城市，提出创建“生态城市”建设目标的城市有 100 个，所占比重为 87.0%。东部地区各省市区提出创建“生态城市”的比重均超过 70%，北京、天津、河北、辽宁、江苏、上海、福建、海南的比重达到 100%，如图 3-4 所示。

❶ 东部地区包括北京、天津、河北、辽宁、上海、江苏、浙江、福建、山东、广东、广西、海南 12 个省、自治区、直辖市。

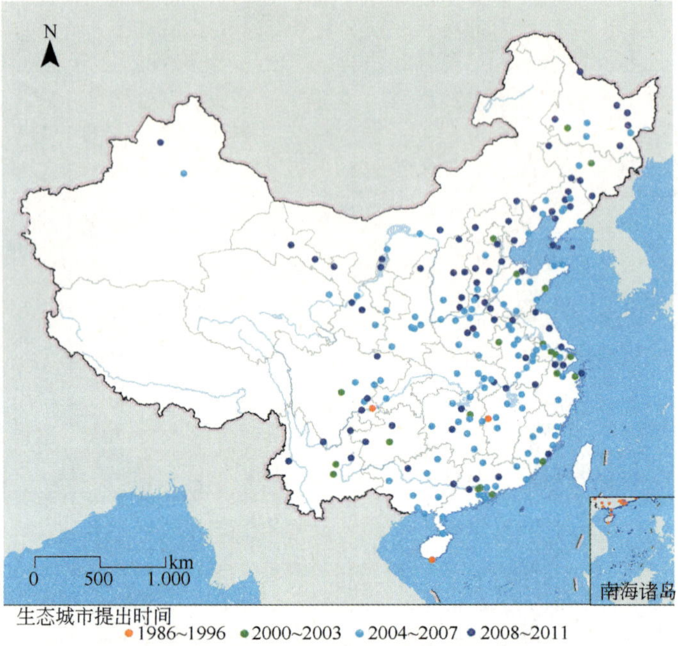

图 3-2 全国提出创建“生态城市”建设目标的时间分布

注：因底图数据不全，部分城市未能在图上反映，该图仅作反映全国总体进展的示意图。

来源：2010～2011 年中国城市科学研究会学术部调研结果

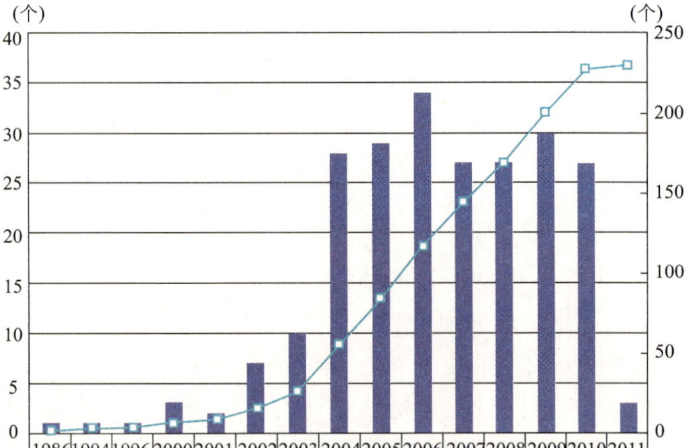

	1986	1994	1996	2000	2001	2002	2003	2004	2005	2006	2007	2008	2009	2010	2011
每年提出城市个数	1	1	1	3	2	7	10	28	29	34	27	27	30	27	3
累积提出城市个数	1	2	3	6	8	15	25	53	82	116	143	170	200	227	230

图 3-3 全国提出创建“生态城市”建设目标的数量年分布和累计分布(截至 2011 年 2 月)

来源：2010～2011 年中国城市科学研究会学术部调研结果

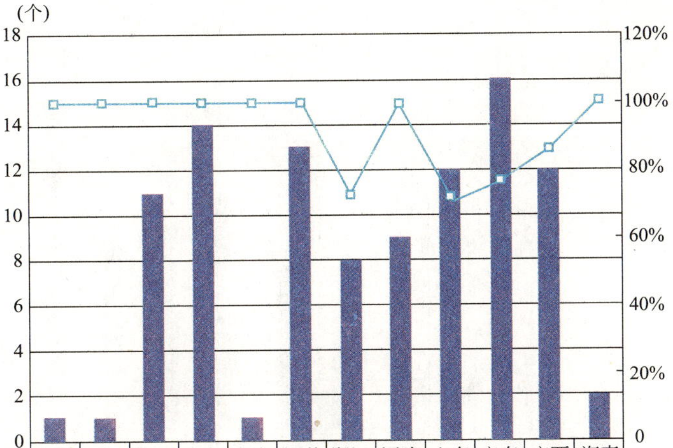

	北京	天津	河北	辽宁	上海	江苏	浙江	福建	山东	广东	广西	海南
提出城市数量	1	1	11	14	1	13	8	9	12	16	12	2
提出城市所占比重	100%	100%	100%	100%	100%	100%	73%	100%	71%	76%	86%	100%

图 3-4　东部地区提出创建“生态城市”的数量及比重分布

来源：2010～2011 年中国城市科学研究会学术部调研结果

2. 中部地区提出创建“生态城市”的总体情况

中部地区❶包括 9 个省、自治区，110 个地级以上城市，提出创建“生态城市”建设目标的城市有 85 个，所占比重为 77.3%。中部地区各省的情况相对均衡，其中湖北提出创建“生态城市”的比重略低，为 67%，其余各省、自治区的比重均在 70%以上，如图 3-5 所示。

3. 西部地区提出创建“生态城市”的总体情况

西部地区❷包括 10 个省、自治区、直辖市，62 个地级以上城市，提出创建“生态城市”建设目标的城市有 45 个，所占比重为 72.6%。其中除西藏自治区尚未提出创建“生态城市”，其余省、自治区、直辖市的比重均在 60%以上，如图 3-6 所示。

3.2.2　全国提出创建“低碳城市”的总体情况

根据对全国 287 个地级以上城市的调查，目前提出“低碳城市”建设目标的城市有 133 个，所占比重为 46.3%，其地理分布如图 3-7 所示。

❶ 中部地区包括山西、内蒙古、吉林、黑龙江、安徽、江西、河南、湖北、湖南 9 个省、自治区。

❷ 西部地区包括重庆、四川、贵州、云南、西藏、陕西、甘肃、宁夏、青海、新疆 10 个省、自治区、直辖市。

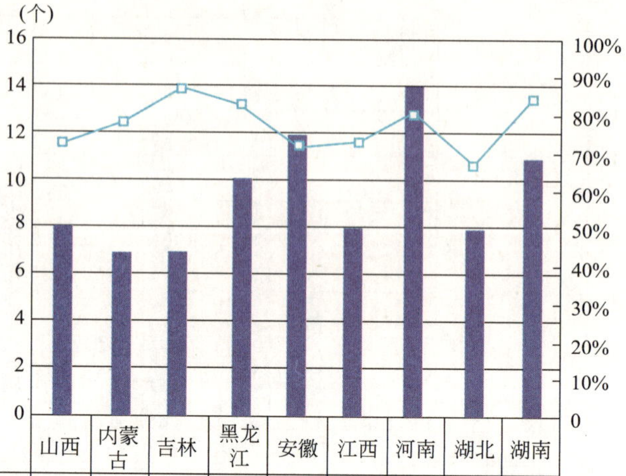

	山西	内蒙古	吉林	黑龙江	安徽	江西	河南	湖北	湖南
提出城市数量	8	7	7	10	12	8	14	8	11
提出城市所占比重	73%	78%	88%	83%	71%	73%	82%	67%	85%

图 3-5　中部地区各省、自治区提出创建“生态城市”的数量及比重分布

来源：2010～2011 年中国城市科学研究会学术部调研结果

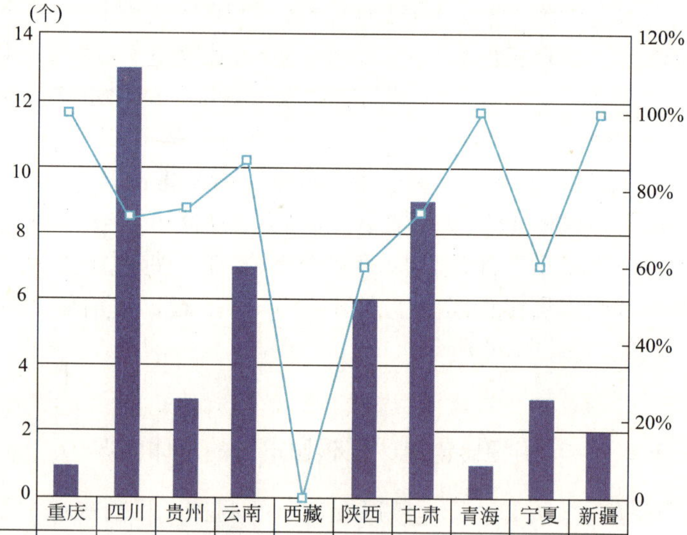

	重庆	四川	贵州	云南	西藏	陕西	甘肃	青海	宁夏	新疆
提出城市数量	1	13	3	7	0	6	9	1	3	2
提出城市所占比重	100%	72%	75%	88%	0	60%	75%	100%	60%	100%

图 3-6　西部地区提出创建“生态城市”的数量及比重分布

来源：2010～2011 年中国城市科学研究会学术部调研结果

图 3-7　全国提出创建"低碳城市"的城市分布示意图

注：因底图数据不全，部分城市未能在图上反映，该图仅作反映全国总体进展的示意图。

来源：2010～2011 年中国城市科学研究会学术部调研结果

从提出时间来看，尽管相对于"生态城市"，"低碳城市"建设目标的提出相对较晚，2008 年才首次提出，但一经提出，就得到了迅速的发展，并呈现出相对均衡分布的特点，具体如图 3-8 所示。

从每年和累计提出口号的城市数量来看，总体保持递增且增速趋向上升的趋势，具体如图 3-9 所示。

1. 东部地区提出创建"低碳城市"的总体情况

在东部地区 12 个省、自治区、直辖市中，有 115 个地级以上城市，提出创建"低碳城市"建设目标的城市有 60 个，所占比重为 52.2%。东部地区辽宁、福建、广东和广西提出创建"低碳城市"的比例相对略低，在 50% 以下，其余各省、直辖市均在 50%以上，如图 3-10 所示。

2. 中部地区提出创建"低碳城市"的总体情况

中部地区的 9 个省、自治区，有 110 个地级城市，提出创建"低碳城市"建设目标的城市有 49 个，所占比重为 44.5%。其中黑龙江提出创建"低碳城市"建设目标的比例最高，为 75%，吉林和河南提出创建"低碳城市"的比重略低，分别为 25%和 29%，其余各省、自治区基本集中在 35%～60%，如图 3-11 所示。

图 3-8　全国提出创建“低碳城市”建设目标的时间分布

注：因底图数据不全，部分城市未能在图上反映，该图仅作反映全国总体进展的示意图。

来源：2010～2011 年中国城市科学研究会学术部调研结果

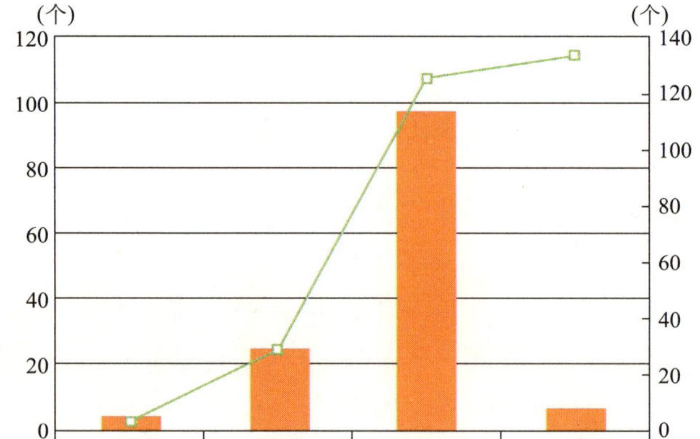

	2008	2009	2010	2011
每年提出城市个数	4	25	97	7
累积提出城市个数	4	29	126	133

图 3-9　全国提出创建“低碳城市”建设目标的数量年分布和累计分布(截至 2011 年 2 月)

来源：2010～2011 年中国城市科学研究会学术部调研结果

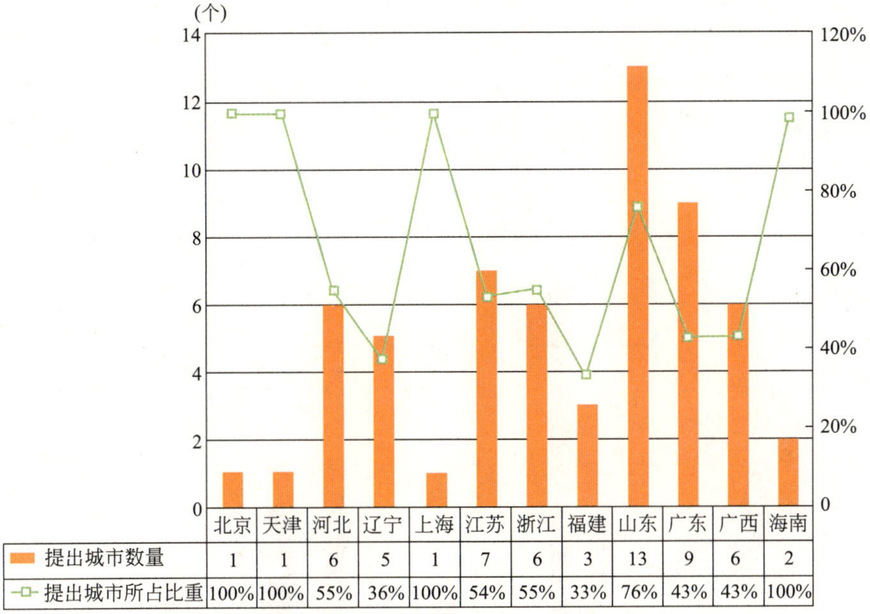

	北京	天津	河北	辽宁	上海	江苏	浙江	福建	山东	广东	广西	海南
提出城市数量	1	1	6	5	1	7	6	3	13	9	6	2
提出城市所占比重	100%	100%	55%	36%	100%	54%	55%	33%	76%	43%	43%	100%

图 3-10 东部地区提出创建“低碳城市”的数量及比重分布

来源：2010～2011 年中国城市科学研究会学术部调研结果

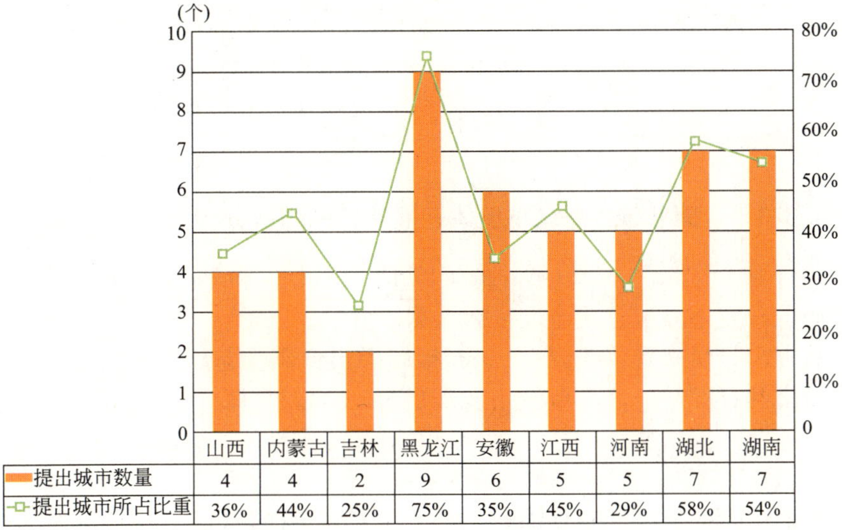

	山西	内蒙古	吉林	黑龙江	安徽	江西	河南	湖北	湖南
提出城市数量	4	4	2	9	6	5	5	7	7
提出城市所占比重	36%	44%	25%	75%	35%	45%	29%	58%	54%

图 3-11 中部地区提出创建“低碳城市”的数量及比重分布

来源：2010～2011 年中国城市科学研究会学术部调研结果

3. 西部地区提出创建“低碳城市”的总体情况

西部地区的 10 个省、自治区、直辖市中有 62 个地级城市，提出创建“低碳城市”建设目标的城市有 24 个，所占比重为 38.7%。西部地区除重庆、西藏、青海以外，其余各省、自治区提出创建“低碳城市”的比重相对均衡，基本集中在 25%～50%之间，如图 3-12 所示。

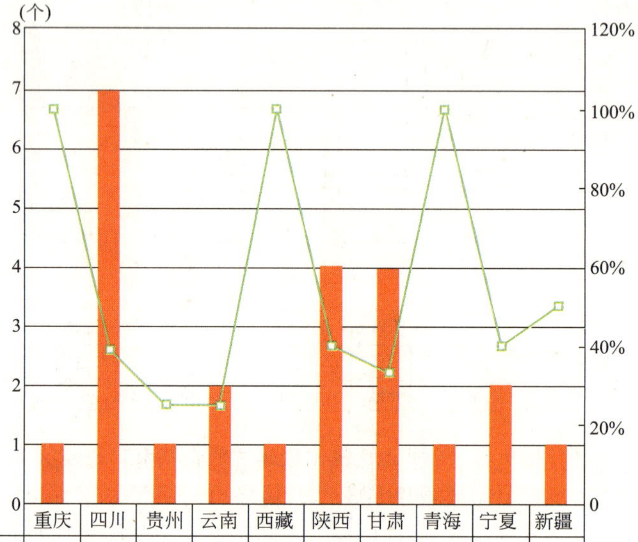

	重庆	四川	贵州	云南	西藏	陕西	甘肃	青海	宁夏	新疆
提出城市数量	1	7	1	2	1	4	4	1	2	1
提出城市所占比重	100%	39%	25%	25%	100%	40%	33%	100%	40%	50%

图 3-12　西部地区提出创建“低碳城市”的数量及比重分布

来源：2010～2011 年中国城市科学研究会学术部调研结果

3.2.3　全国低碳生态城市整体开展情况的综合分析

综合对“生态城市”以及“低碳城市”建设目标的相关统计数据可以得出我国低碳生态城市有关建设目标的总体情况。

从提出数量来看，我国自 1986 年起提出低碳生态城市有关建设目标的地级城市共有 259 个，占地级市比例的 90.2%，如图 3-13 所示。其中两种建设目标全部提出的城市有 110 个，占地级市比例的 38.3%；提出一种建设目标的城市有 149 个，占地级市比例的 51.9%。

从提出时间来看，“生态城市”的建设目标相对提出较早，自 2003～2004 年起，开始进入并保持着较为稳定的上涨趋势；尽管“低碳城市”是 2008 年提出的新名词，但一经提出就表现出迅猛的上涨趋势。

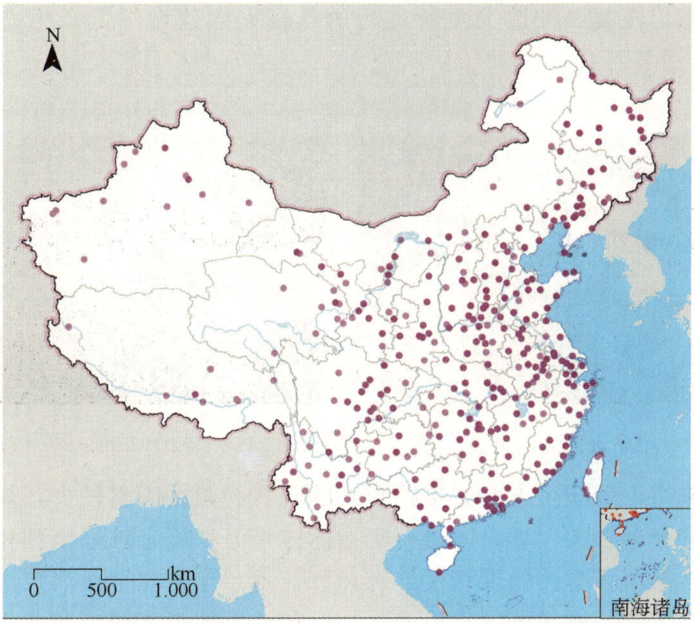

图 3-13　全国提出低碳生态城市有关建设目标的城市分布示意图

注：因底图数据不全，部分城市未能在图上反映，该图仅作反映全国总体进展的示意图。

来源：2010～2011 年中国城市科学研究会学术部调研结果

3.3　中国低碳生态城市的建设类型与部分实践探索

3.3.1　中国低碳生态城市的建设类型

除了地方政府在建设目标层面的积极响应和倡导，相当一部分的城市(城区)也已经开始了低碳生态城市的建设实践活动。根据其用地性质和开发建设模式的不同，可以分为三类：新建地区的低碳生态城市实践，现有城区改造的低碳生态城市实践和现有城区扩张发展的低碳生态城市实践。

1. 新建地区的低碳生态城市实践

这一类型的低碳生态城市实践是指在既有建成区以外，以低碳生态发展模式开展新城的建设。调研发现低碳生态新城的选址所占用的土地性质各不相同。其中中新天津生态城和唐山湾(曹妃甸)生态城具有探索型的代表性，其特点为开发建设过程中尽量不占用耕地或实现占补平衡，是以盐碱地、滩涂地的生态化恢复、改造为主所进行的从规划到建设的低碳生态城市实践（图 3-14、图 3-15）。

图 3-14 中新天津生态城效果图

图 3-15 唐山湾（曹妃甸）生态城效果图

相对来讲，低碳生态新城实践受到的现状约束性因素较少，规划设计和建设发展的余地较大，可以通过制定指标体系等手段来较好地和相对完整地应用低碳生态城市有关的规划设计理念和技术，全方位地开展建设活动，但同时也存在依靠政府投资，建设成本相对较高，人口集聚、产业集聚需要依托周边城市辐射力等方面的缺点。目前中国所进行的低碳生态城市实践多数属于这种类型。

2. 现有城区原址改造的低碳生态城市实践

这一类型的低碳生态城市实践主要是指对原有城镇进行的低碳生态化改造，其特点是根据当地的现状发展水平和特色，兼顾低成本、高效益的原则，利用适宜的低碳生态技术，逐渐改变原有不合理的发展方式和生活方式，实现经济、社会、环境效益的共赢。如浙江安吉充分利用当地“竹乡”的资源禀赋，形成了从竹产业的原料供应，竹制品的初、深加工到竹产品的销售这样一条循环、高效、完整的产业链；北京的延庆、密云地区结合当地气候特点和实际需求，在国家相关政策的财政补贴和技术扶持下，在新能源利用（太阳能、生物质能、风力发电等）、生态修复、垃圾分类处理、循环产业等方面进行了建设示范和应用（图 3-16、图 3-17）。相对于新建地区的低碳生态城市实践，这一类型的低碳生态城市实践相对见效慢，需要政府加强扶持和引导，但我们应当意识到，既有城镇改造的低碳生态城市实践是我国当前最应重点推进同时也是未来发展前景最为广阔的一种类型。

3. 现有城区扩张发展的低碳生态城市实践

这一类型的低碳生态城市实践也属于新城建设，有别于原址改造型的最大特点是与主城区距离不远，属于主城区扩张发展的范围。如厦门市结合当前“统筹城乡发展，加快岛内外一体化建设”的发展战略目标，在集美、翔安、同安、海沧等四个新城的建设中，启动了低碳生态新城规划，逐步实现城市建设由岛内转向岛外，推动厦门进入“全域特区”时代。目前，集美新城($21km^2$)、同安环东海域($114km^2$)、东海科技创新园($4.9km^2$)、翔安低碳研究所和低碳配套产业园($10km^2$)已选定为低碳新城示范区，开始按照低碳要求进行规划建设(图 3-18、图 3-19)。

图 3-16　北京密云农村太阳能浴室示范工程

图 3-17　北京延庆“德清源”循环产业园

图 3-18　集美新城日建设计方案

图 3-19　翔安新城 SWA 方案

3.3.2　中国低碳生态城市的部分实践探索介绍

1. 中新天津国际生态城——集约紧凑型生态城市

中新天津生态城是中国、新加坡两国政府战略性合作项目，是继苏州工业园之后两国合作的新亮点。生态城的建设显示了中新两国政府应对全球气候变化、加强环境保护、节约资源和能源的决心，为资源节约型、环境友好型社会的建设提供积极的探讨和典型示范。

1）基本概况

中新天津国际生态城是中国政府和新加坡政府共同合作建设的生态城市，于 2007 年 11 月 18 日，国务院总理温家宝和新加坡总理李显龙共同签署《中华人民共和国政府与新加坡共和国政府关于在中华人民共和国建设一个生态城的框架协议》。协议的签订标志着中国—新加坡天津生态城的诞生。按照两国协议，中新天津生态城将借鉴新加坡的先进经验，在城市规划、环境保护、资源节约、循环经济、生态建设、可再生能源利用、中水回用、可持续发展以及促进社会和谐等方面进行广泛合作。

中新天津生态城的选址遵循两条原则：一是要体现资源约束条件下建设生态城市的示范意义，特别是要以非耕地为主，在水资源缺乏地区；二是要靠近中心城市，依托大城市交通和服务优势，节约基础设施建设成本。

中新天津生态城位于中国国家发展的重要的战略区域——天津滨海新区范围内，毗邻天津经济技术开发区、天津港、海滨休闲旅游区，地处塘沽区、汉沽区之间，距天津中心城区 45km，距北京 150km，总面积约 31.23km^2，规划居住人口 35 万(图 3-20)。

图 3-20　中新天津生态城区域位置

来源：中新天津生态城总体规划(http：//www.eco-city.gov.cn/eco/html/zjstc/ztgh.html)

中新天津生态城总体规划主要包括生态经济、生态社会、生态环境、生态文化等方面内容，并坚持资源利用、生态环境和发展模式可持续的原则，突出了生态优先、以人为本、新型产业、绿色交通等特点(图 3-21)。

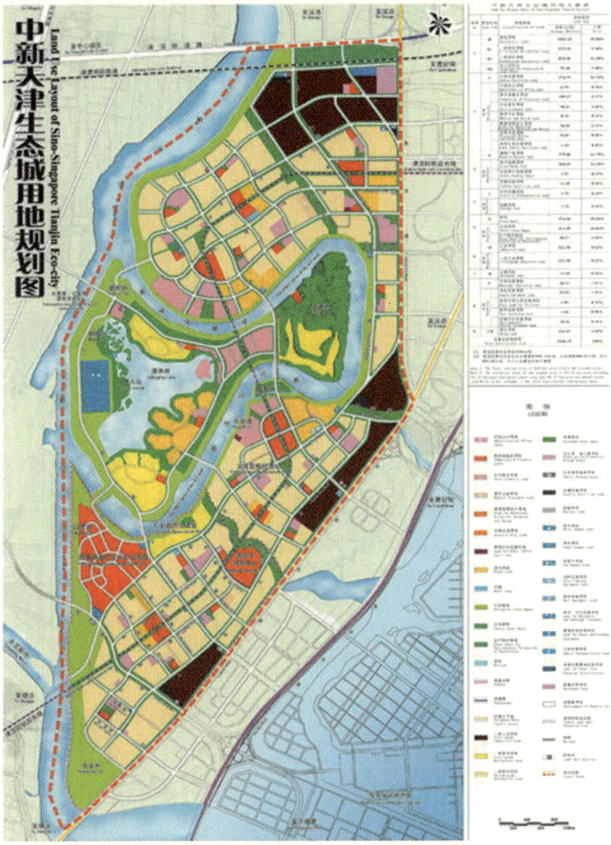

图 3-21　中新天津生态城用地规划图

来源：中新天津生态城总体规划(http：//www. eco-city. gov. cn/eco/html/zjstc/ztgh. html)

2) 定位与目标

中新天津生态城将致力于建设成为综合性的生态环保、节能减排、绿色建筑、循环经济等技术创新和应用推广的平台，现代高科技生态型产业基地，“资源节约型、环境友好型”的宜居示范新城。

中新天津生态城的可持续发展包括六个方面：智能城市、清洁水源、生态平衡、清洁环境、清洁能源和绿色建筑。中新天津生态城将运用 26 个关键绩效指标以确保城市实现生态发展。

中新天津生态城作为世界上第一个国家间合作开发建设的生态城市，将为中国乃至世界其他城市可持续发展提供样板，为生态理论创新、节能环保技术使用和展示先进的生态文明提供国际平台，为中国今后开展多种形式的国际合作提供示范。中新天津生态城作为中国天津滨海新区的重要组成部分和独有的亮点，将充分利用国家综合配套改革试验区先行先试、改革创新的政策优势，借鉴国际先进生态城市的建设理念和成功经验，通过十年左右的建设，使之成为展示滨海新区“经济繁荣、社会和谐、环境优美的宜居生态型新城区”的重要载体和形象标志。

3）低碳生态城市的建设特色与进展

中新天津生态城的建设在很多方面有着自身的特色，如：开发建设过程中不占用耕地，指标体系构建，以绿色交通系统为主导的交通发展模式，“生态社区”模式，生态城市管理创新模式等，并在很多方面进行了积极的实践探索，成为中国生态城市建设较早的践行者。同时，它的建设将对“生态文明”理念的普及、生态城运作与管理模式的推广具有非常重要的示范借鉴意义。

（1）构建中新天津生态城指标体系

构建中新天津生态城指标体系是为了在中新合作建设生态城过程中落实“三和”、“三能”，并运用生态经济、生态社会、生态环境、生态文化的新理念，建设“生态、环保、节能、自然、宜居、和谐的人居环境”，使中新天津生态城成为可持续发展的典范。中新天津生态城指标体系旨在节地节水、节能减排、生态宜居等规划理念和建设标准方面实现突破，通过对生态城规划的引导，将生态城建设成体现科学发展观和生态文明的城市典范。借鉴新加坡先进国家的经验，并结合选址区域的实际，围绕生态环境健康、社会和谐进步、经济蓬勃高效和区域协调融合四个方面，确定了多项控制性指标和4 项引导性指标(图 3-22)。

- 控制性指标
  - 经济蓬勃高效
    - 经济发展持续
    - 科技创新活跃
    - 就业综合平衡
  - 生态环境健康
    - 自然环境良好
    - 人工环境协调
  - 社会进步和谐
    - 生活模式健康
    - 基础设施完善
    - 管理机制健全
- 引导性指标
  - 自然生态协调
  - 区域政策协调
  - 社会文化协调
  - 区域经济协调

图 3-22　中新天津生态指标体系框架图

中新天津生态城指标体系是生态城实现可持续发展的政策工具，引领城市公共管理能够满足规划的目标和要求。

(2) 打造低碳环保绿色交通之城

中新天津生态城提倡以绿色交通系统为主导的交通发展模式，交通的建设紧密结合了土地利用，提升了公共交通和慢行交通的出行比例，并构建机动车道路系统和慢行道路系统(图 3-23)。同时，高密度的慢行道路系统串联了大部分居住、产业和公共设施，结合绿地系统营造环境宜人的慢行空间，使慢行方式逐步成为居民出行首选，实现人车友好分离、机非友好分离和动静友好分离。在绿色交通体系中广泛使用电力和汽油电池为动力的新式能量物质交通，电动汽车将成为生态城绿色交通体系中的一大亮点。

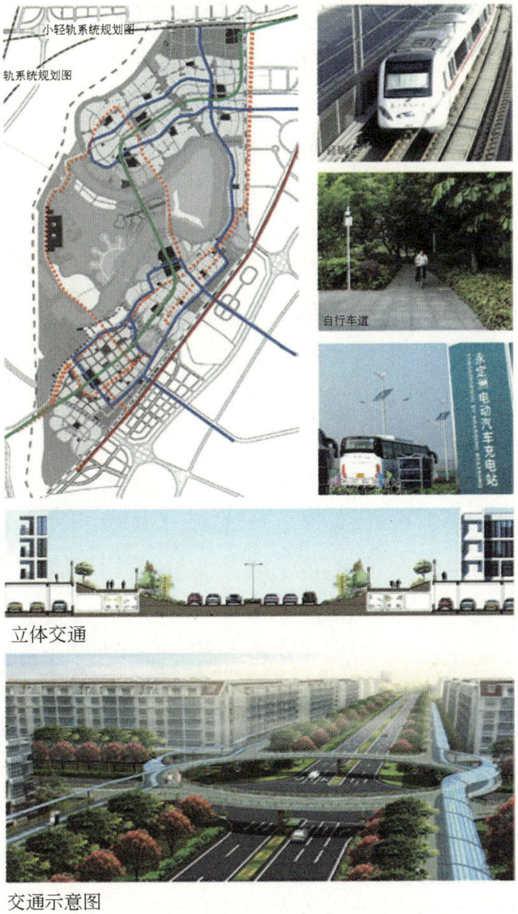

图 3-23　绿色交通示意图

来源：中新天津生态城，总体规划(http：//www. eco-city. gov. cn/eco/html/zjstc/ztgh. html)

在此基础上，积极建设“轨道交通、城内公交骨干线、公交支线”构成的三级公交服务体系。差别层级的公交线路之间、公交线路与慢行交通系统之间形成良好的分工和跟尾，满足片区之间及与外围临近地域的公交快速接洽。联合各级中心和生态社区设置公交站点，实现居民步行两三百米便可搭上公交车。轻轨也将在生态城内设立多个站点，实现居民步行500～800m便可到达一座轻轨站。预计到2015年，生态城电动汽车数量将发展到510辆，其中大型车45辆、中型车50辆、小型车415辆，真正成为低碳环保绿色交通之城。

“十二五”期间，生态城还将加快内部路网和对外路网交通建设，推广实施先进交通管理技术，完善智能绿色交通管理体系。到2015年，生态城将开通10条左右新能源公交线路，区内绿色交通出行比例将达到50%。

同时，合理配置生态城出入通道，建设对外公交走廊，形成区域交通枢纽。其中，中央大道、津汉高速路、中津大道已建成通车。到2015年，生态城建成由津汉高速路、中新大道北段、中央大道和中津大道组成的反“C”字形半环线，构成生态城连接滨海新区和市区的交通干线。

（3）生态保护和生态修复

为了突出生态特色，建设环境优美、和谐宜居的生态新城，中新天津生态城规划坚持生态保护优先的原则，尊重本地自然生态条件，采取适宜的生态修复和重建手段，恢复自然水系、湿地和植被，构筑以多级水系、绿色网络为骨架的复合生态系统。以蓟运河和蓟运河故道围合的区域为生态核心区，建设6条生态廊道，加强生态核心区与外围生态系统的连接，形成开放式的生态空间格局，积极推进区域生态系统一体化。

区域生态格局：根据天津市城市总体规划确定的生态格局，保留西南侧水系入海口的大面积生态湿地，形成咸淡水交错的复合式水生态系统；预留七里海湿地鸟类迁徙的驿站和栖息地，保障了“大黄堡—七里海”湿地连绵区向海边的延续；完整保留蓟运河故道，保障北部蓟县自然保护区通往渤海湾廊道的畅通，形成以河流为脉络的区域生态网络。

在生态城内部，沿河道、湿地建设楔形绿地，形成与区域联系的生态廊道；在蓟运河、津汉快速路等河道和对外通道两侧设置防护绿带，为生态城提供生态屏障。结合自行车道系统和步行系统，建立覆盖范围广阔的绿廊系统；构建“水库—河流—湿地—绿地”的多层次的生态网络格局。

水生态修复：规划提出通过实施区域协作，加强对蓟运河流域排放控制。采取多种措施，对蓟运河故道和现状污水库水体及底泥进行治理。蓟运河故道及人工河道采用生态岸线，以减少人类对生态环境的干扰。结合现状水系和人工河道，形成自然强化循环、人工强化循环和自循环相结合的水循环系统(图 3-24)。

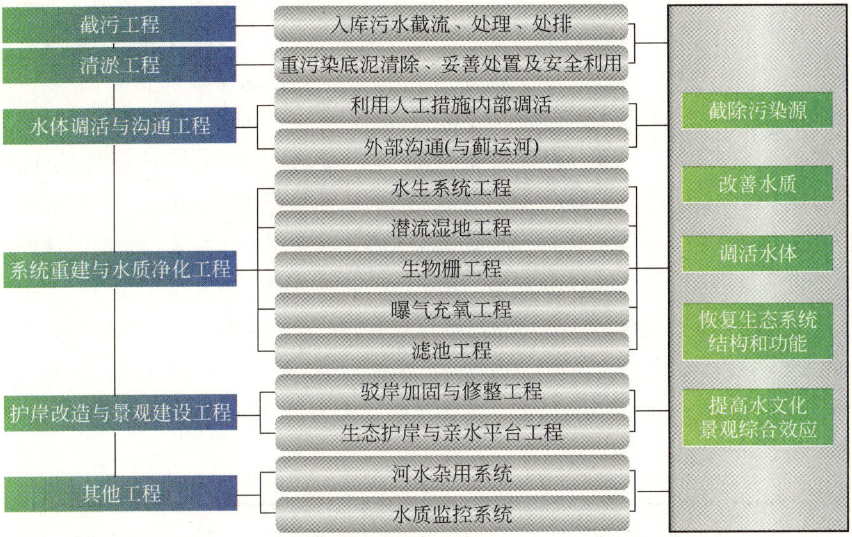

图 3-24　生态修复示意图

来源：中新天津生态城，总体规划(http://www.eco-city.gov.cn/eco/html/zjstc/ztgh.html)

土壤改良：因地制宜，采用填土、挖沟排碱、生物改良等方式对盐碱化土壤进行处理，修复滨海滩涂生态系统，建立以本地适生植物为主的植物群落，创造丰富的绿地景观，在盐碱地生态修复与生态建设方面发挥国家级示范作用。同时，恢复建设鹦鹉洲和白鹭洲两处鸟类栖息地及永定洲生境演替区。

(4) 在资源约束条件下的生态城市建设

中新天津生态城选址于滨海新区的东北部，整个生态城范围内 1/3 为废弃的盐田，1/3 为污染水面，1/3 为盐碱荒地，土壤盐渍化程度高，属于水质性缺水地区。在较差自然条件下建设生态城市，虽然不符合常规的城市选址思路，但符合“十分珍惜、合理利用土地和切实保护耕地”的基本国策，是节约集约利用土地资源的一次全新的尝试。通过生态城的建设，把中新天津生态城打造成为目前我国土地、水资源和能源紧缺条件下的生态新城建设典范。

基于生态选址的现状、用地条件及当地资源(土地资源、水资源等)禀赋状况，综合分析不同的人口规划、经济发展水平及其碳排放量与生态环境容量的承载能力，确定到2020年人口规模控制在35万人。在土地利用方面，生态城采用TOD模式，沿交通主轴集中进行高强度开发，开发强度由内向外逐渐降低。同时加大地下空间的综合开发，通过商业设施与轨道站点结合建设，建设地下停车设施，建设市政共同沟等方式，实现土地资源的集约高效利用。

中新天津生态城集约紧凑的城市发展模式也将成为中国可持续发展的城市典范。在综合考虑环境、就业、居住、交通、市政基础设施等各种因素的前提下，根据生态格局，把生态城划定4个开发片区，以对外联系的轨道交通作为城市主轴，结合轨道站点建设城市中心和两个地区中心，形成“一轴三心四片”的空间结构。依据新加坡建设中的社区规划理念，中新天津生态城规划建立了基层社区(即“细胞”)—居住社区(即“邻里”)—综合片区3级居住社区体系，每个综合片区由4～5个居住社区组成，而每个居住社区由4个基层社区，形成符合生态城市示范要求的“生态社区模式”(图3-25)。

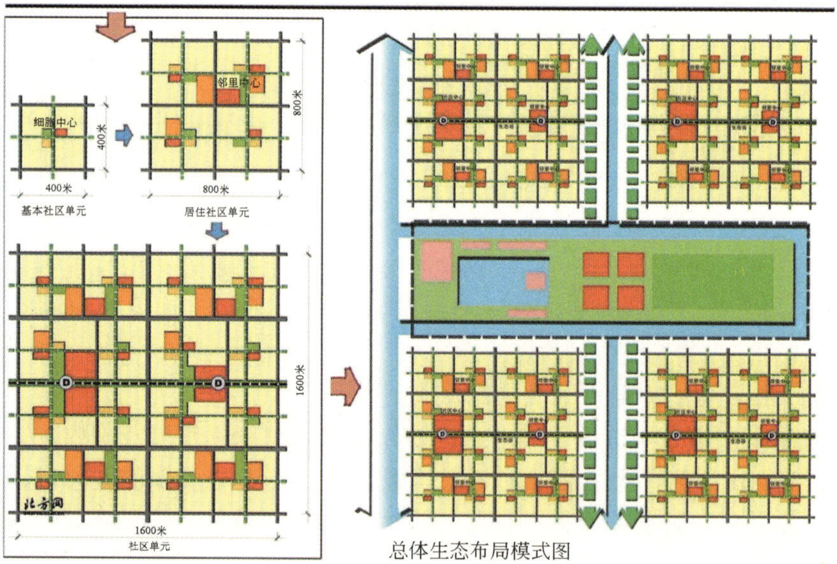

图 3-25　总体生态布局模式图

来源：中新天津生态城，总体规划(http：//www.eco-city.gov.cn/eco/html/zjstc/ztgh.html)

(5) 生态循环水系统

由于盐碱荒滩、土地盐渍化、水质污染、淡水缺乏等原因，中新天津生态城以节水为核心，注重水资源的优化配置和循环利用，建立广泛的雨水收集和污水回用系统，实施污水集中处理和污水资源化利用工程，多渠道开发利用再生水和淡化海水等非常规水源，提高非传统水源使用比例。同时，建立科学合理的供水结构，实行分质供水，减少对传统水资源的需求；通过建立水体循环利用体系，加强水生态修复与重建，合理收集利用雨水，加强地表水源涵养，建设良好的水生态环境(图 3-26)。

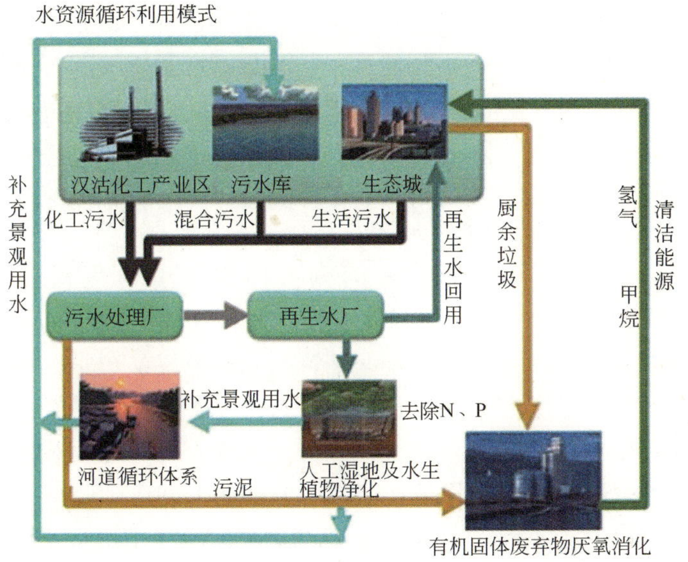

图 3-26 水资源循环利用模式

来源：中新天津生态城总体规划(http：//www.eco-city.gov.cn/eco/html/zjstc/ztgh.html)

通过建设污水处理、中水回用、雨水收集、海水淡化系统的措施，规划非传统水源使用比例到 2020 年达到 50％。人均生活用水指标控制在 120L/d，人均综合用水量 320L/d，非传统水资源利用率不低于 50％。

(6) 新能源与可再生能源的利用

中新天津生态城按照建设资源节约型、环境友好型社会的要求，积极推广新能源技术，加强能源梯级利用，促进能源节约，提高能源利用效率，大力发展循环经济，推行清洁生产和节能减排，构建安全、高效、可持续的能源供应体系。规划到 2020 年，可再生能源使用率将达到 20％。

A. 优先发展可再生能源，形成与常规能源相互衔接、相互补充的能源利用模式；

B. 促进高品质能源的使用，禁止使用非清洁煤、低质燃油等高污染燃料，减少对环境的影响；

C. 充分应用建筑节能技术，生态城内建筑全部按照绿色建筑标准建设；

D. 积极应用热泵回收余热、热电冷三联供以及路面太阳能收集等技术并合理耦合，实现对能源的综合利用；

E. 建立固体废物分类收集、综合处理与循环利用体系，推进再生资源综合利用产业化。

目前，生态城的可再生能源利用取得了较大进展。根据生态城可再生能源专项规划和实施计划，太阳能供热、地源热泵技术在生态住宅、大型公建已经得到普遍应用，特别是动漫园综合冷热能源供应站已开始建设。同时，为满足可再生能源接入电网的需要，生态城已经与国家电网公司合作，开工建设以信息化、自动化、互动化为主要特征的智能电网工程。

另外，2011 年中新天津生态城中央大道光伏发电项目(一期)建设工程全部完工(图 3-27)。该项目位于生态城区内中央大道西侧，整体绵延约 2.87km，工程设计总容量为 3.3MW。该项目由数十个太阳能光伏发电机组组成，目前已具备发电条件，年发电量可达 300 万 kW 以上，节省等价替代标煤 1000 余吨。而且，中新天津生态城智能电网 12 个子项目已经全部建成，通过智能变电站、配电自动化、设备状态检查、电能质量监控等多项系统，为生态城提供坚实电能保障，使生态城智能电网电压合格率达到 100%，用户年平均停电时间不超过 6min，供电可靠性已达到国际先进水平(每日新报，2011 年 12 月 06 日)。

图 3-27 中新天津生态城中央大道光伏发电项目建设工程完工

来源：今晚网(http：//news.jwb.com.cn/art/2011/12/29/art-180-417635.html)

2. 唐山湾(曹妃甸)生态新城——明日生态之城

开发建设唐山湾(曹妃甸)国际生态城，是唐山市委贯彻落实胡锦涛总书记“把曹妃甸建设成为科学发展示范区”，温家宝总理“把曹妃甸建设成为现代化的港口、港区和港城”的指示精神作出的重大战略决策，是唐山“四点一带”、“四大主体功能区”和“唐山湾”开发战略的重要组成部分，目标是建设服务于曹妃甸新区的现代化未来生态城市，成为“唐山南部副中心城市、环渤海区域中心城市”。

1）基本概况

唐山湾(曹妃甸)国际生态城，总体规划面积 150km^2。位于曹妃甸新区东部，西距曹妃甸工业区 5km，东距海港开发区 25km；毗邻京津冀城市群，距北京 220km、天津 120km、唐山 80km、秦皇岛 170km(图 3-28)。交通区位条件优越：京山、京秦、大秦等铁路干线贯通东西，唐遵、滦港、迁曹等铁路支线南北相连；京沈、唐津、唐港高速和沿海、唐承、唐曹高速网状互通；曹妃甸港口通向全国及世界各地；随着北京—天津—唐山的城际铁路建设，唐山湾(曹妃甸)国际生态城将融入与北京、天津、唐山 30min 城市圈内，形成方便迅捷、成本低廉的交通体系。

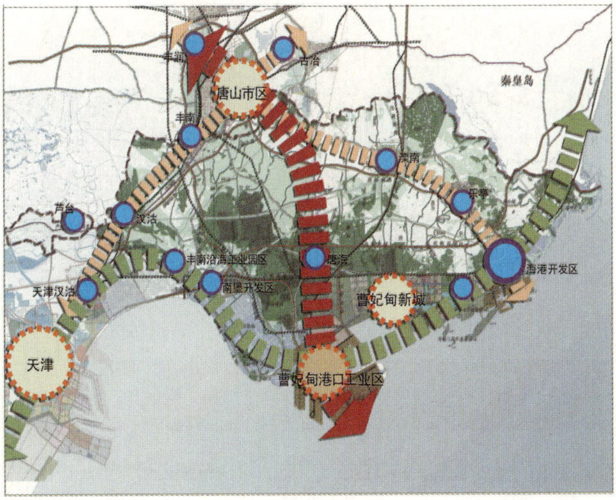

图 3-28　唐山湾(曹妃甸)国际生态城区位图

来源：2011 年美国能源基金会汇报文稿

唐山湾(曹妃甸)国际生态城地处环渤海中心地带，地理位置优越。该区域属于大陆性季风气候，具有明显的暖温带半湿润季风气候特征，年平均气温 11.4℃，沿海而建，推窗见海、气候宜人。

2）定位与目标

遵照胡锦涛总书记建设科学发展示范区和温家宝总理“把曹妃甸建设成为现代化的港口、港区和港城”的指示，按照“世界一流、中国气派、唐山特色”的要求，借鉴世界港口城市发展的经验，以“港口、港区、港城”协调发展的理念，把曹妃甸国际生态城建设成一座“世界一流的生态城市、港口城市、滨海城市、示范性城市、国际性城市和环渤海地区的重要城市”。并将在城市发展方向上，重点发展科技研发、休闲会展、金融贸易、技术服务、教育培训、城市服务业“六大产业”和企业总部区、行政商务区、科技研发区、体育健康示范区、科教园区、生态生活服务区、产业服务区“八大行政功能板块”（图 3-29）。

图 3-29　唐山湾（曹妃甸）国际生态城总体规划图

来源：2011 唐山湾生态城规划建设情况汇报

明确的目标是发展生态城市建设可持续的基础，唐山湾（曹妃甸）国际生态城在发展建设上将分为三个阶段：

近期（2008～2010 年），为基础设施和起步区建设阶段，起步区规划面积 12km^2，坚持依港建城、以城促港，快速推进基础设施建设，初步形成 6 万人左右的人口规模。

中期（2011～2020 年），为加速建设阶段，在 74.3km^2 的建设区内完成生态城建设示范模式，构建起唐山南部核心城市的雏形，形成 80 万人左右的人口规模。

远期(2020 年以后)，全面完成唐山湾(曹妃甸)新城建设规划内容，城市功能进一步完善，形成 100 万人口和 150km² 面积的城市规模。

产业方面将依据唐山湾(曹妃甸)国际生态城发展建设的趋势，并结合工业区的临港产业特征，以高新技术和现代服务业集群为主导，国际教育、滨海休闲旅游和城市服务业为辅助，推动城市经济持续快速发展。

3) 低碳生态城市的建设特色与进展

曹妃甸新区拥有着全世界最大的吹沙填海工程，预计将完成约 300km² 的造地工程，目前已经完成吹沙填海面积近 150km²，其中唐山湾(曹妃甸)国际生态城约 20km²，是被誉为“世界第八大奇迹”号称全世界最大的陆地改造项目——迪拜棕榈岛总面积的十多倍。另一方面，唐山湾(曹妃甸)国际生态城还拥有它得天独厚的优势，紧邻的 81 万亩曹妃甸湿地为区域提供了天然的绿肺，野生动植物资源达 1200 余种，各类物种在此迁徙繁殖，生生不息。而曹妃甸工业区的崛起则为唐山湾(曹妃甸)生态城的起步提供了市场基础。

唐山湾(曹妃甸)国际生态城的建设特色体现为以下几个方面：

(1) 指标体系的构建与落实

唐山湾(曹妃甸)生态城的建设充分考虑人类宜居和生态环境的承载能力，力求在二者之间寻求和谐统一，在不断满足居民生活舒适度的情况下把对环境的破坏降低到最小。为此，唐山湾(曹妃甸)生态城严格按照生态城市理念，结合曹妃甸地区的实际情况制定了包括城市功能、建筑与建筑业、交通和运输、能源、废物(城市生活垃圾)、水、景观和公共空间 7 个子系统，共 141 项具体指标，基本涵盖了生态城市建设的各方面，其中包括管理类指标 32 项，规划类指标 109 项。管理类指标需要相关部门进行落实，而对于规划类 109 项指标，进行了细化，分为三类：系统层面(68)、街区层面(16)和地块层面(25)(图 3-30)。它除包含一般生态城市指标体系中“经济、社会和环境”三方面外，还将规划方案的理念和技术具体化，形成可操作性强，指导规划和实施全过程的生态指标体系。该指标体系系统庞大、结构合理，其涵盖内容也是其他生态城市难以比拟的。其最大的特点是指标体系与规划方案的紧密结合，为制定指标体系，首先进行了生态城概念性总体规划工作，根据概念性总体规划方案提炼和量化出具体指标，比如根据城市绿地所占城市用地的比例以及规划城市人口量化出城市人均公共绿地面积指标，对这些指标进行分析和调整后，同时反馈到规划方案的调整中去，实现规划方案与生态指标体系的联动和统一。

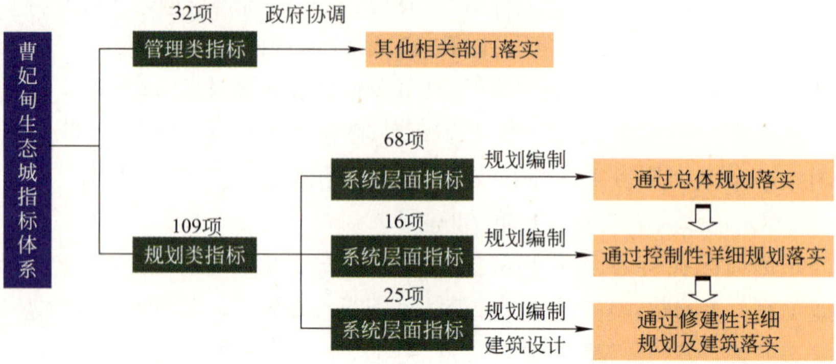

图 3-30　唐山湾（曹妃甸）生态城指标体系落实方案结构图

来源：唐山湾（曹妃甸）起步区生态指标体系研究报告

指标体系的落实对应着不同操作的主体，对来自政府部门、项目开发商、使用者，通过行政管理、建设控制、环境保护等一系列法定及非法定实施手段，进行年度生态控制指标考核，构建统一统计数据系统进行评估统计，完成生态城年度生态指标落实报告。并由指标体系实施监管机构进行统一监督管理，同时根据报告中的指标落实情况，对生态城总体生态指标体系及生态控制指标体系进行实时反馈及科学修订，保证指标体系的良好操作性及实施监管力度（图 3-31）。

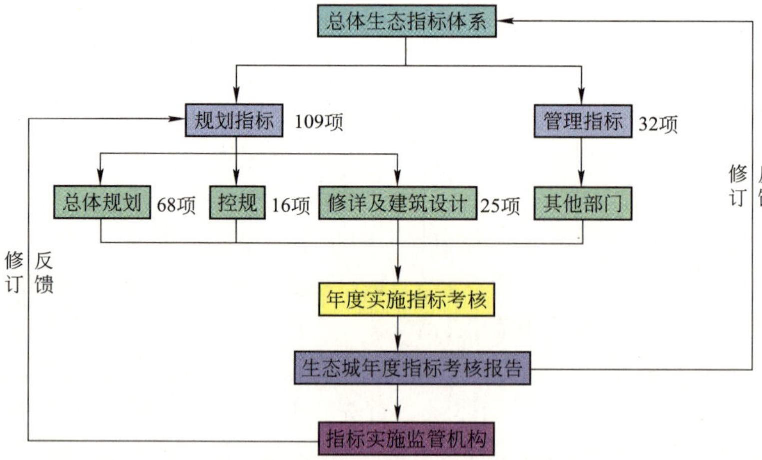

图 3-31　唐山湾（曹妃甸）生态城生态指标体系规划监督管理流程图

来源：唐山湾（曹妃甸）起步区生态指标体系研究报告

唐山湾(曹妃甸)生态城指标体系是指导生态城规划和建设的理论依据，是实现唐山湾(曹妃甸)生态城整体建设目标的重要支撑系统，其最主要的特点是系统化、多层面化。唐山湾(曹妃甸)生态城的规划设计、项目建设、公共管理均严格按照指标体系实行。

(2) 生态规划与绿色循环系统

唐山湾(曹妃甸)国际生态城规划充分融入国际成熟的城市和区域生态规划，以及循环系统的先进理念及规划技术，以打造“低能耗、低污染、低碳排”城市为目标，以“减量化、再利用、再循环”为基本原则，结合周边资源构建“工业区—城市—农村”的区域生态循环系统，并针对建筑、街坊、街区和城市组成不同层次生态循环系统。

唐山湾(曹妃甸)国际生态城对于传统城市的生态循环系统加以整合，进行统一管理，构建了生态城的基础设施“核心”——资源管理中心，同时资源管理中心也是唐山湾(曹妃甸)国际生态城生态循环模式的展示区域，即对城市的能源系统、水循环系统、垃圾处理系统等生态系统进行系统整合，在同一地点，统一建立包含污水处理厂、沼气回收利用系统、垃圾焚烧厂、热电联供设备、中水回用体系、垃圾回收体系、生态能源利用体系等城市生态循环设施，提高了城市土地的集约利用程度，有利于城市的生态循环。并且严格遵循循环经济和生态城市的要求，把经济活动按照自然生态系统模式，组织成一个“资源—产品—再生资源”的物质反复循环流动的过程，使得整个经济系统以及生产和消费的过程基本上不产生或只产生很少的废弃物，其特征是自然资源的低投入、高利用和废弃物的低排放，从根本上消解长期以来环境与发展之间的尖锐冲突。

同时，在清洁能源结构及循环节约利用上，除利用风能、太阳能、地热能等传统可再生能源外，还充分利用唐山湾(曹妃甸)国际生态城的区位优势，利用农业有机燃料及工业余热资源，依托资源管理中心垃圾收集处理产生沼气的回收利用设施、热电联供设备等循环能源技术以及城市内部采用的绿色建筑技术和绿色交通技术，构建清洁能源结构及循环节约利用模式，实现绿色能源利用率65%，公交系统沼气利用率100%，城市绿色建筑比例100%。

(3) 绿色建筑的体现

唐山湾(曹妃甸)生态城大力发展绿色建筑，要求本地区所有建筑均至少达到绿色二星标准，在此基础上根据区域位置、土地性质、开发强度等实际条件相应提高建筑绿色星级，围绕绿色建筑节水、节材、节地、节能以及建筑环境改善等方面，分别就地块和建筑物提出相应控制指标，发挥绿色建筑投入低、比较效益高等优势，达到节能减排的目的(图 3-32)。

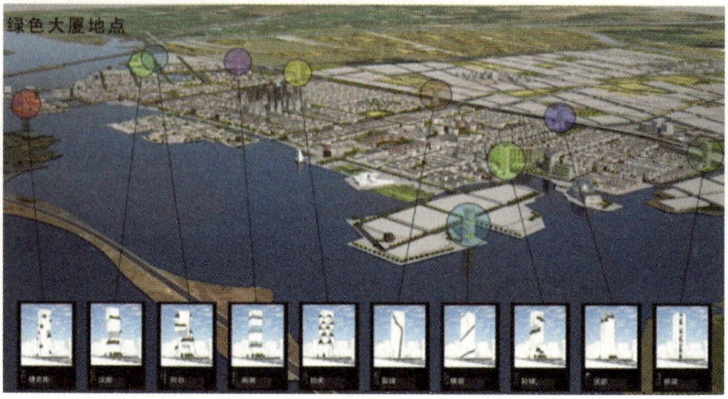

图 3-32　绿色建筑示意图

来源：唐山湾生态城规划建设情况汇报

(4) 绿色交通体系

唐山湾(曹妃甸)生态城委托国内外相应专业机构编制了绿色交通规划，规划中以优先发展公共交通为基础，促进慢行交通与城市公共交通系统的衔接，保证良好的换乘环境，以城市道路为依托，建立与城市土地利用相协调的慢行交通廊道，以慢行区划分为依据，优化、整合区内慢性交通系统网络，建立、完善自行车租赁系统，建立和完善非机动车管理体制和公共政策。推进城市步行、自行车交通系统示范项目的开展，加强城市轨道交通规划建设，引导小汽车合理使用，鼓励人们出行更多地选择步行、自行车、公共交通等绿色交通方式，加强城市交通领域的节能减排工作，促进城市交通健康、可持续发展(图 3-33)。

(5) 新能源利用及低碳产业

唐山湾(曹妃甸)生态城建立以地区公共电网、燃气管网、热网为依托的基本能源保障体系，结合本地产业优势充分利用工业余热、油田采出水废热，大力发展包括太阳能、风能、浅层地热等可再生能源作为生态城能源补充的高效模式，力争可再生能源利用率达 70%(图 3-34)。

这些能源模式的建立需要充分考虑生态城近中远期能源需求，在方案的选择上统筹兼顾，决不能顾此失彼。此外，这些能源模式的建立涉及国家产业政策的影响(如风电场规模大小，热电厂审批建立)和相关单位的协作配合(如工业余热需首钢配合，油田采出水需冀东油田配合)。

图 3-33　唐山湾生态城步行系统示意图

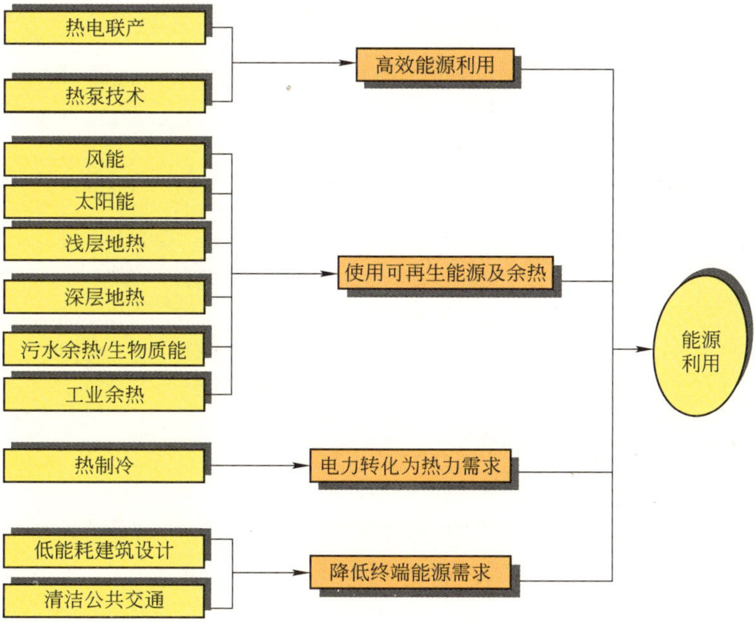

图 3-34　能源利用分配图

来源：2011 年度美国能源基金会汇报文稿

(6) 水环境管理与系统构建

唐山湾(曹妃甸)国际生态城的规划设计中充分利用雨水、再生水、工业区海水淡化等非常规水源(图 3-35)。通过屋面雨水收集、下凹绿地、透水铺装等生态技术，建立建筑屋面—路面、绿地—地块内部蓄水池—市政雨水管道—河道的雨水集蓄利用系统；依托资源管理中心污水处理系统对“黑水”(主要包含尿液、粪便和冲厕所的水)、“灰水”(主要包含淋浴、洗碗、洗衣服等污水)分开收集，前者用于沼气发生，后者因为富有氮、磷化合物而储备作为农业灌溉水，实现资源“分类收集，充分利用”和雨水回收利用率 100%，非常规水资源利用率大于 50%的目标。

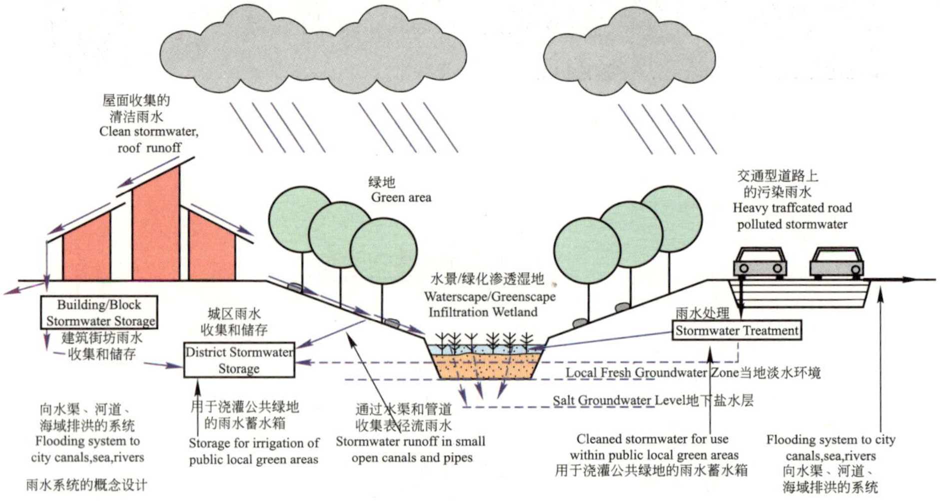

图 3-35 唐山湾(曹妃甸)国际生态城水系统循环利用示意图
来源：唐山湾生态城规划建设情况汇报

(7) 循环经济与产业发展

唐山湾(曹妃甸)生态城围绕为工业区和港口服务的定位，规划建设以房地产业为先导，以高新技术和港口服务业为主导，以国际教育和休闲旅游业为辅助，以行政管理服务业为特色的产业支撑体系。生态城产业将重点发展科技研发、休闲会展、金融贸易、技术服务、教育培训、城市服务业等“六大产业”，大力发展创意产业，搭建引导城市发展的产业支撑(表 3-1)。

唐山湾(曹妃甸)国际生态城产业发展战略一览表　　　　表 3-1

产业	发展战略
高科技产业	利用曹妃甸新区建设循环经济工业区、国际生态城市和唐山节能减排的战略机遇，“以市场换技术”，吸引跨国公司的经营和研发机构进行环保和新能源产品的营销、技术推广与产品研制。同时，曹妃甸钢铁、石化、船舶、海洋工程等临港工业制造企业的研发部门或相关联的研发企业，将成为唐山湾(曹妃甸)生态城高科技研发的重要组成部分
港口服务业	依托北方第一大港——曹妃甸港国际港口的资源优势，大力发展以国际物流、国际贸易、国际金融服务和中介服务等功能的港口服务业，主要包括物流、加工、贸易、金融、保险、代理、信息、口岸等相关服务，以满足港口和临港大工业的配套要求
国际教育产业	唐山湾(曹妃甸)国际生态城将以进入办学机构(唐山工业职业技术学院及河北理工大学)为依托，以满足曹妃甸区域未来发展需求为目标，从整体出发进行教育产业的发展
休闲会议产业	利用良好的滨海优势，通过各种高端的休闲项目的打造，营造优美的休闲环境，从而成为企业进行商务会议，机构进行学术交流，政府进行高端会议等的好选择
城市服务业	生态城的服务业的发展，主要包括与人们生活相关的服务业，如城市商业、文化、教育、会议接待、休闲娱乐等，并且尽量根据不同特征人群所形成的不同“亚文化圈”，提供相应的城市服务

曹妃甸工业区是循环经济示范区，在曹妃甸地区构建以生态城市和循环工业相协调的复合系统，将再循环、再利用、减量化的循环经济模式延伸到生态城，打造循环经济链条，实现工业废弃物的再利用，变废为宝，变污染物为原料(图 3-36)。

3. 无锡太湖新城——部、市共建的低碳生态示范区

太湖新城是无锡市城市扩展的重要地区，无锡市政府的行政办公将会迁移至太湖新城。2010 年 7 月 3 日，住房和城乡建设部与无锡市人民政府签署《共建国家低碳生态城示范区——无锡太湖新城合作框架协议》，并授予太湖新城国家低碳生态城示范区牌匾。

1) 基本概况

太湖新城指江苏无锡新的城市中心。无锡太湖新城位于无锡城市南部，北起梁塘河，南至太湖，西邻梅梁湖景区，东至京杭大运河，规划常住人口 100 万。太湖新城以“一轴两翼”为城市发展战略，自西向东发展三大区域：西区着力打造创意前沿、科教高地、生态绿肺，中心区着力打造生态宜居区、商务大都会和无锡新核心，东区着力打造无锡科技型国际化自主创新研

发创业区(图 3-37)。太湖新城将被打造成一个集商务商贸中心、科教创意中心和休闲宜居中心于一体的开放式、生态型的现代化新城。

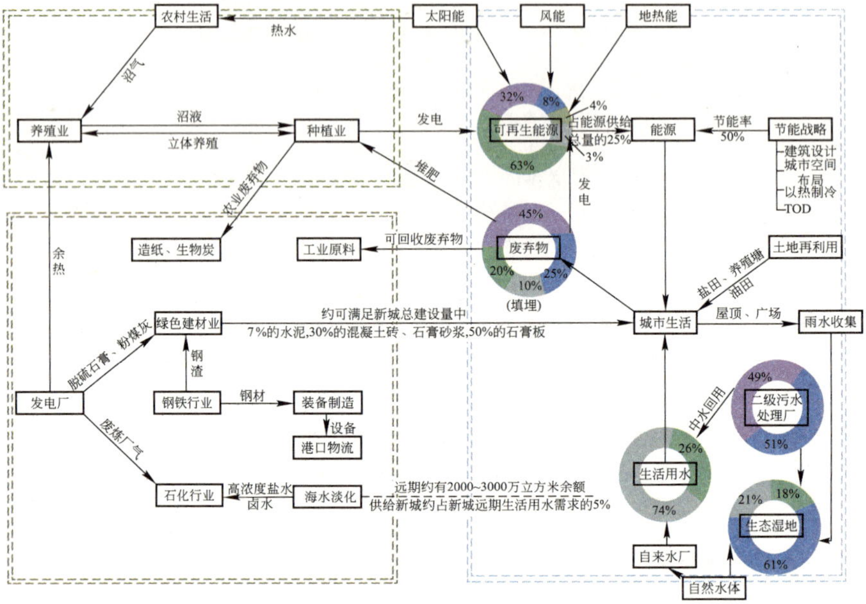

图 3-36　唐山湾(曹妃甸)生态城循环经济系统图

图 3-37　无锡太湖新城区建设规划

来源:无锡市“十二五”城乡建设规划(http://wx.house365.com/d0t1l2p3/9000000/2011/12/16/140715/)

新城总面积约150km^2，以华谊路和蠡湖大道为界，自东往西分为东区、中心区和西区三个功能区域。

东区(华谊路以东，高浪路以南)约23km^2，以太湖国际科技园为载体，重点建设高新技术研发园、大学科技园、软件园、数码设计园、创意研发园，树立科技产业优势，建设成为科技型国际化新城区，高度集聚的自主创新研发创业园区，承接国际高科技产业转移的产业基地，提升城市国际化水平的形象高地。

西区(蠡湖大道以西)约72km^2，以山水城旅游度假区、科教产业园为载体，重点发展创意产业和生态休闲旅游业，建设成为创意前沿、科教高地、生态绿肺、设计名城的重要板块，全国一流的大学城科技园和国内外有影响力的政产学研一体化示范区及旅游度假休闲基地、影视文化拍摄基地。

中心区(华谊路以西、蠡湖大道以东)是整个太湖新城最为重要的组成部分，面积约55km^2，主要建设太湖新城商务办公中心、市民中心及各类居住社区。重点打造行政、商务和居住三项功能，建设成为生态宜居区、商务大都会、无锡新核心。

太湖新城形成“一核、一带、两园两区”的规划结构。“一核”是指行政文化及商务金融核心区，“一带”是指环太湖山水风光带，“两园两区”是指太湖国际科技园、科教产业园及核心区两侧的配套生活区。

2）定位与目标

太湖新城的建立有利于无锡城市结构的重组，并有助于多中心、组团式城市形态的实现。太湖新城规划定位为行政商务中心、科教创意中心和休闲生活中心，按照“五年成框架，十年出形态”要求，计划用十年时间，打造无锡新的空间增长极和新的城市中心，并有效地解决城市空间的无序蔓延。

太湖新城的建设目标为：塑造开放的、现代化的太湖新城，打造两个中心(中央商务区和创意中心)，完善三大功能(商务办公、创意产业和休闲居住)；形成四个特色(城市运行的生态化，工作生活的数字化，促进社会资源环境的和谐，营造新建城区特色的新文化)。

无锡太湖新城将建设成为资源节约、环境友好、经济循环、发展可持续、符合低碳经济发展理念的地区，国内一流、国际上有影响的生态城，无锡生态城建设的样板和标杆。

3）低碳生态城市的建设特色与进展

（1）循环高效的资源能源利用

太湖新城能源规划范围在太湖新城中心，总面积约60km^2。根据各地块的用地性质、容积率等控制要求，制定了太湖新城范围内各地块的能耗控制水平、可再生能源应用的控制性指标与引导性指标，并建立分布式能源中心，以及合理利用太阳能、土壤源热泵及污水源热泵等可再生能源。在太湖新城规划和既有建筑的能耗调研以及能耗分析诊断的基础上，采用情景分析法结合计算机模拟分析，对太湖新城建筑能耗进行模拟预测，绘制出区域能耗地图(图 3-38)。

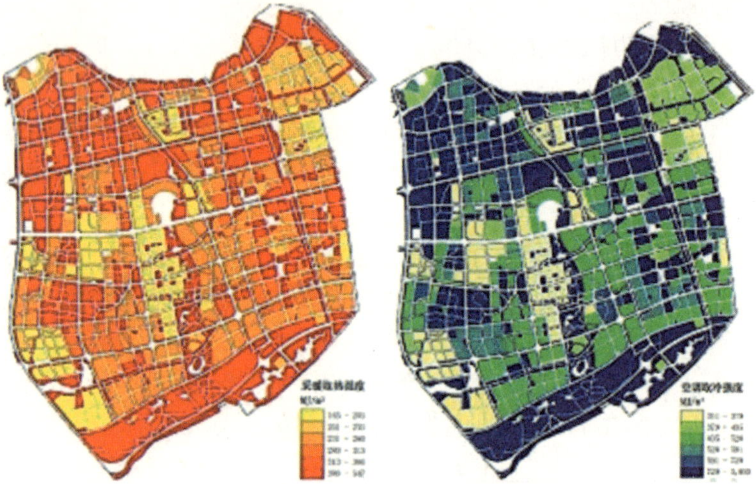

图 3-38　太湖新城能耗地图

来源：无锡太湖新城能源规划

根据太湖新城中心区用地性质及能源供给分配方式，规划了 4 个分布式能源中心，分别为中央商务街区二、三、四期和文化会展中心以及中瑞生态城等区域。太湖新城能源规划在对区域内太阳能、浅层地热能、生物质能、风能等可再生能源资源评估和常规电力、燃气等能源评估的基础上，执行地块内可再生能源规划，按地块分解可再生能源利用指标。同时，制订能源高效合理利用方案，在核心区及中瑞生态城区域选择合理地块规划建设分布式燃气冷热电联产系统，以区域内建筑用能负荷为基础，提出合理的能源中心系统形式、运行方式，并进行经济环境效益的综合评估。其中，位于中央商务街区二、三、四期内的建筑大多为大型办公楼，其电负荷相对热负荷较大，生活热水负荷很小。采用内燃机作为能源中心动力设备，以其低压蒸汽作为热回收形式，通过双效吸收式制冷机组提供空调机制冷，利用缸套水供热。中瑞生态城、文化会展中心区域的建筑以商务酒店和居住建筑为主，冷热负荷较大，生活热水需求量大。选择以燃气轮机作为动力设备的冷热电联产能源利用方式。

根据建筑能耗预测和可再生能源资源评估，通过太湖新城能源规划的实施，太湖新城可再生能源利用每年可减少用电量约4.96亿kWh；能源中心每年节省常规电力约合20.4万t标准煤，减少二氧化碳排放量50.4万t。(人民网，2011年12月08日)。

(2) 生态城指标体系及实施

无锡太湖新城针对150km^{2}太湖新城制定了《无锡太湖新城国家低碳生态城示范区规划指标体系及实施导则(2010～2020)》，分为城市功能、绿色交通、能源与资源、生态环境、绿色建筑和社会和谐六大类，共62项指标，涉及经济、社会、建设、生态等各方面的低碳生态指标，较为全面完善，为整个太湖新城开展低碳生态城建设提供了具体指导和控制标准。

(3) 科技产业园的建设

太湖新城的发展离不开产业的支撑，而产业的发展离不开人才的优势，同样缺乏前瞻性的产业定位也不能实现太湖新城规划制定的目标。因此，新城的发展将为无锡的环境保护与产业结构调整提供重要的示范作用。

太湖国际科技园、太湖新城科教产业园定位为新城的产业重镇，先后于2005年、2006年启动建设。“两园”立足于打造“国际智慧谷”，高起点、高标准规划建设“三创”载体，力促区域经济从“劳力经济”向“智力经济”转变。目前，太湖国际科技园已建成“三创”载体35万m^2，竣工25万m^2，2008年江苏软件外包园全面投入运营；太湖新城科教产业园2km^{2}启动区已建成和在建的“三创”载体达80万m^2，已集聚恒华科技、软通动力、太湖数码动画、北大软微学院、江苏省建科院研发中心等一批优势企业和研发机构，中科院软件所无锡分部已完成规划设计并于2008年上半年启动建设。“两园”在建设之初就确立了“宁缺毋滥”的原则，确定引“高企”、联“高教”、招“高才”、育“名品”的思路，力求以高新技术、一流人才推动园区和新城“裂变”式发展。2006～2008年两年多来，北京大学、东南大学、上海交大、中科院、IBM等高校、院所和跨国公司落户无锡太湖新城。

(4) 紧凑合理的城市空间布局

在城市空间布局方面，太湖新城进一步强化规划的先导作用，通过适度控制城市密度，打造混合、紧凑、多样、宜人的城市环境。规划到2020年，太湖新城建设用地综合容积率不低于1.2；拥有混合使用功能的街坊比例不少于50%；公共活动中心与公共交通枢纽耦合度超过80%；优化公共设施集中区域地下空间的衔接，公共活动中心地下空间综合开发度不小于 80%。

从 2007 年城市总体规划提出之后，同年无锡市成立了太湖新城建设指挥部，全面推动太湖新城的建设。在 4 年里面建了大约 200km 的道路，太湖新城里面的城市主次干道网络基本上已经建成。另外，建了大约 1000hm^2 的城市公园绿地，包括一些湿地网络区，整个太湖新城有三纵三横的体系，现在一半以上已经建成，紧凑合理的城市空间布局初具雏形。

在这几年里太湖新城还建设了一些引领性的功能项目，包括新的市政府、国际博览中心、大剧院、金融商务中心的一期等。另外商品房的建设和安置房的建设量相当，这将使未来太湖新城能够承载 80～100 万人的规模，现在建成区域占到整个新城的 1/3～1/4。同期建设一些配套设施，包括中小学和商业综合体、文化设施等，这里有相当一部分已经建成，还有一部分在建(图 3-39)。

无锡大剧院　　金融第一街区

太湖生态博览会　　国际学校

图 3-39　太湖新城建设项目

来源：太湖建设项目效果图(http：//wx.house365.com/d0t1l2p3/9000000/2011/12/16/140715/)

(5) 绿色交通中的慢行系统

作为国际低碳生态城示范区的太湖新城，基本上所有道路都按照“绿色慢行”系统的标准进行布局，慢行系统是太湖新城环境建设的重要一环。

太湖新城慢行系统根据视觉安全格局和生态基础设施综合构建，是工作和生活通勤、生态体验、人文城市感知、休闲生活享受及城市界面感知等为一体的生态交通系统。由于新城的河道和湿地比较多，因而，在新城的慢行系统中，设置了很多慢行路径，人们沿河沿湿地边的慢行小径就能到达目的地，既安全又惬意。湿地中还将布置篮球场、网球场、运动沙滩、儿童活动场、钓鱼台以及健身器材，人们可以骑车去这些场所休闲健身。

无锡太湖新城的慢行系统还将与公交、地铁等交通方式无缝接驳，从而大大延长城市慢行系统的出行距离。人们可以选择“步行＋公交”、“自行车＋公交”等节能、环保的出行方式，骑车买菜、骑车回家。在启动慢行系统的实施中，在原有道路的基础上，利用导识系统进行路权划分，对部分道路的铺装、过街方式等进行改造，同时新建少量服务设施，包括慢行租赁设施等，并于 2011 年进行了慢行交通系统先行试点，市民基本上下班的路程在 10km 范围内，比较适合发展慢行交通系统，并提出“浪慢我行，乐在骑中”的慢行口号。

(6) 追求原生态、多样性、均质化的环境

无锡太湖新城的环境治理和建设，将形成良好的自然环境和协调的人工环境，追求原生态、多样性、均质化，打造舒适宜人、环境友好的生态环境、景观环境和居住空间。

在过去的 3 年中，无锡市总计投入 300 多亿用于治理太湖，并取得了显著的成效。截至目前，已累计完成五里湖、梅梁湖、太湖西岸等 57km^2、1570 万 m^3 的生态清淤任务，并承担了全省 90％的蓝藻打捞任务，太湖水富营养化程度得以明显改善。

目前太湖(蠡湖)新城“清水流域”示范工程已经紧锣密鼓地展开。按照原生态“水清、水活、水优”的目标要求，加快太湖(蠡湖)新城水系建设，经过 3 年的努力，把 180km^2 的太湖(蠡湖)新城建成国内具有示范意义的清水流域。与此同时，在未来 3 年中将形成五大水利体系，即防洪除涝减灾体系、水资源合理配置和有效供给体系、农村水利现代化工程体系、良性循环的水生态环境保护体系、以信息化为核心的水利管理服务体系。届时，太湖新城、锡东新城、蠡湖新城等重点区域都将受到防洪“大包围”的保护。

4. 昆明呈贡新城——低碳经济示范区

1) 概况

呈贡新区南北纵距 18.2km，东西横距 13.6km，湖岸线长约 16km，距昆明老城区直线距离约为 20km，距昆明新机场直线距离约 22km(图 3-40)。

辖区面积为 207.79$km^2$❶(含滇池水域面积 58.05km^2)，呈贡新区建设区控制面积 107km^2，规划人口 100 万，辖区其余约 100km^2 用地主要以滇池水体保护、城市面山环境治理、生态隔离带、基本农田保护为主(图 3-41)。

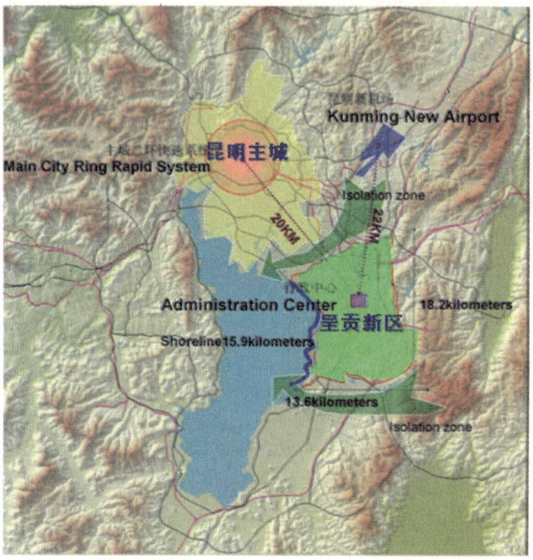

图 3-40 呈贡新区区位图
来源：昆明呈贡新区低碳生态试点城规划工作介绍(内部资料)，2011

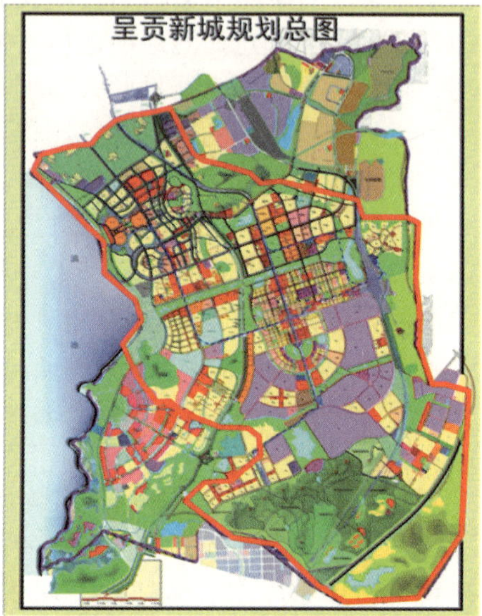

图 3-41 呈贡新区规划图
来源：昆明呈贡新区低碳生态试点城规划工作介绍(内部资料)，2011

呈贡新区位于山湖之间的平坦地带，地势总体上为东高西低，呈缓坡，自然形成“依山傍水”的格局。生态自然条件较为优越。呈贡新区水资源总量为 1.1612 亿 m^3，辖区内现状马料河、洛龙河、捞鱼河三条河流入滇池。

2010 年，呈贡新区地区生产总值 70.3 亿元，同比增长 15%；城镇居民人均可支配收入达 19313 元，同比增长 8.5%；农民人均纯收入达 7648 元，同比增长 8.2%。呈贡新区经济经过多年发展，基本形成以第二产业为主导，第三产业加快发展，第一产业不断提升品质的发展格局。呈贡新区紧临昆玉高速、昆石高速，是昆明通往滇东南、滇南，联系东南亚国家的重要通道；

❶ 呈贡新区域总面积为 510.21km^2(含滇池、阳宗海水域面积)，其中四个开发区托管面积为 302.42km^2，呈贡新区所实际管辖的范围为龙城、斗南、乌龙、吴家营、雨花、洛龙六个街道办事处，面积为 207.79km^2(含滇池水域面积 58.05km^2)。

呈贡新城开工建设的火车站将是泛亚铁路的起点，也是昆明“八进四出”铁路网络的交会点，更是第三欧亚大陆桥的起点。

2）定位与目标

根据呈贡新区的低碳生态试点规划，呈贡新区功能定位是“学、研、产、住、商”一体化的综合性城市区域，将建设为面向东南亚的国际商务金融中心，花卉交易、研发及旅游中心，国际机构、会展中心，重要的行政、文教及新兴产业中心之一。

呈贡新区的总体发展目标是“云南省第二大城市”，近期规划人口 85 万，远期规划人口 100 万，是中国面向东南亚的“桥头堡”。呈贡新区将以建设“现代化城市示范区、科学发展示范区、品质春城示范区”为目标。同时，在建筑碳减排总量控制、居住建筑、公共建筑、交通、生产等方面制定了相应的碳减排目标❶。

3）低碳生态城市的建设特色与进展

2010 年，呈贡新城邀请美国“新城市主义”理论创始人彼得・卡尔索普对呈贡新区低碳城市建设及商业核心区的开发规划进行指导。其中，新城核心区约 $10km^2$ 建设用地已经按照彼得・卡尔索普先生“低碳路网”的理念进行优化完善，并开始实施(图 3-42)。

图 3-42　调整前后的呈贡新城核心区

来源：昆明呈贡新区低碳生态试点城规划工作介绍(内部资料)，2011

2011 年 4 月至今，核心区 $10km^2$ 先期启动区域的规划进行技术语言的

❶ 2020 年建筑使用碳排放控制在 141 万 t，2020 年居住建筑二氧化碳排放总量控制在 34 万 t，2020 年公共建筑二氧化碳排放总量控制在 107 万 t，2020 年交通领域二氧化碳排放总量控制在 51 万 t，2020 年生产领域二氧化碳排放总量控制在 62 万 t。

转换，完成控制性详细规划法定化，已成为指导城市规划建设的法定化依据。同年 10 月，新区启动斗南片区约 14km^2、雨花东南片区约 9km^2 的控制性详细规划调整(图 3-43)。目前，正在积极准备基础资料，计划将依据低碳城市规划的理念开展新区其他区域的低碳规划。

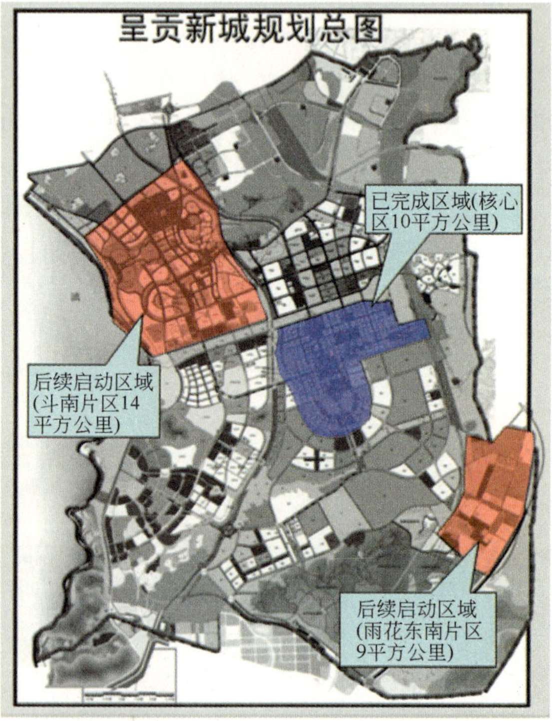

图 3-43　呈贡新城规划建设进展示意图

来源：昆明呈贡新区低碳生态试点城规划工作介绍(内部资料)，2011

(1) 绿色交通

目前，呈贡新城整个区域的道路交通系统规划已基本确定，而且现状东部路网建设已基本成形。因此，规划以“低碳型”交通系统打造“捷运新城”，协调城市功能和布局，在线路、设施选型上体现最新的发展趋势，为公交系统主导的交通结构创造良好物质基础，从而促进公共交通占主导地位。区域内绿色交通主要由以下几方面构成(图 3-44)：

轨道交通：完善覆盖轨道交通网络，增加一条乌龙—大渔—雨花的轻轨线路。使人们能够轻松快捷地到达每个生态片区中心，最大限度降低私家车出行。

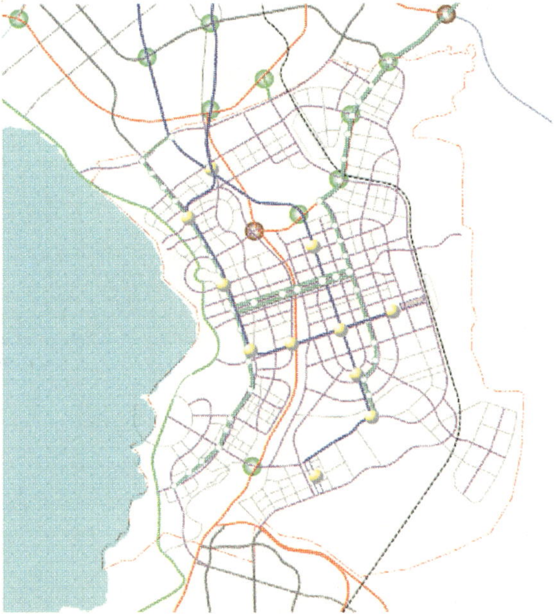

图 3-44　呈贡新城规划交通系统图
来源：昆明呈贡新区低碳生态试点城规划工作介绍(内部资料)，2011

有轨电车系统：有轨电车线将生态邻里连接在一起，每个生态细胞都在 1000m 有轨电车路线上。6 个换乘中心连接有轨网络和轻轨网络，使高效的公共交通系统成为居民出行的首选。这将减少车辆交通和居民的买车需求。

城市步行系统：外围环形步行系统主要有沿湖湿地、城市绿化隔离带及郊野公园联系组成。内部横向步行线路以滨水公园为主；纵向步行线路分为步行街和城市公园游线。

自行车系统及环湖旅游电瓶车系统：每年计划沿着环湖路举办“生态之旅”，沿着水边的全年民间活动和节日。

预计，规划 2020 年，新区内部交通平衡率达到 50%，公交站点 500m 覆盖范围面积占建成区面积达 90%，公交分担率可达到 60%，其中轨道交通预计占 49%。

(2) 生态体系构建

呈贡新城的生态体系由生态背景(城市森林)、生态边界(城市隔离带、湿地)、生态廊道(城市河道)、生态斑块(城市公园)、生态节点(城市地标)几部分构成(图 3-45)。

生态背景(城市森林)：计划让呈贡市民通过周末积极参与森林养护活动来形成长期的树木种植和管理计划，以此来达到改善空气质量，降低能源的使用，减少温室气体排放，减少紫外线辐射暴露和控制雨水径流的作用。

生态边界(城市隔离带、湿地)：在这一区域内鼓励生态保护和绿化项目；允许适当发展无设施建设的生态观光项目，重大市政基础设施、水利设施项目；禁止有城镇功能的用地开发，以及一切有损生态的工程和项目。

生态廊道(城市河道)：在设计区域内，逐步清理河道和其他水域。可以建立一个封闭的水循环系统——人工湿地。最终，这些水域可以用于养鱼等食物生产，或成为惠及居民的休闲场所。

生态斑块(城市山体)：主要包括自然与人工两大类。自然包括山体、水库、池塘等自然要素为主的空间，人为包括城市建设公园、城市街道、城市绿化空间等由人为创造形成的空间。

生态节点(11 个城市地标)：以“低碳节能”为标准，在每个区域建造具有低耗能、高效率、零碳、零废弃物等特色的标志性 100％绿色示范建筑。

图 3-45　呈贡新城绿地系统规划图

来源：昆明呈贡新区低碳生态试点城规划工作介绍(内部资料)，2011

(3) 土地开发控制

呈贡新城在土地开发控制上主要是通过采取开放、灵活的网络街坊结构来实现。具体措施如下：

A. 确立 220m×220m 的街坊

生态城的路网应更密而道路断面较窄，以增强融合度，同时，其尺寸也必须够大以允许多种功能的开发和进一步的细分，最终新城选择了 220m 边长作为街坊尺寸，兼顾了街坊氛围的人性化以及交叉口间距适合开车以及行人的过街需要。

B. 地块分期开发，强调融合度和灵活性

街坊层面，在 220m×220m 的框架内可以开发出各种各样的街坊类型。通过使用分期开发的模式，先建设路网和绿化，然后建设沿街的小街坊，继而建设大街坊中的核心部分，与先建设的小街坊形成整体。大地块可以被划分成较小的地块由不同的开发商来建设，以实现社会、经济、空间和建筑上的多样化，增强城市活力。

最终的建成环境包含多种混用的形态，街坊和建筑空间富有弹性，可根据城市发展在将来灵活改变功能。

(4) 不同层级的规划建设指标体系

呈贡新城根据规划建设要求和实际情况，分别构建了区域层次评价指标体系、总体规划指标体系和低碳节能居住指标体系。

A. 区域层次评价体系

a. 郊区居住区公共站点 1000m 半径覆盖率不小于 95%；

b. 居民出行平均时耗 45min 内到达区域中心；

c. 区域公交主干线发车间隔不超过 15min；

d. 在区域道路网络系统中公交专用车道或优先道的比例大于 20%，联系主要城镇的高速公路应设置公交专用道，高速公路上应设置多人合乘车辆通道；

e. 居住开发 90%在公共交通枢纽 3km 范围内；

f. 区级教育、工作、卫生医疗、商贸的在居住区 3km 范围内；

g. 公交枢纽 3km 范围内覆盖不少于其 60%量的工作岗位；

h. 居住区周边 3km 范围内的就业岗位与居住人口中的就业人口的比例，应达到 70%以上。

B. 总体规划下指标体系

a. 城市人均建设用地面积在 $100m^2$ 以内；

b. 在每个城市扩展的方向上都应该有一条以上的公共交通发展走廊(可以是轨道交通、BRT 或公交专用道);

c. 所有城市公共活动中心必须与公共交通枢纽高度结合，中心耦合一致度大于 80%，公共设施的开发在公交枢纽 300m 范围内，保证公交出行率不小于 60%，公交枢纽 1.5km 范围内应覆盖不小于 60%流量的工作岗位;

d. 城市快速网路中设置公交专用道或优先道的比例大于 90%，城市主干路网中该比例大于 50%，公交主干线发车间隔小于 3min;

e. 居住区开发选址需要在公共交通枢纽 2km 范围内，地块的尺度小于 200m，并且越接近枢纽地块的尺度越小;

f. 区级教育、就业、卫生医疗、商贸中心的分布在居住区 3km 范围内，居民出行距离在 3km 以下占总出行的 60%，6km 以上出行占总出行不宜超过 20%;

g. 学生中步行或骑自行车去学校的平均距离小于 1km;

h. 要求学校和企业制定“员工出行方式计划”;

i. 城市政府有责任定期制作全市的公共交通、步行和自行车可达性地图，并对社会公布。

C. 低碳节能居住的评价指标

a. 居住区周边 3km 范围内的就业岗位与居住人口中的就业人口的比值，应达到 70%以上;

b. 居住区停车位配置率，近期不大于 30%;

c. 居住小区内封闭地块长度，不大于 200m;

d. 居住区的居住密度，不应小于 420 人/hm^2，乘坐公交需求不大于公交运送能力;

e. 社区学校、医院分布在步行范围(500m)内;

f. 居住区内步行道与自行车道连通度 100%，林荫率东南部地区不少于总线长度 80%，西北部地区不少于总线长 60%;

g. 集中绿地应布置在居民 10min 步行可达范围内;

h. 另外考虑到社会阶层的混合，居住区中至少 20%的居住单元要划定为经济适用型的居住单元。

5. 淮南市——资源型城市转型的生态城市

1) 基本概况

淮南市位于安徽省中北部，东与滁州市的凤阳、定远县毗邻，南与合肥市的长丰县接壤，西南与六安市的寿县、霍邱县相连。全市总面积 2596.4km^2，2009 年末总人口为 242.5 万(淮南市统计局，2009)。淮南市有着丰富的煤炭资源，其开采历史已有 90 多年，淮南矿业集团是全国 520 家大型企业集团和安徽省 17 家重点企业之一，并被国家发改委列为全国 13 个亿吨级煤炭基地和 6 个煤电基地之一。

1999 年淮南市城市总体规划的定位为华东地区以煤炭、电力为主的重要能源基地，到 2010 年城市总体规划中将淮南市定位为现代化城市。城市定位上的转变，说明淮南市作为资源型城市在转型过程中需要全方位考虑城市发展所面临的问题，做到城市经济可持续发展，社会和谐进步，人民安居乐业，生态环境良好。

2) 定位与目标

淮南市以科学发展观为指导，坚持经济、社会、人口、环境和资源相协调的可持续发展战略，统筹做好淮南市城市规划、建设和管理的各项工作。要按照合理布局、集约发展的原则，加快推进经济发展方式转变，调整优化产业结构和布局，大力发展现代服务业、物流业、文化旅游产业，不断完善公共服务设施和城市功能，逐步把淮南市建设成为经济繁荣、社会和谐、生态良好、特色鲜明的现代化城市。

淮南市重视城乡统筹发展，实行城乡统一规划管理；引导人口合理分布，坚持集中紧凑的发展模式，合理控制城市规模；加快公路、铁路和水运等交通基础设施建设，建立以公共交通为主体，各种交通方式相结合的多层次、多类型的城市综合交通系统，完善城市基础设施体系；城市发展要走节约资源、保护环境的集约化道路，坚持节流、开源、保护并重的原则，节约和集约利用资源，建设资源节约型和环境友好型城市；要坚持以人为本，创建宜居环境。

3) 低碳生态城市的建设特色与进展

(1) 发展循环经济

发展循环经济是实现城市经济系统生态化的重要支撑力量，是建设生态城市成功与否的关键。生态城市建设很重要的一条，就是要强化资源的综合有效利用，减少废物排放，注重工业可再生资源利用，引导企业加快技术改造，推行清洁生产，使污染防治末端治理向生产全过程控制转变。对城市垃圾实行分类、无害化处理。利用垃圾发电和增值生物菌肥，加大污水处理，提倡中水回用，提高水的重复使用率。

2005 年 10 月，淮南市淮南矿业集团被国家列为首批循环经济试点企业，

2007年7月，淮南矿业集团作为煤炭行业首家进行环境友好现场评估的企业，被中华环保联合会与中国煤炭加工利用协会授予“中华环境友好型煤炭企业”称号。

淮南矿业集团立足于建设新型能源企业，确立了以煤炭为基础的“煤、电、化、机、环、资”产业体系，对煤电开发形成的“三废一沉”（废水、废气、废渣和采煤沉陷地）进行综合治理与利用，构建循环经济产业链，矿井配套瓦斯、矿井水和煤矸石利用工程项目，形成小循环，整个矿区形成一个大循环，实现节能、降耗、减污、增效的有机统一。同时，统筹解决好资源枯竭矿区环境修复、水系治理和采煤沉陷搬迁与开发，建设资源节约型、环境友好型生态矿区(任平等，2009)。

（2）瓦斯综合开发与利用

淮南煤田是全国典型的高瓦斯煤田和瓦斯治理难度较大的矿区之一。矿区瓦斯含量高达5928亿t，瓦斯绝对涌出量为820m^3/min，相对涌出量8～29m^3/t，现有9对生产矿井，平均开采深度780m，全部是煤与瓦斯突出矿井。

为了能够解决瓦斯事故的发生，淮南市的矿区按照“可保尽保，应抽尽抽，以抽保用，以用促抽”的方针，现已基本形成瓦斯抽采技术体系，同时对抽采出的瓦斯进行综合利用，特别是民用燃气、锅炉改造、瓦斯发电以及余热发电等方面取得较大的成就。

民用燃气方面。已建成潘一、潘三、新庄孜、谢一、谢二5座储配站，输配能力16万m^3，敷设高中压管网20km，庭院入户管网200km，安装加压机19台，调压站30座，能满足10万户居民用气(王岩，2005)。

锅炉改造。工业燃煤锅炉燃瓦斯气改造已全面启动，已建成新庄孜矿2台4t，潘一矿2台4t，谢一矿2台4t燃瓦斯气锅炉。

瓦斯发电。现已建成谢桥2×600kW瓦斯发电站，潘三4×1200kW瓦斯发电站，谢一2×500kW瓦斯发电站集装箱式移动电站及潘一2×500kW集装箱式移动电站。

余热发电。潘三发电站工程建设的同时，发电站余热利用系统工程也同步建设，并与电站同时建成，将发电机在发电过程中排出的高达550℃的烟气回收利用，烟气通过针式换热器和板式交换器将热能送至潘三矿办公场所。

CDM项目开发。潘三瓦斯利用CDM项目，为世界上第一个递交煤层气方法学的项目。国家发改委气候办已出具了“无反对意见函”，与审定机构签订了审定协议，其基准线和监测方法学以及项目设计文件（PDD）已递交联合国执行理事会，已和买方签署了正式购买协议。谢桥和张集矿井瓦斯利用 CDM 项目也完成了方法学和 PDD 的编制工作。

（3）自然资源与生态环境安全体系建设规划

通过对淮南市自然保护区内、外自然资源进行保护、抚育及生态恢复，形成稳定的生态平衡控制区；重点保护相对孤立的区域自然生态系统保留地，使之成为区域生态物种和信息扩散的前哨；加强对孤立山体绿地的保护和恢复，使之成为控制城市景观的区域生态绿色核心；通过对淮河干道及河岸进行维护形成连通区域各结构性生态控制区的生态通道；保护大片城市景观中残遗的小片自然斑块，作为区域生态交流的节点。

在居民绿地系统规划方面，规划中现有的种群源得到严格保护，完成规划的种群源、节点和部分次种群源及廊道的建设；景观指标达到或超过国家生态城市验收标准。规划的次种群源及廊道全部建成，绿地网络系统不断完善，市域内景观空间分布格局趋于合理；景观各项指标争创省内先进。进一步完善城市生态环境质量调控系统，使淮南城区形成三山鼎立（八公山、舜耕山、上窑山）、三水环绕（淮河、瓦埠湖、高塘湖）、三城互动（西部城区、东部城区、南部新区）、众星捧月的城市景观格局。

（4）修复生态环境，打造“生态淮南”

淮南市淮南矿业集团启动了以“绿色、植树、自然、简单”为主题的绿色工程项目，倾力打造绿色矿山，建设生态矿区。一期工程共投资 1.2 亿元，绿化造林总面积 67.6hm^2。目前，大通生态环境修复区、老龙眼生态环境修复区等绿色工程项目已完成了总体工程的一半以上。

采煤沉陷区一直是矿区发展的制约性因素，严重威胁当地居民安全。2004 年，淮南矿区采煤沉陷区治理工程项目获国家发展改革委批准，项目总投资 12.06 亿元。集团对采煤沉陷区按照因地制宜、宜地则地、宜水则水、宜林则林的原则，以土地复垦为重点，立足生态恢复和重建，到 2010 年完成综合治理沉陷地 1238hm^2（图 3-46）。沉陷区的综合治理，有利于改善农民生活、建设新村镇，同时也解放被压煤炭资源，变“废墟”为可利用的土地资源。

（5）棚户区改造

据统计，2003～2008 年历时 5 年时间，淮南矿业集团共计完成棚户区改造一期工程 500 万 m^2，总投资达 50 亿元，新建高规格住宅小区 33 个，共 2000 栋住宅楼，安置 4.5 万户，企业补贴 20 亿元。

图 3-46　淮南采空塌陷区修复后的湿地景观

来源：http：//bbs. cnphotos. net/showtopic. aspx？ topicid＝64072

2009 年，淮南矿业集团公司启动矿区棚户区改造二期工程，从 2009 年开始，计划用 3 年时间，再开工建设 350 万 m^2，连同已建成的 500 万 m^2，总计 850 万 m^2，4000 栋楼，基本解决职工住房问题。淮南煤矿是全行业棚户区改造投入最多、开工规模最大、职工得实惠最多的一个企业。截至 2009 年底，又顺利开工 14 个小区，总开工面积达到 189 万 m^2，圆满完成 2009 年计划开工 180 万 m^2 的棚改任务(图 3-47)。

图 3-47　淮南棚户区改造前后的对比图

来源：中安在线(http：//ah. anhuinews. com/qmt/system/2010/03/04/002693217. shtml)

6. 德州市——太阳生态之城

1) 基本概况

德州市位于黄河之滨，北依京津，南接济南，西临石家庄，东连渤海湾，自古就有“九达天衢，神京门户”之称，是山东省的北大门(图 3-48)。德州是龙山文化的发祥地之一，秦汉以来一直为历代郡、州、府、县治所，明清时期是全国 33 个工商业大城市之一。1995 年撤地设市，辖一区两市八县和两个经济开发区，总面积 10356km²，2009 年末全市人口 569 万，其中非农业人口 167 万。德州先后荣获全国最佳人文宜居品牌城市、中国优秀旅游城市、生物产业国家高技术产业基地、国家可再生能源应用示范城市、中国太阳城、山东省环境综合整治先进城市、中国人居环境范例城市等称号（德州市人民政府，2011）。

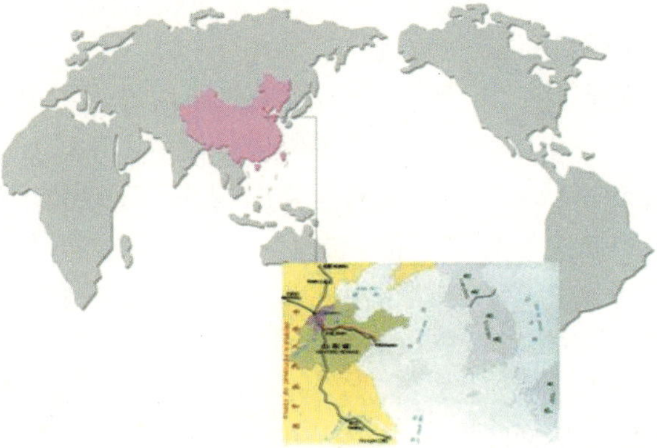

图 3-48　德州市区位图

来源：http：//www.sddzxc.gov.cn/html/dwxc/2007-8/30/120413420.html

近年来，德州市把发展生态经济、建设低碳城市作为落实科学发展观、转变发展方式的有效途径。特别是借 2010 年世界太阳城大会在德州举办的机会，德州大力推动以太阳能产业为代表的新能源产业的发展和产品的利用，把德州打造成一个生态城市、低碳城市。

2）定位与目标

（1）城市定位

以科学发展观为统领，以构建资源节约型、环境友好型社会为目标，坚持政府推动与市场拉动相结合，膨胀骨干企业，延伸产业链条，强力扩张太阳能产业；大力推进建筑领域太阳能应用，把德州建成国家级可再生能源应用示范城市，打造成为一个低碳生态城；加大对外宣传推介力度，实现太阳能产业与城市品牌的良性互动，全面提升对外形象。

（2）城市发展目标

太阳能产业发展目标：重点做好太阳能光热产业园、太阳能光伏产业园、风力发电设备产业园等三大园区规划建设工作，积极促进新能源项目和产业集聚，提升新能源产业发展水平和规模，把基地建设成为国内知名的

"新能源之都"与"中国太阳城"。培植龙头企业，拉长产业链条，膨胀产业规模。2012 年，德州市太阳能光热产业产值达到 120 亿元，太阳能光热发电规模达到 5MW。

太阳能推广应用目标：继续实施"百万屋顶"、"百村浴室"工程，在推进太阳能与城市居住建筑一体化的基础上，逐步推广太阳能与公共建筑一体化。德州全市建设太阳能综合利用村庄 500 个，农村太阳能浴室 1000 个。同时，在城市道路、广场、公园、机关单位、住宅小区照明和道路交通信号等领域推广光电应用并形成一定规模。

城市品牌发展目标：以承办 2010 年第四届世界太阳城大会为契机，加大宣传推介力度，在中国乃至世界范围内做强做响"中国太阳城"品牌。

建设区域创新平台：打造一批有重要影响的国家级技术研发中心和行业检测中心，构建开放共享的太阳能综合利用、生物质能开发、风电装备制造工程技术创新服务平台，为德州市新能源产业发展提供强有力的科技支撑。

3）低碳生态城市建设特色及进展

（1）产业发展

A. 产业结构的升级与改造

德州市积极进行产业结构的升级和改造，特别是国家城市经济转型的重要时期，重点发展生态集约型工业、生态现代型服务业和生态高效型农业。抓住 2010 年世界太阳城大会在德州举办、德州市被命名为中国太阳城和中国太阳谷，以及作为生物产业国家高技术产业基地、科技部批准建设国家火炬计划新能源特色产业基地等历史机遇，在太阳能光热开发利用保持国内领先的基础上，积极抢占光伏发电开发利用领域制高点。同时，在风电发电装备制造、生物质能开发利用等方面培育产业前沿技术，延伸产业链条。目前，已有太阳能及相关企业 100 多家，年生产热水器总量 300 多万平方米，占山东省 70%以上，全国 1/8 左右。目前，主城区建筑与太阳能一体化推广应用率达到 80%以上，德州也被列为国家可再生能源应用示范城市。

B. 加大循环经济产业的发展

德州市积极发展科技先导型、资源节约型、清洁卫生型、生态保护型、循环经济型产业。近年来，德州市改造并关停淘汰了一批高耗能高污染项目，万元 GDP 能耗和化学需氧量(COD)、二氧化硫排放量削减幅度居山东省前列。同时，积极开展植树造林，建设绿色德州、生态德州。经过几年的努力，德州林木面积已经达到 432 万亩，林木覆盖率达到 28.9%，大大改善了城乡环境，从节能减排和植树增绿两个方面诠释了低碳经济的内涵。

C. 建立一整套目标责任体系和监督考核机制

德州市在目标责任体系中，加快建成低投入、高产出，低消耗、少排放，能循环、可持续的国民经济体系；在总体布局上，以科技创新和体制创新为动力，更加注重绿色环保、生态高效和高新技术产业发展；在目标方向上，发展生态经济，改善生态环境，繁荣生态文化，构建生态社会，实现经济社会又好又快发展。

(2) 太阳能与建筑一体化发展

德州市积极开展太阳能建筑的一体化发展。政府带头示范节能减排，发挥德州太阳能技术优势，将综合办公楼改造为集太阳能“光热、光伏发电并网，空调制冷、制暖和热水于一体”的太阳能智能化综合系统，成为全国真正实用的具有示范意义的无污染、生态节能的绿色环保工程。同时，生态社区——蔚来城的建设，以及太阳能与建筑结合示范区——高科园的建设，都是具有代表性的。

A. 生态社区——蔚来城

“蔚来城”位于德州市河东新城，占地 200 亩，由 3 组高层板式住宅和 5 组花园洋房组成。除具备一般小区基本配套设施以外，在社区规划、建筑立面创新、高科技节能领域均取得了突破性进展。“蔚来城”社区植被丰富，通过高低起伏的景观布局很好地解决了人车分流问题；168m 超宽楼间距使每户家庭能够享受到更充足的阳光；由太阳能电池板组成的屋顶其流畅美观的波浪式造型构成了该建筑独特的天际线，而且该屋顶能全面吸收日光，从而转化为电能，供社区业主全年供暖、制冷以及社区公共区域照明使用(图 3-49)。

图 3-49　蔚来城建筑示意图

来源：http：//house.dzwindows.com/2011/03/18/2011031825889.html

B. 太阳能与建筑结合示范区——高科园

高科园是皇明集团职工的住宿区，也是太阳能与建筑结合方式最多、规模最大、节能技术应用最多的太阳能与建筑结合示范园区(图 3-50)。

图 3-50　高科园建筑示意图

园区内，太阳能集热系统通过构架式、整体阳台式、立面壁挂式以及屋面飘板式等多种形式实现与建筑完美结合；太阳能光伏发电系统为建筑内照明、家用电器、系统设备等提供部分用电。太阳能智能控制系统具有太阳能循环监控、家庭安防报警、家电控制、信息发布、抄表、可视对讲、RF 卡门禁等功能，并集成于一体，提高家居和居住区的安全及自动化水平，为居住区的物业管理提供先进管理平台。

此外，太阳能遮阳技术、太阳能光电喷泉技术、太阳能光电水幕技术、地源热泵制冷采暖技术和新风换能技术、高墙体外保温、高性能温屏玻璃窗等技术使建筑节能达 65％以上，24h 生活热水即开即用，室内空气时刻保持清新，空气温度、湿度、含氧量适宜，使太阳能利用率达到最高，完美实现了建筑的低能耗与高舒适性的结合。

(3) 生态城市建设责任考核制

2006 年，德州市政府颁布《德州生态市建设目标责任考核奖惩暂行办法》，确保《德州生态市建设规划》落到实处，切实推进生态市建设。对德州市市直机关及各县(区)各相关政府职能部门进行责任考核。规定：

A. 以终期考核成绩为准排名，原则上分别取前 3 名为考核优秀奖并进行表彰奖励。对未完成规定任务，且产生明显后果或严重影响的，给予通报批评，并追究主要负责人和分管负责人的责任。

B. 对在目标责任书完成期间获得国家生态示范区、国家环保模范城市或国家级环境优美乡镇称号的县(市、区)政府(管委会)主要负责人给予表彰奖励；在生态城创建工作中有重大创新或成效突出的单位或个人，可视情况设若干创新奖。

C. 责任考核结果由组织部门纳入各级领导班子及班子成员政绩考核的重要内容，作为评价领导干部政绩的主要依据之一。对于个人的表彰奖励由组织部门或人事部门记入个人档案。

7. 保定市——低碳之城

1）概况

保定市位于河北省中部，北纬 38°10′～40°00′，东经 113°40′～116°20′之间，地处太行山东麓，冀中平原西部，京、津、石三角腹地。北邻北京市和张家口市，东接廊坊市和沧州市，南与石家庄市和衡水市相连，西部与山西省接壤。市中心北距北京 140km，东距天津 145km，西南距河北省会石家庄 125km。现为大北京经济圈中的两翼之一，北京主要卫星城，素有“京畿重地”、“首都南大门”之称。

保定市辖 5 区，4 个县级市，18 县，1 个国家级高新区即白沟新城，总面积 2.2 万 km^2(图 3-51)。至 2010 年末，总人口 1155 万人，城市化率达到 38.9%，实现地区生产总值 2050.3 亿元，全部财政收入 206.1 亿元。

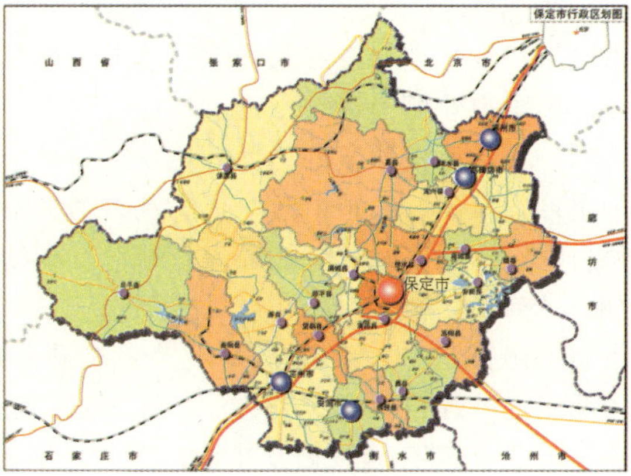

图 3-51　保定市行政区划图

来源：保定市三年上水平办公室，保定市生态宜居城市建设研究课题汇报资料(内部资料)，2011

2）定位与目标

保定作为中国近代工业的发源地之一，涉及机械制造、棉纺、造纸、化工等产业领域的八大企业曾经一度辉煌。

2000年前后，保定高新区面临产业规模小、缺乏特色和竞争力的困扰，保定市政府在分析了自身产业结构和发展优劣势后，最终确定了以“新能源和能源设备产业为突破口”，打造新能源产业基地的发展目标。

2003年保定获得科学技术部批准，成立新能源基地。

2006年年初，保定市依托天威、中航惠腾、英利等一批骨干企业，审时度势地提出打造“中国电谷”的发展目标。

2007年年初，保定市政府提出了“太阳能之城”的概念，计划在整座城市中大规模应用以太阳能为主的可再生能源，以降低碳排放量。随着保定新能源产业迅速发展，保定市先后被命名为“国家可再生能源产业化基地”、“新能源产业国家高技术产业基地”、“新能源与能源设备产业基地”、“太阳能综合应用科技示范城市”。保定新能源产业取得的卓著成绩，引起社会各界的广泛关注。

2008年1月，世界自然基金会正式启动“中国低碳城市发展项目”，保定与上海共同入选首批试点城市。同年12月，保定市政府正式发布了《关于建设低碳城市的实施意见》，“低碳保定”建设正式启动。

2010年8月，国家发改委将保定列为全国8个低碳试点城市之一，保定确立了以发展新能源产业为依托的低碳发展路径。

3）低碳生态城市建设特色与进展

根据《保定市国民经济和社会发展第十二个五年规划纲要》，“十二五”期间，保定市将以低碳城市建设为引领，推进节能与资源综合利用，强化环境综合整治和环境保护，建设资源节约型、环境友好型社会，探索一条城市经济以低碳产业为主导，市民以低碳生活为理念和行为特征，政府以低碳社会为建设蓝图的符合保定发展实际，节能环保，绿色低碳的生态文明发展之路(保定市人民政府，2011)。

未来五年将重点实施推进十大工程——“先进制造业基地”、“现代服务业基地”、“绿色农业基地”建设工程、“传统产业改造工程”、“新型能源开发利用工程”、“建筑节能改造”、“城镇集中供热”、“农村节能普及”工程、“交通节能工程”和“碳汇工程”。此外，保定市还将广泛开展低碳企业、低碳园区、低碳社区创建活动，动员社会各界积极参与低碳城市建设，逐步建成经济发展、社会繁荣、人类社会与自然和谐共存的低碳城市。可以说，保定市的发展经历了从传统的制造加工业到新兴的新能源产业，从培育、壮大低碳产业到低碳城市建设的过程，今天，保定已经逐步形成一个由政府推动、企业实施、全社会共同参与的低碳发展格局。

(1) 确立碳减排目标，开展碳统计工作

保定市在低碳经济方面所做的工作首先得益于市委、市政府的高度重视。2008 年 12 月 24 日，市政府向社会公布了《关于建设低碳城市的意见》，这是首个以政府文件形式提出的促进低碳城市发展的文本，它标志着保定城市发展步入了以能源节约、新能源推广应用和碳排放降低为主要标志的低碳模式。《意见》同时也提出了保定高于国家标准的碳减排目标——“到 2015 年和 2020 年，全市万元 GDP 二氧化碳排放量分别比 2005 年下降 35%和 48%左右。”2010 年国家发改委将保定列为全国低碳试点城市之后，保定还出台了《保定市低碳城市发展纲要》，进一步明确低碳产业的发展目标和发展思路，以加快壮大低碳产业。

建立一套衡量人类活动的碳排放跟踪系统是实现碳排放可测量、可报告、可核查的基础，因此为制定一个合适的低碳发展规划，保定市也在积极对全市进行“碳排放大调查”，明确现在的碳排放水平，估算未来的碳排放，确定合适的减排指标。目前，保定市的碳排放底数已经基本确定，碳排放跟踪系统也在积极筹建中。

(2) 优化产业结构，重点发展新能源产业

保定的低碳城市产业基础建设得益于该市“中国电谷”和“太阳能之城”取得的阶段性成果。

依托中国惟一的国家新能源与能源设备产业基地“中国电谷[1],”保定的新能源产业发展迅猛，已形成了完整的产业集群。目前保定已拥有太阳能、风能及输变电、蓄能设备制造骨干企业 170 多家，几乎囊括了所有同行业的佼佼者。在“中国电谷”，有我国惟一一家全产业链太阳能光伏电池生产企业——英利新能源有限公司(图 3-52)。中航惠腾公司已成为国内最大的风电叶片生产企业(图 3-53)，国电联合动力公司进入国内风电整机五强。目前，中国兵装集团、国电集团等一批央企已相继加盟“中国电谷”建设，以国家开发银行为主体的“中国电谷”金融平台建设全面启动。近三年来，保定新能源产业的增速保持在 50%左右。2009 年，随着多晶硅提纯等一批超十亿元的重点项目投产，“中国电谷”产业规模和竞争能力再次提升。“中国电谷”将打造成一个以电力技术为基础的产业和企业群，重点发展风电产业、

[1] 保定市借鉴美国加州“硅谷”的发展模式，提出了建设“保定·中国电谷”的概念，依托保定国家高新区新能源及能源设备产业基础、区内的国内外龙头企业(英利、天威、风帆等)，致力于打造光伏、风电、输变电设备、高效节能、新型储能、电力电子器件、电力软件及电力自动化 7 大产业园区。

太阳能光伏发电产业、节能产业等七大产业园区，形成国内产业链最完整、竞争力最强的国家新能源产业基地。

完整的产业链:1、硅料→2、硅锭→3、硅片→4、电池片→5、电池组件→6、应用系统

图 3-52　英利新能源有限公司示范项目

来源：保定市生态宜居城市建设研究课题汇报资料(内部资料)，2011

图 3-53　中航惠腾公司示范项目

来源：保定市生态宜居城市建设研究课题汇报资料(内部资料)，2011

“太阳能之城”的建设内容主要包括光伏—LED及LED其他产品的推广应用，建筑领域太阳能照明、热水供应、取暖，太阳能独立光伏应用系统的推广等方面的综合利用。在“太阳能之城”建设方面，保定自2007年以来已累计完成投资2.57亿元，保定市区所有党政机关院内、90%的主要路段、85%的游园绿地、全部交通信号灯、部分生活小区和主要旅游景区已完成太阳能应用改造(图3-54、图3-55)。保定建成的太阳能应用工程每年可节约2100万kW·h电，折标准煤6720t，减排二氧化碳1.7万t。2008年，国内

首座太阳能光伏大厦——电谷锦江国际酒店在保定落成(图 3-56)。该酒店太阳能电池板安装并网容量 0.3MW，年发电量 26 万 kW·h，可替代 104t 标准煤，减少二氧化碳排放量 75.5t，减少二氧化硫排放量 2.3t，减少烟尘排放量 1.8t。

图 3-54 太阳能交通信号灯应用改造

来源：保定市生态宜居城市建设研究课题汇报资料(内部资料)，2011

图 3-55 太阳能路灯应用改造

来源：保定市生态宜居城市建设研究课题汇报资料(内部资料)，2011

现在，保定市已形成光电、风电、节电、储电、输变电与电力自动化六大产业体系，“中国电谷”和“太阳能之城”享誉海内外。保定市计划用十年左右的时间，建成一个销售收入超千亿、国际化的可再生能源与电力设备产业基地，探索出一条能源可持续利用的区域发展新路，使保定真正成为中国低碳经济发展的倡导者。

（3）调整交通能源结构，构建绿色交通体系

为适应京津冀区域基础设施一体化发展的需要，保定市按照优化结构、完善功能、适度超前、综合配套的原则，加快重大交通项目建设，完善与区域发展相适应的铁路、高速公路、公路网络，打造快捷、高效、安全的综合交通体系。在遵循节能减排的要求下，从以下方面进行了低碳化城市交通体系整合工程[1]的积极探索：

图 3-56　太阳能光伏大厦——电谷锦江国际酒店
来源：保定市生态宜居城市建设研究课题汇报资料（内部资料），2011

A. 公路建设和养护：优化线路、降低路基，尽量减少自然植被的破坏；在施工中积极推广新技术和新工艺；信号灯、路灯、隧道、服务站实施 LED 灯照明设备；公路沿线浓密培植绿化带，大力开展了绿色植被吸碳减碳工程。

B. 道路运输领域：客运方面开辟了高速公交客运专线，整合不合理的客运班线，实行公司化管理、公交化运营，积极建立城乡客运一体化经营机制；货运方面优化物流运行结构，规范货运物流市场建设的规划、布局和加快推进货运物流市场的整合，改善散、小、弱格局。

图 3-57　公交车“油改气”示范项目
来源：保定市生态宜居城市建设研究课题汇报资料（内部资料），2011

C. 城市客运：积极进行公交车、出租车的双燃料改装工作（图 3-57），购置液化气船、电瓶船等环保低耗船型，有效地降低了城市公共交通行业的碳排放量，促进了保定市节

[1] 低碳化城市交通体系整合工程就是倡导低碳化出行，完成低碳理念指导下的现有城市交通体系评估，开展低碳化交通整合方案设计。控制高耗油、高污染机动车发展，鼓励使用节能环保型车辆和新能源汽车、电动汽车。

能减排工作和低碳城市的建设。

（4）整治环城水系，实施碳汇工程

古代的保定曾是河流纵横的丰水地区，近年来，随着城市迅速发展，城市面积迅速扩大，工业生产及生活污水的任意排放及北方近年来的降水偏少，使保定市区水系呈现有河皆枯、有水皆污的景象。原来远离城市的防洪堤逐渐融入到城区之中。2009 年底市委市政府决定进行外环水系建设，保定市外环水系建设以防洪堤综合治理工程为基础，防洪堤和环堤河约 34.7km，全长约 50km。建设项目主要包括：河道清淤疏浚、两侧拆迁、河槽防渗、堤顶道路、闸坝、桥梁、污水截留、景观绿化。项目建设后，结合城市绿地系统规划将逐步形成“两环四廊、五湖十园，青绿交映、水城一体”的城市水系生态绿化格局，再造北方水网城市的景观风貌和文化特色，城市水网密度居河北省第一，对提升城市景观和文化环境，提高城市承载力起到重要作用(图 3-58)。

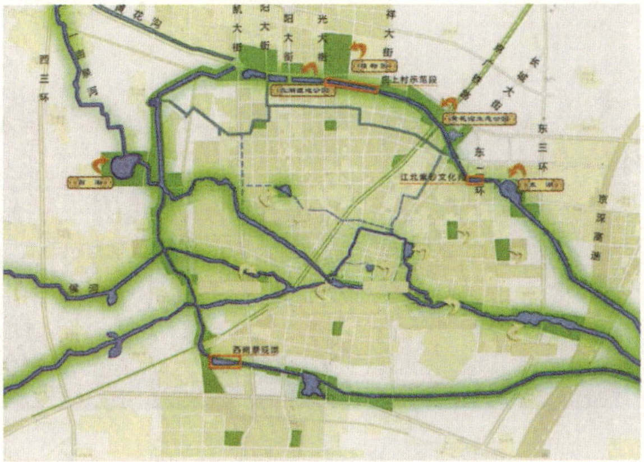

图 3-58　保定市外环水系结构图

来源：保定市生态宜居城市建设研究课题汇报资料(内部资料)，2011

同时，外环水系改造工程还将结合保定市森林碳汇工程等区域生态环境建设，构筑“西山东水、山水相连”的区域生态安全格局(图 3-59)。保定市的森林碳汇工程包括西部山区生态屏障建设，城区森林体系建设，乡镇村屯绿色家园建设，平原农田林网建设，水系净水护堤林建设，绿色廊道建设，森林公园、湿地和自然保护区建设等内容(图 3-60)。城区中将按照见缝插绿、拆墙透绿等方针，重点推进公园、小游园、绿化广场和水系林网建设，开展大规模群落式道路林带升级改造。此外，保定市已将开发碳汇资源纳入城市发展、节能减排等战略中，使森林固碳释氧、保持水土、调节气候等生态功能不断增强，以增加碳汇潜力。

图 3-59　保定城市绿化景观

来源：保定市生态宜居城市建设研究课题汇报资料(内部资料)，2011

图 3-60　保定市森林碳汇工程

来源：保定市生态宜居城市建设研究课题汇报资料(内部资料)，2011

(5) 宣传低碳理念，构建低碳社会

要建设低碳城市，不仅需要政府部门高度重视，更需要动员社会力量广泛参与。

保定提出打造“低碳城市”，就是要注重低碳文化与“保定品位”的建设。2008 年 12 月，保定市政府出台的《关于建设低碳城市的意见(试行)》中，就提出要践行低碳理念，发展低碳经济，建设低碳城市，把低碳理念融入经济发展、城市建设和人民生活之中，有助于带动产业升级，强化资源利用，控制环境恶化，缓解生态压力，建设资源节约型、环境友好型社会，促进人与自然的和谐发展。在公众参与方面，保定市广泛开展低碳宣传活动，印制了近百万份《低碳城市家庭行为手册》，发放给每个城市居民家庭(图 3-61)；

广泛开展低碳经济教育活动，除了讲授节能环保等理念外，开展了“节约小标兵”、“变废为宝小制作”、“校园小巧手”、“今天你低碳了吗?”等活动。通过开展一系列活动，使低碳行为成为百姓的自觉行动。保定市新世纪花园小区是新建成的一个低碳环境小区，占地 16 万 m^2，有 1300 多户居民，家家户户使用太阳能设备，整个小区公共照明全部采用太阳能光伏发电设备（图 3-62）。像这样的节能环保小区在保定市已经建成上百个，低碳生活理念正在逐渐改变着保定人的生活习惯。

图 3-61　保定低碳理念宣传

来源：保定市三年上水平办公室，保定市生态宜居城市建设研究课题汇报资料（内部资料），2011

（6）创新研究模式，组建低碳学术平台

低碳城市的建设不但需要在实践上进行积极的探索，也需要在研究上进行不断地创新，进一步强化对低碳理念的认识和理解。由此，保定市于 2009 年成立了全国第一个从事低碳研究的专门机构——“保定市低碳城市研究会”。该研究会由对低碳研究有较强意识的企业、低碳学术专家以及与低碳密切相关的其他社会组织和个人自愿组成，河北省保定市“新能源市长”于群任名誉会长。研究会旨在深入宣传低碳理念，提高全社会的低碳

图 3-62　保定低碳环境示范居民小区

来源：保定市生态宜居城市建设研究课题汇报资料（内部资料），2011

意识，协助企业正确实施低碳战略，努力形成节约资源和保护生态环境的产业结构、增长方式和消费模式。

此外，保定市还成立了我国首个成立的低碳城市规划研究组，并推出了《低碳城市规划提纲》。《提纲》背景部分包括五章：碳循环研究、碳通量研究、碳储量研究、碳交易研究、纳入国家规划，《提纲》行动部分包括六章：研究低碳城市内涵、构筑低碳体系，研究低碳城市规划、创意城市形态，研究低碳城市建设、发展低碳经济，重视“自然碳汇”、建设绿色城市，建立城市空间数据库、使低碳定量化，应用空间遥感技术、使低碳数字化。

8. 重庆市——城乡统筹背景下的低碳生态城市

1）概况

重庆市位于中国内陆西南部、长江上游，是中国五大中心城市之一，也是国家历史文化名城，长江上游地区经济中心、国家重要的现代制造业基地，西南地区综合交通枢纽。辖区总面积 8.24 万 km^2，是中国面积最大的城市，下辖 19 区 15 县 4 自治县。2010 年全市生产总值达到 7800 亿元，人均生产总值超过 4000 美元。

重庆属亚热带季风性湿润气候，地处四川盆地(巴蜀盆地)东南部，地貌以丘陵、山地为主，坡地面积较大，有“山城”之称，就市域面积而言，其中山地占 76%，丘陵占 18%，平地仅占 4%，平坝占 2%。重庆也是一座大江之城，流经重庆的主要江河除了长江、嘉陵江，还有乌江、涪江、大宁河等。重庆特殊的地理条件造就了特殊的环境，重庆的年降雨量达到 1000～1400mm，年日照总时数只有 1000～1200h，年平均气温在 18℃左右，冬暖夏热，无霜期长，雨量充沛。

重庆是典型的组团式城市，2011 年国务院批复的《成渝经济区区域规划》把重庆定位为国际大都市。美国《外交政策》杂志将其誉为东方“芝加哥”。位于重庆主城区北部的两江新区是截至目前中国内陆惟一的国家级新区，亦是国家统筹城乡综合配套改革试验区的先行区，内陆重要的先进制造业和现代服务业基地，长江上游地区金融中心和创新中心，内陆地区对外开放的重要门户，科学发展的示范窗口。

根据中共重庆市委关于制定“十二五”规划的《建议》，“十二五”期间，重庆将以实现“314”总体部署为核心任务，基本建成西部地区的重要增长极、长江上游地区的经济中心和城乡统筹发展的直辖市，在西部地区率先实现全面建设小康社会目标(重庆市人民政府，2010)(图 3-63)。

2）定位与目标

近年来，重庆着力打造“五个重庆”建设。2008 年 7 月 20 日，五个重庆[1]——“宜居重庆”、“畅通重庆”、“森林重庆”、“平安重庆”和“健康重庆”，作为重庆发展的新目标、新追求，首次在市委三届三次全委会上浓墨重彩地提出(图 3-64)。“五个重庆”不仅成为重庆的战略决策，同时也是引领全市人民奔小康的五项重要举措。

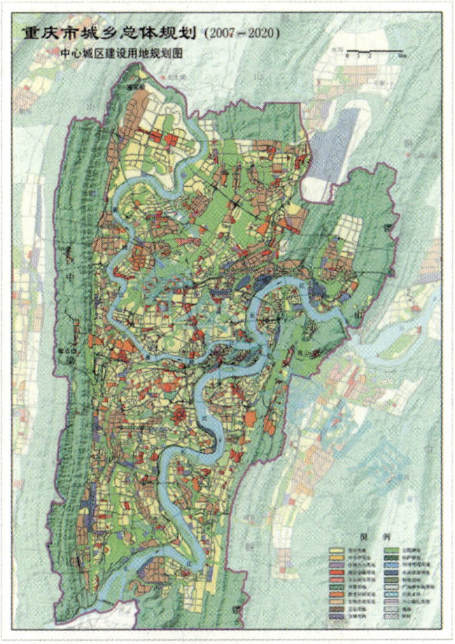

图 3-63　重庆市中心城区建设用地规划图
来源：重庆市生态城市规划及其进展(内部资料)，2011

低碳生态城市是人与自然和谐，是精神发展和物质发展的高度协调，重庆提出的“五个重庆”理念，注重和谐发展的人文理念，具有经济学、生态学的内涵，与低碳生态城市的内涵是高度一致的，同时也符合世界低碳生态城市发展的大趋势。因此，结合重庆特殊的地理位置，重庆的低碳生态城市建设探索将具有以下四个方面的意义：一是可以探索在山地型的城市空间如何组织生态开发的模式；二是可以促进长江上游及三峡库区的生态屏障的保护与建设；三是可以通过重庆的特殊地理位置带动中西部地区加快低碳生态城市建设；四是可以探索转型背景下城市的集约化发展模式。

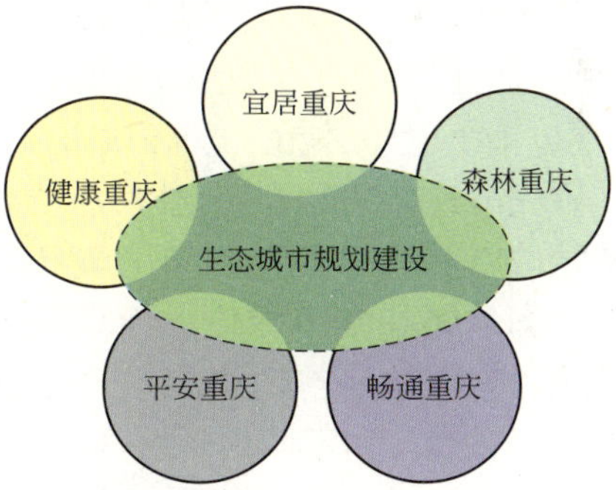

图 3-64　五个重庆与低碳生态城市的关系
来源：重庆市生态城市规划及其进展(内部资料)，2011

3）低碳生态城市的建设特色与进展

[1] “森林重庆”是要改善环境，让老百姓多吸氧；“畅通重庆”是要改善交通条件，主城不塞车，乡村有油路；“平安重庆”是要增强老百姓的安全感；“健康重庆”是要让孩子长得壮，老人寿命更长，全民生活得更健康；“宜居重庆”是要着力改善百姓的居住条件和环境。

重庆市的低碳生态城市探索是从区域整体层面开始着手的，从重庆市域城镇体系来看，重庆构建了“一圈两翼”的区域空间结构，即以都市区为中心的一小时经济圈，以万州为中心的三峡库区核心地带为渝东北翼，以黔江为中心的乌江流域和武陵山区为渝东南翼，分别发挥三大区域各自的优势，取长补短，争创特色，实现错位发展，体现城乡统筹的思想(图 3-65)。

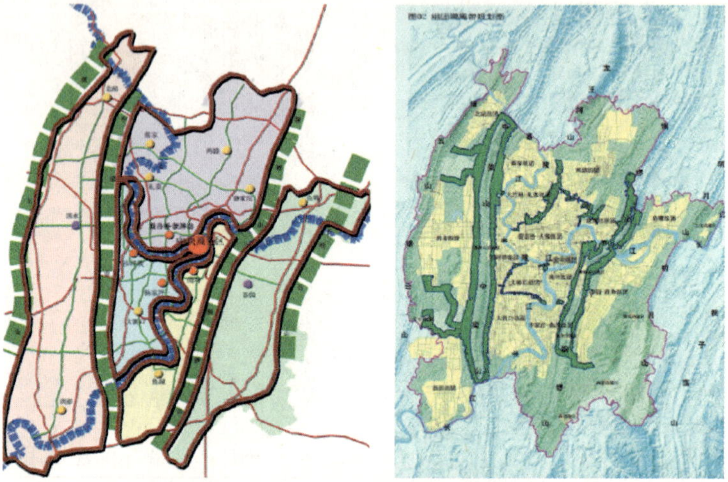

图 3-65　重庆市域空间结构规划

来源：重庆市生态城市规划及其进展(内部资料)，2011

具体来讲，重庆市低碳生态城市的建设特色体现为以下几个方面：

(1) 保护生态本底，加强城市绿化

重庆市近年来以创建国家森林城市、生态园林城市和环保模范城市为契机，在保护城市生态本底和城市绿化方面采取了一系列的措施。①市政府专门以市政府令的形式对四山进行管制，划定四山地区高程 300m 以上的 2376km^2 为规划管制范围，切实保护四山生态屏障(图 3-66、图 3-67)；②2010 年，主城区建成区绿地率达 37%，人均公共绿地面积达 12m^2，成功创建为“国家园林城市”。规划至 2012 年，建成区绿地率 40%，人均公共绿地面积 25m^2；③通过创建森林城市，2010 年全市新增森林面积 500 万亩，森林覆盖率达

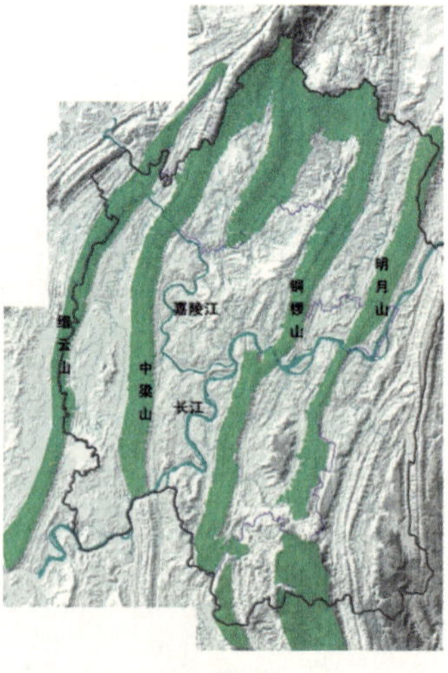

图 3-66　重庆市四山管制规划

来源：重庆市生态城市规划及其进展(内部资料)，2011

37%。规划至2012年，全市森林覆盖率达42%，主城区建成“国家森林城市”。至2017年，全市森林覆盖率达45%；④以“生态人文”的理念统筹规划重庆主城区180km长的滨江岸线资源，沿江规划公园共70个，总用地面积达1300多公顷(图3-68)。规划广场共78个，总面积约$100hm^2$。通过划定两江生态底线，利用了沿江片区功能，改善了滨江路和堤岸地段，强化了重庆市的山水都市风貌。

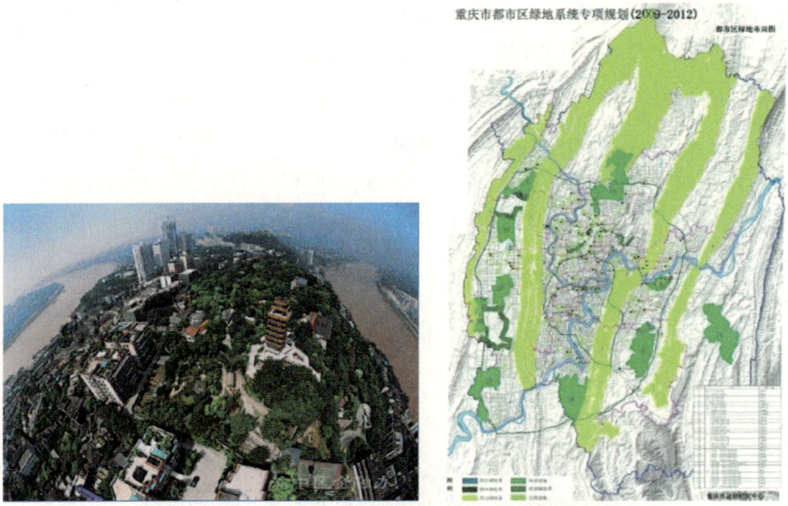

图 3-67　山、水、城融为一体的渝中半岛

来源：重庆市生态城市规划及其进展(内部资料)，2011

图 3-68　重庆市两江四岸滨江步道规划

来源：重庆市生态城市规划及其进展(内部资料)，2011

（2）促进城市有机更新和改造，提升服务功能

在城市更新和改造方面，重庆市主要通过以下措施进行片区更新和城市功能的提升。①规划搬迁了钢铁、化工、造纸等重化工污染企业，对腾出的地块改造升级，提升功能，统筹打造成为城市新的景观风貌展示区（图 3-69、图 3-70）。②对危旧房和旧城区域进行大规模改造（图 3-71），通过植入新的城市功能，增加绿地面积和外立面整治等多种手段相结合，改造危旧房片区 200 多个，总建筑量 1000 多万平方米；改造城中村约 700hm^2。

（3）推进绿色出行和可再生能源示范项目试点

在绿色出行方面，重庆一直在不断地深化完善综合交通规划体系，除了通常的机场、港口、铁路、高速公路以外，主要是完善重庆多元化、特色化的交通体系。首先是大力发展公交，公交到 2020 年占机动化出行的比例达到 92%。同时重庆也在积极探索各种特色的低碳交通模式，如索道、缆车、山城步道等，目前已经规划了 12 条，约 82km 长的慢行道路（图 3-72），并且正在积极申报住房和城乡建设部的步行和自行车示范项目。

图 3-69　搬迁前的重钢

来源：重庆市生态城市规划及其进展（内部资料），2011

图 3-70　重钢片区规划改造方案

来源：重庆市生态城市规划及其进展（内部资料），2011

图 3-71　北碚金刚碑老街规划方案

来源：重庆市生态城市规划及其进展(内部资料)，2011

图 3-72　初成系统的山城步道

来源：重庆市生态城市规划及其进展(内部资料)，2011

同时重庆也在积极推进可再生能源利用的试点项目。目前，在江北城中央商务区已经开展了江水源热泵集中供热供冷项目(图 3-73)。可集中供热供冷面积达 330 万 m^2，每年可减少二氧化碳排放 8000 余吨，夏季减少用电量 1500 万 kW·h，节水约 80 万 m^3。

(4) 启动悦来生态城规划、建设工作

悦来低碳生态试点城位于重庆市主城区北部，毗邻重庆国际博览中心，与蔡家组团隔江相望，距解放碑、观音桥约 15km，距江北国际机场 12km，距规划的悦来两江国际商务中心区 8km(图 3-74)。根据规划，悦来低碳生态试点城将打造成为重庆最具代表性的山地低碳生态新城，中国西部地区低碳生态城市的典范。规划区内单位碳排放水平在主城区现有水平基础上降低 20%。同时，悦来生态城将致力于探索三个机制：一是形成生态城的规划和绿色建筑有机结合的共同推进机制；二是从城市整体角度研究生态城；三是从局部研究绿色建筑。

图 3-73　江北城中央商务区的江水源热泵试点项目

来源：重庆市生态城市规划及其进展(内部资料)，2011

图 3-74　悦来生态城区位图

来源：重庆市生态城市规划及其进展(内部资料)，2011

目前，悦来低碳生态试点城概念性规划已由市规划局委托美国卡尔索普建筑师事务所编制，拟在 2012 年启动试点建设工作。规划范围分为三个层次，一是在 $27km^2$ 的研究范围内，确定悦来低碳生态试点城规划建设的总体框架，整合交通体系。二是在 $10km^2$ 的概念规划范围，确定土地利用规划和完善道路交通规划。三是 $3.43km^2$ 的启动区范围，是生态城的核心区，将进行重点地区城市设计。

悦来生态城的规划策略主要涵盖以下六个方面：绿色交通、绿色产业、紧凑发展、绿色建筑，清洁能源、环境保护等。具体规划突出以下几个特点：结合场地的自然特色，营造适宜步行与自行车社区；以公交为导向指导开发，修建可达性的前沿系统。未来一段时间悦来生态城的主要实施措施有：①编制规划纲要，开展控规编制，落实低碳生态城市建设，深度实践低碳生态城市理念(图 3-75)；②开展生态示范工程项目，以点带面，逐步将低碳生态城市规划推广至整个城市(图 3-76)；③配套开展山地城市系列专题研究(图 3-77)。

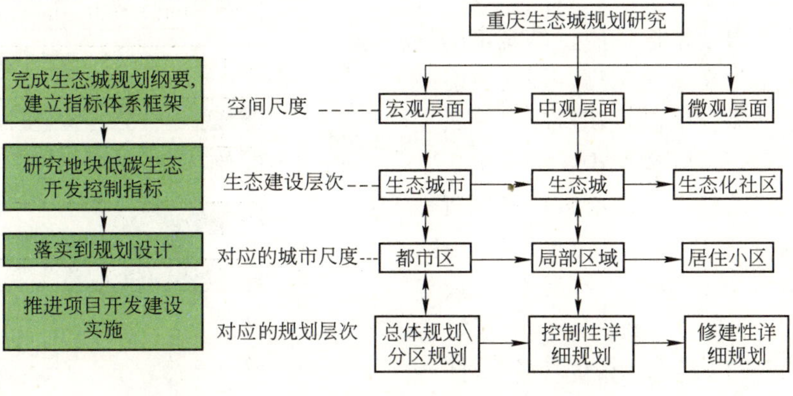

图 3-75　重庆生态城规划建设流程和框架

来源：重庆市生态城市规划及其进展(内部资料)，2011

9. 厦门市——海湾型生态城市

1）基本概况

厦门市地处我国东南沿海，福建省东南部，九龙江入海处，所辖陆地面积 $1573km^2$，海域面积 300 多平方公里，由厦门岛、鼓浪屿、内陆九龙江北岸的沿海部分地区以及同安等组成，是全国首批实行对外开放的五个经济特区之一，是东南沿海重要的中心城市，现代化国际港口风景旅游城市；海西重要的中心城市，现代服务业、科技创新中心和国际航运中心。国家“十二五”规划已明确提出推进厦门两岸区域性金融服务中心建设。

厦门地处亚热带地区，全年气候宜人，风景秀丽，环境整洁。曾先后荣获“国际花园城市”、“全国绿化模范城市”、“国家园林城市”、“国家环保模范城市”、“全国十佳人居城市”、“联合国人居奖”、“全国文明城市”等荣誉称号，并被国家确定为首批全国低碳城市建设试点。在“2011中国十大宜居城市评选”中厦门获评“中国第一宜居城市”。

2）定位与目标

根据《厦门市国民经济和社会发展第十二个五年规划纲要》，厦门市将继续致力于推进低碳生态城市的建设。实施生态人居工程，强化节能减排，发展循环经济，积极应对气候变化，加强生态环境保护，提升生态文明水平，严格落实节能减排目标责任制，继续保持单位生产总值能耗、碳排放强度、主要污染物排放量等指标居全国、全省领先，建设资源节约型、环境友好型社会，打造“宜居厦门”。

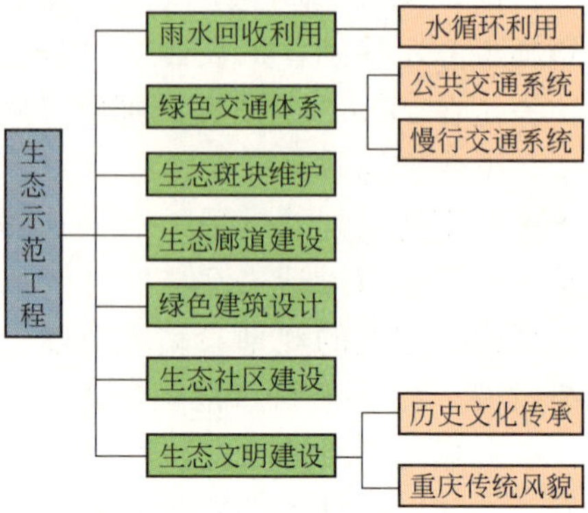

图3-76 生态示范工程项目
来源：重庆市生态城市规划及其进展（内部资料），2011

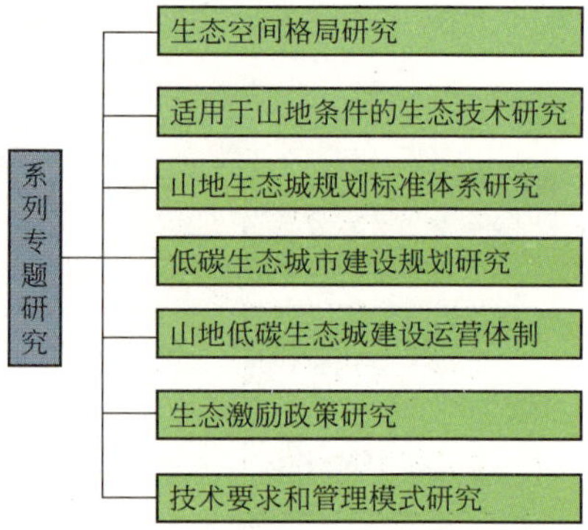

图3-77 山地城市系列专题研究
来源：重庆市生态城市规划及其进展（内部资料），2011

加快建设国家低碳试点城市，把低碳发展理念融入经济社会发展全局，统筹推进产业发展、城市建设、生活方式低碳化，突出对台合作交流，突出体制机制创新，促进节能降耗和碳排放强度持续下降，建成有厦门特色的国家低碳生态城市。

加强生态保护和生态建设，实施“蓝天、碧水、绿色、宁静、洁净”等重点环保工程，不断提升人居环境质量，巩固和提升国家环保模范创建城市创建水平，保持厦门生态文明水平居全国前列，基本建成生态文明示范区。

3）低碳生态城市的建设特色与进展

（1）低碳生态新城规划

厦门市结合“统筹城乡发展，加快岛内外一体化建设”的发展战略目标，在集美、翔安、同安、海沧等四个新城的建设中，启动低碳生态新城规划，因地制宜，设立低碳示范区，通过统一规划，按照绿色建筑标准进行设计和建设(福建日报，2010)。

目前，集美新城($21km^2$)、同安环东海域($114km^2$)、东海科技创新园($4.9km^2$)、翔安低碳研究所和低碳配套产业园($10km^2$)已被选定为低碳新城示范区，开始按照低碳要求进行规划建设(图 3-78)。

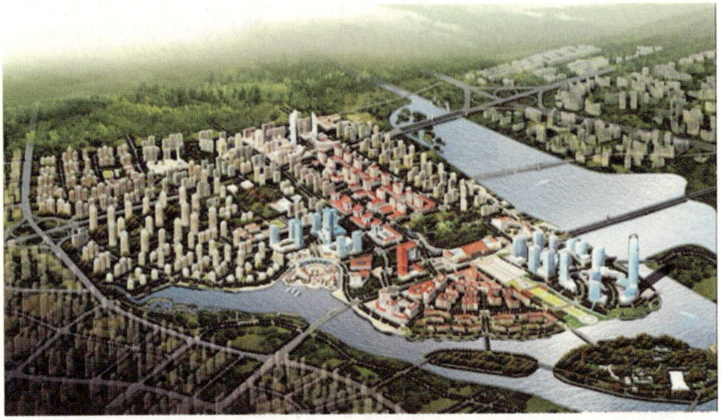

图 3-78　厦门市集美新区鸟瞰图

来源：厦门网(http：//www.xmnn.cn/)

具体的低碳生态规划包括：在城市交通设计上，集美新城里规划了慢行道、步行区，通达到新城的各个角落；设置了几十个自行车的租赁点“通租通还”；整个集美新城全面实现了人车分流；大量人流首先由大容量的轨道交通和公共交通运达指定地点，再通过自行车和步行把人送到目的地，最大限度地减少了私人小汽车的使用，实现低碳交通(图 3-79)。

（2）可再生能源城市级示范

集美新城作为厦门低碳城市示范区，在建筑中充分利用了太阳能、海水源热泵等可再生能源，取得良好效果，减少了居民支付的能源费用；杏北新城把太阳能光热板与坡屋顶相结合制造热水，也取得了良好的示范效果(厦门商报，2011 年 11 月 1 日)。

香山游艇码头采用海水源热泵，瑞景公园采用太阳能和热泵的技术，联发五缘湾1号采用太阳能发电试点，在厦门率先实现了小区电费零公摊。公共部分的用电、地下室用电全部由可再生能源提供，减少了市民的生活成本，提升了公众的生活品质和幸福价值（图3-80）。

在市政方面，低碳新城将率先实现垃圾减量化、可回收、再循环、再利用。

在产业方面，集美新城及周边地区要重点扶持第三产业，发展高新技术产业等低碳产业，实现产业的低碳化。

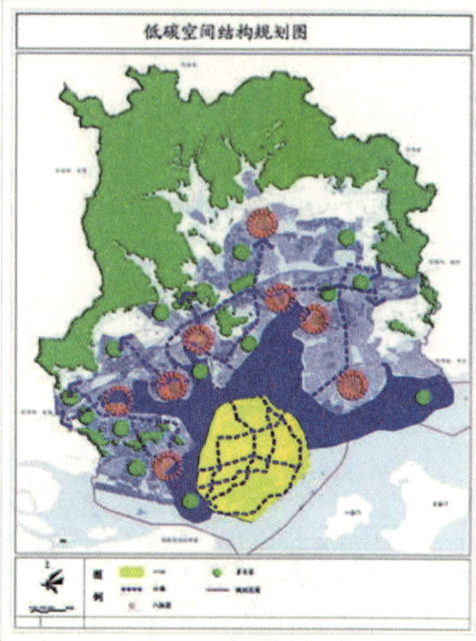

图3-79 厦门市低碳空间结构规划图
来源：厦门网（http：//www.xmnn.cn/）

图3-80 厦门市太阳能庭院灯、草坪灯、壁灯
来源：厦门网（http：//www.xmnn.cn/）

太阳能推广的面积每年不少于200万m^2。科技创新园等6个项目被批准为全国可再生能源应用示范项目，主要采用太阳能光热和光电技术、海水源热泵技术等，应用建筑面积达到约172万m^2，计划在2012年底完成。

此外，垃圾资源化再利用以及更大面积的清洁能源推广等项目已经在建设中。

(3) 倡导绿色建筑，严格实施建筑节能标准

厦门市成立了绿色建筑与节能委员会，由厦门市建筑行业的 90 多位专家组成；制定了绿色建筑地方标准，出台了绿色建筑评价与标识管理办法，为绿色建筑评价提供技术依据；经国家住房和城乡建设部授权，厦门市还有资格在辖区范围内评定一星级和二星级绿色建筑。

2011 年 8 月，厦门市出台文件，要求全市保障性住房必须全部按绿色建筑标准进行建设，实现"四节一环保"，即做到节能、节地、节水、节材及环境保护，大力推动绿色建筑的实施。采用被动式节能技术，可以实现低成本的绿色建筑。合理规划布局，注重建筑朝向，充分利用自然通风和自然采光，这些措施都是降低百姓生活成本的途径之一(厦门市建设与管理局，2011)。

目前，厦门市新建建筑已经制定了从设计、施工、监督到验收等环节的全过程监管制度，新建民用建筑 100%达到国家建筑节能标准要求，近三年竣工节能建筑 2510 万 m^2，实现二氧化碳减排量 22.77 万 t。

此外，厦门市已经开始对大型公共建筑进行节能改造。目前已经完成了建设大厦、国际会展中心等 5 栋具有代表性的标杆建筑的能耗监测平台建设。对于高于基准线超过 $5kgce/m^2$ 的国家机关办公建筑和大型公共建筑，通过节能改造降低能耗。

(4) 发展城市林业，打造宜居环境

厦门以发展城市林业打造宜居环境，取得了显著成效。2010 年，厦门市新增园林绿地 $700hm^2$，新增 12 座各具特色的社区公园。按规划，2011 年，厦门再新建、续建、改造公园绿地 37 个，新增园林绿地 $500hm^2$，届时城市建成区绿地率将达到 36%以上(图 3-81)。

2011 年以来，一批生态建设项目落户厦门，如红树林滨海湿地生态公园、国家海洋公园、杏林湾湿地公园，其中杏林湾湿地公园成为福建省首家获批准的国家城市湿地公园。厦门从独特的地理条件和区位特点出发，注重塑造城市森林特色景观，一大批综合性公园、山地公园、社区公园、古树小公园在岛内外建成(和讯新闻，2011)。

与此同时，厦门市编制了《厦门森林城市建设总体规划》，确立了以厦门本岛为中心，岛外两大楔形山地森林、五大楔形海湾水面与各个城市集中发展区生态游憩相互交错的"一心两带五湾多点"的城市森林建设布局。此

图 3-81　厦门市南湖公园

来源：厦门网(http：//www.xmnn.cn/)

外，还编制了《厦门市西、北部生态休闲旅游规划》、《厦门城市林业“十二五”发展规划》等配套文件，进一步细化规划的目标任务和措施。

截至 2010 年，全市森林覆盖率达 42.8%，建成区绿地率 35.8%，绿化覆盖率 40.4%，人均公共绿地 11.5m²，城市环境空气质量优良率达 97.5%。

10. 长株潭——“两型社会”和“低碳经济社会”背景下的生态城市群

长沙、株洲、湘潭(长株潭)城市群是湖南省经济最发达，科技实力最雄厚，城镇最密集的区域，是我国探索资源节约、环境友好型社会建设的先行先试地区。2007 年 12 月 14 日，经国务院同意，国家发改委正式批准湖南省长株潭城市群为“全国资源节约型和环境友好型社会建设综合配套改革试验区”。试验区的设立对促进国家东中西部地区协调发展，推动中部地区崛起具有重大战略意义。2009 年 1 月，国务院同时批准“长株潭城市群区域规划和综合配套改革方案”，明确提出长株潭城市群“两型社会”建设要求：全面推进各个领域的改革，在重大领域和关键环节率先突破，大胆创新，形成有利于资源节约和生态环境保护的体制机制，推进经济又好又快发展，走出一条有别于传统模式的工业化、城市化发展新路。

1）基本概况

长株潭城市群地处我国中南部，以长沙、株洲、湘潭三市所辖行政区域为主体，国土面积 2.8 万 km^2，处于京广经济带、泛珠三角经济区、长江经济带的结合部，内部结构紧凑，区位条件优越，自然资源丰富，生态环境良好，历史文化特色鲜明，是国家不可多得的城市群资源，具备建设区域性中心城市群，影响和辐射四方的区位优势。区域内盆地与丘陵间错、城镇与乡村交织，形成独特的空间组合；良好的山体、水域、绿心生态开敞区，构成独特的生态本底，农业科技、市场体系、物质装备和基础设施等基础条件较好；京广、浙赣、湘黔、湘桂等铁路干线交会，京珠、上瑞高速及 106、107、319、320 四条国道贯通，水运内联湘资沅澧、外达长江，黄花国际机场吞吐量超过 800 万；集中了全省 3/4 的研发人员，80%的科技成果（图 3-82）。

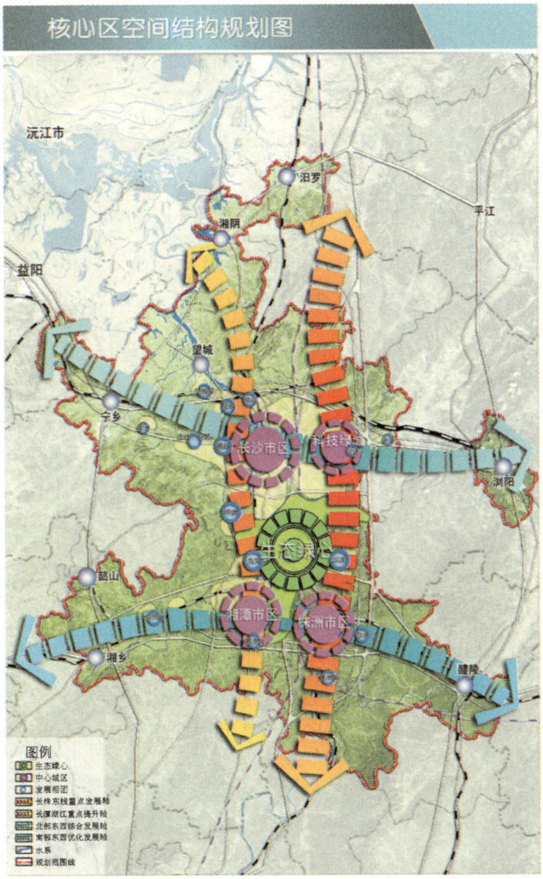

图 3-82　长株潭城市群核心区空间结构规划图

来源：长株潭两型社会展览馆网站（http：//www.czt.gov.cn/Column.aspx? ColId=325＃p=4）

2）定位与目标

根据《长株潭城市群区域规划(2008～2020年)》，长株潭城市群发展战略定位为：全国“两型”社会建设的示范区，中部崛起的重要增长极，湖南省新型城市化、新型工业化和新农村建设的引领区，具有国际品质的现代化生态型城市群。该规划指出，到2010年，试验区建设全面启动，共建共享的综合基础设施框架体系初步形成，以湘江为重点的流域综合治理和保护模式基本建立，以清水塘、竹埠港为重点的循环经济发展初见成效，长株潭与周边岳阳、衡阳、常德、益阳、娄底等市的区域经济一体化格局初步形成。人均GDP超过3.8万元，总人口达到1450万人，城市化水平高于60％。

到2015年，试验区建设纵深推进，资源节约、环境友好、产业优化等体制改革取得显著成效，资源节约和环境友好的产业结构、增长方式和消费模式初步形成。人均GDP达到6.7万元，总人口1600万人，城市化水平高于70％，单位地区生产总值能耗比2007年降低35％，城市空气质量达标率93％以上，饮用水源达标率为98％，水功能区水质达标率为95％，主要污染物排放量大幅削减。到2020年，“两型”社会建设综合配套改革主要任务基本完成，资源节约、环境友好的体制机制基本形成，新型工业化、城市化发展模式基本建立，经济社会发展与人口、资源、环境协调发展的格局基本形成。地区人均GDP达到11万元，三市总人口1800万人，城市化水平80％以上(表3-2)。

长株潭城市群发展指标 **表3-2**

序　号	指　标	2007年	2010年	2015年	2020年	性　质
1	人均GDP(万元/人)	2.56	3.8	6	11	预期性
2	高新技术产业增加值占GDP比重(％)	13.6	18	26	35	预期性
3	常住人口规模(万人)	1350	1450	1600	1800	预期性
4	城市化率(％)	53.4	>60	>70	>80	预期性
5	万元GDP能耗降低(在2007年基础上降低,％)	—	17	35	47	约束性
6	单位面积产出(亿元/km^2)	1	1.25	1.67	2	预期性
7	单位GDP取水量(m^3/万元)	215	200	150	100	约束性
8	区域森林覆盖率(％)	55.2	55.4	55.7	56.0	约束性
9	人均城市公共绿地(m^2/人)	8.4	10.0	12	>12	约束性
10	主要污染物排放强度	—	达到全国平均水平	低于全国平均水平	低于全国平均水平10％	约束性

来源：长株潭城市群区域规划(2008～2020年)

3）低碳生态城市群的建设特色与进展

（1）编制生态绿心规划，维护城市群生态安全格局

在《长株潭城市群资源节约型和环境友好型社会建设综合配套改革试验总体方案》和《长株潭城市群区域规划(2008～2020 年)》指导下，为引导长株潭城市群生态绿心地区生态保护、利用与建设，有效发挥生态绿核保护和创新发展窗口的双重作用，长株潭城市群编制了《长株潭城市群生态绿心地区总体规划(2010～2030 年)》，规划区面积约为 522.87km^2。其中，长沙 305.69km^2，占 58.46%；株洲 82.36km^2，占 15.74%；湘潭 134.82km^2，占 25.80%。规划确定长株潭城市群生态绿心地区发展目标为：建设成为“生态文明样板区、湖湘文化展示区、两型社会创新窗口、城乡统筹试验平台”，最终打造成具有国际品质的都市绿心(表 3-3)。其功能定位为：长株潭公共生态服务客厅、城市群生态空间建设样板、生态资本创新利用示范窗口。

长株潭城市群绿心地区发展目标　　表 3-3

生态建设目标	生态环境质量整体提升，生态功能更加完善，生态格局更加安全，生态服务更加高效，构建人与自然和谐共生的复合生态系统
社会发展目标	建设城乡基本公共服务产品均等，城乡基础设施一体，城乡社会服务设施完善，邻里意识显著增强，社会秩序安定和谐的新型城乡地区
经济发展目标	构建以生态服务产业为主导，文化、体育、休闲、旅游产业充分发展，现代农业与高端服务业相互支撑，产业结构合理，发展方式集约，资源利用节约的绿色产业体系
文化发展目标	以湖湘文化为主题，以名人文化、伟人文化、民俗文化和生态文化为载体，通过地域文化与国际文化的交融，促进生态绿心地区文化多元化和国际化，建设成为具有国际品质的文化绿心
城乡统筹目标	共建共享区域基础设施与公共服务设施，实现交通同网、能源同体、信息同享、生态同建、环境同治；促进城乡融合，努力探索新型工业化、农业现代化、新型城市化、信息化以及社会主义新农村建设的新模式，通过生态绿心地区的生态枢纽作用而有机地将长株潭三市融合成为一个生态城市群

在生态保护基础上，长株潭城市群生态绿心地区提出高端占领、主动保护的目标，即实现“被动生态保守”到“主动生态保护”的转型，调整产业结构，设置产业进入门槛，用高端低碳的第一产业和第三产业占领生态绿心地区，以“绿色引擎”促使生态绿心地区从“单一自然生态系统保护”向“复合生态系统保护与发展”转变，带动生态绿心地区经济社会实现跨越式可持续发展(图 3-83、表 3-4)。

图 3-83　长株潭城市群生态绿心总体规划图

来源：长株潭两型社会展览馆网站（http：//www. czt. gov. cn/Column. aspx? ColId＝293＃p＝7）

长株潭城市群生态绿心地区产业体系　　表 3-4

产业性质	产业类型	产业细分
主导产业	生态旅游业、文化创意产业、休闲产业	生态观光旅游、体育休闲、郊野休闲、休闲度假、休养养生、商务娱乐、主题游乐、影视制作、动漫制作、出版传媒、民俗挖掘与创新、博览会展
支柱产业	现代服务业	总部经济、中部领事区、庭院经济总部、园艺博览、商贸服务、职业培训、婚庆摄影基地、旅游集散咨询服务、先进农业技术研究
	现代农业	绿色养殖、特色果蔬栽培观光、观光农业、花卉苗木种植与研发产业、中草药生产及研发
	高新技术产业	低碳环保设备研发及生产、科技成果孵化、新材料与新能源开发与应用、光机电等先进制造业、太阳能并网发电项目、新能源汽车项目
适度发展产业	生态宜居房地产	高品位商住区、精品休闲会所、别墅等房地产

(2) 出台专门法规，保障生态城市群建设

湖南省于 2008 年 1 月 1 日起实施的《长株潭城市群区域规划条例》为长株潭“两型社会”建设提供了法制保障。该《条例》共 21 条，从立法宗旨、区域规划的法律地位、实施的事权划分、区域规划的编制和调整、具有区域性影响建设项目的管理、空间管治、法律责任等方面进行了系统的规定，明确《区域规划》是长株潭城市群协调发展的综合性规划，长株潭城市群区域内的各项建设，应当符合长株潭城市群区域规划。《条例》还界定了省市各级各部门的职责和基本工作程序，将与提升后的《长株潭城市群区域规划》相配套，有力地提高长株潭城市群开发建设水平。

2008 年 7 月 31 日湖南省第十一届人民代表大会常务委员会第三次会议通过的《关于保障和促进长株潭城市群资源节约型和环境友好型社会建设综合配套改革试验区工作的决定》，提出“两型”社会建设综合配套改革试验是一项艰巨的创新工程。省人民政府在坚持国家法制统一原则的前提下，可以就长株潭城市群资源节约、环境保护、土地管理、城乡发展、行政管理和运行体制等综合配套改革重大事项适时决策，先行先试。省人民政府制定的相关文件，报省人民代表大会常务委员会备案。省人民政府和长沙、株洲、湘潭市人民政府应当根据《湖南省长株潭城市群区域规划条例》有关长株潭城市群禁止开发区域、限制开发区域空间管治的要求，采取有力措施，依法加强空间管治区域的有效管治，保护生态环境。

为加快推进两型社会建设，中共湖南省委湖南省人民政府于 2011 年 11 月发布了《关于加快长株潭试验区改革建设　全面推进全省“两型社会”建设的实施意见》，指出加快长株潭试验区改革建设，全面推进全省“两型社会”建设，是贯彻中央决策部署，走有别于传统工业化和城镇化科学发展之路的具体体现；是顺应当今国内外发展趋势，实现绿色发展，抢占新一轮发展制高点的必然选择；是全面推进“四化两型”建设，破解能源资源和生态环境瓶颈制约，构建“两型”生产方式、消费模式和产业体系的战略举措；是为全省及全国“两型社会”建设探索路径、积累经验、作出示范的迫切需要。该实施方案提出发展目标为：长株潭试验区各项改革纵深推进，在资源节约、环境友好、产业优化、科技创新和土地管理等体制改革方面取得显著成效，基本形成比较完善的“两型社会”建设制度保障体系和新型工业化、农业现代化、新型城镇化、信息化的促进机制。环长株潭城市群基础设施保障水平全面增强，科技进步对经济发展的贡献率大幅上升，初步形成节约资源和保护环境的产业结构、增长方式和消费模式。到 2015 年，长株潭试验

区单位地区生产总值能耗比 2007 年降低 35%，城市空气质量达标率为 93%以上，饮用水源达标率为 98%，化学需氧量、二氧化硫排放量分别比 2007 年削减 23%、12%，城镇化率达到 70%；环长株潭城市群人均地区生产总值达到 4.8 万元，资源环境主要指标达到全国先进水平，城镇化率高于 55%，初步成为具有湖湘特色、国际影响的现代化生态型城市群。全省三次产业结构由 2010 年的 14.7∶46∶39.3 调整为 2015 年的 9.5∶48.5∶42，单位地区生产总值能耗和二氧化碳排放量相对 2010 年下降 16%和 17%，主要污染物排放进一步下降，森林覆盖率稳定在 57%以上(中共湖南省委湖南省人民政府，2011)。

(3) 长沙市两型社会建设

长沙市把建设资源节约型和环境友好型社会作为加快转变经济发展方式的重要着力点，以建设全国两型社会示范区为目标，以大河西先导区为核心示范平台，加快建立资源节约、环境友好的产业结构、增长方式和消费模式，实现经济社会与资源环境的全面协调可持续发展。“十二五”期间，长沙市将坚持资源开发与节约并重、节约优先，大力推进节地、节能、节水、节材，完善形成国内一流的资源节约政策制度体系、标准体系和技术支撑体系，建成一批集约用地、节能改造、新能源利用、中水回用、循环经济、静脉产业等示范工程，并加快向生产、建设、消费各领域推广，形成节约型发展方式(长沙市人民政府，2011)。

自 2008 年 1 月长沙市决定在河西的大片区域建设“两型社会”综合配套改革试验区的先导区以来，分别出台了《长沙市大河西先导区建设整体方案》及《产业发展规划》、《金融创新方案》、《能源资源节约方案》、《环境保护实施方案》、《统筹城乡发展方案》、《国土资源管理改革方案》6 个子方案，明确了大河西先导区建设的战略目标、规划蓝图、建设步骤等具体问题。大河西先导区发展定位为：全国“两型社会”综合配套改革试点先导突破区、长株潭城市群战略整合核心承载区、长沙市提升主体功能区，湖南省产业先行先试区、长株潭产业转型示范引领区、长沙市高新产业核心集聚区，全国知名的生态文明区域、资源节约的循环集约新区、可持续发展的城市标杆，城乡统筹发展的区域城市、新型增长模式的城镇典范、环境友好的山水宜居新城。长沙市大河西先导区战略目标为：力争到 2020 年把先导区建设成为“两型社会”综合配套改革的示范区(先导区单位地区生产总值综合能耗跻身于全国省会城市先进行列)、高新产业的集聚区(科技进步对经济增长的贡献率达 70%以上，高新技术产业总产值达 4000 亿元以上)、城乡统筹的样板区(城乡居民人均可支配收入分别达 60000 元和 40000 元以上)、生态宜居的新城区（建成区面积达 200km^2，常住人口 150 万人左右）、支撑发展的增长极（先导区核心区实现地区生产总值达 3000 亿元，地方财政收入达 300 亿元）（长沙大河西先导区管委会，2011）。

除新区建设外，长沙市在低碳生态城市建设方面也有重大创举。如从 2009 年开始，长沙正式着手建设社区公园。市、区两级政府高度重视，3 年时间 57 个社区公园全部免费建成开放，均匀分布在城区，为城区新增绿地面积 43 万 m^2，一定程度上解决了老、旧城区公共绿地少的局面，基本能实现居民出门 300m 见绿的目标。据统计，到 2011 年年底，长沙各类街头游园、社区公园将接近 300 个，意味着在长沙 242km^2 的建成区内，不到 1km^2 就有一块开放的市民公共绿地和公园。2011 年年底，长沙市城管局又部署三年规划，计划建设完成 11 个社区公园，努力为市民们提供更多休闲绿地。长沙市社区公园建设工程于 2011 年入选“中国人居环境范例奖”（湖南省政府门户网站，2011）。

（4）株洲市“两型”社会与低碳城市建设

株洲市“十二五”期间将把节约能源放在突出位置，加强重点行业和企业的节能工作，推进合同能源管理，更新淘汰落后设备和工艺，推广应用高效节能产品和设备。加快普及建筑节能技术和节能材料，推广绿色建筑，建设全国可再生能源建筑应用示范城市。加强项目建设节能评估，从源头上把好节能降耗关，到 2015 年，万元 GDP 能耗 5 年累计下降 17%。稳妥推进城乡建设用地增减挂钩，合理开发土地后备资源，严格执行国家产业政策和土地供应政策，提高单位土地投资强度，特别是园区单位土地投资强度，到 2015 年，万元 GDP 用地率下降 30%。实行用水总量控制和定额管理，加强技术改造，逐步降低高耗水行业用水比重，建立完善市场引导、公众参与的节水机制，建设节水型城市，到 2015 年，农业灌溉用水有效利用系数提高到 0.49，单位工业增加值用水量降低 30%。加强资源综合利用，大力发展循环经济，推进工业“三废”综合利用。鼓励工业再制造业发展，规划在适当区域集中发展再制造业，形成新的产业形态。制定可再生资源综合回收产业的优惠政策，促进可再生资源的综合回收利用。建立相关约束机制，推行城镇居民垃圾分类管理和回收制度。全面开展低碳宣传教育，树立低碳理念，倡导绿色消费，逐步形成低碳的生产和生活方式，全力创建低碳示范城（株洲市人民政府，2011）。

株洲云龙示范区是长株潭城市群“两型”社会建设综合配套改革试验五大示范区之一，位于株洲市北部，是株洲的第五个区，总面积 105.8km^2（图 3-84）。株洲云龙示范区坚持先行先试、敢闯敢试、边干边试，以建设资源节约型、环境友好型社会为目标，以活力、生态、健康、和谐为主题，充分利用云龙片区良好的交通和生态环境优势，重点发展旅游休闲产业、文化创意产业、金融创新产业和科教研发产业。云龙示范区将建设成为长株潭城市群的中央生态城，着力打造“生态城、文化城、旅游城”，形成“一中心、两基地”的格局，即中部地区旅游休闲中心、湖南文化创意和现代服务产业基地、全国实用技术教育和科技创新基地。示范区建设步骤为：到 2011 年，打好基础，重点突破，按照世界一流标准、代表城市发展方向的要求，编制建设规划，搭建运作平台，完成重要公共基础设施项目建设；到 2016 年，纵深推进，初具规模，完成 10km^2 区域的开发建设；到 2020 年，发展完善，基本建成生态宜居城、旅游休闲城、科教文化城，成为“两型”示范(株洲云龙示范区管委会，2011)。

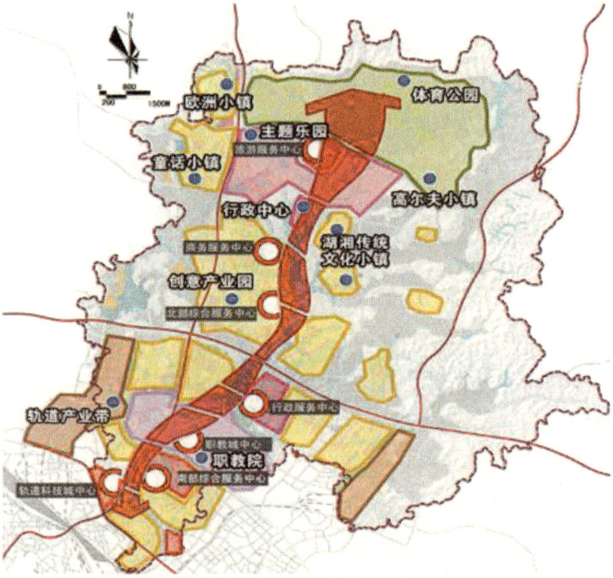

图 3-84　株洲云龙示范区功能布局图

来源：长株潭两型社会展览馆网站

(http：//www. czt. gov. cn/Column. aspx? ColId＝293＃p＝17)

除云龙示范区建设外，株洲市在低碳生态城市建设方面进行了开拓性探索。如株洲在城区全面推行公共自行车系统和绿化治理工作，由全国十大重点污染城市变为生态宜居城市。株洲公共自行车租赁系统于 2011 年 5 月启动，500 个站点 10000 辆自行车将于 2011 年底全部安装到位，并全面投入使用。株洲公共自行车坚持免费服务。实行 3h 内的免费租赁，倡导“随用随骑、骑后速还”的用车理念，鼓励市民选择公交、自行车换乘等方式出行。株洲市建设自行车信息系统，加强车辆管理信息系统、车辆调运管理系统、IC 卡资信收费系统、自行车停车安全视频监控系统以及城市公用设施查询系统等建设，为市民提供安全、优质、高效的服务。城区各级各部门都加入推广公共自行车租赁系统的建设和应用中，鼓励广大干部职工使用公共自行车，市委宣传部、市直机关工委要对各单位干部职工办理租赁卡和使用公共自行车的情况进行宣传和通报。自开行以来，每天有近 1000 人次租(还)车，株洲市租还车人次突破 120 万，受到株洲市民一致好评(中共株洲市委办公室株洲市人民政府办公室，2011)。

(5) 湘潭市：低碳城市建设

根据《湘潭市国民经济和社会发展第十二个五年规划纲要》，湘潭市“十二五”期间将继续坚持绿色引领、低碳发展理念，以节能减排和发展绿色经济为重点，全面推进资源节约型、环境友好型社会建设，提高全市生态文明水平，把湘潭建设成为生态宜居家园。湘潭市提出的具体指标为：到 2015 年，全市工业固体废弃物综合利用率达到 98%，工业用水重复利用率达到 90%以上；万元 GDP 综合能耗下降 1.31t 标准煤，比 2010 年下降 20%；万元规模工业增加值能耗下降 1.74t 标准煤，比 2010 年下降 22%；亿元 GDP 建设用地下降 0.55km^2；万元 GDP 取水量由 2010 年的 210m^3，下降到 140m^3；建成区排水管网覆盖率达到 90%，新建区排水管网覆盖率达到 95%，小城镇镇区排水管网覆盖率达到 75%，污水处理率达到 85%；化学需氧量排放总量比 2010 年下降 10%；全市城市生活垃圾无害化处理率达到 100%(湘潭市人民政府，2011)。

湘潭市把生态新城组团建设作为推进两型社会建设的重要内容，加快建设九华滨江新城、昭山生态新城、天易生态新城三个新城组团，其重点建设方向见表 3-5 所列。

湘潭市生态新城组团建设重点内容　　　　表 3-5

新城组团名称	“十二五”时期重点建设内容
九华滨江新城建设	加快推进 60km^2 滨江新城建设，将九华滨江地区整体打造成长株潭城市群高品质的休闲娱乐服务中心和滨江生态宜居区。以沪昆高铁湘潭北站为核心，加快站场配套设施建设，形成由高速铁路、高速公路、城际轨道、城际快车道、湘江水运组成的长株潭城市群西部综合交通枢纽。抓好中央商务区、生态风貌区、现代居住区、休闲度假区的规划建设，加快生态湿地公园、隆平科技博览园、湖南大学湘江学院等项目建设，进一步完善公共交通、就学就医、文化娱乐、商务金融等公共服务体系

续表

新城组团名称	“十二五”时期重点建设内容
昭山生态新城	按照“田园城市”理念，进行低密度、高品位、保护性开发，将昭山整体建设成为全国生态休闲和文化创意产业发展示范区、区域性会展商务聚集区和消费中心区、长株潭城市群的中央花园。依托仰天湖周边优美的山水风光和丰富的自然资源，打造仰天湖城市综合体和国际会展商务中心区。依托长株潭城际铁路昭山站建设，逐步完善配套休闲购物娱乐、体育文化、绿地公园、城市交通等设施，打造长株潭城市群重要的消费服务中心。重点保护森林生态景观和湿地生态景观，抓好昭山景区配套服务区、文化创意产业区、生态宜居区、生态休闲区等功能区建设
天易生态新城	加快推进 35km^2 核心区建设，重点打造 107 国道城市中轴和天易大道现代服务业发展轴，着力建设滨江风光带、金霞山生态休闲走廊带、武广大道产业带，加快构建以芙蓉大道二期、天易大道、武广高铁连接线为主干的路网体系，完善现有城区和天易示范区基础设施配套，抓好金霞山森林公园、紫荆湖生态公园、向东渠景观等项目建设，打造中部地区县域经济科学发展示范区和长株潭生态宜居新城，实现与中心城区的融合发展

11. 崇明生态智慧岛——生态本底优良地区的生态城市

1）基本概况

崇明位于长江入海口，东濒浩瀚东海，西接万里长江，是我国沿江、沿海“T”字形经济发展的结合处（图 3-85）。崇明陆域面积共 1411km^2，占上海市总面积的 22.25%。崇明共分三岛，其中，崇明岛是最大的岛，也是我国第三大岛，岛域面积 1267km^2；2008 年，长江隧桥工程建成通车，将使三岛与上海的联系大大增强，并成为上海辐射江苏北部腹地的最便捷通道，是上海市的“北大门”。

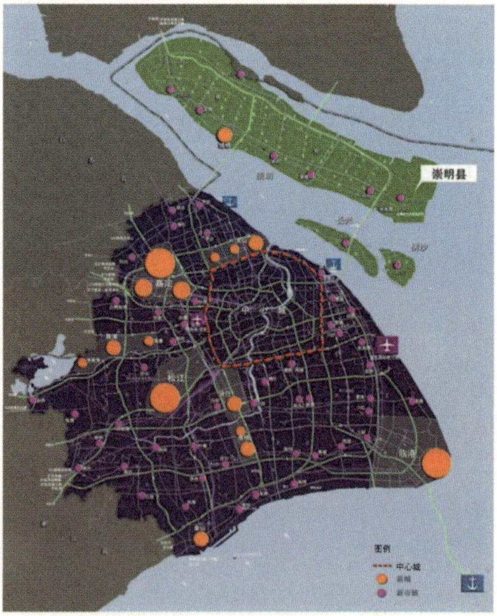

图 3-85　上海市崇明岛区位图
来源：崇明三岛总体规划(2005～2020)

崇明岛是生态本底条件优良的岛，也是自然生态资源丰富的岛，主要表现在如下方面：

（1）土地湿地资源丰富

每年由长江上游挟带的泥沙在崇明岛东侧和北侧，长兴岛北侧和西侧，横沙岛的东侧不断沉降，滩涂地每年向东延伸 145m，产生标高 0m 以上的滩地，崇明每年新增土地约 2 万亩。

（2）自然生态环境优良

崇明岛历来以农业种植为主且远离城市工业污染，本地又无严重“三废”污染，是一块难得的土净、水清、空气新鲜的“三净”之地。据上海市环境科学研究院 1997 年 8 月的环境监测结果表明，土壤、水体与环境空气中各污染物含量均在所采用的标准之内，等级划分为 1 级。

（3）多样性生物资源丰富

崇明岛是河口地区的冲积沙洲，特殊的地理位置为其带来了复杂而又独特的生态环境，生物多样性资源丰富。尤其是滩涂湿地生境，丰富的底栖动物和植物资源为鸟类提供了充裕的食物来源，成为众多物种优良的栖息环境，例如东滩鸟类自然保护区、长江口中华鲟自然保护区等。

2）定位与目标

2010 年，上海市政府通过了《崇明生态岛建设纲要》（上海市发改委，2010），为崇明岛的生态建设提出了明确目标。按照崇明岛建设世界级生态岛的总体目标，崇明力求以科学的指标评价体系为指导，着力推进资源、环境、产业、基础设施和社会服务等领域的协调发展，把生态保护和环境建设放在更加突出的位置，加强崇明项目建设、措施管理和政策配套，力争到 2020 年形成崇明现代化生态岛建设的初步框架。

完善崇明生态岛的功能布局。在崇中分区建设以森林度假、休闲居住为主的中央森林区，崇东分区建设以生态居住、休闲运动、国际教育为主的科教研创区和门户景观区，崇南分区建设人口集聚的田园式新城和新市镇区，崇北分区建设以生态农业为主的规模农业区和战略储备区，崇西分区建设以国际会议、滨湖度假为特色的生态休闲区(崇明三岛总体规划 2005～2020)。

构筑崇明生态岛建设的指标评价体系。按照生态更加文明，环境更加友好，经济更加健康，社会更加和谐，管理更加科学的总体思路，接轨国际生态理念，结合崇明发展实际，建立一套强化生态保障，加强环境保护，优化产业结构，改善民生质量，提升管理水平的指标评价体系，有计划、有步骤地系统推进崇明生态岛的建设。

在强化生态保障方面，注重自然资源的可持续开发和利用，发展可再生能源和循环经济；在加强环境保护方面，注重水、大气、噪声、固体废弃物及环境综合治理，促进节能减排；在优化产业结构方面，注重发展现代服务业和生态型产业；在改善民生质量方面，注重完善以人为本的社会公共服务体系，推进基础设施建设；在提升管理水平方面，注重公众参与和社会评价。

3）低碳生态城市的建设特色与进展

（1）严格控制土地开发，保护现有的自然资源禀赋

崇明岛建设用地面积约 237km^2，占全岛岛域面积的 16.8%，而在 2010 年的《崇明生态岛建设纲要》中明确提出，至 2020 年崇明的建设用地比重控制在 13.1%以内，这就意味着崇明的发展建设不但不能新增建设用地，而且要在现有建设用地总量的基础上进行缩减，严格控制建设用地比重，保护现有的土地资源。在控制建设用地比重上，崇明主要采取了如下措施：①在全岛划出规划建设区，新增项目控制在规划区以内；②开发利用新增滩涂用地，使之成为自然湿地：崇明由于处于长江河口地区，属于典型的冲积洲地貌，对于每年新增的 8km^2 用地，东滩湿地保护区等严格予以生态保护，使之成为适合鸟类迁徙停留地的生态湿地(图 3-86)；③改造规划区外存量建设用地，实现“撤厂并点”，在规划区之外仍存在旧有工业用地及部分待环境整治的农村居民点，对这部分用地进行拆除或撤村并点，恢复其生态用地属性，保证了自然土地资源的合理利用。

图 3-86　崇明岛东滩地区不断增长的自然滩涂地

（2）优化产业结构，推广绿色生态产业

崇明岛的产业结构呈现典型的一产比重过大、三产比重不足的特点，上海全市一产占 GDP 总量的 1.8%，而崇明一产占 24.8%。第一产业主要集中在种植业、林业、渔牧业及相关配套服务业，全县 2011 年上半年总量 18.9 亿元。

从产业结构上讲，农业虽是基础产业但又是弱势产业，其受自然条件、市场变化等外部因素的影响大，收益周期长，相对于二产和三产来说其回报低。但是第一产业对生态环境的影响很小，能源消耗也很小，在生态本底较

为优良的地区可适当提高比重。

崇明第三产业主要是发展现代服务业，以生态旅游业、生态商务业、商贸服务业和要素市场培育为重点。但从近几年崇明发展的现代服务业的情况来看，也有比较明显的短板，主要表现在：缺乏商业基础，交通不便，人力资源匮乏。

在第二产业的优化和整合上，崇明岛主要从如下方面予以推进：加快推进工业聚集区和重点产业的生态化改造，促进工业企业逐步向聚集区集中，统一规划排污等环保设施，发展特色园区，实行排污集中控制和处理，特别是排污量大的企业一定要进园区，以保证治理设施共享和污染物集中治理。要通过强化技术改造，推行清洁生产，延伸工业产业链等途径，促进工业经济的循环体系建设，降低高能耗、高物耗、排污量大的行业在全行业中的比例。

(3) 构建“低排放、低噪声、低耗能”的城乡交通体系

按照建设世界级生态岛的战略要求，崇明在城市交通方面建立了多方式、多层次、多功能，能适应岛内社会经济发展的现代化综合交通体系。截至 2012 年，崇明公交出行比例上升至 12%，各类公交车辆达到国Ⅲ标准，车辆清洁能源使用率达到 40%；尤其值得指出的是，崇明岛引进了在 2010 年上海世博会园区成功运营的清洁能源汽车，替换掉了原有的高污染、高排放的老旧公交车，近 40 辆绿色世博车每天穿行在陈海公路等崇明主要交通干道上，将绿色出行的生态理念带入到寻常百姓心中。同时，崇明规划提出，至 2020 年公交出行比例要达到 22%，各类公交车辆环保节能标准不低于市中心标准，车辆清洁能源使用率达 60%，真正朝着构建“低排放、低噪声、低耗能”的城乡交通体系的目标迈进。

同时，崇明县政府也于 2010 年提出了建设现代化交通体系的行动纲领，用以切实指导绿色交通的建设，包括：建设崇明新城等市级综合交通枢纽以及若干县级交通枢纽；建设“村村通”公交，行政村基本达到“一村一站”；加快推进岛内车辆的国Ⅲ标准改造；积极争取各种新型环保公交车辆在崇明进行试运营。

(4) 引入“智慧城市”理念，建立动态监测评估体系

崇明岛在建设生态岛的同时，也提出了借助数字手段对全岛生态建设提供支持，即“智慧崇明”的理念。按照已完成和正在推进的崇明各专项研究，全岛着力建设涵盖土地利用，水环境、大气环境、声环境、土壤环境等各项环境质量以及水生生态系统、湿地生态系统的生态系统监测等内容的监

测网络系统，开展系统全面的评价，定期向社会发布，从而将生态要素与智慧技术进行结合，用数字化手段反应生态指标的变化，已达到监测的目的(图 3-87)。

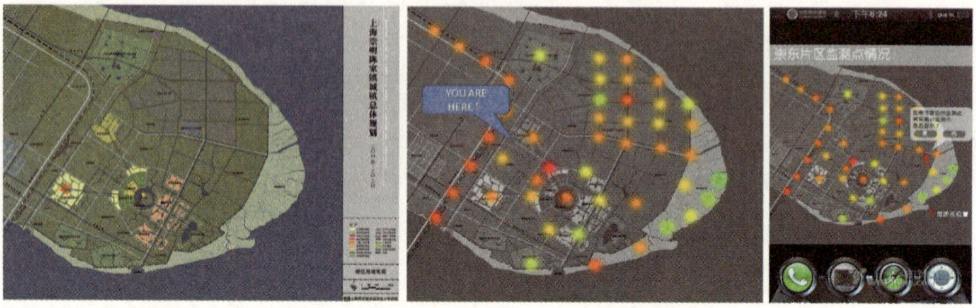

图 3-87　正在推进中的崇明岛智慧监测体系

来源：崇明岛生态规划与智慧设计研究

同时，崇明建立了生态岛建设的跟踪评估机制，实施“一年一小评，三年一大评”，对土地利用格局、水环境、大气环境等指标一年一评价，对土壤环境、生态系统等指标三年一评价，将生态岛建设管理效能评价纳入行政考核体系，强化责任约束。

(5) 政府主导、多方参与，持续推进生态岛的各项建设

城市低碳生态建设是一项历时漫长和循序渐进的工作，需要政府和相关各方不断推进工作及各项前沿研究，在此方面，崇明岛有着值得借鉴的经验(图 3-88)。例如，2005～2010 年的 5 年间，崇明通过上海市科委的平台就推出了多达 143 项课题的研究成果(崇明科技发展促进中心，2011)，涵盖了生态建设领域的方方面面，从环境保护、产业优化、政策制定、管理运营等不一而足，同时政府与多所大学和研究机构建立了良好的合作关系，借助民间的力量为崇明岛的生态建设增砖添瓦。

图 3-88　崇明陈家镇建设发展有限公司生态示范楼

同时，崇明岛根据打造世界级生态岛的总体目标，制定了崇明生态岛建设的三年行动计划，明确每一年具体建设项目和重点工作措施，分步实施，有序推进，滚动发展。不断推出的行动计划可以在总体规划的框架内进行及时修订和方向调整，集中优势资源推动不同阶段的城市低碳生态建设。

3.4　中国低碳生态城市建设实践中存在的问题

中国的低碳生态城市建设正在进行着新的城市发展模式的探索。研究显示中国城市既有与世界其他国家低碳生态城市建设所面临的相似的问题，也有自己独特的问题。中国的低碳生态城市与世界其他低碳生态城市一样开展了多样化的建设形式。调查数据显示在开展低碳生态城市规划和建设的城市中，所确定的城区覆盖范围各不相同，有的将整个城市纳入低碳生态城市的建设范围；有的在城市扩张中采用低碳生态城市模式；也有的在老城区的改造过程中引入低碳生态城市的理念；另有相当一些城市是实施低碳生态新城的开发建设；还有一些城市是在生态产业发展和循环经济领域作了尝试。

但无论是新城建设、老城改造还是城区的扩展，中国的低碳生态城市必须根据中国国情来解决目前和未来必须面对的发展中的问题。中国低碳生态城市的发展目标应当是实现经济、环境和社会一体化和可持续发展，低碳生态城市的基本任务是实现发展模式和生活方式的转变，而低碳生态城市所面对的主要挑战是进行制度和技术等各领域的创新。要实现低碳生态城市的发展目标，即，实现经济、环境和社会一体化和可持续发展，世界上任何国家和城市要在短期内建设成一个能够获得公认的、名副其实的低碳生态城市都不容易；更何况低碳生态城市的发展与一般城市的发展一样，在市场经济条件下的社会经济发展过程中，必然面对着是未来众多的不确定性。即使低碳生态城市初步实现了既定的目标，仍不可避免地还需要面对各种变数。所以，低碳生态城市是一个过程，是实现低碳生态城市目标，并以目标为导向的一个过程(于立，2011)。

低碳生态城市指标体系的构建就是初步确定一个低碳生态城市发展和建设的目标，并以此作为持续监控和调整低碳生态城市具体和实际发展过程的标准。在以目标为导向的低碳生态城市的整个发展过程中，有必要分阶段、分层次逐步实现经济、环境和社会可持续发展的目标。因此低碳生态城市可以表现为在某些领域或某个地区实现低碳的生产和生活方式；或初步实现社会的相对平等；或改善环境，或减少对化石(不可再生)能源的消耗；或利用新技术，结合本地的实际情况进行创新，对现有的产业和现有的建成区进行生态化的改造；或初步实现低碳生态城市综合发展的目标。如果一些城镇初步实现了这些目标，也就进入了低碳生态城市发展的初级发展阶段。根据这个论点，对低碳生态城市的分析和评估也应当采用动态的方式。动态地看待一个城镇是否开展了低碳生态城市的建设和发展，也即评估一个城镇在过去的几年，如 5～10 年的时间内，是否持续地实现节能减排，同时发展了经济；是否改善了生态环境；是否持续地提高了当地居民的生活水平，使人民安居乐业。

前文对当前中国低碳生态城市的部分实践性探索进行了介绍。虽然低碳生态城市的规划和建设已逐渐成为城市发展的主流，但作为一种创新型的人类住区模式，在探索人与自然之间，人与人之间，社会经济发展与生态环境保护之间和谐共存过程中仍存在不少的问题。因此，对当前低碳生态城市发展过程中的这些问题进行梳理和分析，希望为中国低碳生态城市健康、有序和理性的发展提供借鉴经验和教训。

3.4.1 片面强调和重视技术与经济发展，忽视城市社会和环境问题

虽然低碳生态城市目标的实现任重而道远，是一个相对漫长的过程，但“千里之行始于足下”。在中国政府推行发展生态(绿色)经济，推动低碳生态城市建设的政策引导下，中国不少地区已经开展了多种形式的低碳生态城市实践探索，一些生态城的规划建设在国内、外已经引起了不少的反响，如天津和唐山湾曹妃甸生态城。但调研发现，中国生态城市在实际运作上存在一些问题，这其中主要表现在重视技术层面的改造，以求实现经济的发展，但却忽略了低碳生态城市需要经济、环境和社会一体化的发展。目前低碳生态城市的发展对社会问题，特别是对民生问题的解决不够重视。调研发现，多数城市在开展低碳生态城市规划建设时，虽然政策上谈到促进社会和谐发展，在低碳生态城市的指标体系构建上也确实包括了相关社会进步的问题，但没有具体的落实措施，基本停留在口号或指标上。还有的认为社会和谐的工作就是提高市民的素质，加强管理和预防，进行生活废弃物的处理等。这显示不少城市对低碳生态城市的社会和谐发展这一构成要素并没有深刻的认识和考虑。

有些低碳生态城市在社会和民生问题上做了一些工作，但存在一些矛盾。如天津生态城的发展目标提出建设 20％的廉租房(“公屋”)，以解决低收

入阶层的居住问题。这应当是低碳生态城市的重要目标之一。但是天津生态城入住“公屋”家庭的各项标准中，除了收入标准之外，另外一个标准就是必须在生态城内工作。天津生态城的产业构成包括发展节能环保、科技研发、总部经济、服务外包、文化创意、教育培训、会展旅游等现代服务业；形成动漫园、影视园、科技园、产业园、信息园和总部园的高科技产业。根据生态城的产业构成，又能有多少人成为廉租房(“公屋”)的受益者？这个疑问需要通过未来具体的实践找到答案。

在生态环境的保护方面，有些生态城甚至出现假借生态之名，行破坏生态之实！一些地区的低碳生态城市建设的选址就是在生态保护区或生态敏感区内。任何的开发建设，无论规模大小都将对原来的生态环境产生影响。当然低碳生态城市的开发建设，并不仅仅涉及生态环境的问题，而是实现社会、经济和环境的一体化发展。在这三位一体中，环境是另外一项构成要素。低碳生态城市的建设本应当避开生态敏感地段进行建设。沿河道或在山体生态敏感区进行所谓的低碳生态城市建设，不仅对现有的生态环境造成破坏，还可能带来洪水、山体滑坡、泥石流等自然灾害的风险。低碳生态城市建设中一个标准是提高防范自然灾害的能力和等级，防洪风险管理是国外政府制定低碳生态城市政策和标准的重要内容之一(于立，2009)。但现实却是某些生态城的选址存在很大的问题，占用了原本就是很好的生态用地。

例如，中国第一个以生态城名义开展规划建设的上海东滩，虽然在世界上有不小的影响度，但同样是在生态资源丰富和敏感的地区展开。这个项目若开展了，对东滩的生态环境将带来不可挽回的破坏性影响。这个项目为生态城在生态环境敏感地区进行开发建设发挥了一种不良的启示性作用。当项目停止时，国、内外不少媒体借机炒作中国生态城的死亡。

用地面积约 66km^2 的武汉花山生态新城，位于武汉新闻媒体所描述的“山体众多，湖泊环抱，植被茂密，风景宜人，自然环境优美”的东湖、北湖和西湖的交汇处(武汉视界网，2010 年 6 月 2 日)，是武汉城市楔形保护绿地。虽然武汉花山生态新城规划中提到了对遭受破坏的生态环境进行修复。但是又为什么要首先对良好的生态环境进行破坏，然后再修复？生态城开发建设应当避开生态敏感地区。这种现象并非仅武汉花山一个地区，还有不少类似的项目。抽样调查显示，低碳生态城市开发建设占用农业用地的占 60%，占用生态用地的占 7%。这种模式的生态城建设是对生态环境带来严重的负面影响。

海南省中日合作的乐城太阳与水示范区项目，规划在万泉河流域进行开发建设。该项目由两个部分构成，即乐城岛和大乐城。初期规划面积约 $2.8km^2$，远期规划面积约 $19km^2$。海南乐城太阳与水示范区项目提出的目标是构建低碳社会，规划所需能源全部通过太阳能、风能、水能等可再生能源解决，希望乐城岛成为首个“零排放”的生态城。该项目在低碳生态城市建设上尝试采用“民间平台，政府后台，国际舞台”的形式，这是一个很好的探索型的发展模式。但是调研了解到目前的防洪还是 20 年一遇的标准。远远低于一般城市的防洪标准。随着全球气候的变化，西方国家一般城市的防洪标准已经提高到百年一遇，更何况一个低碳生态城市的建设。过去的几年，所出现的自然灾害的危害级别都已经是几十年，甚至上百年一遇。一个低碳生态城市如果没有充分考虑防灾问题，或防灾的标准太低，以致在未来造成灾害，这是不可饶恕的，也将成为一个大笑话！

唐山湾(曹妃甸)生态城与工业园区是分离的。界定的生态城内的产业有部分的三产，但主要以居住功能为主。另外居住与就业的分离也带来两个问题：第一，每天将形成大量的潮汐交通流和交通量，就近就业无法实现；第二，一个缺乏产业的城镇，很难说是一个真正的城镇。

在低碳生态城市的发展政策上，还出现相互矛盾的现象。低碳生态城市的发展政策是推行“绿色交通”，鼓励使用自行车、步行等慢行系统，实现节能，减少污染。中国曾经以“自行车的王国”而闻名于世。过去在以自行车交通为主的年代，我国城市的道路系统形成了著名的“三块板”格局，有独立的自行车道路网络。这种道路形式曾经让世界其他国家那些倡导环保和自行车出行的人们十分羡慕。令人遗憾的是，随着小汽车拥有量及其使用的快速增长，在短短不到 10 年的时间内，在我们城市“三块板”的道路系统中，留给自行车的车道逐渐地被机动车道所侵蚀，或成为停车场。低碳生态城市的建设应当推行“绿色交通”，重新恢复行之有效且无需很高成本的自行车道网络，并与快捷的公共交通网络实现换乘节点的便利联系。

3.4.2 重视大城市的新城，忽视小城镇发展和城乡协调发展

在中国当前的快速城镇化进程中，以减少对环境的破坏，降低对资源和能源的消耗，避免社会问题的产生以及实现城乡协调发展为主要目标的低碳生态城市化是实现中国可持续发展的必由之路。重视和促进城市与农村之间经济联系网络的建立是低碳生态城市化的一项重要核心问题。

中国的“三农”问题仍然是当前城镇化和工业化面临的重要问题之一。

由于中国仍有大量的农村人口，低碳生态城市的发展需要同时考虑农村问题，考虑如何实现低碳生态发展模式，帮助和促进农业经济的发展，并解决城乡收入差距的问题。经验已经证明如果我们忽略了农村经济的发展，仅仅一味发展城市，特别是大城市，将可能面临经济和社会的巨大风险。因此低碳生态城市的规划和建设必须顾及乡村地区，以实现城乡协调和一体化发展。这就需要制定相关的政策和措施促进农村社区之间政治和社会网络的建立及其与低碳生态城市的联系。世界不少国家的低碳生态城市规划和政策的制定上基本都涉及与农村协调和共同发展的问题，很遗憾国内的低碳生态城市多数不考虑这方面的问题。调研的有关数据显示，仅7%的城市在低碳生态城市的发展目标和需要解决的问题中提到了农村问题和城乡协调发展的问题。

能够促进城市与农村之间的经济联系网络的核心是建设低碳生态型的小城镇。低碳生态型的小城镇应当成为中国低碳生态城市发展的政策导向中最重要的组成部分，需要从资金、土地和制度上着手，解决小城镇既不是农村又不像城市的现状。低碳生态城市应当发挥小城镇在我国城镇体系、城乡经济发展中所应发挥的承上启下的功能，实现小城镇服务于乡村，联系城市的枢纽作用，发挥小城镇传递大中城市向农村经济辐射的功能（仇保兴，2006）；解决几亿农民流向大城市所带来的严重的社会和城市问题，包括城市的交通，每年春节的民工潮，农村里的留守老人和留守儿童等。

虽然低碳生态小城镇的建设是中国低碳生态城市化和有效处理城乡差距的重要途径，但是至今为止，中国低碳生态城市建设针对小城镇，特别是对现有小城镇进行生态化的规划，促进其生态经济发展的并不多见。其主要原因正如2010年11月25日《南方周末》报道“中国生态城迷失”中所提到的，“在无人识的生态城真面目的时候，谁的方案先采纳不仅仅意味着不菲的咨询费，也意味着在业界的强大话语权”。目前多数生态城的建设无非是为了建立一个“标本”。因为21世纪城市发展的语境必然是气候变化和可持续发展。这两个内容都与低碳生态城市有直接的关联。因此低碳生态城市或冠于其他名称的城市发展，例如可持续的城市或绿色城市等的规划与建设将是一个重要的主题。世界上已经有不少国家在进行低碳生态城市的规划和建设，所以如果能够成功的建立一个生态城的标本，将直接影响一个城市或一个规划建设咨询机构在这一轮城市可持续发展过程中的作用与影响力。而能够显示在生态城规划和建设领域成就的莫过于从一无所有的平地开始的新城规划与建设，这就是为什么国外咨询公司对中国的生态新城趋之若鹜的原因。现有小城镇进行生态规划与建设所获得的成就感和表现力远远不如大城市地区的新城建设，而且规划咨询费用与大城市周边的新城规划相比较，就低得太多了。因此，虽然低碳生态小城镇的规划和建设本应当是中国低碳生态城市发展的重点之一，但目前的问题是，现有小城镇的生态规划和建设根本无法吸引国内主要规划机构的重视，更不用说国外的咨询机构了。

低碳生态新城的建设是必要的，特别是在某些特大城市地区。但中国低碳生态城市的工作重点应当是针对大、中城市建成区的生态社区建设和低碳生态化的改造以及发展与农村有密切联系的、生态型的小城镇。

3.4.3 对低碳生态城市发展建设过程中的成本问题研究不足

对于发展中国家，如何通过挖掘现有的资源，改善环境，提高人民的生活水平，减少碳排放，但又尽可能采用低成本的方式实现目标是非常重要的。因为只有这样才可能做到可持续发展。中国城市科学研究会的一项调查结果显示57%的城市十分担心低碳生态城市建设的成本问题，认为这是制约低碳生态城市发展的一个重要因素。

实际上低碳生态城市的建设不一定都是高成本的，一些国家的经验值得我们借鉴。

巴西库里蒂巴在建设生态城市过程中，既有技术的创新，更有制度的建设和创新。他们通过“建筑权的转移”（Transfer of Building Right）及其购买，通过制度的建设，解决了对历史建筑的保护、维修和提供可支付住宅（廉租房问题）等资金的问题。库里蒂巴还实施了“绿色交换”（Green Exchange）的项目。通过启动这个项目，居住在棚户区的居民可以将装着垃圾的垃圾袋送往社区中心，在社区中心用垃圾袋换取公共汽车的车票或食物。这个项目不但有效遏制了到处乱扔垃圾的现象，特别是避免了往河流倾倒垃圾，破坏水源的行为；同时通过为低收入阶层或无业群体提供食品，避免了他们出现饥荒，产生营养不足或其他的疾病，起到稳定社会的作用；另外，由于“绿色兑换”所兑换的食品都是从当地农民购买的，这个项目使农民的粮食有了销路，增加了农民的收入，有利于促进当地农业的发展。

在库里蒂巴“垃圾不应就是垃圾”（Garbage is not garbage）的运动中，城市70%的废弃物得到居民们的回收处理。每周都有两辆车到居民区回收废弃物，其中一辆是废弃物回收车，回收纸张、纸板、金属、塑料和玻璃；另外一辆车装着食品，用于兑换给居民。这个项目使库里蒂巴每天所回收的纸张等同于保护了 1200 根树木。这项运动还深入到学校，让孩子们每天将可回收的废弃物带到学校，换取学习用品、巧克力或文艺演出票。回收的物品还可出售，获得的资金进一步投入社会或医疗卫生保障项目中。巴西库里蒂巴这种简单、讲究实效、成本低廉的低碳生态城市项目很值得我们借鉴和学习。

实际上，中国传统建筑的一些简单措施就能够在住房的节能问题上发挥重要的作用。例如利用楼房的南北朝向和通透性形成穿堂风等等。当然这就要求城市设计和景观设计能够发挥作用，通过合理的设计减少建筑和小区布局呆板、缺乏美感的问题。节能建筑还可以通过一些低价的措施提高节能效率，通过建筑的外墙采用隔热层，窗户采用双层玻璃，提高房间的防透气能力就可以实现保持室温的效果。在低碳生态城市的建设过程中，关于如何节约成本，降低造价，充分利用本地区的自然条件的相关研究开展的尚不是很多。

3.4.4　政绩评估体系影响发展模式的转型，价值导向影响生活方式的转变

实现发展模式和生活方式的转变作为低碳生态城市发展的基本任务，是低碳生态城市之本。但是当前的政绩评估体系不利于促进发展模式的转型，而目前社会上的价值导向也影响了生活方式的转变。低碳生态城市的发展需要实现节能减排、可持续发展的目标。中国的低碳生态城市发展需要变革过去的发展模式。

改革开放 30 多年，中国的经济发展和城市建设取得了举世瞩目的成绩，人民的生活水平有了巨大的提高。2010 年中国成为世界上第二大经济体。然而我们应当清醒地看到，这些成绩的获得所付出的代价以及中国仍然是一个发展中国家这个事实。改革开放以来所采用的粗放型、出口导向型和劳动密集型的发展模式，为中国的发展作出了重大的贡献。但是这种发展模式造成的是资源大量的耗费和严重的污染问题。更为重要的是在这个发展过程中，我们有意或无意地忽略了社会平等和城乡协调等社会问题。中国未来的发展还面临一个巨大的挑战，这就是资源的问题。住房和城乡建设部副部长仇保兴博士的研究(2009)表明中国正以全球 7%的耕地，7%的水资源，4%的石油，2%的天然气推动全球 21%人口的城镇化。中国的城镇化和工业化显然遭遇到巨大的资源缺口。中国不可能走西方国家，甚至其他发展中国家所经历的、常规的工业化与城镇化道路。由于庞大的人口与短缺的资源之间所存

在的矛盾，中国不得不走一条低碳生态城市化和生态经济发展的道路。过去30年所走的粗放型的道路不具备可持续性，若继续沿这条道路发展，中国的未来将受制于他人。

中国经济发展所产生的污染和资源短缺问题已经不仅仅是生存条件和生活质量的问题了，它还涉及国际政治问题。“全球暖化”和“控制排放”这几年一直就是国际间讨论和关注的事情。在当今国际议事日程上的众多问题中，没有任何问题比气候变化与日俱增地威胁着人们的生存，因此也更具有全球性的影响。这种气候变化所带来的影响，将波及地球上每一个国家的每一个居民，甚至会改变人类的生存方式。正因如此，全球气候变化已经成为世界各国政府、学术界和人民普遍关注的问题。如果我们不采取措施控制污染，减少排放，开发新能源解决我们现有的发展模式，其结果不仅仅严重影响了当代中国人的身心健康，破坏了我们当代人和后代的生存条件，而且还将加速全球气候变化的速度；更为重要的是，我们自己国内的能源和资源，无法持续满足供给，我们的发展将受制于他人；全球的能源和资源也无法满足所有的人都像美国人的那种生活方式，这是现实。因此我们发展模式需要变革！

但是目前整个政府的评估体系、方式、模式与低碳生态城市发展所要求的发展模式的转变并不配套，存在很大的距离。另外目前的财税和投资体系所产生的地方政府的“土地财政”问题对低碳生态城市的建设也有很大的影响。解决的前提是实现地方政府、领导现有的这种评估方式和政绩要求的转变，进行制度的创新。

在生活方式转变上，主要的制约因素是价值观的导向出现很大的误区。中国改革开放使全体人民的整体生活水平有了很大的提高。随着人民收入的增加，人们的生活方式与过去相比有了很大的变化，特别体现在城市居民的吃、穿、住、行和生活方式上。但是中国毕竟还是一个发展中国家，还有不少居民的收入仍然很低，城乡收入差距很大，甚至我们经常挂在口中的GDP，一按人均进行计算，就远远落后于世界上许多国家。

虽然过去的30多年，中国为世界减少贫困作出了榜样，成为减少贫困人口最多的国家之一。但是在中国人们整体生活水平得到提高的同时，中国仍然存在不少贫困人口。按照中国2009年确定的1196元的标准，中国仍有3597万绝对贫困人口；如果按照世界银行的标准［1.25美元/人·天］，中国还有1.5亿人贫困人口(占全国人口的11.5%)。中国社会的变革，还带来相对贫困人口增长的现象，贫富差距在加大，城乡差距更趋严重。这带来了许多潜在的和隐性的社会不稳定因素。中国要可持续的发展，就必须实现全社会的平等和全体人民共同的富裕，巨大的贫富差距问题必须要得到解决。

然而，一些先富裕起来人们在生活消费上开始追求奢侈、浪费和讲排场，生活方式追求欧美发达国家居民的形式，追求大排量、排放污染严重的汽车，追求一掷千金、浪费资源的消费方式。根据新华网的消息，中国已经成为世界顶级奢侈品的重要市场，在上海举办的顶级奢侈品展览，主办方组织法、意、英、美等国众多顶级品牌参展，从私人飞机、豪华游艇，到钻石珠宝、时装名表，以及世界著名投资理财公司、贵族百货，凡与有钱人沾边的应有尽有，其规模、奢侈度可与著名的摩纳哥顶级私人物品展媲美（新华网，2005 年 3 月 4 日）。根据英国《金融时报》的报道，在短短 1 年内，上海曾连办 3 次奢侈品展，这是全世界任何城市都未曾经历过的奢华体验（金融时报，2006 年 5 月 12 日）。而这种现象越演越烈，继上海、北京、深圳、厦门、南京后，开始向西部城市延伸，目前已经进入成都（中国经济新闻网，2011 年 1 月 7 日）。2010 年上海胡润百富（Hurun report）公布了对 401 位中国富翁的调查结果。结果表明中国亿万富翁每年的平均支出为 250 万元人民币，他们青睐于少数高端奢侈品牌，根据胡润的报告，受到中国富裕人群欢迎的多数奢侈品牌都是外国品牌（金融时报，2011 年 1 月 8 日）。据《金融时报》报道，2010 年，中国成为宝马 7 系、5 系、X6、5 系 GT 全球最大市场。在中国富人的狂热追捧下，宝马车型售价最高的几个细分市场，中国已经全部包揽全球第一的位置。奔驰公司 2010 年在中国市场售出各种品牌车型 147670 辆，同比增长 115%（金融时报，2011 年 1 月 30 日）。

在目前的中国，这样的生活方式和追求对一些人来说，特别是富裕起来的一批人并非是不能，而是是否应当的问题。与全国的人口相比较，富翁仍然还是少数，农村还有上千万人生活在贫困线下，城市失业下岗不在少数，巨大的贫富差距尽人皆知，已经带来不少社会问题。中国社会科学院曾经在 2010 年《法治蓝皮书》中提到，中国的贫富差距加大，相对贫困人口增加，各种社会矛盾使得群体性事件多发。当前某些阶层、群体这种挥金如土，一味贪图奢侈与虚荣，炫耀比阔，宣泄物欲的现象本不应在中国出现。

另外，中国每年的中秋节奢侈型月饼的包装及其他各种华丽的礼品盒不仅仅造成大量资源的浪费，树木的砍伐，还产生大量的垃圾。造成这些现象，其中有社会风气的原因，也有社会价值观导向的因素。

过去几年，中国的汽车产业得到快速的发展。汽车产业的发展有利提升中国机械制造业、钢铁等产业的综合水平，提高中国的经济发展能力，同时带来不少的就业岗位。但是汽车产业的发展，特别是汽车进入家庭带来很大的隐患，中国对石油和钢铁的需求依赖进口。小汽车进入家庭了，对石油的需求也开始增加，我们的能源命脉开始被他人掌握，而且汽车排放的污染问题，城市交通的拥挤问题日趋严重，中国的几个大城市已经成为世界上交通最拥堵的城市之一。

十多年前，在中国多数城市，“节约每一滴水”和“节约每一度电”的宣传到处可见。这几年这种类型的宣传从许多城市，特别是一些大城市消失了。我们的一些专家、学者和媒体更多考虑和宣传的是人均用水量和人均用电量如何追上西方国家，向西方国家的水平看齐。这种现象在许多城市编制低碳生态城市指标体系的过程中表现得更为明显，存在着生态型节约用水标准向西方国家人均用水标准看齐，美其名曰为生活质量提高的矛盾和争论。无论是用电，还是用水，中国没有必要向西方国家看齐。因为每个国家，甚至每个城市的气候条件不一样，资源构成也不一样。中国许多城市属于严重缺水的城市，而西方国家，甚至国内的一些城市不一定存在这个问题。另外生活方式也不一样。西方国家用水量高，其中一部分水耗的构成是用于浇花，浇自家院里的草地。中国城市的多数居民没有自家院子，用水和用电等应当是以能够满足需求，实现舒适度为标准。在缺水型的城市，减低用水量不一定就不能实现舒适的生活。“节约每一滴水”和“节约每一度电”的宣传应当重新出现在所有的低碳生态城市。

3.4.5 社会成本建设尚未起步，社会各群体的参与有待加强

社会资本是指一个地区合作做事的能力，强调做事情的协作方式。实施这种方式需要建立一种能够鼓励个人、团体、组织开展合作的机制和氛围（于立，2009）。

低碳生态城市的基本任务是发展模式和生活方式的转变，其完成需要逐步实现整个社会的变革，使人们意识到生产与消费是密切联系在一起的活动。建设低碳生态城市需要从更大、更广泛的社会体系上进行考虑。这其中要解决的问题包括城市与区域规划、消费模式、节能、能源保护、上游产业链，产品再利用、整体利用和循环利用，并将这些活动与本地区产业的生产活动结合起来。

建设一个真正意义上的低碳生态城市，需要得到社会所有人的认同和支持，其中包括各级政府、居民和市场的力量，需要得到广大消费者和开发机

构的合作。因此建设和增加社会资本，提高社会生态发展的意识和共识是目前我们开展低碳生态城市的一项重要任务。然而在这个方面，无论是政府机构或社会团体、学术部门、媒体在宣传导向上存在误区，至少做得很不够。

提高社会资本的方式可以是开展社区物质文化生活建设，加强社区的参与和凝聚力，增强地方的自我管治能力，实现居民对本地（文化）的认同感，完善社区活动的基础设施等措施。同时，应当通过减少犯罪率，提高居民的安全感，更重要的是避免各领域存在的不平等，包括教育、就业、医疗等领域存在的不平等。社会资本的建立还应当鼓励居民们转变生活方式，例如减少对商品过度包装的需求，更多选择本地农产品和食品等等。

低碳生态城市需要各方的参与，低碳生态城市的和谐需要社会的共建。因此只有在全社会达成共识，才有可能解决中国低碳生态城市发展存在的问题，实现发展模式和生活方式的转变，建立真正意义上的低碳生态城市。具体的手段应当通过提高社会资本的方式，这是实现社会和谐以及实现全社会参与低碳生态城市建设的一个有效方法。

3.4.6　创新能力，特别是制度创新的缺失制约低碳生态城市的发展

低碳生态城市与一般常规城镇的一项重要区别体现在社会和技术领域以及制度上的创新。创新是低碳生态城市之魂，但也是中国低碳生态城市面临的主要挑战。没有了创新，低碳生态城市的建设与一般城镇就没有太大的区别。

中国城市研究会调查发现，40％的城市认为制约低碳生态城市发展的一个重要因素是制度的问题。因此有 57％的城市提出制度的创新是低碳生态城市发展的必需。当然技术的创新基本上是所有城市一致的观点。有 50％的城市深感现有城乡规划的理论和技术手段远远落后于社会经济的发展，特别是低碳生态城市发展建设的要求；另外 6％的城市提出产业和经济发展模式的转型也需要有创新的意识和理念；还有 3％的城市提出了对文化发展的创新。但是，中国城市科学研究会的调查也发现，多数低碳生态城市在谈到创新时，特别是绿色建筑和再生能源等领域，只有少数几个城市考虑了在运用绿色技术的过程中与本地的气候、地形和环境特点相结合，进行本地化调整，使绿色建筑具有地域性，并体现当地的风土民俗和传统文化。

中国经历了 30 多年快速的发展和城镇化，但是我们的创新能力一直很弱，盛行的功利主义使很多的产业和地区一直采取模仿和拿来主义。科技进

步和创新是富强之基和发展之本。中国的经济与社会发展已经到了必须将科技进步和创新作为加快转变经济发展方式的重要支撑。这一点同样适应低碳生态城市的发展需求。没有创新就不可能建设真正意义上的低碳生态城市，而且创新领域不能仅仅局限在技术，还包括管治或制度的创新。目前低碳生态城市的创新考虑基本上针对技术层面的问题，管治或制度领域的创新展开的不是很多。而制度的创新对于发展模式转型和生活方式的转变至关重要，调查中多数城市的反馈意见说明了这一点。

另外需要强调的是在考虑创新时我们有必要意识到并牢记一点，即，建设低碳生态城市，创建一个更为和谐的社会，推行低碳、节能的发展，实现社会、环境和经济一体化的发展是我们的目标。技术的创新是一项重要的手段，但不是目的。

3.4.7 规划理论和手段缺乏创新，滞后于社会经济的发展

与技术的创新一样，中国的城乡规划手段和理念同样需要创新，目前开展的低碳生态城市规划亟须引入新的规划理论和方法。

但目前中国规划界多数的机构对于低碳生态城市的规划建设有点麻木不仁，疑惑低碳生态城市的方向，使得低碳生态城市的规划理论和手段滞后，对低碳生态城市的规划理论和技术手段的探讨与尝试非常缺乏，除少数一些机构，大多数的规划编制机构基本没有太多举措。因此，如果规划行业不迎头追赶，使规划适应社会经济的发展，落伍的规划将可能面临边缘化的危险。

目前无论是中央政府还是地方政府，参与或牵头低碳生态城市建设的部门不少。根据中国城市科学研究会开展的问卷调查，在各开展生态城规划和建设的城市中，由城市领导直接负责的综合性领导小组，包括管委会等类型的机构占10%，由环保局负责牵头进行生态城建设的城市占30%，由发改委、规划局和建设局协作负责生态城建设的城市占13%，由规划局和建设局合作牵头的占13%，由规划局牵头负责的城市占17%，由建设局牵头负责生态城建设的城市占7%。无论是哪个部门负责生态城的建设，都需要有具体的措施能够协调并引导城镇的发展。低碳生态城市的发展涉及经济、社会、文化、历史、人文、环境等问题，需要实现经济、社会和环境一体化和可持续的发展，相关的政策需要落实到空间上，因此需要具备手段和措施，能够协调社会各阶层，统筹各行业和各领域之间的合作。世界各国的低碳生

态城市建设都以城乡规划作为协调和统筹的主要工具。中国低碳生态城市的发展也需要城乡规划的创新，适应社会和经济的变革，有效引导各地低碳生态城市的发展和具体的建设。

规划的创新是多层面的。在理论上，需要重新审视规划的意义和作用，根据当今世界全球化所导致的复杂的、不确定的环境，构建适应中国城乡发展的规划程序理论和方法，科学地、有效地进行城乡规划的编制和实施（于立，2008）。

在区域规划和总体规划的层面上，需要分析和发掘一个区域的物质流的走向，需要控制一个地区物质的数量和质量，需要考虑物质在得到利用之后，其废弃物能够成为另外的资源，得到进一步的利用和处理。这对于现有的规划模式提出了新的目标。

在城乡规划的微观层面上，可持续的城市设计手法是低碳生态城市建设的一个重要工具。低碳生态城市应当很好地利用城市设计的手段，在考虑城市美学的同时，考虑风向、阳光等自然环境的因素进行布局，实现建筑的节能和环保。低碳生态城市建设，不应当，也不一定就必须是高成本的，首先应当考虑低成本的运作，城市设计和景观设计能够发挥很大的作用。

在土地利用上，规划需要重视混合的发展，提高密度，空间布局应当有利于公共交通的使用；同时应当考虑变革传统的产业用地与生活和休闲用地严格分区的方法。虽然目前在一般城市以及低碳生态城市的规划中也经常提到混合的土地利用，但在进行土地的分区时，规划师们情不自禁地又在将土地划分为住宅、商业、工业等不同的土地利用性质。混合的概念应当是大概念的混合，产业、商业、住宅、休闲等等混合在一起，以此减少各种类型的出行需求，减少交通的生成，实现碳减排，减少交通污染。

在规划管理上，对于住区进行绿色建筑、绿色照明、绿色出行和其他绿色基础设施的建设等要有控制性和鼓励性的措施以及相应的补偿机制。例如，对于每个居住区开发和建设项目，在规划审批时，应当对于绿色建筑、绿色照明和绿色基础设施的配置有一定的比例要求，这是控制性的内容。在此基础上，如果开发商或居民有意提高这个比例，应当给予鼓励，并有相应的补偿措施，如可以考虑推行奖励性容积率等，这是规划在制度上所需要考虑的创新问题。

本章参考文献

[1] 保定市人民政府. 保定市国民经济和社会发展第十二个五年规划纲要［EB/

OL]. [2011-4-11]. 保定市政府信息公开平台，http：//info. bd. gov. cn/content. jsp? code=000445835/2011-01102.

[2] 保定市三年上水平办公室. 保定市生态宜居城市建设研究课题汇报资料(内部资料) [R]. 2011.

[3] 长沙大河西先导区管委会. 先导概况 [EB/OL]. [2009-6-5]. 长沙大河西先导区管委会网站，http：//www. csxdq. gov. cn/MLXD/.

[4] 长沙市人民政府. 长沙市国民经济和社会发展第十二个五年(2011～2015 年)规划纲要 [EB/OL]. [2011-5-25]. 长沙市政府门户网，http：//www. changsha. gov. cn/zjcs/cycs/125mb/.

[5] 仇保兴. 我国城市发展模式转型趋势：低碳生态城市 [J]. 城市发展研究，2009，16(8).

[6] 仇保兴. 小城镇发展的困境与出路 [J]. 城乡建设，2006(1).

[7] 德州人民政府. 德州概况 [EB/OL]. [2011-3-25]. 德州人民政府网，http：//www. dezhou. gov. cn/zjdz/dzgk/.

[8] 德州市人民政府. 德州市人民政府办公室关于印发《德州生态市建设目标责任考核奖惩暂行办法》的通知 [EB/OL]. [2006-3-12]. 法律图书馆网站，http：//www. law-lib. com/law/law_view. asp? id=151864.

[9] 吴在平. 统筹城乡发展厦门加快岛内外一体化建设启动 [N/OL]. [2010-2-26]. 福建日报，http：//www. xinhuanet. com/chinanews/2010-02/26/content_19112503. htm.

[10] 田永寿，郑熹燊. 厦门发展城市林业打造“宜居城市” [N/OL]. [2011-7-18]. 中国产经新闻，http：//news. hexun. com/2011-07-18/131506023. html.

[11] 湖南省人民政府. 关于印发《长株潭城市群区域规划》的通知 [湘政发〔2005〕16 号] [EB/OL]. [2009-6-15]. 湖南省政府信息公开发布平台，http：//www. hunan. gov. cn/xxgk/tjbm/gfxwj/gfxwj/jxyxml_17027/200906/t20090615_315905. html.

[12] 湖南省人民政府. 长沙社区公园建设入选中国人居环境范例奖 [EB/OL]. [2011-12-4]. 湖南省政府信息公开发布平台，http：//www. hunan. gov. cn/zwgk/hndt/gddt/201112/t20111204_437272. html.

[13] 淮南市统计局. 淮南市 2009 年国民经济和社会发展统计公报 [EB/OL]. [2010-3-9]. 淮南统计信息网，http：//tjj. huainan. gov. cn/hntjgb/20103984920. htm.

[14] 景玮. 太湖新城慢行系统下周试运行 [N/OL]. [2011-11-4]. 江南晚报，http：//www. thmz. com/col23/col89/2011/11/2011-11-041021070. html.

[15] 佚名. “奢华挥霍”上海上演 [N/OL]. [2006-5-12]. FT 中文网，http：//www. ftchinese. com/story/001004346.

[16] 高斌. 穷人开奔驰，富人坐宝马? [N/OL]. [2011-1-30]. 金融时报，http：//www. ftchinese. com/story/001036693.

[17] 亚历山德拉·斯蒂文森. 中国富人爱名牌 [N/OL]. [2011-1-18]. 金融时报，http://www.ftchinese.com/story/001036528.

[18] 昆明市呈贡新区. 昆明皇贡新区低碳生态试点城规划工作介绍(内部资料) [R]. 2011.

[19] 王晶. 中新天津生态城建设动态 [EB/OL]. [2011-12-6]. 中新天津生态城门户网站，http://www.eco-city.gov.cn/eco/html/jszq/jsdt/20111206/6776.html.

[20] 彭利国. 中国生态城迷失? [N/OL]. [2010-11-25]. 南方周末，http://www.infzm.com/content/52790.

[21] 陈英. 中新天津生态城建设动态 [EB/OL]. [2011-12-29]. 中新天津生态城门户网站，http://www.eco-city.gov.cn/eco/html/jszq/jsdt/20111229/6860.html.

[22] 亚松. 无锡太湖新城能源规划通过批准 [EB/OL]. [2011-12-8]. 人民网，http://su.people.com.cn/GB/154687/154727/16539152.html.

[23] 任平，赵志根. 淮南生态市建设优劣分析与实现可持续发展的几点建议 [J]. 能源环境保护，2009(4)：6-8.

[24] 上海市发展和改革委员会. 崇明生态岛建设纲要(内部资料) [R]. 2010.

[25] 上海市科委崇明科技发展促进中心. 崇明岛生态课题一览表(内部资料) [R]. 2005.

[26] 上海市人民政府. 崇明三岛总体规划 2005～2020(内部资料) [R]. 2005.

[27] 太湖新城指挥部. 太湖新城建设指挥部新闻发布材料(内部资料) [R]. 2011.

[28] 曹妃甸新区综合办公室. 唐山湾(曹妃甸)起步区生态指标体系研究报告(内部资料) [R]. 2008.

[29] 天津中新生态城管委会. 天津中新生态城案例分析. (内部资料) [R]. 2008.

[30] 王岩. 淮南矿区瓦斯抽采利用现状与前景 [J]. 中国煤层气，2005，2(4)：36-39.

[31] 佚名. 太湖新城将建 180 平方公里清水流域 [N/OL]. [2011-8-3]. 无锡日报，http://www.thmz.com/col23/col89/2011/08/2011-08-03972856.html.

[32] 无锡太湖新城管委会. 无锡太湖城能源规划 [EB/OL]. [2011-3-11]. 无锡太湖城网，http://www.wxthc.gov.cn/wxzrdtstc/stgh/5440.shtml.

[33] 无锡太湖新城管委会. 无锡太湖新城规划(内部资料) [R]. 2012.

[34] 武汉市人民政府. 武汉市资源节约型和环境友好型社会建设综合配套改革试验实施方案 [EB/OL]. [2008-12-22]. 武汉城市圈网站，http://wh2xsh.wh.gov.cn/gjwj/2008/12/22172140.html.

[35] 宗秀琴. 从抽象概念走向具体实施厦门九大举措建低碳城市 [N/OL]. [2011-11-1]. 厦门商报. http://www.foryoo.cn/news/xwzx/xmxw/csgh/201111/t20111101_114342.htm.

[36] 湘潭市人民政府. 湘潭市国民经济和社会发展第十二个五年规划纲要 [EB/OL]. [2011-11-18]. 湘潭市人民政府门户网站，http://www.xiangtan.gov.cn/new/wszf/ghjh/fzgh/ghwj/content_11056.html.

[37] 邹文. 世界顶级奢侈品将聚会上海 [N/OL]. [2005-3-4]. 新华网，http：//news. xinhuanet. com/collection/2005-03/04/content_2646634. htm.

[38] 于立. 创立一个中国式的生态发展模式——安吉研究 [J]. 城市发展研究，2009(10).

[39] 于立. 中国生态城镇发展现状与问题评析 [J]. 建设科技，2011(13).

[40] 中共湖南省委湖南省人民政府. 关于加快长株潭试验区改革建设全面推进全省“两型社会”建设的实施意见 [EB/OL]. [2011-11-16]. 湖南省人民政府门户网，http：//www. hunan. gov. cn/xxgk/fz/zfwj/swszfwj/201112/t20111230_443647. html.

[41] 中共株洲市委办公室株洲市人民政府办公室. 关于印发《株洲市加强公共自行车租赁系统建设和管理的实施意见》的通知 [EB/OL]. [2011-4-15]. 中国人民政治协商会议株洲市委员会网，http：//www. hnzzzx. gov. cn/article/156104/201141591702. htm.

[42] 中国城市科学研究会. 中国低碳生态城市发展报告 2010 [M]. 北京：中国建筑工业出版社，2010.

[43] 韩清华，马林楠. 世界顶级奢侈品展——TOPMARQUES 1 月 14 日首登成都 [N/OL]. [2011-1-7]. 中国经济新闻网，http：//www. jjxww. com/html/show. aspx? id=183343&cid=209.

[44] 中新天津生态城管委会. 中新天津生态城总体规划——能源综合利用 [EB/OL]. [2010-7-1]. 中新天津生态城门户网站，http：//www. eco-city. gov. cn/eco/html/zwzc/fzgh/20100701/1517_12. html.

[45] 重庆市规划局. 重庆市生态城市规划及其进展(内部资料) [R]. 2011.

[46] 重庆市规划局. 重庆悦来生态城规划方案专家咨询会议记录 [C]. 2011-11-18.

[47] 重庆市人民政府. 中共重庆市委关于制定重庆市国民经济和社会发展第十二个五年规划的建议 [EB/OL]. 2010-12-8. 重庆日报，http：//leaders. people. com. cn/GB/13431101. html.

[48] 周海春. 武汉市资源节约型环境友好型社会建设研究 [M]. 北京：中国财政经济出版社，2009.

[49] 株洲市人民政府. 株洲市国民经济和社会发展第十二个五年规划纲要 [EB/OL]. [2011-3-18]. 株洲市政府门户网站，http：//www. zhuzhou. gov. cn/gk/ghtj/gmjjhshfzgh/43766. htm.

[50] 株洲云龙示范区管委会. 云龙简介 [EB/OL]. 株洲云龙示范区管委会网，http：//www. zzyunlong. gov. cn/? list-629. html.

第4章 中国低碳生态城市指标体系构建

4.1 低碳生态城市指标体系的作用和意义

城市是一个由环境、社会、经济构成的复杂巨系统，涉及资源、能源、生态、政治、经济、文化、管理、环境、生态、规划、工程等诸多学科门类。由于城市所处的地域和文化区域特征各异，低碳生态城市建设过程中的建设条件、发展方向、技术手段各不相同，因此发展低碳生态城市是一项涉及面广、综合性强的系统工程。当前低碳生态城市建设正处于一个从理论到实践的探索过程，迫切需要有明确发展目标和规范的评价标准来引导低碳生态城市规划、建设、管理的各个环节。

从世界范围来看，一些发达国家和地区低碳生态城市建设也大部分停留在实践示范阶段，利用高效、实用、先进的生态技术进行示范，如生态住宅、生态交通、生态代谢、生态能源、雨水资源利用、生态恢复以及生态产业的设计、规划、试验和管理，但还未在国家和城市尺度上形成系统性、普适性的指标体系研究成果。中国作为世界上最大的发展中国家，在国家可持续发展、科学发展观的指导下，在节能减排、资源节约、环境友好等政府施政纲领的引导下，城市正面临着新一轮的生态新城建设和既有城市的生态化改造更新的趋势。当前各地低碳生态新城建设势头迅猛，都各自建立了适合本城市的指标体系，但仍未建立一个全国性的指标体系来引导各地低碳生态城市建设。因此，当前亟须在全国层面建立一个普适性的，能够指导低碳生态城市建设和更新的评价标准，来引导城市朝着正确的生态化方向前进。

低碳生态城市指标体系构建的总体目标是建立一套设计合理、操作性较强的指标体系，使低碳生态城市这个抽象的复杂系统变得可被理解、被量测，让城市管理决策部门可以定期地了解当前城市处于什么位置，距低碳生态城市还有多远，未来该如何发展，以期为城市的规划、建设、管理和决策提供数据支持。

低碳生态城市指标体系构建具体目标为：

（1）提供一个全国普适性的低碳生态城市发展目标，让城市管理和决策部门明晰低碳生态城市建设的发展方向和目标，为进一步开发各种指标体系提供研究基础；

（2）提供一个可以考核和测评的指标体系框架，可以在全国层面进行城市间的横向比较，也可以在单个城市进行历年的纵向比较，全面了解全国低碳生态城市建设阶段与进展情况；

（3）提供一个可以系统诊断低碳生态城市发展的标准，让城市管理和决策部门针对战略目标评估当前的形势，找出问题和差距，安排计划和项目，以进一步指导城市向着正确的低碳生态化方向发展；

（4）提供一套可以进行实施与管理的标准和要求，能够有效引导城市制定低碳生态城市战略规划、总体规划和详细规划，监测和评估规划的实施情况，指导具体建设实践，将低碳生态城市建设目标真正纳入城市规划建设管理的具体实践中。

4.2 低碳生态城市指标体系构建技术路线

4.2.1 构建原则

指标的甄选需要综合考虑多方面的因素，通过借鉴国内外指标体系，并根据低碳生态城市指标体系构建的实际需求，本研究从以下四个方面考虑指标的选取。

1. 科学性原则

指标的选取要有明确的科学定义与计算方法，有明确的定量监测或者定性评价方法；每个指标必须能够反映城市在某一个方面的进展和状况。

2. 可操作性原则

指标应该能够比较容易获取，或者通过容易获取的指标计算得到，尽量选取纳入政府监测范围的指标，或者获取成本较低的指标，按少、简、易操作的原则遴选指标。

3. 简明性原则

简明性原则要求指标简单明了，不太复杂，显而易见。同时既能够适用于各种性质、类型和规模城市的横向比较，也可以在一个城市进行纵向比较。

4. 前瞻性原则

指标作为一种管理工具，应该能够每个年度获取，定期地反映城市发展的进展，可以帮助城市管理者针对战略目标评估当前的形势，找出问题和差距，并能够对未来发展作出一定预测，以便作出合理的计划安排，促进城市合理发展。

4.2.2 技术路线

充分借鉴国际上通用指标体系的研究方法和框架，通过以下七个步骤来完成低碳生态城市指标体系构建。

1. 确定低碳生态城市发展目标

广泛学习和掌握国内外相关机构组织提出的低碳生态城市发展目标与战略，参考国内外已建或在建的低碳生态城市，借鉴国内外科研机构和学者的研究成果，总结提炼，明确低碳生态城市的内涵和未来的发展目标。

2. 确定指标分类框架

根据低碳生态城市发展目标，借鉴国际通用的相关指标体系的分类框架，同时参考我国中央部门已经制定的相关指标体系分类和当前在建低碳生态城市的指标体系划分方法，通过多轮不同专业领域的专家头脑风暴研讨，确定低碳生态城市指标体系的分类框架。

3. 确定指标选取标准

根据低碳生态城市建设发展要求，借鉴国内外权威指标体系选取标准，结合我国实际国情，提出指标遴选标准。

4. 确定潜在指标库

以低碳生态城市指标分类框架为指导，广泛参考联合国、世界银行、欧盟、亚洲开发银行等国际权威组织，以及住房和城乡建设部、环境保护部等国家部门提出的相关指标体系，借鉴唐山湾（曹妃甸）生态城、中新天津生态城等指标体系，共同构建符合我国实际情况的指标库。

5. 遴选指标，形成指标初选成果

根据指标选取标准，利用基于德尔菲法的专家问卷方式进行指标的专家评价。通过邀请国内外知名的低碳生态城市研究专家学者、政府管理者进行指标的评价和入选咨询。通过三轮问卷调查，确定指标初选成果，并初步分析和评估各个专题的权重。

6. 收集数据与指标测评

选择一定数量的案例城市，搜集和调查数据，开展低碳生态城市指标测评，并结合指标的国内外标准情况确定评分标准和计算方法，检验指标选取的成果可操作性。

7. 评价指标选取结果，进一步完善指标

根据指标得测评结果，完善指标体系和计算方法。具体研究框架如图 4-1 所示。

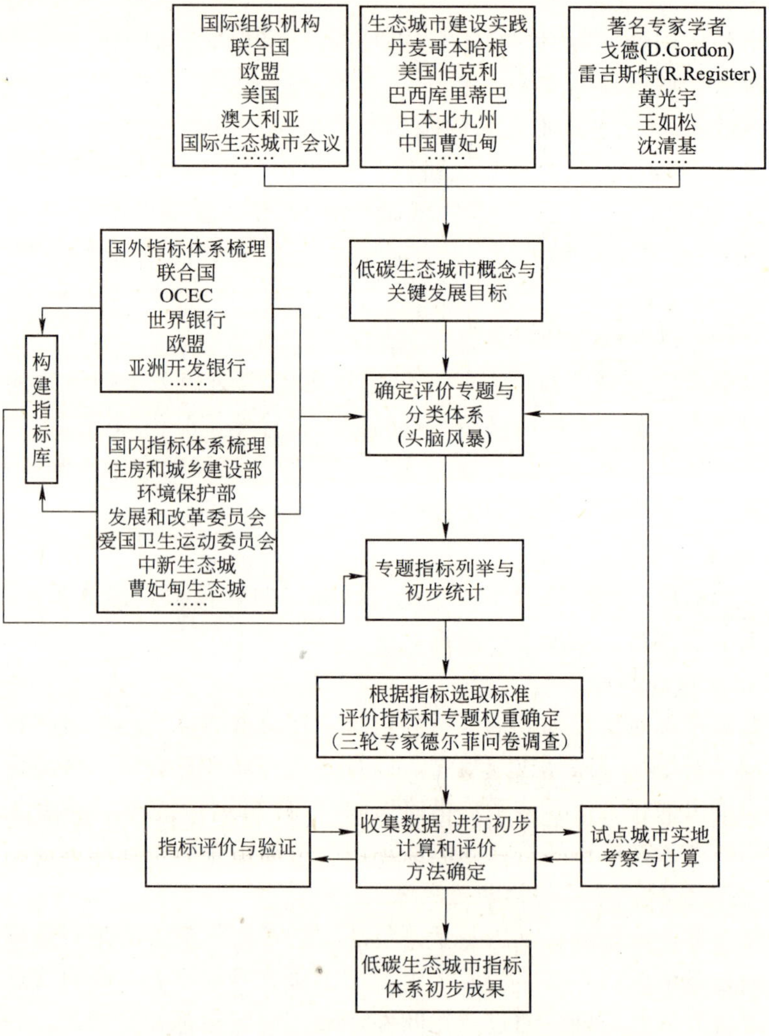

图 4-1　低碳生态城市指标体系构建流程

4.3　国内外相关指标体系研究进展

4.3.1　国外机构的相关指标体系

1. 联合国人居署城市指数[1]

联合国人类住区规划署（简称联合国人居署，UN-HABITAT）的“人居议程指标”（Habitat Agenda Indicators）是为了指导联合国成员国针对千年发展目标之一的“确保环境的可持续”目标是制定的。联合国人居署是收集城市指数的先驱组织，早在 1991 年就开始制定住房指数项目，关注城市住房的监测。为了监测更广范围的城市领域，该机构在住房指数的基础上发展成为城市指数项目（United Nations Human Settlements Programme，2004）。该项目分别在 1996 年和 2001 年建设了两个全球城市指数数据库（Global Urban Indicators Databases Ⅰ和Ⅱ）。未来的全球城市指数数据库Ⅲ将继续关注城市问题。为了使该指标更加具有效率，城市指数被分为列为两组指标，分别为 A 组和 B 组指标。

A 组指标：通过统计、人口统计学和健康调查、多种指数的组合运算和全国的住房普查数据；B 组指标：通过其他途径获取的指标。

联合国人居议程指标包括：

20 项关键指标（Key Indictor）：既对政策制定有很大帮助，又容易收集的指标，可以为具体数值、百分比或者比例。

9 项选项列表指标（Check-list）：对不容易监测的指标项目进行定量的评价，进而根据回答是或者否来进行评价。

13 项扩展指标（Extensive Indictors）：为更加深入地了解某方面的问题而设置的指标，以更加完整地、定量化地阐释关键指标。

2. 联合国可持续发展指标[2]

可持续发展是世界范围内的重要议题。《21 世纪议程》在其第 40 章呼吁各国和国际社会开发研究可持续发展指标，以便提高对可持续发展的重视和帮助各级决策者采用合理的国家可持续发展政策。为了响应《21 世纪议程》的号召，联合国可持续发展委员会于 1995 年批准了《可持续发展指标工作

[1] 联合国人居环境议程指标见附录 1-1。

[2] 联合国 2007 年可持续发展指标体系（第三版）见附录 1-2。

计划》(United Nations，1996)。该计划的主要目标是通过明确定义、阐明方法、提供培训和能力建设等活动，制定可为国家一级的决策者们所接受的可持续发展指标。同时，这些用于国家政策的指标也会应用于提交给联合国可持续发展委员会以及其他的政府间机构。1995 年 4 月可持续发展委员会第三届会议通过了可持续发展指标工作方案，作为执行该方案的一部分工作，前两个版本的指标集已经历经了开发、完善和广泛的测试，并于 2001 年提交联合国可持续发展委员会。该指标从可持续发展的 4 个主要方面——社会、经济、环境和制度着手建立的，采用“驱动力—状态—响应”模型，共有 134 个指标(United Nations，2001)。

联合国可持续发展委员会可持续指标体系(2007 版)在前两个版本的指标体系基础上进行了更新。一个由来自发展中国家、发达国家和国际组织的指标专家组成的专家组于 2006 年完成了第三套修改后的可持续发展委员会指标集。该指标集由一套 50 个核心指标组成，而这些核心指标又来自更大的一套约 132 个可持续发展指标。该指标的具体说明和指标体系可以通过联合国经济和社会事务部网站获取(United Nations，2007a，2007b)。

联合国经济和社会事务部建议，从统计学和政策两方面考虑，这些指标应该遵循“SMART”标准，即详细而精确的(Specific)、可测量的(Measurable)、可获取的(Attainable)、可靠的(Reliable)和有时间约束的(Time-bound)，它们依赖于国内数据但是能代表国际上达成的共识(联合国经济和社会事务部，2007)。

3. 全球城市指数❶

全球城市指数是最近由世界银行城市局牵头开展的城市绩效评估指标体系。该指标体系依托大量现有工作，尤其是联合国人居署城市指标项目为基础，同时充分利用人居署全球城市指标数据库和全球城市观察网。该指标体系的构建目标是制定一套相当规范的城市指标，从而便于各城市之间的比较和第三方审核。指标应便于收集，收集成本应低廉，指标工作成果最好每年予以公开，以最大限度地发挥其效用。

该项目试点工作首先在拉美与加勒比地区启动，因为该地区城市化水平很高，其总人口的 77%为城市居民。世界银行按照“由下而上”模式与巴西、加拿大、哥伦比亚和美国的 9 座城市建立了合作关系。此外，世界银行也与一些国际机构(如联合国人居署)和主要开展城市工作的组织(如国际地方政府环境

❶ 全球城市指数指标见附录 1-3。

行动理事会、世界城市和地方政府联合组织、经合组织)进行了磋商。

本项目仍在不断完善，当前已经初步提出一套较为完善的指标体系，同时，还在不断与各城市进行报告的修改、审查和润色，城市指标的筛选和制定，以及项目的最终测试等工作，目的在于示范并提高其绩效。项目的完善过程有望持续下去，各参与城市将定期提出修改意见(全球城市指标机构，2009)。

该指标体系“全球城市指标项目：协助各城市评估、公布并提高绩效”网站现已建成，其域名为 www. cityindicators. org。网站将提供城市指标信息。除了提供城市指标研究信息及与对城市指标项目感兴趣的其他机构的链接之外，网站还将建立一个综合指标数据库，从而便于用户搜索城市绩效信息，了解最佳模式(全球城市指标机构，2009)。有关数据将在网站上公开，为各方共享。

4. 欧洲绿色城市指数❶

欧洲绿色城市指数是西门子公司委托欧洲经济学人智库进行开发的指标体系，用来定量地比较欧洲 30 个城市的环境保护表现。该指标体系对每个城市进行 30 项指标的定量评价，评价领域涉及二氧化碳排放、能源、建筑、交通、水、空气、废物、土地使用和环境治理 8 个领域(Economist Intelligence Unit，2009)。在 2009 年西门子公司与经济学人智库(Economist Intelligence Unit)共同发表的最新研究中，对欧洲的 30 个主要城市进行绿色指数的评价排名，其中哥本哈根位列榜首，斯德哥尔摩、奥斯陆分列第二、三位，而基辅则以 33 分排名最后。由于发展模式的差异，在这份研究中排名靠后的大多数城市都来自冷战时期苏联阵营的国家 (Warren Karlenzig，2009)。

2010 年，西门子和经济学人智库将在欧洲绿色城市指数基础上，继续对亚洲约 20 个主要商业城市在环境可持续发展方面的表现进行比较。评估的环境指标共有 8 类，包括能源供应和二氧化碳排放、交通、水资源、卫生和绿色治理等。“亚洲绿色城市指数”是针对亚洲城市环境绩效及其为促进可持续发展所作出努力进行的首次分析调查。此次调查的结果已于 2010 年年底公布。此次调查将涵盖亚洲 11 个国家，即中国、印度、印度尼西亚、日本、马来西亚、巴基斯坦、菲律宾、新加坡、韩国、泰国和越南。纳入本次调查的中国大城市包括北京、上海和广州等。最终进入调查范围的城市将取决于有关数据的充分性。

5. 美国耶鲁大学和哥伦比亚大学环境可持续发展指标体系❷

2000 年，美国耶鲁大学和哥伦比亚大学合作开发了环境可持续性指标

❶ 欧洲绿色城市指数见附录 1-4。

❷ 美国耶鲁大学和哥伦比亚大学环境可持续发展指标体系见附录 1-5。

ESI，对不同国家的环境状况进行系统化、定量化的比较，包含 5 个组成部分，21 个指标和 64 个变量。2006 年，耶鲁大学和哥伦比亚大学的研究者首次发布了环境绩效指数 EPI，该指数是在环境可持续性指标 ESI 的基础上发展而来的，包含环境健康、空气质量、水资源、生物多样性和栖息地、生产性自然资源和可持续能源等 6 大类别中的 16 项指数。

6. 德国建造规划的环境统计指标体系❶

德国环境统计的法律依据是《环境统计法》，所有环境统计调查都紧紧围绕该法进行。德国的环境统计指标体系框架是以欧盟环境指标为基础的。环境统计调查范围包括以下 4 个领域：固体废物、水、大气污染控制和环境经济(主要指环保投资、环保产品和服务等)。

7. 英国可持续发展指标体系❷

英国政府于 1994 年发布了该国的可持续发展战略，建立了可持续发展指标体系。2007 年，英国政府更新了可持续发展指标。这些指标一共有 68 个，分别属于四大类：可持续的生产和消费，气候变化和能源，自然资源和环境保护，可持续发展的社区与世界平等。这些指标的内容包括：二氧化碳排放，电能(包括可再生能源)，资源使用(能源供给与水资源)，垃圾，自然资源(生物多样化、农业、畜牧业、土地使用、生态、河流)，社会经济(经济增长、生产率、人口)，社会指标(社区参与程度、犯罪率)，就业和贫穷，教育，医疗健康，交通，社会公正与环境公平，社会财富等。

8. 苏格兰可持续发展指标体系❸

苏格兰从经济、生态、社会政治的角度出发，建立了“苏格兰可持续发展指标”(SISD)。经济指标表明经济活动正在消耗或增加着多少自然资本存量，生态指标作为生命延续基础代表了分级的依据，可持续经济福利指数(ISEW)指标则表明经济与生态同可持续发展的关系。

4.3.2 国内机构的相关指标体系

1. 住房和城乡建设部制定的相关指标体系

住房和城乡建设部是我国城乡规划建设的指导部门，为引导城市政府构建健康的城市环境，实现城市的可持续发展，住房和城乡建设部也开展了生

❶ 德国建造规划的环境统计指标体系见附录 1-8。

❷ 英国可持续发展指标体系见附录 1-7。

❸ 苏格兰可持续发展指标体系见附录 1-6。

态园林城市、人居环境奖等一系列的指导性评选工作。

1）国家生态园林城市试行指标❶

为进一步推动城市生态环境建设，实施可持续发展战略，落实党的十六大提出的“全面建设小康社会”的任务，努力为广大人民群众创造优美、舒适、健康、方便的生活环境，经研究决定在创建“园林城市”的基础上，开展创建“生态园林城市”活动。

2）人居环境奖评价指标体系❷

为适应联合国人居委员会所设立的“联合国人类居住环境奖”和“迪拜国际改善居住环境最佳范例奖”的需要，经研究，住房和建设部(原建设部)决定设立“中国人居环境奖”。设立“中国人居环境奖”的目的，是为了表彰在城乡建设和管理中坚持可持续发展战略，努力改善城乡环境质量，提高城镇总体功能，创造良好的人居环境方面作出突出贡献的城市、村镇、单位和个人(住房和城乡建设部，2000)。

为深入贯彻落实科学发展观，科学评价我国城市人居环境建设水平，指导城市健康发展，住房和城乡建设部于 2010 年重新组织制定了《中国人居环境奖评价指标体系》(试行)，并对《中国人居环境范例奖评选主题及内容》进行了修订，编制了《中国人居环境奖评价指标体系说明》(住房和城乡建设部，2010)。

3）中国城市发展战略绩效指标❸

中国城市发展战略(CDS)绩效指标项目是由城市联盟资助，受联合国人居署管理的城市绩效评价项目。该项目旨在协助长沙、株洲和湘潭地区(CZT region)、贵阳、沈阳制定一整套绩效指标，把这些指标投入使用，并开发用于维护指标体系的机制。这项支持工作旨在推动一种基于需求的方法，针对通过这些城市的城市发展战略程序而确定的优先战略和运作问题，开发并使用相应的指标。该项目的重点是帮助这些城市考察他们当前在确定和衡量市民生活水平提高程度方面的实践以及城市管理中关键领域的表现。此外，该项目还要求对这些指标作为一种工具在帮助城市管理人员调整其政策、计划、项目投资计划和管理实践，实现城市发展战略确定的预期目标方面所具备的价值进行论证(联合国人居署，2002)。

---

❶ 国家生态园林城市试行指标见附录 1-9。

❷ 中国人居环境奖评价指标体系(试行)见附录 1-10。

❸ 城市发展战略(CDS)绩效指标见附录 1-11。

2. 环境保护部制定的相关指标体系

1）生态县、生态市、生态省建设指标体系❶

环境保护部(原国家环境保护总局)于 2003 年在生态示范区建设基础上，为继续推动全面建设小康社会战略任务和奋斗目标的实现，组织制定了《生态县、生态市、生态省建设指标(试行)》。按照环境保护部(原国家环境保护总局)的要求，生态县、生态市、生态省的创建，坚持国家指导、地方自愿的原则。拟开展生态县、生态市、生态省建设的地区，应成立由当地政府领导牵头，有关职能部门组成的生态县(市、省)建设领导小组，并设立办公室，负责日常的组织、协调和监督工作(国家环境保护总局，2003)。2007 年环境保护部(原国家环境保护总局)根据生态县、生态市、生态省建设的新的需求，进一步深化生态县(市、省)建设，组织修订了《生态县、生态市、生态省建设指标》。修订后的指标体系不但对指标进行了修正和调整，同时对参评的县、市提出更具体的要求(国家环境保护总局，2007)。

2)“十一五”国家环境保护模范城市考核指标❷

环境保护部(原国家环境保护总局)针对国家在“十一五”期间的城市环境保护方面进行定量化考核，提出“十一五”国家环境保护模范城市考核指标及其实施细则。

3)“十一五”城市环境综合整治定量考核❸

为贯彻《国务院关于落实科学发展观加强环境保护的决定》精神，加强城市环境保护工作环境保护部(原国家环境保护总局)决定“十一五”期间继续开展城市环境综合整治定量考核工作，制定了《“十一五”城市环境综合整治定量考核指标实施细则》，于 2007 年 1 月 1 日开始实行。

3. 科学技术部制定的相关指标体系

2002 年，科学技术部发布《中国可持续发展科技纲要》❹，针对未来十年中国可持续发展的需求以及面临的重大科技问题，提出了 12 个重点研究领域，即人口数量控制、健康与重大疾病防治、食品安全、水安全保障、油气安全保障、战略矿产资源安全保障、海洋监测与资源开发利用、清洁能源与再生能源、环境污染控制与生态综合治理、防灾减灾、城市与小城镇建设、全球环境问题。

---

❶ 国家生态县、生态市、生态省建设指标中对生态市的指标体系见附录 1-12。

❷ “十一五”国家环境保护模范城市考核指标见附录 1-13。

❸ “十一五”城市环境综合整治定量考核见附录 1-14。

❹ 科技部制定的中国可持续发展科技纲要见附录 1-15。

4. 中国科学院制定的相关指标体系

中国科学院可持续发展战略研究组按照系统理论和方法，设计了一套“五级叠加，逐层收敛，规范权重，统一排序”的可持续发展指标体系❶。该指标体系分为总体层、系统层、状态层、变量层和要素层 5 个等级，其中系统层包括生存支持系统、发展支持系统、环境支持系统、社会支持系统和智力支持系统，状态层可以从不同的角度表现系统行为的静态或动态特征。该指标体系包含 48 个指数，共 208 项要素，庞大的体系使其在实际应用上受到限制。

5. 中国社会科学院制定的相关指标体系

中国社会科学院 2011 年公布了评估低碳城市的新标准体系❷。这是目前为止我国较为完善的低碳城市标准体系❸。该标准具体分为低碳生产力、低碳消费、低碳资源和低碳政策 4 大类共 12 个相对指标。

6. 其他部委制定的指标体系

为贯彻落实《国务院关于加快发展循环经济的若干意见》（国发［2005］22 号），加快循环经济发展，建设资源节约型、环境友好型社会，国家发展和改革委员会会同环境保护部(原国家环保总局)、国家统计局等有关部门开展了“循环经济评价指标体系”的研究工作，并于 2007 年向全国发布了《关于印发循环经济评价指标体系的通知》（发改环资［2007］1815 号）。该指标体系为了科学的评价循环经济的发展状况，利用相应的数据信息资料，建立一套设计合理、操作性较强的循环经济评价指标体系❹，为循环经济管理及决策提供数据支持。根据循环经济“减量化、再利用、资源化”原则，结合我国国民经济和工业园区的运行特点，循环经济评价指标体系分为宏观评价指标和工业园区评价指标两种类型。两类指标体系均由资源产出指标、资源消耗指标、资源综合利用指标、废物处置量指标四大部分构成。

7. 新建低碳生态城市的指标体系案例

1）中新天津生态城建设指标体系❺

中新天津生态城是中国与新加坡政府合作建设项目，旨在探索一个科学发展、社会和谐、生态文明的宜居生态区模式。项目选址位于天津滨海新区北部，属于水质性缺水地区。选择在此建设低碳生态城市，主要是为了体现在资

❶ 中科院制定的中国可持续发展指标体系见附录 1-16。

❷ 低碳经济评估新标准，低碳网，http：//www.low-carbon.net.cn/Document.php?id=284。

❸ 社科院制定的低碳城市标准体系见附录 1-17。

❹ 循环经济评价指标体系（宏观）部分见附录 1-18。

❺ 中新天津生态城指标体系见附录 1-19。

源约束条件下建设生态城区的示范意义，同时充分利用新加坡在水资源利用、绿色建筑等领域相关科技成果，实现中新两国优势互补。中新天津生态城的目标是致力于建设和谐、高效、健康、安全、文明的，具有示范性的滨海宜居新城。

中新天津生态城指标体系是为了在中新合作建设生态城过程中，运用生态经济、生态社会、生态环境、生态文化的新理念，建设“生态、环保、节能、自然、宜居、和谐的人居环境”，使中新天津生态城成为可持续发展的典范。中新天津生态城指标体系旨在节地节水、节能减排、生态宜居等规划理念和建设标准方面实现突破，通过对生态城规划的引导，将生态城建设成体现“科学发展观和生态文明”城市的典范（中新天津生态城管委会，2011）。

2）唐山湾（曹妃甸）生态城建设指标体系[1]

唐山湾（曹妃甸）生态城是中国政府和瑞典政府合作建设的“科学发展示范区，环渤海地区新型工业化基地，国际低碳生态城市”，将成为资源节约环境友好型社会，人与自然高度和谐的国际一流的低碳生态城市。唐山湾（曹妃甸）生态城指标体系由唐山湾（曹妃甸）生态城管委会与瑞典 SWECO 公司根据共生城市的理念，结合曹妃甸地区的实际情况而制定的，包括城市功能、建筑与建筑业、交通和运输、能源、废物（城市生活垃圾）、水、景观和公共空间 7 个子系统，共 141 项具体指标，基本涵盖了低碳生态城市建设的各方面。它除包含一般低碳生态城市指标体系中“经济、社会和环境”三方面外，还将规划方案的理念和技术具体化，形成可操作性强，指导规划和实施全过程的生态城指标体系。同时，唐山湾（曹妃甸）生态城指标体系还创新地提出政府版、企业版和公众版三个版本，以指导生态城的不同主体进行建设。

4.4 低碳生态城市指标体系框架的确定

4.4.1 现有指标体系分类框架的研究概述

一个良好的分类框架是指标体系科学合理的前提。当前国际社会普遍采用的指标体系框架为基于特定的发展目标、领域和专题进行设置的指标体系，简称为专题型指标体系框架。如联合国可持续发展委员会（CSD）制定的“可持续发展指标体系”，世界银行发布的“世界发展指标”，英国政府提出的可持续发展指标体系，美国政府在可持续发展目标基础上提出的可持续发展指标体系等都

[1] 曹妃甸生态城政府版指标体系见附录 1-20。

属于专题型指标体系分类框架。这种类型指标分类框架的优点是覆盖面宽，具有很强的描述功能，灵活性、通用性较强，许多指标容易做到国际一致性和可比性等，缺点是指标的综合程度低，从可持续发展整体上进行比较尚有一定的难度。

另外一种普遍使用的指标体系框架为压力—状态—响应(PSR)框架。压力—状态—响应认为人类的社会经济活动同自然环境之间存在相互作用的关系：人类从自然环境取得各种资源，通过生产、消费又向环境排放废弃物，从而改变资源的数量与环境的质量，进而又影响人类的社会经济活动及其福利，如此循环往复，形成了人类活动同自然环境污染之间存在着“压力—状态—反应”的关系。PSR 最初用于加拿大的环境统计(Friend and Rapport，1979)，后来该框架广泛地应用于联合国以及各种国家的框架中(United Nations，1984，1988，1991)。1991 年 OECD 开始在其环境指数报告中应用(OECD，1991)。联合国可持续发展委员(UNCSD)会将 PSR 框架修改为驱动力—状态—响应模型(Driving force-State-Response(DSR)，并利用该框架列出了其最初的 134 项可持续发展指标(United Nations，1996)；联合国环境规划署也接受了该框架，并进行了进一步的修改，提出驱动力—压力—状态—影响—响应框架，并在全球环境展望(Global Environment Outlook)中使用该框架(UNEP，1997，1999，2002)。

低碳生态城市是在城市生态环境退化、资源能源危机、城市问题凸显的背景下，切实解决城市可持续发展的重要途径。因此，低碳生态城市的指标体系应该在可持续发展的框架下，按照低碳生态城市发展的目标、关键领域和重点问题进行组织管理，采用专题性指标体系框架，在每个专题内进行适当的指标选取。低碳生态城市是可持续的城市，但同时也是一个完整的城市，低碳生态城市的指标应该涉及城市的环境、经济、社会各个层面。因此，本研究借鉴联合国可持续指标等通用的指标体系分类框架，以资源、环境、经济、社会四个大类为基础，在四个大类内设置低碳生态城市发展的专题，然后根据专题选取相应的指标来组织中国低碳生态城市评价的指标体系。为对本指标体系的专题设置具有与国内外指标体系接轨的要求，本研究重点对国内外重要指标体系进行梳理，以对中国低碳生态城市指标体系分类体系提供借鉴。

4.4.2　国内外指标体系分类框架的分析

1. 国外指标体系分类框架分析

国外指标体系多采用专题型指标体系分类框架进行组合。专题型指标体系分类框架一般有 3 个层级。第一层为按照城市发展不同方面，分成若干个大类；第二层为专题层，在大类内部分为若干个专题；第三层为指标层，在专题选取特定的指标来综合反映该专题的状态。如联合国人居署设置了安居、社会发展、环境管理、经济发展、管理 5 个大类，每个大类下设置了若干个专题，在每个专题下选取若干个指标来说明问题(表 4-1)。联合国可持续发展指标也设置 3 个层次的指标，第一层为贫困、管理等大类，第二层为在每个大类下设置的若干专题，第三层为指标层，是为反映专题状态而选取的特定指标；全球城市指数同样也设置城市服务和生活质量两个大类，在大类下设置教育、能源等 23 项专题，每个专题下选取若干指标(表 4-2)。

国外指标体系分类框架专题设置对比 **表 4-1**

联合国人居署人居议程指标体系		全球城市指数指标体系	
大类	专题	大类	专题
安居	住房权利	城市服务	教育
	财产安全		能源
	平等信贷		金融
	土地		消防与应急响应
	基本服务		管理
社会发展	社会安全与健康		健康
	社会保障		休闲
	男女平等		安全
环境管理	住区结构		社会服务
	水资源供给		固体废弃物
	污染防治		交通
	灾害预防		城市规划
	高效交通		污水
	环境规划		供水
经济发展	中小企业发展	生活质量	公众参与
	生产与就业		文化
管理	权力分散		经济
	公众参与		环境
			住房
			社会公平
			幸福感
			技术和创新

联合国可持续发展指标体系分类框架　　表 4-2

大类	专题	大类	专题
贫困	收入贫困	土地	土地利用和状态
	收入不平等		荒漠化
	卫生		农业
	饮用水		森林
	能源使用	海洋和海岸带	海岸带
	生活条件		渔业
管理	善治		海洋环境
	犯罪	淡水	水量
健康	死亡		水质
	卫生保健	生物多样性	生态系统
	营养状况		物种
	健康状况和风险	经济发展	宏观经济
教育	教育水平		公共财政
	文化程度		就业
人口统计	人口		通信技术
	旅游		研究与旅游
自然灾害	灾害与响应	全球经济合作	贸易
气候	气候变化		外资
	臭氧层损耗	消费和生产模式	材料消耗
	空气质量		能源使用
			废物的产生和管理
			运输

国外指标也有两层的指标体系，例如由西门子公司联合经济学人智库开发的欧洲绿色城市指数没有按照三级指标体系设置，直接分为专题、指标两个层次。专题分为碳排放、能源、建筑物、交通运输、水资源、废弃物和土地利用、空气质量、环境管理 8 个专题，每个专题下直接选取了若干项指标来反映本专题的状态。无论是三层的指标体系还是两层的指标体系，都采取设置了很有针对性的专题，然后在专题下选取指标的分类方法，如设置能源、交通、教育等具体的专题。

2. 国内指标体系分类框架分析

1）部委专项考核指标分类框架

国内由国家各部委组织颁布的指标体系分类框架主要为考核评价类指标，直接分为若干个考核的专题，在每个专题下选择了若干个指标来说明此专题状态。如由环境保护部颁发的《生态县、生态市、生态省建设指标》、《"十一五"国家环境保护模范城市考核指标》、《"十一五"城市环境综合整治定量考核指标》、住房和城乡建设部颁发的生态园林城市等指标多属于此类指标。环境保护部发布的《生态县、生态市、生态省建设指标》分为经济发展、生态环境保护、社会进步3个大类，每个大类下直接选取若干指标来分别反映城市经济、环境、社会的状态；《"十一五"国家环境保护模范城市考核指标》划分为经济社会、环境质量、环境建设、环境管理4个大类，每类下直接选取指标；《"十一五"城市环境综合整治定量考核指标》划分为环境质量、污染控制、环境建设、环境管理3个大类；生态园林城市划分为生态环境指标、生活环境指标、基础设施指标3个大类(表4-3)。

国内指标体系框架对比　　　　**表4-3**

生态市建设指标	"十一五"国家环境保护模范城市考核指标	"十一五"城市环境综合整治定量考核指标	生态园林城市
经济发展	经济社会	环境质量	城市生态环境指标
生态环境保护	环境质量	污染控制	城市生活环境指标
社会进步	环境建设	环境建设	城市基础设施指标
	环境管理	环境管理	

我国各部门制定的考核指标体系一般数量较少，指标专题范围大部分设置在本部门的管辖范围之内，因此具有容易操作、容易评比的特点，在实际达标评比工作中效果良好。但指标对于从城市全面协调发展方面的指导作用具有局限性，未涉及城市发展的各个方面。

2）国家层面的城市总体发展指标体系框架

国内对城市的整体发展情况进行评比的指标体系在指标框架设置有较大改进，如由住房和城乡建设部主导的中国人居环境奖评价指标体系分类框架借鉴了国外较为通用的指标体系分类方法，采用3个层次的分类方法，第一层分为居住环境、生态环境、社会和谐、公共安全、经济发展、资源节约6个大类，每个大类下设置了住房与社区、市政基础设施、交通出行等24个专题，每个专题下选取了若干指标来反映本专题状态(表4-4)。联合国人居署为中国长沙、株洲和湘潭地区(CZT region)、贵阳、沈阳制定的绩效指标同样也采取三级的指标体系，分为经济生活、社会发展、生活质量、城市基础设施、环境管理、国际合作6个大类，每个大类下设置特定的专题，专题下再设置指标(表4-5)。

中国人居环境奖评价指标体系分类框架　　表 4-4

A 居住环境	A1 住房与社区	D 公共安全	D1 城市管理与市政基础设施安全
	A2 市政基础设施		D2 社会安全
	A3 交通出行		D3 预防灾害
	A4 公共服务		D4 城市应急
B 生态环境	B1 城市生态	E 经济发展	E1 收入与消费
	B2 城市绿化		E2 就业水平
	B3 环境质量		E3 资金投入
C 社会和谐	C1 社会保障		E4 经济结构
	C2 老龄事业	F 资源节约	F1 节约能源
	C3 残疾人事业		F2 节约水资源
	C4 外来务工人员保障		F3 节约土地
	C5 公众参与		
	C6 历史文化与城市特色		

中国城市发展战略绩效指标体系分类框架　　表 4-5

章节	专题	章节	专题
第一章　经济生活	城市产值	第四章　城市基础设施	土地使用与土地开发
	产业结构		水、电、气
	固定资产投资和需求总量		交通运输
	就业		基础设施
	高科技产业	第五章　环境管理	空气质量
	旅游业		水质量
	地方政府财政状况		噪声污染
第二章　社会发展	人口		自然
	家庭		环境保护和规划
	生命力与公众健康	第六章　国际合作	贸易
	教育与人力资源		外国直接投资
	收入分配与社会安全网络		
第三章　生活质量	家庭收入、支出与价格		
	住房		
	文化与通信		
	安全		

3）地方低碳生态城指标体系框架

当前中国一些新建低碳生态城市都制定了具体的指导低碳生态城市建设

的指标体系，所采取的分类框架基本为目标导向的指标体系，分类框架也有差别。如天津中新生态城采用两级指标：第一层为生态城发展目标，分为自然环境良好、人工环境协调、生活模式健康、基础设施完善、管理体制健全、经济发展持续、科技创新活跃、就业综合平衡 8 个大类；第二层为针对每个发展目标而选取的指标。唐山湾(曹妃甸)生态城指标体系政府版采用三级指标体系，第一层为绿色生活、绿色建筑、绿色交通、绿色能源、绿色环境、绿色产业 6 个大类，每个大类下根据本类的低碳生态城市发展目标分为提高市民的生活质量，配备完善的公共设施等若干个目标专题，在专题下选取特定的指标。

4.4.3 低碳生态城市指标体系框架的确定

根据以上对国内外指标体系的分类框架分析，结合我国低碳生态城市建设和评价的现状，本课题对低碳生态城市指标体系的分类框架有以下定位：①指标体系分类框架与国际和国内指标体系接轨；②指标体系全面体现低碳生态城市发展的各领域。根据课题组前期讨论和多轮专家研讨会，确定低碳生态城市指标体系分类框架分为资源、环境、社会、经济四大类，各自设定目标。每个大类下设置不同的专题，专题下面设置一系列的指标来表征各专题的状况(表 4-6)。

低碳生态城市评价指标体系分类框架　　表 4-6

目标	1. 资源节约	2. 环境友好	3. 经济持续	4. 社会和谐
专题	1.1 水资源 1.2 能源 1.3 土地资源	2.1 空气质量 2.2 水环境质量 2.3 垃圾处理 2.4 噪声 2.5 公园绿地 2.6 温室气体排放	3.1 产业结构 3.2 收入水平 3.3 就业水平	4.1 住房保障 4.2 医疗健康 4.3 文体设施 4.4 科技教育 4.5 社会公平 4.6 交通便捷 4.7 城市安全

4.5 低碳生态城市指标体系的构建方法

4.5.1 指标收集

低碳生态城市是城市可持续发展的重要发展方向与实施战略。中国低碳生态城市指标体系的指标选取一方面要与国际接轨，指标的代表性要被国际社会广泛认可；另一方面，评价指标一定要和中国国情相符合，确保指标能够与中国的行政体系和统计制度相符合。因此，本研究指标收集阶段，在试点年确定的指标基础上，充分借鉴国内外已经被广泛认可和实施的指标体系为参考，扩大指标选取范围。通过广泛搜集相关资料，共确定联合国可持续发展指标等 13 个国外指标数据库和中国人居环境奖等 12 个国内指标库作为指标选取参考(表 4-7)。

生态城市指标选取参考国内外指标体系　　表 4-7

指标体系分类	编号	指标体系	指标制定机构
国际参考指标体系	1	联合国可持续发展指数 2007 版	联合国
	2	千年发展目标	联合国
	3	OCED 环境指标	联合国
	4	联合国 21 世纪议程可持续指标	联合国
	5	WHO1999 年健康城市指标	世界卫生组织
	6	WHO1996 年健康城市指标	世界卫生组织
	7	全球城市指数	全球城市指数
	8	亚洲开发银行城市指数	亚洲开发银行
	9	欧洲绿色城市指数	经济学人
	10	原子能机构可持续发展能源指数	原子能机构等
	11	联合国人居署人居议程指数	联合国人居署
	12	社会发展指标	世界银行
	13	环境与可持续发展指标	世界银行
国内参考指标体系	1	生态县、生态市、生态省建设指标	环境保护部
	2	环保模范城市	环境保护部
	3	国家生态园林城市标准(暂行)	住房和城乡建设部
	4	宜居城市科学评价标准	住房和城乡建设部
	5	中国人居环境奖	住房和城乡建设部
	6	中科院可持续城市指标体系	中国科学院
	7	唐山湾(曹妃甸)国际生态城指标体系	曹妃甸新区
	8	天津中新生态城指标体系	中新生态城
	9	廊坊万庄生态城指标体系	廊坊市
	10	循环经济评价指标	国家发改委、国家环保总局、统计局
	11	全国绿化模范城市	全国绿化委员会

4.5.2 指标筛选

指标由课题组成员初选，然后通过对专家学者进行问卷调查，以及举办行业专家、学者专题座谈会的方式精选获取。

1. 课题组初选

课题组将国外指标库和中国各部委指标库纳入指标的选取过程。初选过程主要包括：①指标粗选。在确定的各专题下，列举国内外指标库中反映本专题的指标，并进行同类合并，剔出明显不符合中国国情和统计制度的指标，优选出一定数量的备选指标。指标选择过程尽量参考国家层面已经公开发布并已经进行年度考核和评估的指标。②指标精选。在初选出的指标之中，由课题组成员对每项指标进行单独评估，根据每个指标的科学性、可操作性、简明性、前瞻性等方面进行详细评估，并综合计算每个指标的最后评估分数。③确定初选指标。根据课题组成员对指标的详细评价结果，确定初选指标。

2. 专家问卷调查

根据指标选取标准，利用基于德尔菲法的专家问卷方式进行指标的评选与指标权重的确定。通过邀请国内知名的低碳生态城市研究相关的规划、管理、实施方面的专家进行指标的评价和入选问卷调查，确定指标初选成果，并确定各个专题的权重。问卷调查主要包括两部分内容：一方面，通过专家对每个指标是否建议入选低碳生态城市评价指标体系进行选择；另一方面，专家根据对低碳生态城市的理解，采用 9 分制的评分方法，对各个专题进行评分。

3. 行业专家、学者专题研讨会

通过邀请行业专家、学者举行专题研讨会，从各专业领域讨论指标的选取和赋值。通过邀请环境领域专家进行专题讨论，对涉及资源环境领域的指标进行深入讨论，提出各领域指标选取与赋值建议。同时，邀请经济领域专家，对涉及经济社会领域的指标进行深入讨论，提出经济社会指标的选取与赋值建议。

4. 网络问卷调查

通过互联网进行面向社会公众的网上意见征询活动，问卷的宣传与发放主要通过两种方式进行。首先，通过电子邮件向国内规划设计单位、政府部门、企业、知名专家发出邀请，请他们登录意见征询网站进行回答；第二，通过网络媒体进行宣传。先后有新浪环保频道、都市世界、水世界、能源世界、城乡规划信息网等网站对意见征询活动进行了报道。

本研究进行了三轮基于网络的专家调查问卷。其中，第一轮意见征询主要目标为：①请参与者对课题组初选的指标进行评判，是否应该纳入生态城市指标体系；②对各专题下建议新增的指标进行提名；③对各专题进行权重打分。第二轮意见征询主要目标为：将第一轮问卷成果反馈给各位参与者，请参与者根据第一轮问卷结果，再次对指标体系选取提出是否入选的建议，并再次为各专题进行权重打分；在前两轮问卷统计结果基础之上，广泛借鉴专家研讨会成果，第三轮意见征询重点对课题组确定的初步指标体系进行打分，确定指标选取结果和指标权重。第一轮意见征询活动的网络问卷见附表 2-1，第二轮意见征询活动的网络问卷见附表 2-2，第三轮意见征询活动的网络问卷见附表 2-3。

4.6　低碳生态城市指标体系问卷反馈结果

4.6.1　问卷反馈情况统计

第一轮网上问卷意见征询时间为 2011 年 1 月 10 日至 2011 年 2 月 15 日，共收到 217 份有效网上回复结果。参加第一轮意见征询参与者中，具有初级职称的为 51 人，中级职称的为 57 人，高级职称的有 74 人，其他为 36 人，各类职称比例构成如图 4-2 所示。

第二轮网上问卷意见征询时间为 2011 年 2 月 21 日至 2011 年 3 月 9 日，共收到 107 份有效网上回复。其中，高级职称 54 人，中级职称 28 人，初级职称 14 人，其他职称类型 11 人，各类职称比例构成如图 4-3 所示。

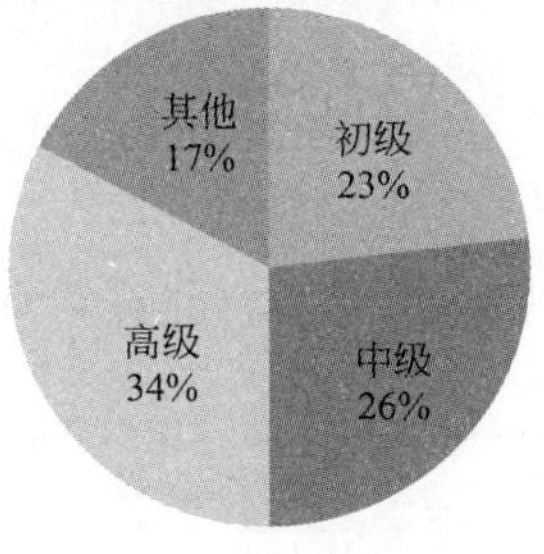

图 4-2　第一轮网上意见征询活动参与者职称分布情况

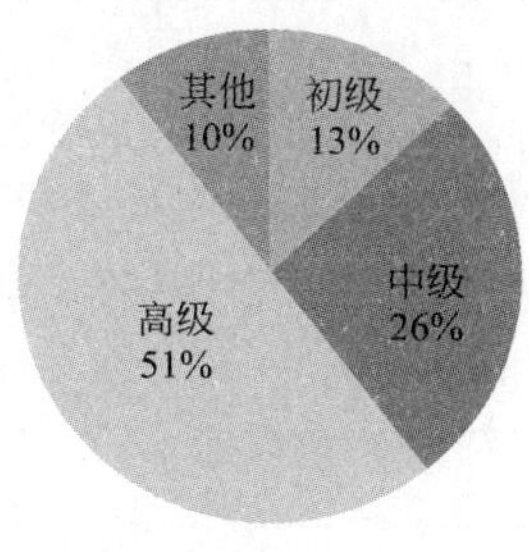

图 4-3　第二轮网上意见征询活动参与者职称分布情况

第三轮网上问卷意见征询时间为2011年11月20日至2011年12月10日，共收到120份有效网上回复。其中，高级职称44人，中级职称37人，初级职称23人，其他职称类型11人，各类职称比例构成如图4-4所示。

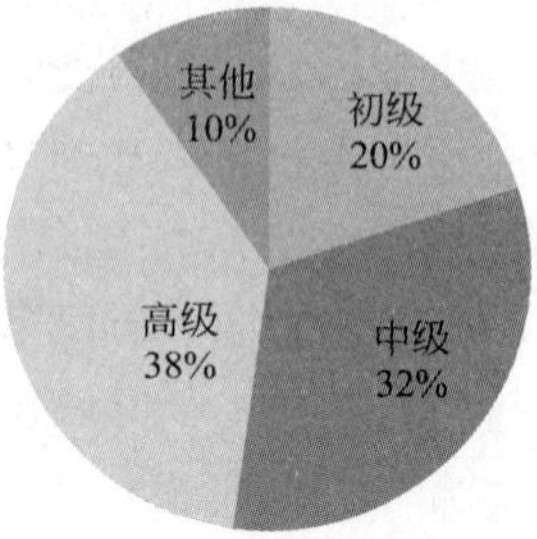

图4-4 第三轮网上意见征询活动参与者职称分布情况

4.6.2 指标选取情况统计

第一轮、第二轮网上意见征询活动反馈结果统计见表4-8、表4-9所列。

第一轮网上意见征询指标选取结果 表4-8

目标	专题	选取指标	第一轮反馈入选比例	反馈新增指标	提及次数
资源节约	水资源	再生水利用率	98%	雨水利用率	12
		工业用水重复利用率	94%	污水处理率	9
		万元GDP耗水量	93%	地下水开采比例	5
		年人均生活用水量	88%	非传统水源利用率	5
		道路广场用地中透水面积的比例	86%	自然地表径流保护比例	2
	能源	可再生能源使用比例	96%	单位GDP能耗	15
		年人均能源消耗	96%	节能建筑比例	3
		国家机关办公建筑、大型公共建筑单位建筑面积能耗	90%	绿色建筑比例	2
		新能源汽车使用比例	82%		
环境友好	空气质量	可吸入颗粒物(PM10)浓度达标天数	99%	雾霾天数	6
		二氧化硫浓度达标天数	98%	蓝天可见率	5
		二氧化氮浓度达标天数年平均值	98%	空气污染指数(API)	5
				可吸入颗粒物(PM2.5)浓度达标天数	4
	水环境质量	集中式饮用水水源地水质达标率	100%	生活污水集中处理率	5

续表

目标	专题	选取指标	第一轮反馈人选比例	反馈新增指标	提及次数
环境友好	水环境质量	城市水功能区水质达标率	98%	地下水水质	4
				人均水面面积	4
				可直接饮用自来水比例	2
	垃圾处理	生活垃圾无害化处理率	99%	垃圾分类处理率	36
		工业固体废物综合利用率	98%	建筑垃圾综合利用率	4
		危险废物处置率	98%	医疗垃圾无害化处理率	1
		人均日生活垃圾产量	89%		
	噪声	环境噪声达标区覆盖率	99%	年噪声扰民投诉次数	2
	公园绿地	建成区绿化覆盖率	98%	建筑屋顶/立体绿化率	2
		人均公园绿地面积	97%	市域森林覆盖率	2
		公园绿地 500m 服务半径覆盖率	92%	可供人活动的绿地占总绿地比例	2
		本地植物指数	86%	自然湿地保有率	2
	温室气体排放	万元 GDP 二氧化碳排放量	95%	达到国Ⅳ排放标准的汽车比率	1
		年人均二氧化碳排放量	92%	其他温室气体排放量	1
经济持续	产业结构	万元 GDP 主要工业污染物排放强度	97%	第三产业比重	4
		万元 GDP 能源消耗	95%	万元 GDP 新鲜水耗	1
		循环经济产业增加值占 GDP 比重	93%		
		战略性新兴产业增加值占 GDP 比重	92%		
	收入水平	城市居民人均可支配收入	96%	幸福指数	2
		恩格尔系数	95%		
		人均 GDP	90%		
	就业水平	城镇失业率	93%		

续表

目标	专题	选取指标	第一轮反馈人选比例	反馈新增指标	提及次数
社会和谐	住房保障	住房保障率	96%	人均住宅建筑面积	7
		住房价格收入比	95%	房租收入比	3
		人均住房建筑面积小于 $15m^2$ 的居民户比例	93%		
	医疗健康	万人拥有社区医院数量	98%	医疗保险覆盖率	12
		百名老人拥有社会福利床位数	97%		
	文体设施	公共文化体育设施覆盖率	98%	人均公共文化体育设施面积	
				公共文化设施使用率	
	科技教育	教育投入占 GDP 的比例	97%		
		R&D 经费支出占国内生产总值的百分比	95%		
	社会公平	基尼系数	98%	最高收入与最低收入比	2
		城乡居民收入比	96%		
	交通便捷	公共交通分担率	100%	公共交通站点覆盖率	5
		平均通勤时间	97%	自行车专用道路连通度	2
		自行车专用道路网密度	93%		
	城市安全	每万人刑事案件数	98%	最近 5 年自然灾害年均损失占同期 GDP 的比重	5
		人均应急避难场所面积	98%		
		最近 5 年洪涝灾害年均损失占同期 GDP 的比重	88%		
示范创新	资源节约示范创新	绿色建筑推广程度	98%	绿色交通推广程度	6
		绿色照明推广程度	96%	节能建筑推广程度	2
		低冲击开发模式推广程度	95%		
	环境友好示范创新	城市生物多样性保护	99%	居民对城市环境满意度	1
		城市生态安全格局构建	98%	城市环境解说系统建设程度	1
		城市特色与景观风貌质量	96%		

续表

目标	专题	选取指标	第一轮反馈入选比例	反馈新增指标	提及次数
示范创新	经济持续示范创新	农业产品的本地生产比例	97%		
		绿色食品发展程度	94%		
	社会和谐示范创新	绿色生活方式	98%	公众参与程度	1
		智能化城市数字管理平台构建	96%		

第二轮网上意见征询指标选取结果　　**表 4-9**

专题	指　标	入选比例
水资源	再生水利用率	75.0%
	万元 GDP 耗水量	67.7%
	工业用水重复利用率	52.1%
	污水处理率	47.9%
	雨水利用率	45.8%
	年人均生活用水量	36.5%
	道路广场用地中透水面积的比例	30.2%
	非传统水源利用率	26.0%
	自然地表径流保护比例	15.6%
	地下水开采比例	14.6%
能源	可再生能源使用比例	83.3%
	单位 GDP 能耗	71.9%
	年人均能源消耗	65.6%
	国家机关办公建筑、大型公共建筑单位建筑面积能耗	53.1%
	节能建筑比例	26.0%
	绿色建筑比例	25.0%
	新能源汽车使用比例	16.7%
空气质量	可吸入颗粒物(PM10)浓度达标天数	85.4%
	二氧化硫浓度达标天数	66.7%
	空气污染指数(API)	52.1%
	二氧化氮浓度达标天数年平均值	50.0%
	雾霾天数	31.3%

续表

专题	指　　标	入选比例
空气质量	可吸入颗粒物(PM2.5)浓度达标天数	31.3%
	蓝天可见率	24.0%
水环境质量	集中式饮用水水源地水质达标率	88.5%
	城市水功能区水质达标率	78.1%
	生活污水集中处理率	60.4%
	地下水水质	24.0%
	可直接饮用自来水比例	11.5%
	人均水面面积	9.4%
垃圾处理	生活垃圾无害化处理率	93.8%
	工业固体废物综合利用率	76.0%
	垃圾分类处理率	76.0%
	危险废物处置率	50.0%
	人均日生活垃圾产量	35.4%
	建筑垃圾综合利用率	32.3%
	医疗垃圾无害化处理率	18.8%
噪声	环境噪声达标区覆盖率	88.5%
	年噪声扰民投诉次数	27.1%
公园绿地	建成区绿化覆盖率	80.2%
	人均公园绿地面积	67.7%
	公园绿地 500m 服务半径覆盖率	52.1%
	本地植物指数	32.3%
	可供人活动的绿地占总绿地比例	32.3%
	市域森林覆盖率	30.2%
	立体绿化率	24.0%
	自然湿地保有率	22.9%
温室气体排放	万元 GDP 二氧化碳排放量	85.4%
	年人均二氧化碳排放量	69.8%
	达到国Ⅳ排放标准的汽车比率	24.0%
	其他温室气体排放量	13.5%
产业结构	万元 GDP 主要工业污染物排放强度	82.3%
	万元 GDP 能源消耗	79.2%

续表

专题	指　　标	入选比例
产业结构	循环经济产业增加值占 GDP 比重	55.2%
	第三产业比重	31.3%
	战略性新兴产业增加值占 GDP 比重	28.1%
	万元 GDP 新鲜水耗	26.0%
收入水平	城市居民人均可支配收入	87.5%
	恩格尔系数	76.0%
	人均 GDP	41.7%
	幸福指数	37.5%
住房保障	住房保障率	83.3%
	住房价格收入比	74.0%
	城镇失业率	67.7%
	人均住宅建筑面积	41.7%
	房租收入比	37.5%
	人均住房建筑面积小于 $15m^2$ 的居民户比例	35.4%
医疗健康	万人拥有社区医院数量	88.5%
	百名老人拥有社会福利床位数	69.8%
	医疗保险覆盖率	60.4%
文体设施	公共文化体育设施覆盖率	89.6%
	人均公共文化体育设施面积	44.8%
	公共文化设施使用率	31.3%
科技教育	教育投入占 GDP 的比例	89.6%
	R&D 经费支出占国内生产总值的百分比	70.8%
社会公平	基尼系数	83.3%
	城乡居民收入比	75.0%
	最高收入与最低收入比	40.6%
交通便捷	公共交通分担率	90.6%
	平均通勤时间	69.8%
	公共交通站点覆盖率	51.0%
	自行车专用道路网密度	45.8%
	自行车专用道路连通度	32.3%
城市安全	每万人刑事案件数	83.3%

续表

专题	指　　标	入选比例
城市安全	人均应急避难场所面积	70.8%
	最近5年自然灾害年均损失占同期GDP的比重	40.6%
	最近5年洪涝灾害年均损失占同期GDP的比重	30.2%
资源节约示范创新	绿色建筑推广程度	86.5%
	绿色交通推广程度	68.8%
	绿色照明推广程度	57.3%
	低冲击开发模式推广程度	43.8%
	节能建筑推广程度	35.4%
环境友好示范创新	城市生物多样性保护	82.3%
	城市生态安全格局构建	82.3%
	城市特色与景观风貌质量	63.5%
	居民对城市环境满意度	44.8%
	城市环境解说系统建设程度	19.8%
经济持续示范创新	农业产品的本地生产比例	78.1%
	绿色食品发展程度	66.7%
社会和谐示范创新	绿色生活方式	85.4%
	智能化城市数字管理平台构建	62.5%
	公众参与程度	53.1%

在前两轮网络问卷和专家研讨的基础上，进行了第三轮网络问卷和专家研讨。第三轮调查结果如下：

资源节约共有6个指标参与网络投票，网络得票最高的指标是再生水利用率，25%的网友选择该指标作为反映城市资源节约程度的主要因素。其次是绿色建筑比例，获得23%的网络得票率。工业用水重复利用率和非化石能源比重相差不大，支持率分别为18%、16%。人均建设用地面积的网络支持率为11%，城镇建设用地面积占市域面积的比例网络支持率最低，仅为6%(图4-5)。

环境友好共有10个指标参与网络投票，网络投票支持率最高的生活垃圾无害和处理率和PM_{10}日平均浓度达二级标准天数，分别为16%、15%。水质指标中，13%的网络投票选择了集中式饮用水水源地水质达标率，10%的网络投票选择了城市水环境功能区水质达标率。城市绿化方面，建成区绿化覆盖率和公园绿地500m服务半径覆盖率的网络支持率分别为12%和

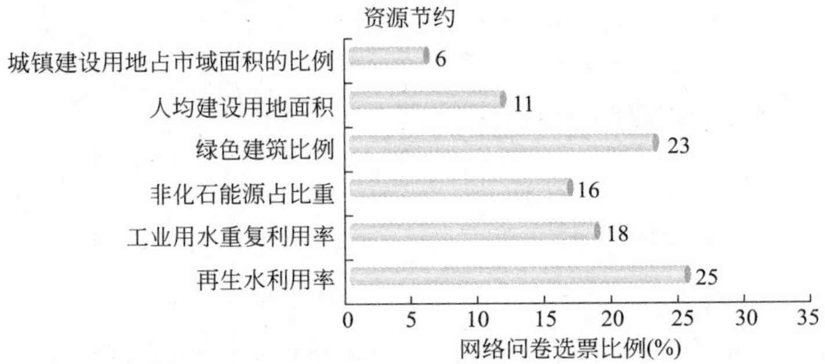

图 4-5　第三轮网络问卷生态城市资源节约指标得票百分比

9%。获得支持较低的是二氧化硫日平均浓度达二级标准天数、工业固体废弃物综合利用率、二氧化氮日平均浓度达二级标准天数，分别为 4%、6%、7%(图 4-6)。

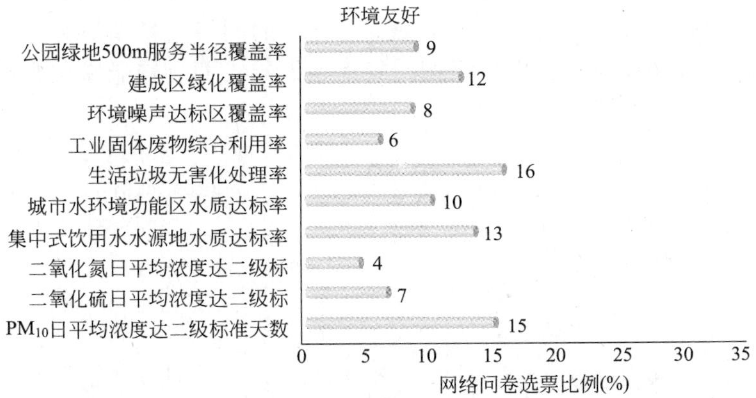

图 4-6　第三轮网络问卷生态城市环境友好指标得票百分比

经济持续共有 6 个指标参与网络投票，获得网络支持率最高的单位 GDP 能耗，所占比例为 31%，体现了低碳生态城市对节能减排的重要性，其次是单位 GDP 主要工业污染物排放，25%的网友选择该指标作为经济持续发展的指标。16%的网络投票给了单位 GDP 取水量。网络得票最低的是城镇登记失业率，仅有 7%。另外，第三产业增加值占 GDP 比重和恩格尔系数分别获得了 10%和 11%的网络投票率。总体上，经济持续指标和资源节约指标的网络支持率高于环境友好和社会和谐指标，这归结于经济持续指标和资源节约指标数少于环境友好和社会和谐指标(图 4-7)。

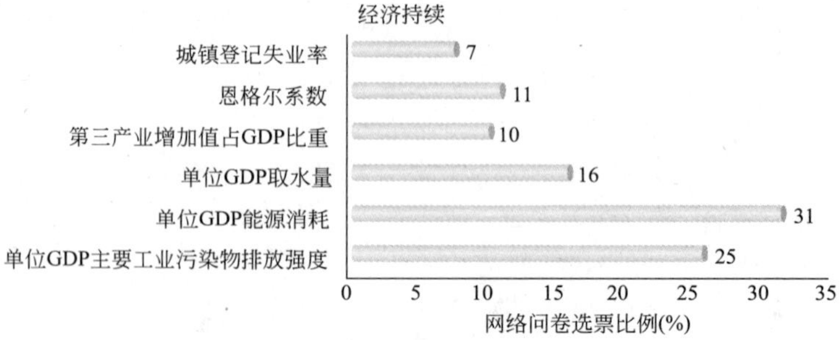

图 4-7　第三轮网络问卷生态城市经济持续指标得票百分比

社会和谐共有 14 个指标参与网络投票，网络投票率最高的指标是与城市交通拥堵，出行便捷，节能减排相关的指标公共交通分担率，它获得了 17％的网友支持，同时，8％的网友选择了平均通勤时间作为反映社会和谐的指标之一。其次，住房价格收入比获得了 10％的网友支持，保障性住房覆盖率的网络支持率为 8％，反映了社会对住房的普遍关注程度。基尼系数是体现贫富差距和社会公平的指标，获得了 9％的网络支持率。另外，城乡居民收入比、人居体育设施用地面积、每千名老年人拥有养老床位数的网络支持率均为 60％(图 4-8)。

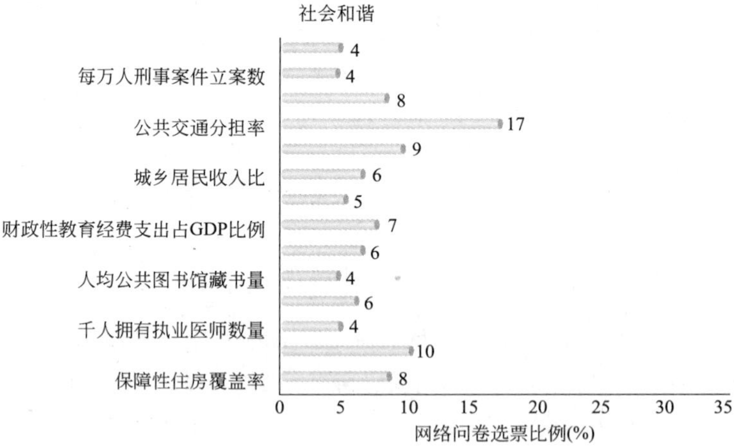

图 4-8　第三轮网络问卷生态城市社会和谐指标得票百分比

4.6.3　专题与指标重要性统计

根据第一轮问卷反馈结果和第二轮专家的反馈结果，参与者对目标的重要性排序依次为：环境友好、资源节约、社会和谐、经济持续，并且从两轮问卷征询反馈成果来看，各目标和专题的权重专家打分保持很高的一致性，对进一步确定低碳生态城市指标体系提供重要的研究参考(表 4-10、表 4-11)。

第一轮网上意见征询专题权重算术平均值　　表 4-10

目标	1. 资源节约 2.6	2. 环境友好 2.8	3. 经济持续 2.2	4. 社会和谐 2.3
专题	1.1 水资源 5.0 1.2 能源 5.0	2.1 空气质量 2.1 2.2 水环境质量 2.1 2.3 垃圾处理 1.7 2.4 噪声 1.2 2.5 公园绿地 1.6 2.6 温室气体排放 1.3	3.1 产业结构 3.7 3.2 收入水平 3.2 3.3 就业水平 3.1	4.1 住房保障 1.7 4.2 医疗健康 1.6 4.3 文体设施 1.1 4.4 科技教育 1.3 4.5 社会公平 1.5 4.6 交通便捷 1.5 4.7 城市安全 1.4

第二轮网上意见征询专题权重算术平均值　　表 4-11

目标	1. 资源节约 2.65	2. 环境友好 2.78	3. 经济持续 2.22	4. 社会和谐 2.35
专题	1.1 水资源 5.02 1.2 能源 4.98	2.1 空气质量 2.02 2.2 水环境质量 2.13 2.3 垃圾处理 1.77 2.4 噪声 1.22 2.5 公园绿地 1.52 2.6 温室气体排放 1.33	3.1 产业结构 3.66 3.2 收入水平 3.25 3.3 就业水平 3.09	4.1 住房保障 1.79 4.2 医疗健康 1.66 4.3 文体设施 1.05 4.4 科技教育 1.27 4.5 社会公平 1.52 4.6 交通便捷 1.39 4.7 城市安全 1.32

在第三轮问卷中，重点对各指标进行打分，评出各个单项指标的重要性。结果显示，资源节约中，得分最高是再生水利用率，为 7.05 分，其次是工业重复利用率 6.93 分。得分最低的指标是城镇建设用地占市域面积的比例，只有 4.57 分(图 4-9)。

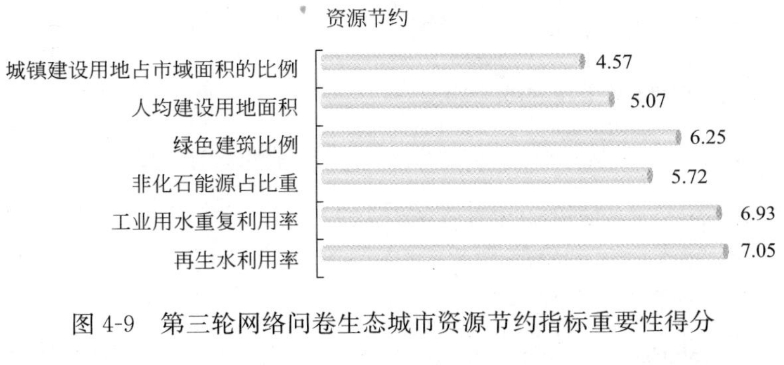

图 4-9　第三轮网络问卷生态城市资源节约指标重要性得分

环境友好中，各个指标得分均在 6 分左右。其中，生活垃圾无害化处理率得分最高，得分为 6.95 分，水环境质量中的集中式饮用水水源地水质达标率指标和空气质量中的 PM_{10} 日平均浓度达二级标准天数指标得分次之，得分别为 6.8 分达 6.75 分。城市绿化中的建成区绿化覆盖率和公园绿地 500m 服务半径覆盖率得分分别为 6.53 和 6.11。得分最低的是二氧化硫日平均浓度二级达标天数和二氧化氮日平均浓度达二级标准天数两个指标，分别为 5.68 和 5.91(图 4-10)。

图 4-10　第三轮网络问卷生态城市环境友好指标重要性得分

经济持续中，得分最高的是单位 GDP 能耗，得分为 6.62 分，得分第二是的指标是单位 GDP 主要污染物排放强度，得分为 6.62 分，得分偏低的指标为城镇登记失业率和第三产业增加值占 GDP 比重(图 4-11)。

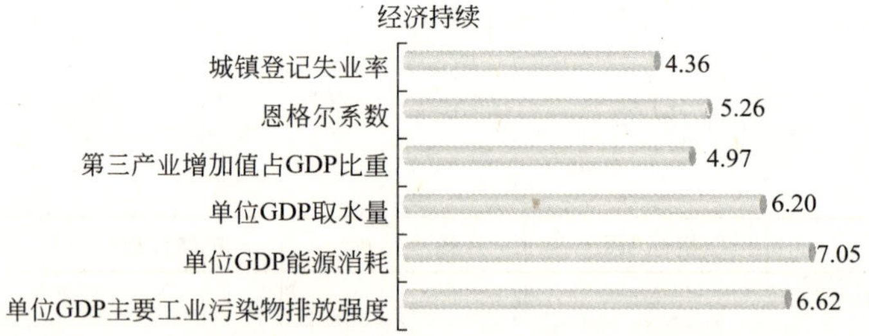

图 4-11　第三轮网络问卷生态城市经济持续指标重要性得分

社会和谐中，交通指标公交分担率和平均通勤时间，得分分别为 6.93 和 5.75 。住房指标住房价格收入比和保障性住房覆盖率的得分分别为 6.02 和 5.5，社会公平指标基尼系数和城乡收入比得分分别为 5.50 和 5.4。人均公共图书馆藏书量、每万人刑事案件立案数、千人拥有职业医师数量得分较低，分别为 4.58、4.69、4.97 分(图 4-12)。

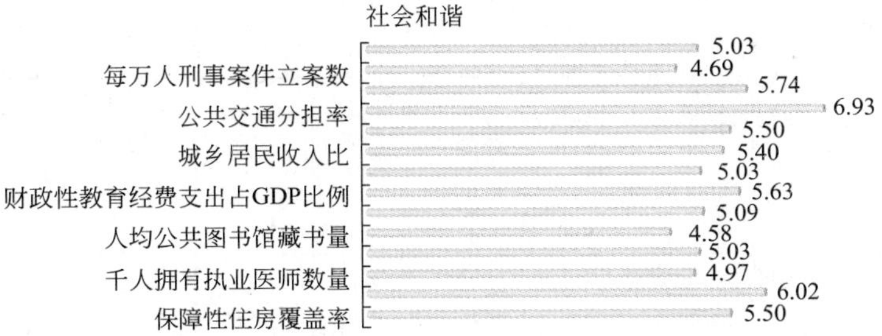

图 4-12　第三轮网络问卷生态城市社会和谐指标重要性得分

4.7　低碳生态城市指标体系构建结果

课题组充分结合三轮专家网上问卷征询和多次专家座谈会讨论结果，并根据深圳市和武汉市实地案例城市研究反馈结果，经过多轮讨论，去除数据计算有重复、基本反映同一问题的指标，并尽量去除没有纳入国家常规监测的指标体系，同时考虑引入目前虽尚未纳入国家常规检测的指标体系，却具有前瞻性和创新性的引导性指标内容，最终形成涵盖资源节约、环境友好、经济持续、社会和谐 4 大部分，3 大类型，共 30 项指标。资源节约指标有 7 项，其中，核心指标 4 项，扩展指标 1 项，引领指标 2 项。环境友好共有 9 项指标，其中，核心指标 4 项，扩展指标 3 项，引领指标 2 项。经济持续共有 4 项指标，其中，核心指标 1 项，扩展指标 3 项。社会和谐共有 10 项指标，其中核心指标 3 项，扩展指标 6 项，引领指标 1 项(表 4-12)。

低碳生态城市指标体系总体分布　　　　**表 4-12**

指标	指标项数	核心指标	扩展性指标	引导性指标
资源节约	7	4	1	2
环境友好	9	4	3	2
经济持续	4	1	3	0
社会和谐	10	3	6	1

核心指标是低碳生态城市的门槛条件指标和基础性指标，具有约束性。扩展指标是在核心指标的基础上，全面深入反映低碳生态城市综合特征的指标，具有一定的预期性。引领指标是指引领全球发展趋势，符合国家中长期发展战略的指标，具有前瞻性、战略性和引领示范作用的指标。

资源节约指标　　　　表 4-13

序号	指标	属性	2015 年	2020 年
1	再生水利用率(%)	核心	严重缺水地区≥25；缺水地区≥15	严重缺水地区≥30；缺水地区≥20
2	工业用水重复利用率(%)	扩展	≥90	≥95
3	非化石能源占一次能源消费比重(%)	引领	≥15	≥20
4	单位 GDP 二氧化碳排放量(t/万元)	引领	≤2.13	≤1.67
5	单位 GDP 能耗(tce/万元)	核心	≤0.87	≤0.77
6	人均建设用地面积(m^2/人)	核心	≤85	≤80
7	绿色建筑比例(%)	核心	既有建筑≥15；新建建筑 100	既有建筑≥20；新建建筑 100

环境友好指标　　　　表 4-14

序号	指标	属性	2015 年	2020 年
1	空气质量优良天数(SO_2、NO_2、PM_{10}综合指数)(天)	核心	≥320	≥347
2	$PM_{2.5}$日均浓度达标天数(天)	引领	≥292	≥310
3	集中式饮用水水源地水质达标率(%)	核心	100	100
4	城市水环境功能区水质达标率(%)	扩展	100	100
5	生活垃圾资源化利用率(%)	引领	无害化处理率达 100%	
			资源化利用率≥50	资源化利用率≥80
6	工业固体废物综合利用率(%)	扩展	≥90	≥95
7	环境噪声达标区覆盖率(%)	扩展	≥95	100
8	公园绿地 500m 服务半径覆盖率(%)	核心	≥80	≥90
9	生物多样性	核心	综合物种指数≥0.5	综合物种指数≥0.7
			本地植物指数≥0.7	本地植物指数≥0.85

经济持续指标　　表 4-15

序号	指标	属性	2015 年	2020 年
1	第三产业增加值占 GDP 比重(%)	扩展	≥47	≥51
2	城镇登记失业率(%)	核心	≤4.20	≤3.20
3	研究与试验发展(R&D)经费支出占 GDP 比重(%)	扩展	≥2.2	≥2.6
4	恩格尔系数(%)	扩展	≤33	≤30

社会和谐指标　　表 4-16

序号	指标	属性	2015 年	2020 年
1	保障性住房覆盖率(%)	扩展	≥20	≥30
2	住房价格收入比	核心	≤10	≤6
3	基尼系数	扩展	$0.33 \leqslant G \leqslant 0.4$	$0.33 \leqslant G \leqslant 0.4$
4	城乡收入比	引领	≤2.54	≤2.41
5	绿色交通出行分担率(%)	核心	≥65	≥80
6	社会保障覆盖率(%)	核心	≥90	100
7	人均社会公共服务设施用地面积(m^2/人)	扩展	≥5.5	≥6.0
8	平均通勤时间(min)	扩展	≤35	≤30
9	城市防灾水平	扩展	(1) 城市建设满足设防等级要求; (2) 城市生命线系统完好率 100%; (3) 人均固定避难场所面积≥3m^2	
10	社会治安满意度(%)	扩展	≥85	≥90

本章参考文献

[1] Economist Intelligence Unit. European Green City Index. Assessing the environmental impact of Europe's major cities [EB/oL]. Siemens AG. Munich, Germany, http://www.siemens.com/press/pool/de/events/corporate/2009-12-Cop15/European_Green_City_Index.pdf, 2009.

[2] A., Friend, D. Rapport. Towards a Comprehensive Framework for Environmental Statistics: A Stress-response Approach. Statistics Canada Catalogue 11-510 [R]. Minister of Supply and Services Canada, Ottawa, 1979.

[3] Organisation for Economic Co-operation and Development (OECD). Environmental Indicators: A Preliminary Set [R]. OECD, Paris, 1991.

[4] United Nations Environment Programme (UNEP). Global Environment Outlook-1 [R]. New York and Oxford, UK,: UNEP and Oxford University Press. 1997.

[5] United Nations Environment Programme(UNEP). Global Environment Outlook-2 [R]. UNEP and Earthscan, London, 1999.

[6] United Nations Environment Programme (UNEP). Global Environment Outlook-3 [R]. UNEP and Earthscan, London and Sterling, Va, 2002.

[7] United Nations Human Settlements Programme. Urban Indicators Guidelines. Monitoring the Habitat Agenda and the Millennium Development Goals [R]. New York. http://ww2.unhabitat.org/programmes/guo/documents/urban_indicators_guidelines.pdf, 2004.

[8] United Nations. A Framework for the Development of Environment Statistics, United Nations [R]. New York, 1984.

[9] United Nations. Concepts and Methods of Environment Statistics: Human Settlements Statistics - A Technical Report [R]. New York, 1988.

[10] United Nations. Concepts and Methods of Environment Statistics: Statistics of the Natural Environment - A Technical Report [R]. New York, 1991.

[11] United Nations. Indicators of Sustainable Development: Framework and Methodologies [R]. New York, 1996.

[12] United Nations. Indicators of Sustainable Development: Framework and Methodologies [R]. New York. http://www.un.org/esa/sustdev/natlinfo/indicators/isdms2001/table_4.htm, 2001.

[13] United Nations. Indicators of Sustainable Development: Guidelines and Methodologies. (Third Edition): Methodology sheets [R]. New York, 2007b.

[14] United Nations. Indicators of Sustainable Development: Guidelines and Methodologies(Third Edition) [R]. New York. http://www.un.org/esa/sustdev/natlinfo/indicators/guidelines.pdf, 2007a.

[15] 联合国经济和社会事务部. 可持续发展. 国家发展战略政策指导说明 [R]. 纽约.
http://esa.un.org/techcoop/documents/SustDev_Chinese.pdf, 2007.

[16] 联合国人居署. 中国城市发展战略绩效指标体系：最终报告 [R]，联合国人居署福冈办事处. http://www.cin.net.cn/Habitat/indicators/cn/00602.doc, 2002.

[17] 全球城市指标机构. 全球城市指标评估与监测城市绩效的一种综合方式(摘要报告) [R]. 多伦多. http://www.cityindicators.org/%5Cuploads%5CCity%20Indicators%20Report%20-%20Chinese.pdf, 2009.

第 5 章　中国低碳生态城市指标体系解释

5.1　低碳生态城市指标体系的解释策略

低碳生态城市指标体系采用“一三五”解释策略：一个总体目标，三种赋值方法、五个指标内容。

5.1.1　一个总体目标

寻找有效的低碳生态城市指标，赋予合理的、科学的数值。

5.1.2　三种赋值方法

(1) 依据国家战略和政策，测算未来数值；

(2) 依据国家历年数据，数学推算和计量建模；

(3) 借鉴现有低碳生态城市示范城市的赋值。

5.1.3　五个指标内容

指标定义、指标现值、国家战略、指标赋值、指标测试。

(1) 指标定义：是什么？怎么算？边界在哪里？

(2) 指标现值：现在是什么情况：国际水平、全国历年变化、地级及以上城市分布。

(3) 国家战略：国家未来将要采取什么对策？如何落实？

(4) 指标赋值：标准应该是多少？为什么？

(5) 指标测试：目标离现值有多远？

5.2 低碳生态城市指标体系的详细解释[1]

5.2.1 资源节约

1. 再生水利用率

1）指标定义

再生水是指对污水处理厂出水、工业排水、生活污水等非传统水源进行回收，经适当处理后达到一定水质标准，并在一定范围内重复利用的水资源。计算公式为：

$$再生水利用率=\frac{再生水利用量}{污水处理总量}\times 100\%$$

2）指标现状

中国再生水的利用率约2%，而发达国家已经超过70%。以色列是再生水利用率最高的国家，100%的生活污水和72%的市政污水得到回用。水利发展“十一五”规划要求，北方缺水城市再生水利用率达到污水处理率的20%。

根据《中国再生水市场分析报告》（2010版），截至2008年年底，我国有至少16个省的再生水利用率低于10%，至少20个省的再生水利用率低于20%。北京的再生水利用率为全国最高，2008年为58%，2009年已升至65%。江苏是再生水利用量最高的省份，为10.7亿t/年。在全国36个重点城市中，只有北京、南京和哈尔滨三个城市的再生水生产能力在100万t/d以上，超过3/4的重点城市再生水生产能力不足10万t/d。

3）国家战略

（1）建设部、科技部共同制定的《城市污水再生利用技术政策》：我国城市污水再生利用的总体目标是充分利用城市污水资源，削减水污染负荷，节约用水，促进水的循环利用，提高水的利用效率。

（2）各地资源型缺水城市积极实施以增加水源为主要目标的城市污水再生利用工程，水质型缺水城市积极实施以削减水污染负荷，提高城市水体水质功能为主要目标的城市污水再生利用工程。

---

[1] 因现状情况下相关数据的可获取性较差，社会保险覆盖率和城市防灾水平两个指标暂不作详细解释。

(3) 在城市景观环境用水中做到优先利用再生水；工业用水和城市杂用水要做到积极利用再生水；在再生水集中供水范围之外的具有一定规模的新建住宅小区或公共建筑，提倡综合规划小区再生水系统及合理采用建筑中水；农业用水也要充分利用城市污水处理厂的二级出水。

4) 指标赋值

依据建设部、科技部共同制定的《城市污水再生利用技术政策》，到2010 年，北方缺水城市的再生水直接利用率要达到城市污水排放量的10%～15%，南方沿海缺水城市达到 5%～10%；到 2015 年，北方地区缺水城市要达到 20%～25%，南方沿海缺水城市要达到 10%～15%，其他地区城市也应开展此项工作，并逐年提高利用率。

5) 指标测试

“十二五”期间，北京再生水的使用率将达到 75%，使用量达到 10 亿 m^3，占北京用水总量的近 1/3，宁夏回族自治区和陕西省再生水利用率提高至 30%以上，青岛市再生水利用率达 60%以上，济南市城区再生水利用的规划目标是含景观用水用途的再生水利用率超过 40%，不含景观用水用途的再生水利用率达到 20%，合肥市污水处理率将达到 95%，污水再生利用率将达到 30%

2. 工业用水重复利用率

1) 指标定义

定义：指在一定的计量时间(年或月)内，生产过程中使用的重复利用水量与总用水量之比。计算公式：

$$\text{工业用水重复利用率}=\frac{\text{重复用水量}}{\text{生产取用的新水量}+\text{重复用水量}}\times 100\%$$

统计方法：工业生产中的重复利用水量是指工业企业内部，循环利用的水量和直接或经处理后回收再利用的水量，即工业企业中所有未经处理或处理后重复使用的水量总和，包括循环用水量、串联用水量和回用水量。经处理后回收再利用的水量应包括经企业通过自建污水处理设施，对达标外排污(废)水进行资源化后，回收利用的水量，仍属于企业的重复利用水量。

2) 指标现状

(1) 国家

工业用水重复利用率不断提高。2001 年全国工业用水重复利用率为69.6%，2005 年全国工业用水重复利用率为 75.1%，增加 5.5 个百分点。2010 年全国工业用水重复利用率为 85%，比 2009 的 83.8%增加 1.2 个百分点，比 2001 年高出 15.4 个百分点(图 5-1)。

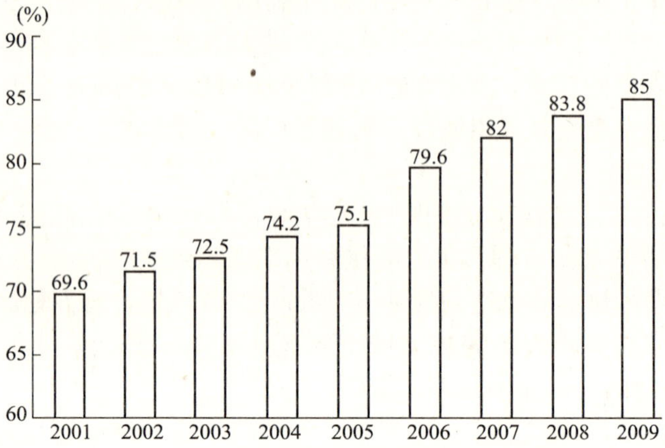

图 5-1　2001～2009 年全国工业用水重复利用率
数据来源：中国统计年鉴 2010

（2）地方

全国地级及以上城市工业用水重复利用率序列的偏度 $S=-0.48<0$，与正态分布相比，呈左偏分布，峰度 $K=2.03<3$，序列的尾部比正态分布的尾部薄，总体形状呈矮胖状。工业用水重复利用率序列中位值为 67.86%，最大值 100%，最小值为 1.59%（图 5-2）。

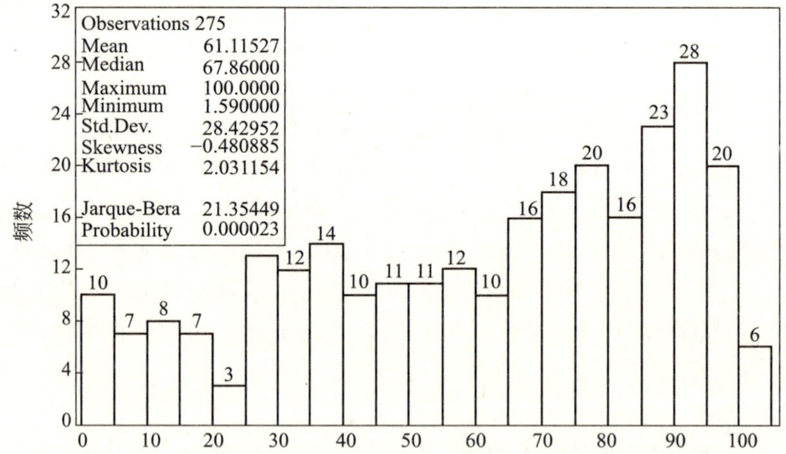

图 5-2　2009 年全国主要地级及以上城市的工业用水重复利用率
数据来源：中国统计年鉴 2010

地级及以上城市中 54 个城市工业用水重复利用率超过 90%。其中，6 个城市工业用水重复利用率达 100%，20 个城市的工业用水重复利用率为 95%～100%，28 个城市的工业用水重复利用率为 90%～95%，分别占全国所有地级及以上城市的 2.1%、9.76%、6.97%。

132 个城市工业用水重复利用率超过 70%，占地级及以上城市的 46%。其中，23 个城市工业用水重复利用率达 85%～90%，16 个城市的工业用水重复利用率为 80%～85%，20 个城市的工业用水重复利用率为 75%～80%，分别占全国所有地级及以上城市的 8.01%、5.57%、6.97%。另外，144 个城市工业用水重复利用率低于 70%，所占比重为 50.17%。

3）国家战略

按照经国务院同意的国家发改委、水利部、建设部联合编制的《水利发展"十一五"规划》，"十一五"期间，全国新增节水灌溉面积 1.5 亿亩，灌溉水有效利用系数提高到 0.5，自然降水利用率得到进一步提高；全国万元工业增加值用水量降低到 120m^3 以下，比"十五"末降低 30%，工业用水重复利用率提高到 70%。

4）指标赋值

"十二五"期间中，北京市工业用水重复利用率达到 95%以上，河南省工业用水重复利用率达到 72.2%。湘潭工业用水重复利用率达到 90%以上，山西省吕梁和长治工业用水重复利用率达到 85%以上，江苏省宿迁市工业用水重复利用率提高到 75%以上。

参考地方城市"十二五"规划和《中国人居环境奖评价指标体系(试行)》，低碳生态城市 2015 年的工业用水重复利用率大于等于 90%，2020 年工业用水重复利用率大于等于 95%。

5）指标测试

54 个地级及以上城市工业用水重复利用率超过 90%，占全国地级及以上城市的 18.81%。26 个城市工业用水重复利用率超过 95%，占全国地级及以上城市的 9.05%。其中，德阳、奉化、建德、南昌、汝州工业用水重复利用率达到 100%(图 5-3)。

3. 非化石能源占一次能源消费比重

1）指标定义

定义：非化石能源消费总量占一次能源消费总量的百分比，计算公式为：

$$\text{非化石能源占一次能源消费总量的比重}=\frac{\text{非化石能源消费总量(万 tce)}}{\text{一次能源消费总量(万 tce)}}\times 100\%$$

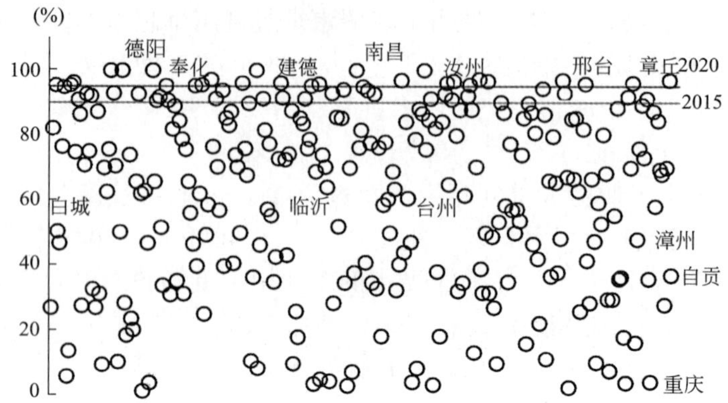

图 5-3　工业用水重复利用率测试

数据来源：中国统计年鉴 2010

统计方法：非化石能源是指煤炭、石油、天然气等化石能源以外的可再生能源和核能，包括当前的新能源及可再生能源，含核能、风能、太阳能、水能、生物质能、地热能、海洋能等可再生能源。发展非化石能源，提高其在总能源消费中的比重，能够有效降低温室气体排放量，保护生态环境，降低能源可持续供应的风险。

一次能源生产量包括原煤、原油、天然气、水电、核能及其他动力能(如风能、地热能等)发电量，不包括低热值燃料生产量、生物质能、太阳能等的利用和由一次能源加工转换而成的二次能源产量。

2）指标现状

（1）世界

2010 年全球水电和核电产量增长为 2004 年以来最快的一年。水电产量增长 5.3%，其中 60%以上来自中国，新产能的增加和多雨的天气是主要原因。全球核电产量上涨 2%，其中 3/4 的增长来自经合组织国家。法国核电产量增加 4.4%，增长幅度为全球最高。其他可再生能源继续保持强劲的增长势头。2010 年，全球生物燃料产量增长 13.8%，即 24 万桶/日，为全球液体燃料产量最大的增长源之一。这一增长主要来自美国(＋17%，即 14 万桶/日)和巴西(＋11.5%，即 5 万桶/日)。在风能发电量持续强劲增长(＋22.7%)的推动下，用于发电的可再生能源增长 15.5%。而风能增长由中国和美国带动，两者风能发电量增长总和差不多占全球增长的 70%。这些类型的可再生能源占全球能源消费的比例从 2000 年的 0.6%上升至 1.8%。

2010 年世界非化石能源占一次能源消费比重为 13%，主要能源构成为水电、核能、风能、太阳能、地热能、生物质能等。欧盟国家和地区非化石能源占一次能源消费比重最高，达 20.6%。其中，瑞典非化石能源占一次能源比重全球最高，达 64.3%；瑞士为 50%，法国为 45.4%(图 5-4)。

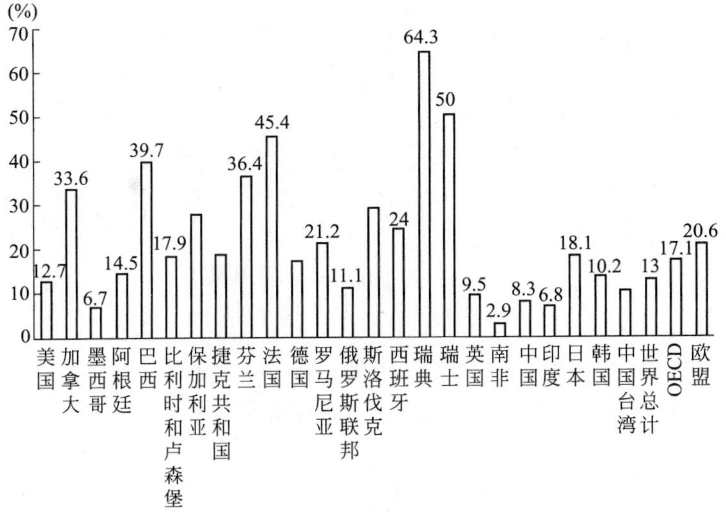

图 5-4　2010 年非化石能源占一次能源消费比重

原始数据来源：BP 世界能源统计年鉴 2011

美洲国家和地区中，巴西和加拿大的非化石能源占一次能源消费比重最高，分别为 39.7% 和 33.6%。美国、墨西哥、阿根廷分别为 12.7%、6.7%、14.5%。非洲国家和地区为 7.35%。

亚太地区非化石能源占一次能源消费比重为 8.98%。其中，日本为 18.1%，韩国为 10.2%、中国为 8.3%，印度为 6.8%。另外，金砖国家非化石能源占一次能源消费比重依次为巴西最高(39.5%)，俄罗斯次之(11.1%)，中国和印度相近，南非最小(2.9%)。

另外，全世界 2009 年非化石能源发电量比重为 29.4%，超过 80%的国家有 4 个。其中，瑞士非化石能源发电量比重全球最高，达 95%，瑞典次之，比重为 88.7%，法国和巴西分别为 88.2%和 82.8%。美国和加拿大分别为 25.2%和 73.2%。亚太地区中国、日本、印度、韩国分别为 18.9%、31.1%、15.6%、34.7%(图 5-5)。

(2) 国家

1958～2010 年，中国非化石能源占一次能源消费比重持续增长(图 5-6)。1958 年非化石能源占一次能源消费比重为 1.1%，非化石能源主要是水电。

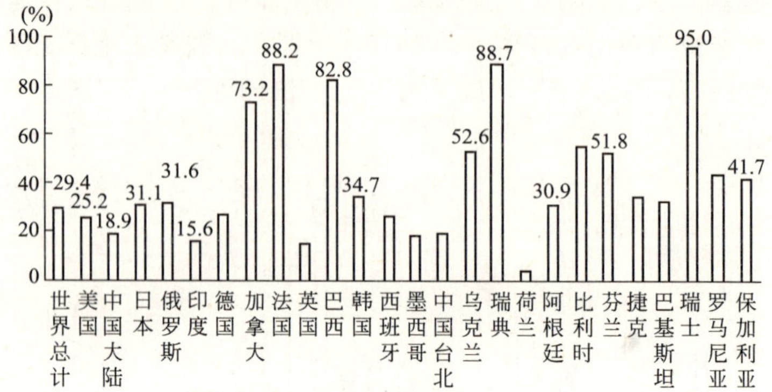

图 5-5　2009 年非化石能源发电量比重

数据来源：中国能源统计年鉴 2010

1978 年非化石能源占一次能源消费比重为 3.4%，提高了 2.3 个百分点，非化石能源主要为水电、核能、风电。2010 年非化石能源占一次能源消费比重为 8.3%。

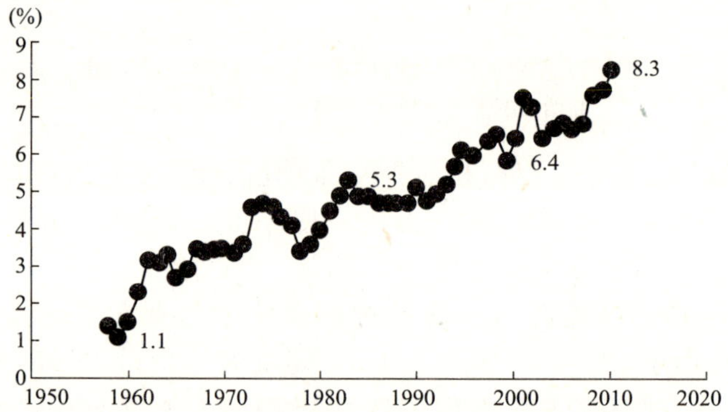

图 5-6　1958～2020 年非化石能源占一次能源消费比重

数据来源：中国能源统计年鉴 2010

3）国家战略

（1）再生能源中长期发展规划：提高可再生能源在能源消费中的比重，解决偏远地区无电人口用电问题和农村生活燃料短缺问题，推行有机废弃物的能源化利用，推进可再生能源技术的产业化发展。

（2）再生能源中长期发展规划：充分利用水电、沼气、太阳能热利用和地热能等技术成熟、经济性好的可再生能源，加快推进风力发电、生物质发电、太阳能发电的产业化发展，逐步提高优质清洁可再生能源在能源结构中的比例，力争到 2010 年使可再生能源消费量达到能源消费总量的 10%左右，到 2020 年达到 15%左右。

(3) 2011 年全国能源工作会议："十二五"期间，我国将争取使非化石能源在一次能源消费中的比重达到 11.4%，到 2020 年使我国的非化石能源占一次能源比重达到 15%左右。

4) 指标赋值

1997 年，欧盟提出可再生能源在一次能源消费中的比例将从 1996 年的 6%提高到 2010 年的 12%，可再生能源发电量占总发电量的比例从 1997 年的 14%提高到 2010 年的 22%。2007 年年初，欧盟又提出了新的发展目标，要求到 2020 年，可再生能源消费占到全部能源消费的 20%，可再生能源发电量占到全部发电量的 30%。美国、日本、澳大利亚、印度、巴西等国也制定了明确的可再生能源发展目标，引导可再生能源的发展。英国贝丁顿零能耗社区(BedZED)100%为可再生能源。哈默比湖城能源供给中可再生能源的比例为 80%。

综合参考 2011 年全国能源工作会议、"十二五"规划纲要以及其他地方城市的要求，2015 年、2020 年非化石能源在一次能源消费中的比重达到 15%、20%左右。

5) 指标测试

天津中新生态城到 2020 年可再生能源在能源结构中的比例不低于 20%，唐山湾(曹妃甸)生态城到 2020 年区内可再生能源的利用比例不低于总能源的 55%。

4. 单位 GDP 二氧化碳排放量

1) 指标定义

单位地区生产总值(GDP)的经济活动所产生的二氧化碳量。计算公式为：

$$\text{单位 GDP 二氧化碳排放量} = \frac{\text{二氧化碳排放量}}{\text{GDP}}$$

根据美国能源部橡树岭国家实验室二氧化碳信息分析中心(CDIAC)的碳排放计算方法，二氧化碳排放量是化石燃料燃烧和水泥生产过程中产生的排放，包括在消费固态、液态和气态燃料以及天然气燃烧时产生的二氧化碳。具体城市煤炭、焦炭、原油、燃料油、汽油、煤油、柴油和天然气消费数据的获取方法和折算标准，以《中国能源统计年鉴》为准。水泥生产排放采用《中国统计年鉴》中规定的方法。GDP 为不变价的地区生产总值，具体方法以《中国统计年鉴》为准。

2）指标现状

2009年北半球中高纬度地区的二氧化碳浓度较低，空气中二氧化碳浓度在380～385ppm之间，赤道附近二氧化碳浓度高于其他地区，二氧化碳浓度在388ppm左右，南半球中低纬地区二氧化碳浓度较低，浓度在380ppm以下（图5-7～图5-10）。

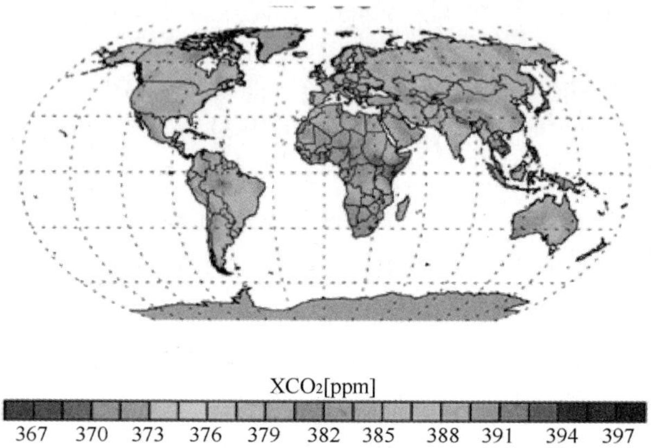

图5-7　2009年全球二氧化碳空间分布图

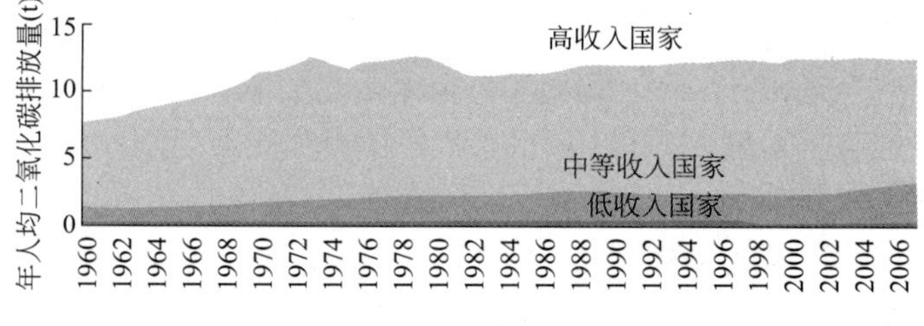

图5-8　1960～2007年不同收入水平国家的年人均二氧化碳排放量

数据来源：世界银行

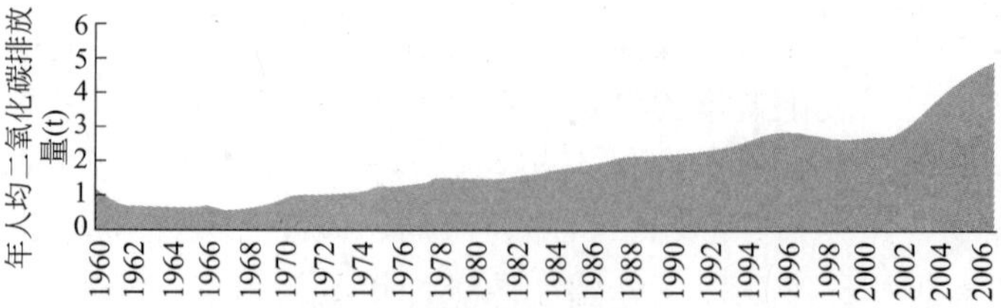

图5-9　1960～2007中国年人均二氧化碳排放量

数据来源：世界银行

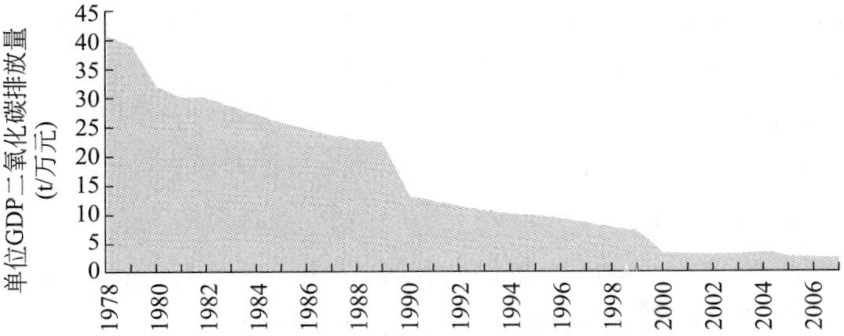

图 5-10　1960～2007 中国单位 GDP 二氧化碳排放量

数据来源：世界银行

3）国家战略

(1)《国民经济和社会发展第十二个五年规划纲要》：积极应对全球气候变化。把大幅降低能源消耗强度和二氧化碳排放强度作为约束性指标，有效控制温室气体排放。

(2)《国民经济和社会发展第十二个五年规划纲要》："十二五" 期间单位 GDP 二氧化碳排放量将下降 17%。

(3) 2009 年国务院常务会议决定：到 2020 年我国单位国内生产总值二氧化碳排放比 2005 年下降 40%～45%，作为约束性指标纳入国民经济和社会发展中长期规划。

(4) 十七大报告：转变发展方式取得重大进展，在优化结构、提高效益、降低消耗、保护环境的基础上，实现人均国内生产总值到 2020 年比 2000 年翻两番。

4）指标赋值

(1) 2015 年单位 GDP 二氧化碳排放量：

A. 采用 ARIMA 模型对 1950～2007 年二氧化碳排放量的数据(来源：世行)，进行时间序列建模，粗略估计 2010 年二氧化碳排放量为 77.18 亿 t 左右。

B. 统计年鉴显示，2010 年的不变价 GDP 为 31.44 万亿元，2010 年单位 GDP 二氧化碳排放量为：$\frac{77.18}{31.44}=2.45$(t/万元)。

C. "十二五" 期间单位 GDP 二氧化碳排放量将下降 17%，2015 年单位 GDP 二氧化碳排放量为：$2.45\times(1-17\%)=2.1$(t/万元)

(2) 2020 年单位 GDP 二氧化碳排放量：

A. 2005 年单位 GDP 二氧化碳排放量为：$\frac{56.1}{18.49}=3.03$ (t/万元)。

B. 2020年我国单位国内生产总值二氧化碳排放比2005年下降45%，则：2020年单位GDP二氧化碳排放量为：3.03×(1－45%)＝1.67(t/万元)。

5. 单位GDP能耗

1) 指标定义

定义：单位国内(地区)生产总值能耗(Energy Consumption per Unit of GDP)，简称单位GDP能耗，是指一定时期内一个国家(地区)每生产一个单位的国内(地区)生产总值所消耗的能源。其计算公式为：

$$单位GDP能耗=\frac{能源消耗总量(tce)}{GDP(万元)}$$

能源消费总量指一定时期内全国物质生产部门、非物质生产部门和生活消费的各种能源的总和，是观察能源消费水平、构成和增长速度的总量指标。能源消费总量包括原煤和原油及其制品、天然气、电力，不包括低热值燃料、生物质能和太阳能等的利用。能源消费总量分为终端能源消费量、能源加工转换损失量和损失量三部分。

国内生产总值(GDP)指一个国家(或地区)所有常住单位在一定时期内生产活动的最终成果。国内生产总值有三种表现形态，即价值形态、收入形态和产品形态。从价值形态看，它是所有常住单位在一定时期内生产的全部货物和服务价值超过同期中间投入的全部非固定资产货物和服务价值的差额，即所有常住单位的增加值之和；从收入形态看，它是所有常住单位在一定时期内创造并分配给常住单位和非常住单位的初次收入分配之和；从产品形态看，它是所有常住单位在一定时期内最终使用的货物和服务价值与货物和服务净出口价值之和。在实际核算中，国内生产总值有三种计算方法，即生产法、收入法和支出法。三种方法分别从不同的方面反映国内生产总值及其构成。为比较方便，在计算单位国内(地区)生产总值能耗时，使用不变价计算的GDP。(《中国主要统计指标诠释》)

单位GDP能耗是反映能源消费水平和节能降耗状况的主要指标，一次能源供应总量与国内生产总值(GDP)的比率，是一个能源利用效率指标。该指标说明一个国家经济活动中对能源的利用程度，反映经济结构和能源利用效率的变化。

2) 指标现状

(1) 世界

2009年世界主要国家万元GDP能耗。主要发达国家万元GDP能耗低于0.6tce/万元，其中，欧盟国家法国、英国、德国、意大利万元GDP能耗分别为0.21tce/万元、0.19tce/万元、0.20tce/万元。美国单位GDP能耗为

0.39tce/万元，日本和澳大利亚分别为 0.25tce/万元、0.28tce/万元(图 5-11)。

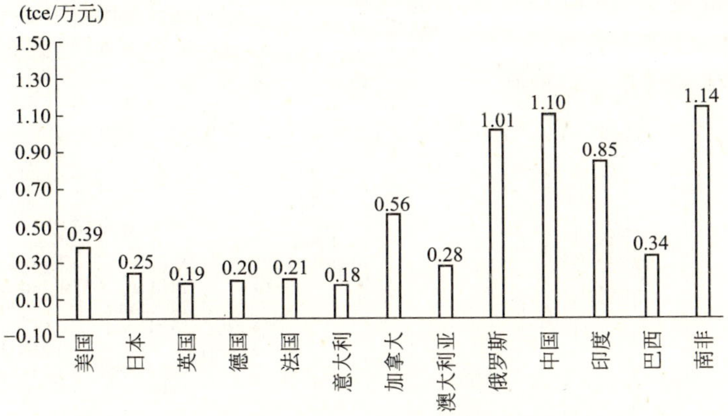

图 5-11　2009 年世界单位 GDP 能耗

原始数据来源：http：//stats.unctad.org/、世界银行、BP 世界能源统计 2009

新兴国家单位 GDP 能耗高于发达国家。其中，金砖四国中中国、俄罗斯、巴西、印度的单位 GDP 能耗分别为 1.1tce/万元、1.01tce/万元、0.34tce/万元、0.85tce/万元。南非单位 GDP 能耗为 1.14tce/万元。

(2) 国家

1992～2010 年单位 GDP 能耗总体呈下降态势。其中，2010 年全国单位 GDP 能耗降为 1.03tce，比 2005 年的 1.276tce 下降 19.1%，比 2009 年下降 4.01%。1992～1998 年，降幅逐年增加，1999～2004 年，降幅逐年较快缩小，2005～2010 年，降幅维持稳定小幅增加趋势(图 5-12)。

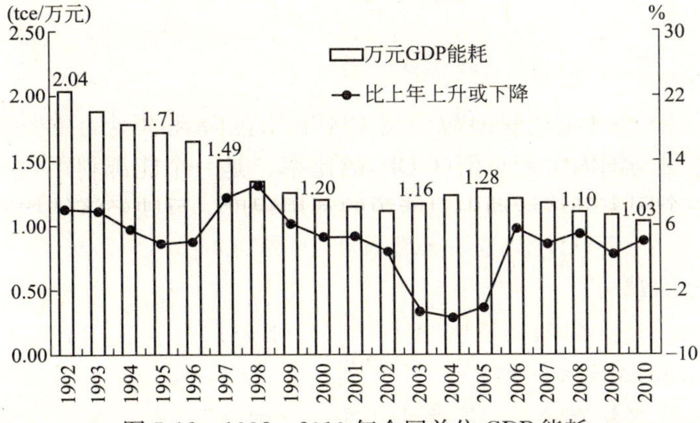

图 5-12　1992～2010 年全国单位 GDP 能耗

数据来源：中国统计年鉴 2010

（3）地方

全国地级及以上城市单位 GDP 能耗序列的偏度 $S=2.646>0$，与正态分布相比，呈现右偏分布，峰度 $K=13.96>3$，序列的尾部比正态分布的尾部厚，总体形状呈尖峰厚尾状。中位值为 1.26tce/万元，最大为 7.62tce/万元，最小为 0.53tce/万元(图 5-13)。

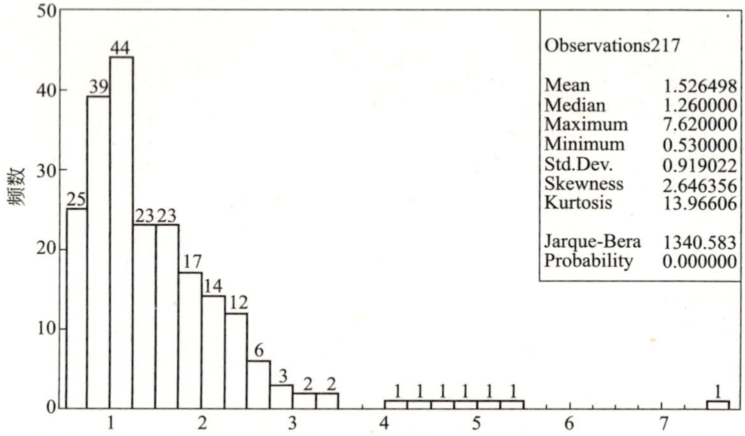

注：吉林、辽宁、广西数据缺失。贵州各地级市单位 GDP 能耗为 2010 年数据，江苏各地级市单位 GDP 能耗为 2008 年数据。

图 5-13　2009 年主要地级以上城市单位 GDP 能耗分布

数据来源：2009 年主要地级及以上城市的统计公报

217 个可获得数据的地级及以上城市中 148 个城市单位 GDP 能耗超过 1.03tce/万元，占地级及以上城市的 27.5%。其中，44 个地级及以上城市的单位 GDP 能耗为 1.0～1.25tce/万元，23 个城市单位 GDP 能耗为 1.25～1.5tce/万元，23 个城市单位 GDP 能耗为 1.5～1.75tce/万元。

217 个可获得数据的地级及以上城市中 69 个城市单位 GDP 能耗低于 1.03tce/万元，占地级及以上城市的 24%。其中，39 个地级及以上城市的单位 GDP 能耗为 0.75～1.0tce/万元，25 个地级及以上城市的单位 GDP 能耗为 1.0～1.25tce/万元，分别占地级及以上城市的 13.5%、8.7%。

3）国家战略

（1）《国民经济和社会发展第十一个五年规划纲要》：2010 年单位 GDP 能耗比 2005 年降低 20%左右。

（2）《国民经济和社会发展第十二个五年规划纲要》：积极应对全球气候变化。把大幅降低能源消耗强度和二氧化碳排放强度作为约束性指标，有效控制温室气体排放。

（3）“十二五”规划纲要：“十二五”期间单位国内生产总值能耗将下降 16%。

（4）2009 年国务院常务会议决定：到 2020 年我国单位国内生产总值二氧化碳排放比 2005 年下降 40%～45%，作为约束性指标纳入国民经济和社会发展中长期规划。到 2020 年我国非化石能源占一次能源消费的比重达到 15%左右。

4）指标赋值

（1）2015 年的单位 GDP 能耗：

根据“十二五”规划纲要，2015 年单位国内生产总值能耗将下降 16%，则 2015 年的单位 GDP 能耗为：$E_{2010}\times(1-16\%)=0.87$(tce/万元)。

（2）2020 年的单位 GDP 能耗：

二氧化碳等温室气体分自然排放和人工排放，人工排放中化石燃料消耗所排放的二氧化碳占总数的 95%以上（徐呈旭，2010），有：

$$C_{2005}=C_{人2005}+C_{自2005}$$

$$C_{2020}=C_{人2020}+C_{自2020}$$

假设 2005 年、2020 年人工与自然排放的二氧化碳比例分别为 $\alpha(\alpha>0)$、$\beta(\beta>0)$，则

$$C_{2005}=(\alpha+1)C_{人2005}$$

$$C_{2020}=(\beta+1)C_{人2020}$$

2005 年、2020 年我国单位国内生产总值二氧化碳排放量比为：

$$\frac{\dfrac{C_{2020}}{GDP_{2020}}}{\dfrac{C_{2005}}{GDP_{2005}}}=\frac{(\beta+1)C_{人2020}\times GDP_{2005}}{(\alpha+1)C_{人2005}\times GDP_{2020}}$$

当 2020 年我国单位国内生产总值二氧化碳排放量比 2005 年下降 45%时，有：

$$\frac{C_{人2020}}{C_{人2005}}=(1-45\%)\times\frac{(\alpha+1)\times GDP_{2020}}{(\beta+1)\times GDP_{2005}}$$

设化石能源的通式为 $C_XH_YO_z$，并假设 2005 年、2020 化石能源 $C_XH_YO_z$ 的转化率变化可以忽略，根据 C 守恒，则有：

$$CO_2 \text{———————————} C_XH_YO_Z$$

2005 年　　1　　$\dfrac{1}{X}$

$$2020年\left((1-45\%)\times\frac{(\alpha+1)\times GDP_{2005}}{(\beta+1)\times GDP_{2020}}\right)\quad\frac{1}{X}\left((1-45\%)\times\frac{(\alpha+1)\times GDP_{2020}}{(\beta+1)\times GDP_{2005}}\right)$$

因此，欲 2020 年我国单位国内生产总值二氧化碳排放比 2005 年下降 45%，则化石能源（$C_XH_yO_z$）的消耗总量将下降 $(1-45\%)\times\frac{(\alpha+1)\times GDP_{2020}}{(\beta+1)\times GDP_{2005}}$，即：

$$FE_{2020}=\left((1-45\%)\times\frac{(\alpha+1)\times GDP_{2020}}{(\beta+1)\times GDP_{2005}}\right)FE_{2005}\tag{1}$$

式中，FE 表示化石能源消费总量。

按一次能源来源计算，能源消费总量由化石能源消费总量和非化石能源消费总量组成：

$$E=FE+NFE$$

式中，E 表示能源消费总量，FE 表示化石能源消费总量，NEF 表示非化石能源总量。

2020 年的单位 GDP 能耗为：

$$UE=\frac{FE_{2020}+NFE_{2020}}{GDP_{2020}}$$

2005 年、2020 年非化石能源占能源消耗总量的比例为 7%、15%，则 2005 年化石能源消费总量占能源消费总量的比例为 93%，2020 年化石能源与非化石能源比例为 85∶15，因此：

$$UE_{2020}=\frac{FE_{2020}+\frac{15}{85}FE_{2020}}{GDP_{2020}}=\frac{20}{17}\times\frac{FE_{2020}}{GDP_{2020}}\tag{2}$$

$$FE_{2005}=93\%\times E_{2005}\tag{3}$$

$$E_{2005}=93\%\times UE_{2005}\times GDP_{2005}\tag{4}$$

(1)～(4)式中 UE_{2005}、UE_{2005} 分别表示 2005、2020 年单位 GDP 能耗，E_{2005} 表示 2005 年能源消耗总量，FE_{2005}、FE_{2020} 分别表示 2005 年、2020 年化石能源消耗总量，NFE_{2020} 表示 2020 年非化石能源消耗总量。

联立(1)～(4)式有：　$UE_{2020}=0.77\times\frac{(\alpha+1)}{(\beta+1)}$

当 $\alpha+1$，$\beta+1$ 相近时，2020 年的单位 GDP 能耗 $UE_{2020}=0.77$(tce/万元)。

5）指标测试

217 个可获得数据的地级以上城市中 47 个城市单位 GDP 能耗低于 0.87tce/万元，占地级及以上城市的 16.4%。28 个地级以上城市单位 GDP

能耗低于 0.77tce/万元，占地级及以上城市 9.8%。单位 GDP 能耗最低的 10 个城市分别为汕尾 0.53tce/万元，深圳 0.53tce/万元，宁德 0.53tce/万元，台州 0.56tce/万元，厦门 0.58tce/万元，珠海 0.58tce/万元，北京 0.61tce/万元，汕头 0.61tce/万元，湛江 0.64tce/万元、中山 0.65tce/万元（图 5-14）。

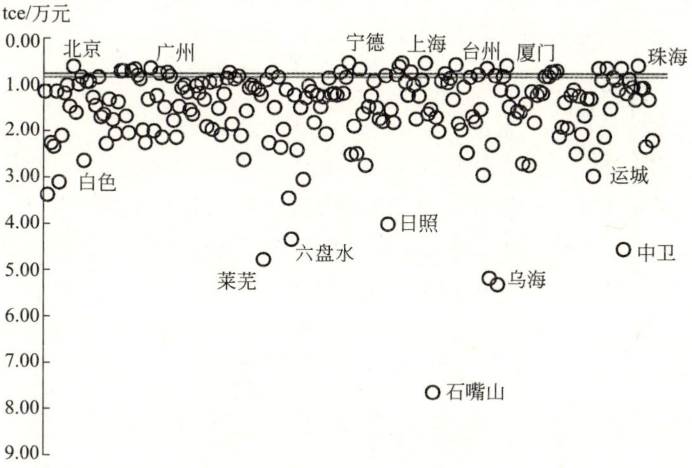

图 5-14 单位 GDP 能耗测试

数据来源：2009 年地级及以上主要城市的统计公报

6. 人均建设用地面积

1）指标定义

人均建设用地面积指报告期末城区内每人拥有的城市建设用地面积，计算公式：

$$人均建设用地面积=\frac{城市建设用地面积}{城区人口+城区暂住人口}$$

城市建设用地指城市用地中除水域与其他用地职位的各项用地面积，即居住用地、公共设施用地、工业用地、仓储用地、对外交通用地、道路广场用地、市政公用设施用地、绿地和特殊用地九大类用地。

2005 年以前，《中国城市建设统计年报》统计的是城市人口和非农业人口数，人口计算范围必须与用地计算范围相一致，人口数宜以非农业人口数为准。

2005 年后，《中国城市建设统计年报》改成《中国城市建设统计年鉴》，统计城区人口、城区暂住人口、市区人口、市区暂住人口，不再统计城市人口和非农业人口数。依据《中国城市建设统计年鉴》，人均道路面积、每万人拥有公共交通车辆、人口密度等指标中的人口均指城区人口和城区暂住人口。因此，2005 年后，人均建设用地面积中的人口数指城区人口和城区暂住人口。

城区人口只划定的城区(县城)范围的人口数。按公安部门的户籍统计为准。暂住人口指离开常住户口的市区或乡、镇，到本市居住一年以上的人员，一般按公安部门的暂住人口统计为准。

2）指标现状

（1）国家

目前，我国城乡建设用地约 24 万 km^2，2004 年城市人均建设用地已达 130 多平方米，2009 年城市建设人均用地为 102.79m^2(图 5-15)，远远高于发达国家人均 82.4m^2 和发展中国家人均 83.3m^2 的水平；2004 年全国村庄建设用地 2.48 亿亩，按当年农业人口计算，人均村庄用地 218m^2，高出国家定额最高值(150m^2/人)45.3%。而包括郊区在内，纽约人均占地为 112.5m^2。

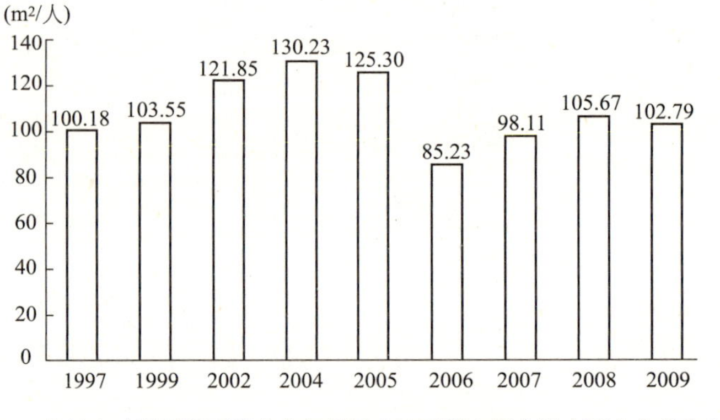

注：2005 年城市建设用地面积和本年征用土地面积全国合计中不含北京和上海。

图 5-15　1997～2009 年全国人均建设用地面积

数据来源：中国城市建设统计年鉴 2009

（2）地方

2009 年全国地级以上城市的人均建设用地面积中位值为 110.06m^2，最大为 320.66m^2，最小为 51.49m^2(图 5-16)。

141 个地级及以上城市人均建设用地面积超过 110m^2，占全国地级及以上城市的 49.1%。其中，28 个城市人均建设用地面积为 120～130m^2，20 个城市人均建设用地面积为 13～140m^2，37 个城市人均建设用地面积为110～120m^2。

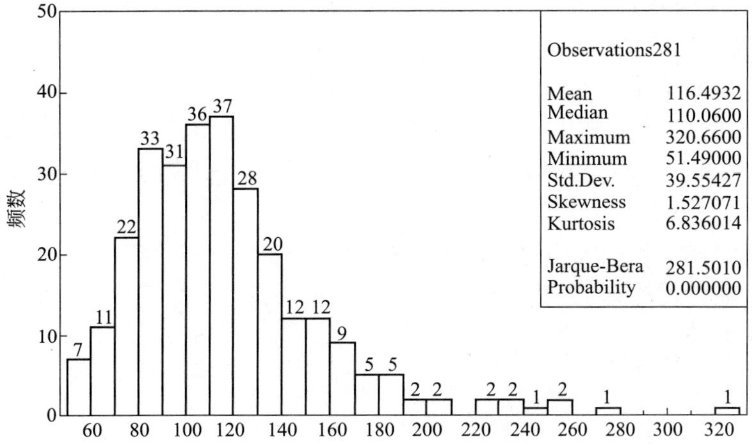

图 5-16 2009 年地级及以上城市人均建设用地面积分布

数据来源：中国城市建设统计年鉴 2009

100 个地级及以上城市人均建设用地面积 85～110m²，占全国地级及以上城市的 34.8%。其中，36 个城市人均建设用地面积为 100～110m²，31 个城市人均建设用地面积为 90～100m²，33 个城市人均建设用地面积为 80～90m²。

40 个地级及以上城市人均建设用地面积低于 80m²，占全国地级及以上城市的 13.9%。其中，22 个城市人均建设面积为 70～80m²，11 个城市人均建设用地面积为 60～70m²。

天津中新生态城城市人均建设用地指标控制在 85.7m²。唐山湾(曹妃甸)生态城要求城市密度不高于 13000 人/km²，即人均建设用地面积不高于 76.9m²/人。

3）国家战略

（1）国务院《关于促进节约集约用地的通知》（国发［2008］3 号）：促进节约集约用地是关系民族生存根基和国家长远利益的大计，要从严控制城市用地规模。城市规划要按照循序渐进、节约土地、集约发展、合理布局的原则，从人均用地、用地结构等城市规划控制标准，合理确定各项建设建筑密度、容积率、绿地率，严格按国家标准进行各项市政基础设施和生态绿化建设。同时强调鼓励开发利用地上地下空间，提高土地利用率。

（2）国土资源部在《全国土地利用总体规划纲要（2006～2020 年）》：要合理控制建设规模，积极拓展建设用地新空间，努力转变用地方式，加快由外延扩张向内涵挖潜，由粗放低效向集约高效转变，防止用地浪费，推动产业结构优化升级，促进经济发展方式转变。同时特别强调在苏浙沪地区要创新土地利用模式，形成工业集聚、居住集中、城乡协调的建设用地空间格局，提高集约用地水平，促进产业结构升级。

4）指标赋值

参照发达国家人均 82.4m^2 和发展中国家人均 83.3m^2 的标准，2015 年、2020 年低碳生态城市人均城市用地面积分别定为小于等于 85m^2 和 80m^2。

5）指标测试

截至 2009 年，人均建设用地面积低于 80m^2 的城市有 40 个，所占比重为 13.9%，人均建设用地面积低于 85m^2 的城市有 54 个，所占比重为 18.8%(图 5-17)。

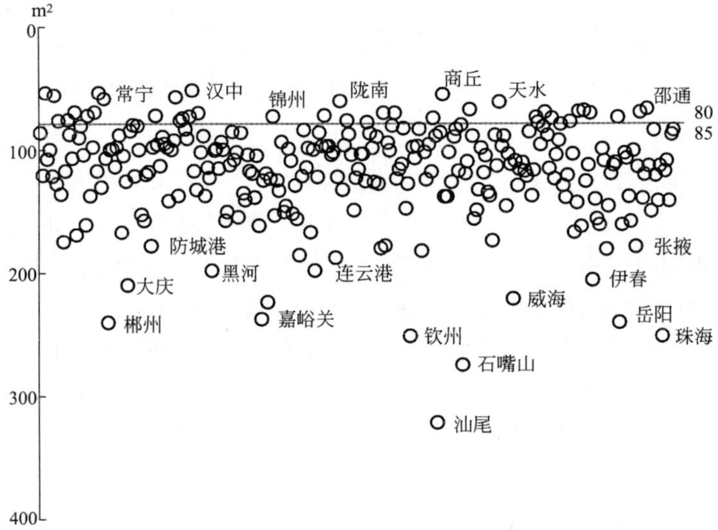

图 5-17　人均建设用地面积指标测试

数据来源：中国城市建设统计年鉴 2009

7. 绿色建筑比例

1）指标定义

绿色建筑是指在建筑的全寿命周期内，最大限度地节约资源(节能、节地、节水、节材)，保护环境和减少污染，为人们提供健康、适用和高效的使用空间，与自然和谐共生的建筑。

绿色建筑比例指建成区符合绿色建筑标准(一星及以上星级)的建筑面积占建成区总面积的百分比，其计算公式为：

$$\text{绿色建筑比例}=\frac{\text{建成区绿色建筑面积}}{\text{建成区建筑面积总量}}\times 100\%$$

建筑能耗占社会总能耗的 35%和电力的 65%，温室气体排放占全球全部气体排放的 30%(美国绿色建筑协会)；我国当前建筑能耗已占全社会终端能耗的 45%左右，其中 28%左右是建筑在使用过程中消耗掉的，16%左右是建筑材料在生产过程中消耗掉，2%左右是在建筑的建造过程中消耗掉。

2）指标现状

2004 年设立了“全国绿色建筑创新奖”，截至 2010 年，有 53 个项目获奖，宣传、扩大了绿色建筑理念，促进了绿色建筑发展。2005～2010 年共实施了 64 项绿色建筑示范工程，示范面积达 1300 多万平方米。2007 年启动“百项绿色建筑与百项低能耗建筑示范工程项目”，开展绿色建筑示范工程和低能耗建筑示范工程，共有 200 多个项目列入示范。

截至 2010 年，共有 113 个绿色建筑项目获得设计或运营的星级标识，21 个省市开展了绿色建筑一、二星评价工作，完成 23 项绿色建筑项目的评价。

3）国家战略

(1) 2005 年中国政府颁布的《国家长期科学和技术发展规划纲要(2006～2020)》将建筑节能与绿色建筑作为“城镇化与城市发展”重点领域的优先发展内容之一。

(2) 2010 年温家宝总理在政府报告：“十二五”期间要加大既有建筑节能改造投入，积极推进新建建筑节能。

(3) 绿色建筑法规和标准不断完善。为引导绿色建筑健康发展，2007 年 8 月，颁布实施了《绿色建筑评价标识管理办法》，此后，又先后颁布了《绿色建筑技术导则》、《绿色建筑评价标准》、《建筑工程绿色施工评价标准》、《绿色工业建筑评价标准》等法规与标准。

(4)“十二五”节能减排方案：制定并实施绿色建筑行动方案，从规划、法规、技术、标准、设计等方面全面推进建筑节能。新建建筑严格执行建筑节能标准，提高标准执行率。推动可再生能源与建筑一体化应用，推广使用新型节能建材和再生建材，继续推广散装水泥。

4）指标赋值

参考天津中新生态城和曹妃甸国际生态城绿色建筑比例，规定生态城市新建建筑的绿色建筑比例为 100%，2015 年、2020 年既有建筑的绿色建筑比例分别为 15%、20%。

5）指标测试

天津中新生态城和唐山湾(曹妃甸)生态城绿色建筑比例均为 100%。

5.2.2 环境友好

1. 空气质量优良天数(SO_2、NO_2、PM_{10}综合指数)

1) 指标定义

空气污染指数(API)为城市建成区内认证点位每日环境空气污染指数(API)，其计算方法按照《城市空气质量日报技术规定》执行。

空气质量优天数：指 API 指数小于 50 的天数，为国家空气质量日均值一级标准，符合自然保护区、风景名胜区和其他需要特殊保护地区的空气质量要求。

空气质量良天数：指 API 在 51～100 之间的天数，为国家空气质量日均值二级标准，空气质量良好，符合居住区、商业区、文化区、一般工业区和农村地区空气质量的要求。

空气质量优良天数指 API 指数小于 100 的天数。

2) 指标现状

(1) 世界

总体上，发展中国家的总悬浮颗粒物浓度高于发达国家。2009 年总悬浮颗粒物浓度较高的国家是孟加拉、巴基斯坦、埃及，浓度分别达到 135.43μg/m³、120.26μg/m³、119.21μg/m³。发达国家的总悬浮颗粒物浓度多数在 120.26μg/m³ 以下，澳大利亚只有 14.35μg/m³(图 5-18)。

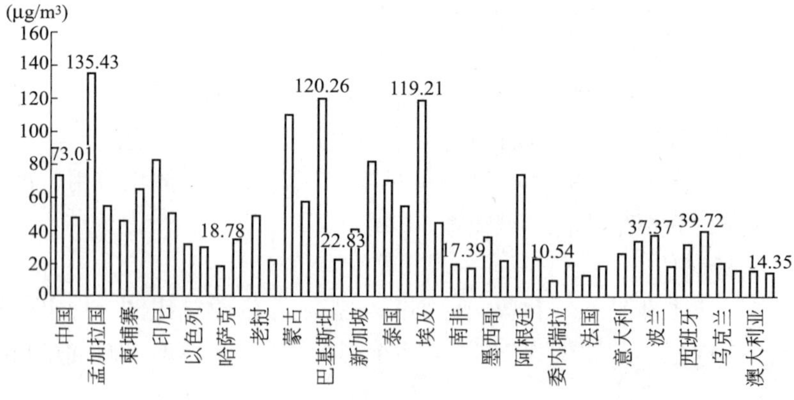

图 5-18　2009 年世界主要国家总悬浮颗粒物浓度

数据来源：世界银行 2009 年数据

(2) 国家

2010 年，在监测的 330 个城市中，有 273 个城市空气质量达到二级以上(含二级)标准，占监测城市数的 82.7%；有 53 个城市为三级，占 16.1%；有 4 个城市为劣三级，占 1.2%。在监测的 331 个城市中，城市区域声环境质量好的城市占 6.3%，较好的占 67.4%，轻度污染的占 25.4%，中度污染的占 0.9%。

(3) 地方

2009 年 314 个城市空气优良天数序列偏度 $S=-3.28<0$，峰度 $K=16.27>3$，因此，序列体现总体左偏、尖峰厚尾的分布特征。中位值为 346 天，最大值为 365 天，最小值为 60 天(图 5-19)。

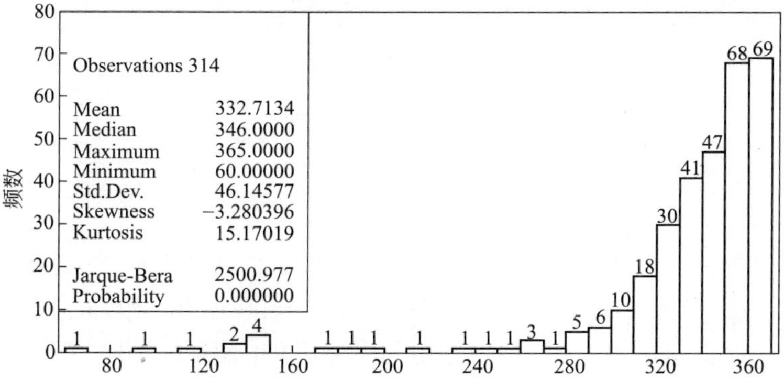

图 5-19　2009 年全国地级及以上城市的优良天数分布

数据来源：中国环境年鉴 2010

空气优良天数超过 350 天的城市有 137 个，占城市的比例为 43.21%。其中，69 个超过 360 天的城市，占城市的 21.77%。68 个城市为 350～360 天，占城市的 21.45%。

空气优良天数为 320～350 天的城市有 118 个，占城市的比例为 37.22%。其中，47 个城市为 340～350 天，41 个城市为 330～340 天。30 个城市为 320～330 天，分别占城市的 14.83%、12.93%、9.5%。

全国 471 个县级及以上城市开展环境空气质量监测，其中 3.6%的城市达到一级标准，79.2%的城市达到二级标准，15.5%的城市达到三级标准，1.7%的城市劣于三级标准。113 个环境保护重点城市达到二级标准的比例为 73.5%。

113 个环保重点城市中 45 个城市空气质量超标。在 113 个环保重点城市中，有 68 个城市达到二级标准，占 60.2%；45 个城市空气质量超标，占 39.8%，其中 1 个城市空气质量级别为劣三级。

2011 年上半年，113 个环保重点城市空气中二氧化硫、二氧化氮和可吸入颗粒物平均浓度分别为 0.044mg/m^3、0.037mg/m^3 和 0.091mg/m^3。与 2010 年上半年相比，二氧化硫平均浓度下降 2.2%，二氧化氮平均浓度上升 5.7%，可吸入颗粒物平均浓度持平。

重点城市中二氧化硫平均浓度达到一级标准的有湖州、福州、泉州、深圳、珠海、汕头、湛江、海口、拉萨、克拉玛依 10 个城市，占 8.8%；达到二级标准的有 86 个城市，占 76.1%；二氧化硫平均浓度超标的城市数量为 17 个，占 15.1%，其中乌鲁木齐二氧化硫浓度为劣三级。与 2010 年上半年相比，年均浓度下降的城市数量为 51 个，占 45.1%(图 5-20)。

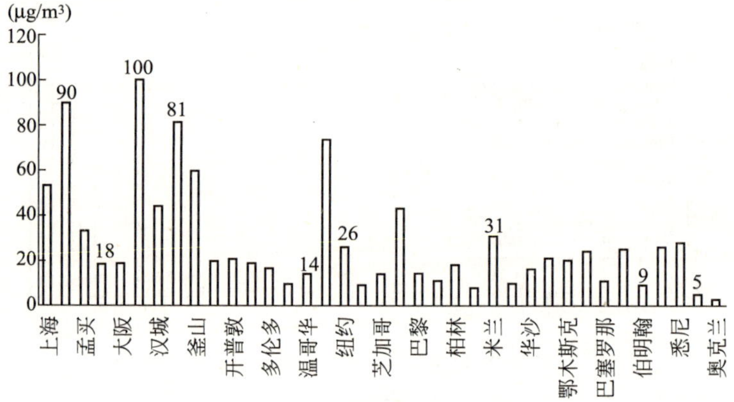

图 5-20　2009 年世界主要国家二氧化硫浓度

数据来源：世界银行，2009 年数据

113 个重点城市的二氧化氮平均浓度均达到二级标准，其中达到一级标准的城市有 71 个，占 62.8%；达到二级标准的有 42 个城市，占 37.2%。与 2010 年上半年相比，年均浓度下降的城市数量为 38 个，占 33.6%(图 5-21)。

3）国家战略

(1)“十二五”规划纲要：加大环境保护力度。以解决饮用水不安全和空气、土壤污染等损害群众健康的突出环境问题为重点，加强综合治理，明显改善环境质量。

(2) 国家环境保护标准“十二五”规划(征求意见稿)：修订并研究整合环境空气。调整环境空气质量标准的功能区分类方案和污染物项目，研究修

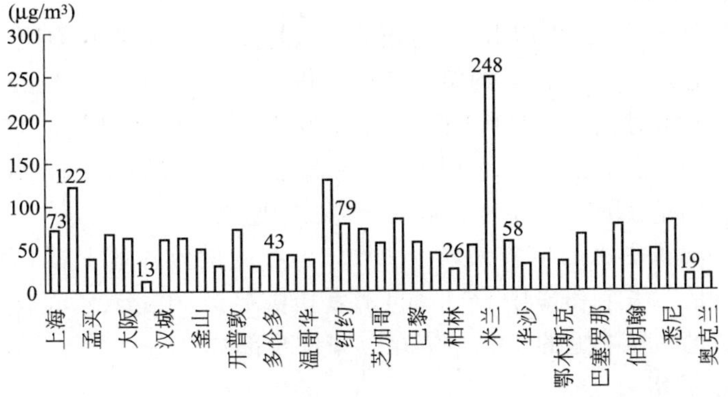

图 5-21　2009 年世界主要国家二氧化氮浓度
数据来源：世界银行，2009 年数据

订臭氧、颗粒物(PM_{10})及铅等污染物限值，开展设立颗粒物($PM_{2.5}$)标准限值的可行性研究。研究环境空气质量标准中设置氮氧化物指标的必要性和可行性。

4）指标赋值

依据国内外相关标准，2015 年城市空气质量优良天数比例大于等于 85%，即 280 天，2020 年城市空气质量优良天数比例大于等于 90%，即 320 天。

5）指标测试

截至 2009 年底，全国空气质量优良天数超过 347 天的城市有 151 个，占总监测城市的 48%。空气质量优良天数超过 360 天的城市有 69 个，占城市比例为 21.97%。

2. $PM_{2.5}$日均浓度达标天数

1）指标定义

$PM_{2.5}$是指大气中直径小于或等于 2.5μm 的颗粒物，也称为可入肺颗粒物。它的直径还不到人的头发丝粗细的 1/20。虽然 $PM_{2.5}$只是地球大气成分中含量很少的组分，但它对空气质量和能见度等有重要的影响。与较粗的大气颗粒物相比，$PM_{2.5}$粒径小，富含大量的有毒、有害物质且在大气中的停留时间长，输送距离远，对人体健康和大气环境质量的影响更大。

$PM_{2.5}$日均浓度达标天数是一年中空气中的 $PM_{2.5}$浓度达到环境保护部《环境空气质量标准》修订版规定标准的天数。

2）指标现状

美国在 1997 年提出 $PM_{2.5}$ 的标准，已经成为一个重要的测控空气污染程度的指数。伦敦、巴黎、纽约等对 $PM_{2.5}$ 进行频密监测和发布的国际城市，其污染水平也相对较低，与此同时，不少发展中国家的大城市如墨西哥城和新德里等城市，也早已开展了 $PM_{2.5}$ 的频密监测和发布。但是，截至 2010 年底，世界上大部分国家都还未开展对 $PM_{2.5}$ 的监测。

2010 年美国国家航空航天局（NASA）公布的世界各地 $PM_{2.5}$ 的密度地图中，中国华北、华东和华中 $PM_{2.5}$ 的密度指数接近 $80\mu g/m^3$，全球 $PM_{2.5}$ 最高的地区在北非和中国的华北、华东、华中全部。

3）国家战略

（1）“十二五”规划纲要：加大环境保护力度。以解决饮用水不安全和空气、土壤污染等损害群众健康的突出环境问题为重点，加强综合治理，明显改善环境质量。

（2）国家环境保护标准“十二五”规划（征求意见稿）：调整环境空气质量标准的功能区分类方案和污染物项目，研究修订臭氧、颗粒物（PM_{10}）及铅等污染物限值，开展设立颗粒物（$PM_{2.5}$）标准限值的可行性研究。研究环境空气质量标准中设置氮氧化物指标的必要性和可行性。

（3）2011 年 1 月 1 日开始，环保部发布的《环境空气 PM_{10} 和 $PM_{2.5}$ 的测定重量法》开始实施，首次对 $PM_{2.5}$ 的测定进行了规范。

（4）2011 年 11 月 10 日，环保部副部长张力军在第七届区域空气质量管理国际研讨会上表示，我国的 $PM_{2.5}$ 大气环境质量标准即将出台。

4）指标赋值

作为引导性指标，2015 年和 2020 年的 $PM_{2.5}$ 日均浓度达标天数定为全年的 80%和 85%，即 292 天和 310 天。

3. 集中式饮用水源地水质达标率

1）指标定义

集中式饮用水水源地水质达标率，指城市市区从集中式饮用水水源地取得的水量中，其地表水水质达到《地表水环境质量标准》（GB 3838—2002）Ⅲ类和地下水水质达到《地下水质量标准》（GB/T 14848—93）Ⅲ类的数量占取水总量的百分比。其计算公式为：

$$\text{集中式饮用水水源地}=\frac{\text{地表水水质达到和地下水水质达标的数量}}{\text{总取水量}}\times 100\%$$

集中式饮用水源地是指处于全市域范围内，并向市区内供水的集中式饮用水水源地。

2）指标现状

2010 年 67 个环境保护重点城市，有 40 个城市集中式饮用水水源地水质达标率超过 90%以上，占环境保护重点城市的 59.7%。其中，35 个城市集中式饮用水水源地水质达标率达 100%，占环境保护重点城市的 52.22%（图 5-22）。

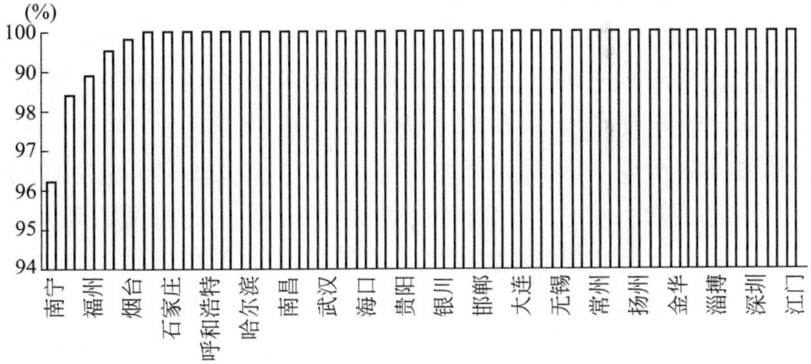

图 5-22　2010 年重点城市集中式饮用水水源地水质达标率

数据来源：中国国民经济和社会发展统计资料汇编 2010～2011

3）国家战略

（1）集中式饮用水源地水质应达到适用于集中式生活饮用水水源地水质的国家标准《地表水环境质量标准》GB 3838—2002、《地下水质量标准》GB/T 14848—93 中的Ⅲ类标准要求。

（2）严格执行各项国家集中式饮用水水源地管理有关法律、法规、规划、标准、监测规范（《中华人民共和国水污染防治法》、《饮用水水源保护区污染防治管理规定》、《地表水环境质量标准》、《地下水质量标准》）等要求。全市辖区内未发生重大以上集中式饮用水水源地污染事故等。

4）指标赋值

参照《“十一五”城市环境综合整治定量考核指标实施细则》和《全国城市环境综合整治定量考核管理工作规定》，2015 年、2020 年集中式饮用水源地水质达标率为 100%。

5）指标测试

截至 2010 年底，40 个城市集中式饮用水水源地水质达标率超过 90%以上，占全国地级及以上城市的 13.94%。其中，35 个城市集中式饮用水水源地水质达标率达 100%，占全国地级及以上城市的 12.2%。

4. 城市水环境功能区水质达标率

1）指标定义

定义：城市水环境功能区水质达标率，指城市辖区地表水环境质量达到相应功能水体要求，全市域内跨界断面出境水质达到国家或省考核目标。直排海企业，是指位于沿海陆域，通过管道、沟渠、设施，直接向海洋排放污染物的企业。考核其是否达标排放，与重点工业企业达标排放的考核办法相同。

统计方法：城市水环境功能区水质达标率包括城市水环境功能区水质达标率和出入境河流水质变化两方面。城市水环境功能区水质达标率，是指城市市区地表水认证水体及断面和近岸海域认证点位监测结果按相应水体功能标准衡量，不同功能水域水质达标率的加权平均值。沿海城市水环境功能区水质达标率是地表水环境功能区水质达标率和近岸海域功能区水质达标率的加权平均，非沿海城市水环境功能区水质达标率是指各地表水环境功能区水质达标率平均值。

计算公式：

$$断面水质达标率=\frac{认证断面水质达标频次之和(次)}{认证断面监测总频次(次)}\times 100\%$$

由同一功能水体不同断面的水质达标率计算该功能水体的平均水质达标率；再由不同功能水体的达标率计算地表水或近岸海域的功能区水质达标率。出入境河流水质变化只考核流经城市市区的七大流域干流及一级支流出入境断面水质变化。具体计算方法参照环境保护部《“十一五”城市环境综合整治定量考核指标实施细则》。

2）指标现状

2009 年，城市地表水环境功能区(城区)水质达标率平均为 89.84%，比 2008 年提高 4.44 个百分点。在全国地级及以上城市中，太原、自贡、玉溪、嘉兴、亳州 5 个城市水环境功能区(城区)水质达标率较低。

2009 年，全国重点城市共监测 397 个集中式饮用水源地，其中地表水源地 244 个，地下水源地 153 个。监测结果表明，重点城市年取水总量为 217.6 亿 t，达标水量为 158.8 亿 t，占 73.0%；不达标水量为 58.8 亿 t，占 27.0%。

重点水功能区达标状况全国监测评价水功能区 3219 个，按水功能区水质管理目标评价，全年水功能区达标率为 42.9%，其中一级水功能区(不包括开发利用区)达标率为 53.2%，二级水功能区达标率为 36.7%。

3）国家战略

(1) 环境保护部《“十一五”城市环境综合整治定量考核指标实施细

则》：严格执行国家相关标准、规范、办法进行水质全达标核查(《地表水环境质量标准》、《地表水和污水监测技术规范》、《海水水质标准》、《近岸海域环境功能区管理办法》)对市辖区内水体设有国控、省控或市控断面，要求提供常规监测数据，进行考核，国家重点流域水体跨界断面达到责任制考核的目标。

(2) 对全市域内跨界断面，由上级环境监测机构提供监测数据。长江口、珠江口、黄河口、海河口、辽河口、九龙江口和鸭绿江入海河流地区的河口城市暂不考核近岸海域功能区达标率，但其直排海企业污染物排放达标率必须达100%。

(3) 水利部在最严格的水资源管理制度中制定了水功能区纳污红线管理目标，规划在2015年全国水功能区水质达标率提高到60%以上，重要饮用水水源地水质达标率显著提高，到2020年基本建成水资源保护和河湖健康保障体系。

4) 指标赋值

参照《“十一五”城市环境综合整治定量考核指标实施细则》和《国家生态园林城市标准》，2015年、2020年城市水环境功能区水质达标率为100%。

5) 指标测试

由于统计数据不完善，指标测试有待进一步开展工作。

5. 生活垃圾资源化利用率

1) 指标定义

生活垃圾指城市日常生活或为城市日常生活提供服务的活动中产生的固体废物以及法律行政规定的视为城市生活垃圾的固体废物，包括：居民生活垃圾、商业垃圾、集市贸易市场垃圾、街道清扫垃圾、公共场所垃圾和机关、学校、厂矿等单位的生活垃圾。生活垃圾是生活中产生的各种废弃物，但从一定角度看也是一种可再利用的资源。表征生活垃圾处理利用水平的指标很多，结合低碳生态城市建设及规划要求，兼顾指标的基础性、综合性和代表性，选取生活垃圾无害化处理率和生活垃圾资源化利用率进行描述。

生活垃圾无害化处理率指进入清运环节、转运环节和无害化处理设施的生活垃圾量与生活垃圾排放量比率。计算公式为：

$$\text{生活无害化处理率}=\frac{\text{生活垃圾无害化处理量}}{\text{垃圾产生量}}\times 100\%$$

生活垃圾资源化利用率：是指进入物资回收系统的生活垃圾量与进入处

理设施资源化处理后得到的资源量折算成的生活垃圾量之和占生活垃圾产生量的比例。

$$生活资源化利用率=\frac{\sum某处理设施资源化量+回收量}{排放量+回收量}\times100\%$$

其中，“某处理设施的资源化量”计算方法为：

$$\sum某处理设施资源化量=\frac{处理产生的能量}{5000kJ/kg}+该方式产生的产品量$$

即，如：

$$填埋处理方式资源化量=\frac{填埋气发电能量+填埋气供热能量}{5000kJ/kg}$$

$$焚烧处理方式资源化量=\frac{焚烧发电能量+焚烧供热能量}{5000kJ/kg}+焚烧产品量$$

$$生化处理方式资源化量=\frac{生化处理产气发电能量+生化处理产气供热能量}{\frac{5000kJ}{kg}}+生化处理产品量$$

（备注：上述处理产品量均不含添加原材料量）

统计范围：垃圾产生量：在统计上，由于生活垃圾产生量不易取得，可用垃圾清运量代替。卫生填埋场、焚烧厂、垃圾堆肥厂建设和各项污染物排放浓度必须满足《城市生活垃圾卫生填埋技术规范》(CJJ 17—2001)、《生活垃圾填埋污染控制标准》(GB 16889—2008)、《生活垃圾焚烧污染控制标准》(GB 18485—2001)和垃圾堆肥的有关标准要求。垃圾渗滤液排放控制标准严格参照《生活垃圾填埋污染控制标准》(GB 16889—2008)中“9 污染物排放控制要求”。不达标的，不得认定为无害化处理。

2）指标现状

（1）国家

2001—2009 年全国生活垃圾无害化处理率先降后升。2001 年底，生活垃圾无害化处理率为 58.2%，2005 年底，生活垃圾无害化处理率为 51.7%，下降 6.5 个百分点。2009 年底，生活垃圾无害化处理率为 71.4%，比 2000 年增加 13.2 个百分点，比 2005 年增加 19.7 个百分点。

（2）地方

2009 年 279 个地级及以上城市生活垃圾无害化处理率序列偏度＝－1.29＜0，峰度＝3.5＞3，因此，序列体现总体左偏、尖峰厚尾的分布特征。中位值为 90.85%，最大值为 100%，最小值为 0.44%。

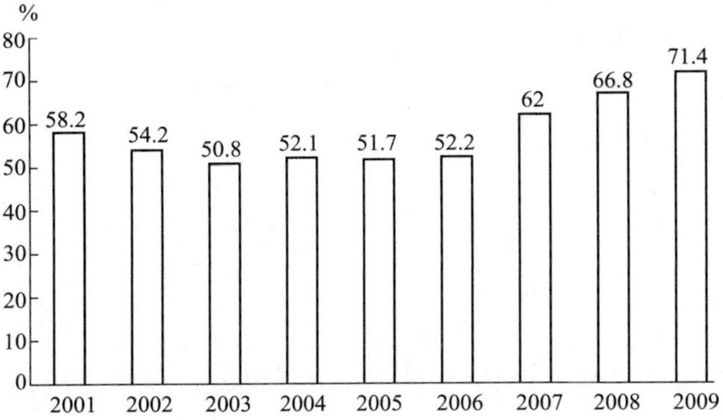

图 5-23　2001—2009 生活垃圾无害化处理率

数据来源：中国城市统计年鉴 2010

279 个地级及以上城市生活垃圾无害化处理率超过 95%和 90%的地级及以上的城市分别为 102 个和 135 个，占总地级及以上城市的比例分别为 35.5%和 47.03%，71 个地级市级以上城市生活垃圾无害化处理率为 100%，占总地级及以上城市的 25.4%。49 个城市工业固体废物综合利用率为低于 65%，占地级及以上城市的 17.07%。

2008 年北京奥运会期间，北京市生活垃圾无害化处理率为 95.4%，其中城八区 100%，郊区 85%。场馆内垃圾全部实现分类收集、分类运输和分类处理，资源利用率达 73.41%。

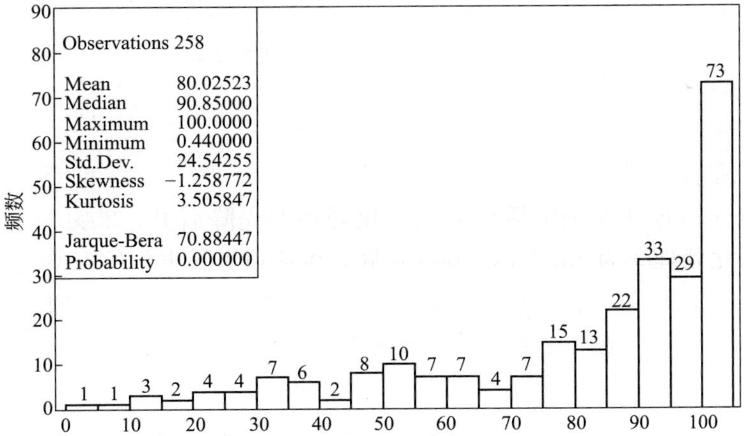

图 5-24　2009 年生活垃圾无害化处理率

数据来源：中国城市统计年鉴 2010

3）国家战略

（1）中华人民共和国国民经济和社会发展第十二个五年规划纲要：建立健全垃圾分类回收制度，完善分类回收、密闭运输、集中处理体系，推进餐厨废弃物等垃圾资源化利用和无害化处理。

（2）国家环境保护"十二五"规划：提高生活垃圾处理水平，到 2015 年，全国城市无害化处理率达到 80%，所有县具有生活垃圾无害化处理能力。"十二五"节能减排综合性工作方案：促进垃圾资源化利用。健全城市生活垃圾分类回收制度，完善分类回收、密闭运输、集中处理体系。鼓励开展垃圾焚烧发电和供热、填埋气体发电、餐厨废弃物资源化利用。实施循环经济重点工程。建设 100 个资源综合利用示范基地、100 个城市餐厨废弃物资源化利用和无害化处理示范工程。

（3）2011 年住房和城乡建设部等部门关于进一步加强城市生活垃圾处理工作意见的通知：到 2015 年，全国城市生活垃圾无害化处理率达到 80%以上，直辖市、省会城市和计划单列市生活垃圾全部实现无害化处理。每个省（区）建成一个以上生活垃圾分类示范城市。50%的设区城市初步实现餐厨垃圾分类收运处理。城市生活垃圾资源化利用比例达到 30%，直辖市、省会城市和计划单列市达到 50%。

（4）住房和城乡建设部、国家发展改革委、环境保护部共同组织编写的《生活垃圾处理技术指南》要求：家庭厨余生活垃圾分类回收和餐厨生活垃圾单独收集处理，加强可降解有机垃圾资源化利用和无害化处理。

（5）到 2030 年，全国城市生活垃圾基本实现无害化处理，全面实行生活垃圾分类收集、处置。城市生活垃圾处理设施和服务向小城镇和乡村延伸，城乡生活垃圾处理接近发达国家平均水平。

4）指标赋值

（1）国务院办公厅正式公布《关于建立完整的先进的废旧商品回收体系的意见》提到，到 2015 年，初步建立现代废旧商品回收体系，各主要品种废旧商品回收率达到 70%。

（2）中国国务院召开会议研究部署进一步加强城市生活垃圾处理工作提出，到 2015 年，全国城市生活垃圾无害化处理率达到 80%以上，50%的设区城市初步实现餐厨垃圾分类收运处理。

（3）北京市"十二五"期间城市环境建设市政市容管理工作制定未来 5 年，北京市八成社区将实现垃圾分类，将实现未经分类的原生垃圾的零填埋。到 2015 年，本市生活垃圾资源化率拟达 55%，全市生活垃圾无害化处理率拟达 97%，城区生活垃圾无害化处理率拟达 99%，郊区拟达 95%。

(4) 广州市垃圾分类工作贯彻执行《中华人民共和国循环经济促进法》，建设“自然资源——产品和用品——再生资源”的垃圾循环利用模式，在全社会推行生活垃圾减量化、资源化和无害化。力争至 2014 年实现垃圾分类收集率达到 80%以上，资源回收率达到 30%。

(5) 甘肃省《关于进一步加强城市生活垃圾处理工作若干意见》明确，到 2015 年，力争全省所有城市、县城都建成生活垃圾无害化处理设施，兰州市生活垃圾全部实现无害化处理，其他设市城市生活垃圾无害化处理率达到 80%以上，县城生活垃圾无害化处理率达到 70%。50%的设区城市初步实现餐厨垃圾分类收运处理。兰州市生活垃圾资源化利用率达到 50%，其他城市、县城达到 30%。到 2030 年，全省城市生活垃圾基本实现无害化处理，全面实行生活垃圾分类收集、处置。

参考 2011 年住房和城乡建设部等部门关于进一步加强城市生活垃圾处理工作意见的通知，2015、2020 年低碳生态城市生活垃圾无害化处理率均为 100%。参考国内外城市生活垃圾资源化利用率标准，2015、2020 年低碳生态城市的生活垃圾资源化利用率分别为 50%，80%。

5) 指标测试

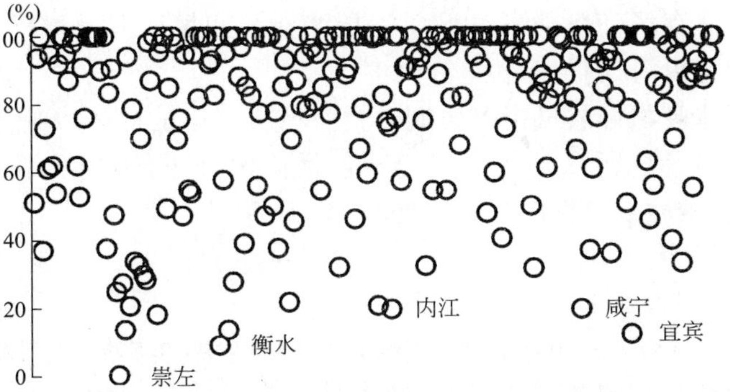

图 5-25　生活垃圾无害化处理率指标测试

数据来源：中国城市统计年鉴 2010

287 个地级及以上城市中，城市生活垃圾无害化处理达到 100%的城市为 74 个，占地级及以上城市的比例为 26%，90%以上的城市为 135 个，所占地级及以上城市的比例为 47%。

生活垃圾资源化利用率由于统计数据不完善，指标测试有待进一步开展工作。

6. 工业固体废物综合利用率

1）指标定义

工业固体废物综合利用率指工业固体废物综合利用量占工业固体废物产生量(包括综合利用往年储存量)的百分率。计算公式为：

$$工业固体废物综合利用率=\frac{工业固体废物综合利用量}{工业固体废物产生量+综合利用往年储存量}\times100\%$$

工业固体废物综合利用量指报告期内企业通过回收、加工、循环、交换等方式，从固体废物中提取或者使其转化为可以利用的资源、能源和其他原材料的固体废物量(包括当年利用往年的工业固体废物储存量)，如用作农业肥料、生产建筑材料、筑路等。综合利用量由原产生固体废物的单位统计。

工业固体废物储存量指报告期内企业以综合利用或处置为目的，将固体废物暂时储存或堆存在专设的储存设施或专设的集中堆存场所内的数量。专设的固体废物储存场所或储存设施必须有防扩散，防流失，防渗漏，防止污染大气、水体的措施。

工业固体废物处置量指报告期内企业将固体废物焚烧或者最终置于符合环境保护规定要求的场所，并不再回取的工业固体废物量(包括当年处置往年的工业固体废物储存量)。处置方式有填埋(其中危险废物应安全填埋)、焚烧、专业储存场(库)封场处理、深层灌注、回填矿井及海洋处置(经海洋管理部门同意投海处置)等。

工业固体废物排放量指报告期内企业将所产生的固体废物排到固体废物污染防治设施、场所以外的数量，不包括矿山开采的剥离废石和掘进废石(煤矸石和呈酸性或碱性的废石除外)。

2）指标现状

(1) 国家

2000～2009 年全国工业固体废物综合利用率持续提高。2000 年底，工业固体废物综合利用率为 45.9%，2005 年底 56.1%，增加 10.2 个百分点。2009 年底，工业固体废物综合利用率为 67%，比 2000 年增加 21.1 个百分点，比 2005 年增加 10.9 个百分点，年均增加 2 个百分点左右(图 5-26)。

2009 年，全国城市清洁能源使用率平均为 66.77%，比 2008 年提高 2.42 个百分点；工业固体废弃物处置利用率平均为 94.98%；工业危险废物处置利用率平均为 93.81%；医疗废物集中处置率平均为 80.71%。

(2) 地方

2009 年，279 个可获得数据的地级及以上城市工业固体废物综合利用

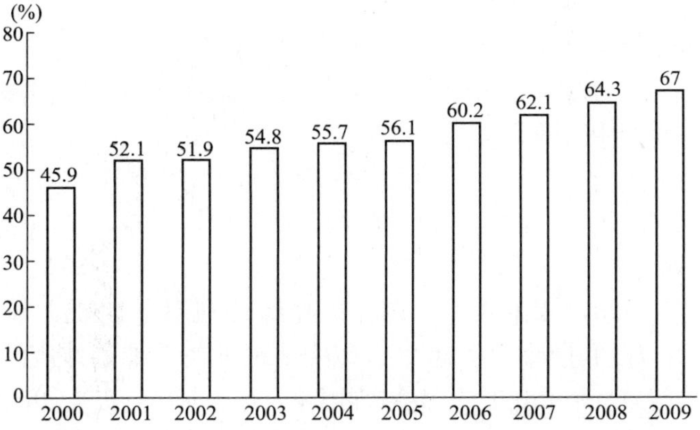

图 5-26　2000～2009 年全国工业固体废物综合利用率

数据来源：中国环境统计年鉴 2010

率序列偏度 $S=-1.62<0$，峰度 $K=5.06>3$，因此，序列体现总体左偏、尖峰厚尾的分布特征。中位值为 90％，最大值为 100％，最小值为 1.85％(图 5-27)。

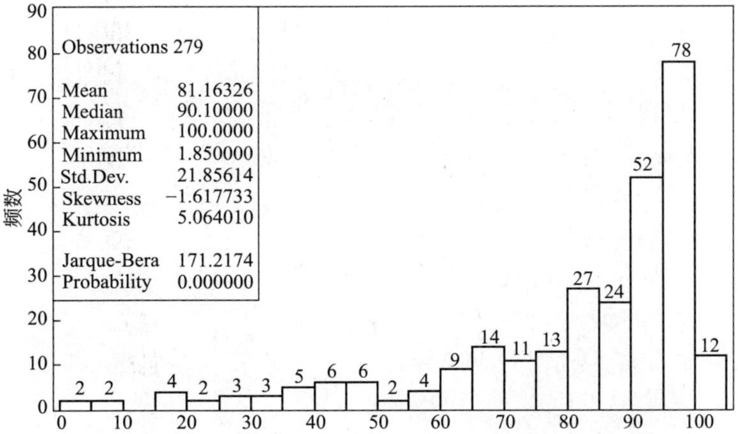

图 5-27　2009 年地级及以上主要城市工业固体废物综合利用率分布

数据来源：中国环境统计年鉴 2010

279 个可获得数据的地级及以上城市工业固体废物综合利用率超过 95％和 90％的地级及以上的城市分别为 90 个和 142 个，占总地级及以上城市的比例分别为 31％和 49％。51 个地级市级以上城市工业固体废物综合利用率为 80％～90％，占总地级及以上城市的 17.77％。49 个城市工业固体废物综合利用率低于65%，占地级及以上城市的17.07%。

3）国家战略

（1）根据《生态县、生态市、生态省建设指标(修订稿)》(2007.12.26)，工业固体废物综合利用率≥90%。

（2）工业和信息化部"十二五"期间和2011年我国工业节能减排四大约束性指标：工业固体废物综合利用率要提高到72%左右。

4）指标赋值

"十二五"期间，湖南省工业固体废物综合利用率达85%以上，福建省工业固体废物综合利用率力争达75%以上，河北省工业固体废物综合利用率达70%以上，江苏省一般工业固体废物综合利用率达到95%以上。

根据《生态县、生态市、生态省建设指标(修订稿)》，2015年工业固体废物综合利用率大于等于90%，2020年工业固体废弃物综合利用率大于95%。

5）指标测试

截至2009年，工业固体废物综合利用率超过95%和90%的地级及以上的城市分别为90个和142个，占总地级及以上的城市的比例分别为31%和49%(图5-28)。

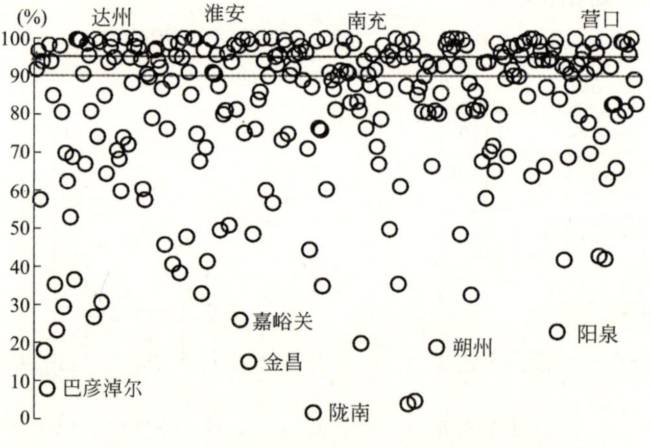

图5-28　工业固体废物综合利用率指标测试

数据来源：中国环境统计年鉴2010

7. 环境噪声达标区覆盖率

1）指标定义

定义：环境噪声达标区覆盖率是指在城市的建成区内，已建成的环境噪声达标区面积占建成区总面积的百分比。

$$环境噪声达标区覆盖率=\frac{建成区环境噪声达标区面积}{建成区总面积}\times 100\%$$

依据《城市区域环境噪声标准》（GB 3096—93），区域内环境噪声水平达到以下各项要求：区域环境噪声平均等效声级达到该区域所执行的环境噪声标准；区域内 90% 以上的固定噪声源(包括向周围生活环境排放噪声的企事业单位）的边界噪声不超过该区域所执行的《工业企业厂界噪声标准》；未达到排放标准的固定噪声源，其边界噪声不得超过标准 5dB；区域内的建筑施工噪声不超过《建筑施工场界噪声限值》；并有针对该区域内建筑施工噪声管理的具体规定；区域内对道路交通噪声、社会生活噪声有具体和完善的控制措施和管理规定。

建成区面积指市行政区范围内经过征用的土地和实际建设发展起来的非农业生产建设地段。

统计范围：建成区指城区外轮廓线所能包括的地区，是这个城市实际建设用地所达到的境界范围，是一个闭合的完整区域，一城多镇分散布点的城市，其建成区范围则可能由几个相应的闭合区域组成。建成区面积包括市区集中连片的部分以及分散在近郊区与城市有着密切联系，具有基本完善的市政公用设施的城市建设用地(如机场、铁路编组站、污水处理厂、通信电台等)。

达标区应执行的环境噪声标准：《城市区域环境噪声标准》（GB 3096—93)、《城市区域环境噪声测量方法》（GB/T 14623—93)、《工业企业厂界噪声标准》（GB 12348—90)、《工业企业厂界噪声测量方法》（GB 12349—90)、《建筑施工场界噪声标准》（GB 12523—90)、《建筑施工场界噪声测量方法》(GB 12524—90)。

户外噪声标准：特殊住宅区指特别需要安静的住宅区，如休养区、高级宾馆区等；居民、文教区指纯居民区和文教、机关区域；一类混合区指一般商业和居民的混合区；二类混合区指工业、商业、少量交通和居民的混合区；商业中心区指商业集中的繁华区域；工业集中区指当地政府指定的工业区域；交通干线两侧指车流量每小时 100 辆以上的道路两侧。

室内噪声标准：室内噪声标准可分为住宅和非住宅两种。住宅室内噪声标准是根据生活安静的要求和所在区域环境噪声标准，参考住宅窗户条件制定的，一般不应低于所在区域的环境噪声标准 20dB。中国住宅室内的标准规定为低于所在区域环境噪声标准 10dB。

2）指标现状

（1）国家

2009 年国控主要城市区域环境噪声序列偏度 $S=-0.94<0$，峰度 $K=6.75>3$，因此，序列体现总体左偏、尖峰厚尾的分布特征。均值为 54.2dB(A)，中位值为 54.2dB(A)，最大值为 60.8dB(A)，最小值为 45.954.2dB(A)。

（2）地方

2009 年，113 个环境保护重点城市中 76.1％的城市区域声环境质量处于好和较好水平，96.5％的城市道路交通声环境质量为好和较好，城市交通干线噪声平均值为 65.95dB(A)，比 2008 年下降了 0.07dB(A)。

2009 年 113 个国控主要城市区域环境噪声为 53～54dB(A)的城市有 26 个，占国控主要城市的 23％。噪声为超过 54dB(A)的城市有 62 个，占国控主要城市的 54.87％。其中，54～545dB(A)的城市有 18 个，55～56dB(A)的城市有 25 个(图 5-29)。

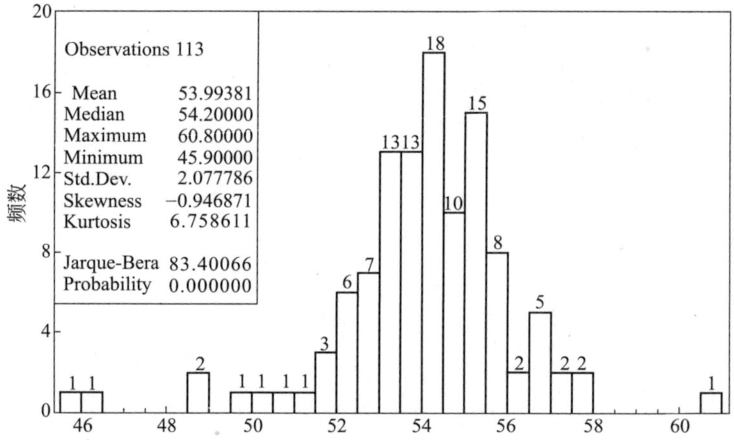

图 5-29　2009 年国控主要城市区域环境噪声［dB(A)］

数据来源：中国统计年鉴 2010

3）国家战略

（1）修订城市区域环境振动标准，理顺环境振动管理思路，客观反映环境振动对人体健康的影响。制定交通干线环境噪声排放标准。

（2）健全针对高噪声活动或场所的噪声，以高速公路、铁路(特别是高速铁路)、城市快速路、城市轨道交通等交通噪声排放标准研究制定为重点，健全涵盖工业企业、建筑施工、交通运输和社会生活四类噪声源的环境噪声排放标准体系。强化高噪声产品的噪声发射标准制修订工作。在当前机动等移动源产品噪声管理的基础上，重点研究制定工程机械、建筑服务设备、能源动力设备等高噪声产品的噪声发射标准，加强环境噪声源头控制。

4）指标赋值

根据国际标准化组织(ISO)的调查，在噪声级 85dB 和 90dB 的环境中工作 30 年，耳聋的可能性分别为 8%和 18%。在噪声级 70dB 的环境中，谈话感到困难。对工厂周围居民的调查结果认为，干扰睡眠、休息的噪声级阈值，白天为 50dB，夜间为 45dB。

中国环境噪声容许范围：夜间(22 时至次日 6 时)噪声不得超过 30dB，白天(6 时至 22 时)不得超过 40dB。依据参照国家生态园林城市标准(建城[2004] 98 号)，环境噪声达标区覆盖率大于等于 95%。

5）指标测试

“十二五”期间，杭州市 2015 年争取环境噪声达标区覆盖率大于等于 95%，扬州市争取环境噪声达标区覆盖率达到 100%，常熟争取环境噪声达标区覆盖率大于等于 95%，南宁市争取环境噪声达标区覆盖率大于等于 95%，西安市争取环境噪声达标区覆盖率大于等于 85%，昆明市建成区环境噪声达标区覆盖率达到 95%以上，北京市区域环境噪声平均值力争控制在 55dB 以内，交通干线噪声平均值控制在 70dB 以内。

8. 公园绿地 500m 服务半径覆盖率

1）指标定义

公园绿地是城市中向公众开放的，以游憩为主要功能，有一定的游憩设施和服务设施，同时兼有健全生态、美化景观、防灾减灾等综合作用的绿化用地。它是城市建设用地、城市绿地系统和城市市政公用设施的重要组成部分，是表示城市整体环境水平和居民生活质量的一项重要指标。公园绿地范围包括综合性公园、居住区公园、居住小区游园、带状公园，通过土地利用图进行空间分析进行判定。

公园绿地服务半径覆盖率是对面积在 5000m^2 以上的公园绿地，按照 500m 的服务半径计算覆盖居住用地的百分比(%)；对于历史文化街区，对面积 1000m^2 以上的公园绿地按照 300m 的服务半径计算。计算公式为：

$$\text{公园绿地 500m 服务半径覆盖率}=\frac{\text{公园绿地}(>5000\text{m}^2)\text{500m 范围内覆盖的居住用地}}{\text{居住用地总面积}}\times 100\%$$

2）指标现状

截至 2009 年底，绿地率超过 46%的城市有铜陵、景德镇、晋城、新余，分别为55.74%、50.6%、47.32%、46.24%，绿地率超过40%的城市有30个，比重达10%。截至2010年底，全国建成区绿地率为34.5%，国家重点公园63个和国家城市湿地公园41个，335个全国绿化模范单位(城市21个，县89个，单位225个)，180个国家园林城市，7个国家园林城区，61个国家园林县城，15个国家园林城镇。

相比绿化覆盖率、城市绿地率、人均公园绿地等指标，公园绿地500m服务半径覆盖率更能反映城市公园分布的合理程度和居民使用的便捷程度，是满足居民就近进行休闲游憩活动，减少出行距离、城市居民休闲游憩的重要保障。

3）国家战略

(1) 住房城乡建设部："十二五"期间将加快推动城镇人居生态环境改善，力争到2015年，人均公园绿地面积达到11m²。全国城市建成区绿化覆盖率达到39%，绿地率达到35%。

(2) 住房和城乡建设部2010年颁布的《关于修订〈国家园林城市遥感调查与测试要求〉的通知》中明确要求对公园绿地服务半径覆盖率指标进行监测。

4）指标赋值

"人居环境奖"要求公园绿地服务半径覆盖率大于等于80%；国家生态园林标准中基本要求公园绿地服务半径覆盖率大于等于70%，提升要求公园绿地服务半径覆盖率大于等于90%。

综合以上标准，国家生态城市标准要求2015年的公园绿地服务半径覆盖率大于等于80%，2020年的公园绿地服务半径覆盖率大于等于90%。

5）指标测试

唐山湾(曹妃甸)生态城提出1000m内有城市级绿地（大于10hm²)、海或河流滨水区的居住区比例为100%，500m内有街区级生态绿地及公共空间的居住区比例为100%，200m内有邻里级绿地的居住区比例为100%，50m内有街区级绿地的居住区比例为100%的指标。

9. 生物多样性

1）指标定义

生物多样性，是指生物中的多样化和变异性以及物种生境的生态复杂性，它包括植物、动物和微生物的所有种及其组成的群落和生态系统。表征生物多样性的指标很多，结合低碳生态城市建设及规划要求，兼顾指标的基础性、综合性和代表性，选取综合物种指数和本地植物指数对生态城市生物多样性进行描述。

物种多样性是生物多样性的重要组成部分，它既体现了生物之间及环境之间的复杂关系，又体现了生物资源的丰富性。选择代表性的动植物(鸟类、鱼类、和植物)作为衡量城市物种多样性的标准，用简单的数值表示群落内种类多样性的程度，用来判断群落或生态系统的稳定性指标。物种指数的计算方法如下：

单项物种指数：

$$P_i = \frac{Nb_i}{N_i}$$

i=1、2、3，分别代表鸟类、鱼类、植物。其中，P_i 为单项物种指数，Nb_i 为城市建成区内该类物种数，N_i 为市域范围内该类物种总数。

综合物种指数为单项物种指数的平均值。计算方法为：

$$H = \frac{1}{n}\frac{Nb_i}{N_i}$$

其中，i=1、2、3，分别代表鸟类、鱼类、植物，n 为 3。

(注：鸟类、鱼类均以自然环境中生存的种类计算，人工饲养者不计。)

本地植物指数，指城市建成区内全部植物物种中本地物种所占比例。计算公式如下：

$$\text{本地植物指数} = \frac{\text{建成区本地植物物种总数量}}{\text{建成区植物物种总数量}}$$

2) 指标现状

我国是世界上生物多样性最为丰富的 12 个国家之一，拥有多种陆地生态系统以及多流域大海洋生态系；拥有高等植物 34984 种，脊椎动物 6445 种，已查明真菌种类 1 万多种，栽培作物 1339 种，野生近缘种达 1930 个，果树种类居世界第一，家养动物品种 576 个。

截至 2010 年，获得国家园林城市称号的 130 个城市，51 个县级市和 5 个国家园林城区综合物种指数均达到 0.5，本地植物指数可达到 0.7 的比例值。环境较为良好，生态保护工作完善、物种资源丰富的城市或地区生物多样性衡量指标甚至更高。济南市植物物种指数为 0.65，本地植物指数为 0.74；安宁鸟类物种指数达 0.606；深圳市植物物种指数为 0.789，本地植物指数为 0.701；拉萨市本地物种指数为 0.8，综合物种指数为 0.72。

相比于辛普森多样性指数、香农—威纳指数等其他生物多样性的表征指数，综合物种指标是反映城市物种丰富度和多样化的综合指标。同时，它选择代表性的动植物(鸟类、鱼类、和植物)作为衡量对象，统计比较时较为客观、简便。本地植物指数的评定更能保证本地植物群落及其相关物种的平衡发展，减少外来物种引入后对当地物种繁衍扰动及可能带来的生物入侵威胁。

3）国家战略

(1)《中华人民共和国国民经济和社会发展第十二个五年规划纲要》：加强重点生态功能区保护和管理，增强涵养水源、保持水土、防风固沙能力，保护生物多样性。加强生物安全管理，加大生物物种资源保护和管理力度，有效防范物种资源丧失与流失，积极防治外来物种入侵。

(2)《国家环境保护“十二五”规划》：加强生物多样性保护。继续实施《中国生物多样性保护战略与行动计划(2011～2030年)》，加大生物多样性保护优先区域的保护力度，完成8～10个优先区域生物多样性本底调查与评估。

(3)《城市绿地系统规划编制纲要》：规划说明书中应涵盖生物(重点是植物)多样性保护与建设规划，包括总体现状分析、生物多样性的保护与建设的目标与指标、生物多样性保护的层次与规划(含物种、基因、生态系统、景观多样性规划)、生物多样性保护的措施与生态管理对策、珍稀濒危植物的保护与对策的内容，并在基础资料汇编中说明城市相应动植物资料和统计状况。

4）指标赋值

(1)《淄博市创建国家生态园林城市实施方案》：城市综合物种指数达到0.5以上，城市建成区内全部植物物种中本地物种所占比例达到0.7以上。

(2) 江西省生态园林城市评价标准(试行)：综合物种指数为0.5，本地物种指数为0.8。

(3) 中新天津生态城指标体系提出：本地物种指数大于等于0.7。

(4)《国家生态园林城市标准》中对城市生态环境指标要求：综合物种指数为大于等于0.5，本地物种指数大于等于0.7。

综合以上标准，国家生态城市指标体系要求2015年的综合物种指数为大于等于0.5，本地物种指数大于等于0.7；2020年综合物种指数为大于等于0.7，本地物种指数大于等于0.85。

5）指标测试

统计数据上不完善，指标测试有待开展进一步工作。

5.2.3 经济持续

1. 第三产业增加值占 GDP 比重

1）指标定义

指商业、金融、保险、旅游、信息、法律和会计审计咨询、居民服务等第三产业的增加值在国内生产总值中所占的百分比。计算公式为：

$$第三产业增加值占\text{GDP}比重=\frac{第三产业增加值}{\text{GDP}}\times 100\%$$

2）指标现状

（1）世界

目前，国际上第三产业占国内生产总值(GDP)的比例，一般低收入国家为 30%～40%，中等收入国家在 50%左右，发达国家为 60%～70%，而 70%是一个普遍被认可的发达国家第三产业占地区生产总值水平的标志性比例。2000 年美国达到 74.5%(美国经济分析局网)，1997 年的日本为 61.1%，韩国为 55.1%(OECD 数据)，2006 年德国为 69.2%(世界经济统计年鉴 2007～2008)，英国、法国、澳大利亚等在 2000 年基本都在 70%左右(OECD 数据)，与我国发展水平相近的印度 2007 年的水平为 54.7%(世界经济统计年鉴 2007～2008)，巴西则达到了 75.1%。

（2）国家

全国历年第三产业增加值占 GDP 比重持续增大。1990 年、1995 年、2000 年、2005 年第三产业增加值占 GDP 比重分别为 31.6%、32.9%、39%、40.5%，2010 年全年国内生产总值 397983 亿元，第三产业增加值比重为 43.8%，分别增加了 12.3、10.9、4.8、3.3 个百分点(图 5-30)。

（3）地方

全国地级及以上城市单位 GDP 能耗序列的偏度 $S=20.74>0$，与正态分布相比，呈现右偏分布，峰度 $K=5.16>3$，序列的尾部比正态分布的尾部厚，总体形状呈尖峰厚尾状。地级及以上城市第三产业增加值占 GDP 比重序列的中位值为 35.35%，最大为 75.8%，最小为 12.7%。

282 个可获得数据的地级及以上城市中 79 个第三产业增加值占 GDP 比重超过 40%，占地级及以上城市的 51.56%。其中，24 个地级及以上城市的第三产业增加值占 GDP 比重为 40%～42.5%，17 个城市第三产业增加值占 GDP 比重为 42.5%～45%，21 个城市第三产业增加值占 GDP 比重为 42.5%～50%，分别占地级及以上城市的 8.4%、5.9%、7.3%(图 5-31)。

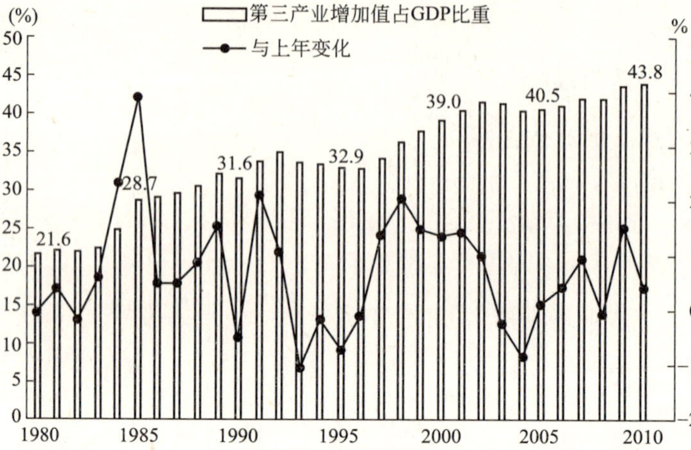

图 5-30　1980～2010 年第三产业增加值占 GDP 比重及与上年变化

数据来源：中国城市年鉴 2010

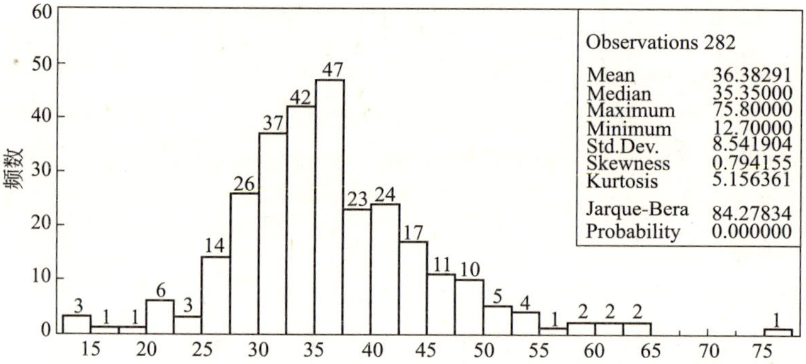

图 5-31　全国地级及以上城市第三产业增加值占 GDP 比重分布

数据来源：中国城市年鉴 2010

282 个可获得数据的地级及以上城市中 202 个第三产业增加值占 GDP 比重低于 40%，占地级及以上城市的 70.38%。其中，23 个地级及以上城市的第三产业增加值占 GDP 比重为 37.5%～40%，47 个城市第三产业增加值占 GDP 比重为 35%～37.5%，42 个城市第三产业增加值占 GDP 比重为 32.5%～35%，26 个城市第三产业增加值占 GDP 比重为 30%～32.5%，分别占地级及以上城市的 8%、16.38 %、14.63%、9%。城市第三产业增加值占 GDP 比重低于 30%的城市有 66 个，占地级及以上城市的 30%。

3）国家战略

（1）坚持把经济结构战略性调整作为加快转变经济发展方式的主攻方

向。构建扩大内需长效机制，促进经济增长向依靠消费、投资、出口协调拉动转变。加强农业基础地位，提升制造业核心竞争力，发展战略性新兴产业，加快发展服务业，促进经济增长向依靠第一、第二、第三产业协同带动转变。统筹城乡发展，积极稳妥推进城镇化，加快推进社会主义新农村建设，促进区域良性互动、协调发展。

(2) 加快发展服务业。把推动服务业大发展作为产业结构优化升级的战略重点，建立公平、规范、透明的市场准入标准。大力发展生产性服务业和生活性服务业，积极发展旅游业。推动特大城市形成以服务经济为主的产业结构。

4) 指标赋值

采用 $ARIMA(p, d, q)$ 对历年第三产业增加值的面板数据进行计量建模，并确定最优模型为 $ARIMA(5, 1, 4)$，对应的估计方程为：

$$D(vati)_t = 0.636039 - 0.236483D(vati)_{t-5} - 0.901755\varepsilon_{t-4}$$

2015 年、2020 年，第三产业增加值占 GDP 比重分别为 47%和 51%。

5) 指标测试

截至 2009 年，第三产业增加值占 GDP 比重超过 47%的城市有 28 个，占全国地级及以上城市 9.6%。第三产业增加值占 GDP 比重超过 50%的城市有 17 个，占全国地级及以上城市 5.9%。比重最高的前十个城市分别是北京市 75.8%、拉萨市 64.6%、张家界市 63.6%、三亚市 61.3%、广州市 60.9%、上海市 59.4%、呼和浩特市 59.2%、乌鲁木齐市 57.26%、太原市 54.27%、西安市 53.69%(图 5-32)。

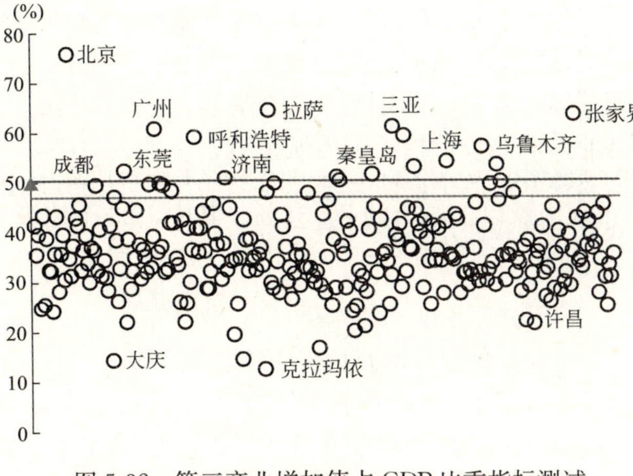

图 5-32　第三产业增加值占 GDP 比重指标测试

数据来源：中国城市年鉴 2010

2. 城镇登记失业率

1）指标定义

定义：城镇登记失业率是指在报告期末城镇登记失业人数占期末城镇从业人员总数与期末实有城镇登记失业人数之和的比值。失业率是一个反映整体经济状况的指标，是市场上最为敏感的月度经济指标。一般情况下，失业率下降，整体经济健康发展，利于货币升值；失业率上升，经济发展放缓衰退，不利于货币升值。

失业率与通货膨胀之间的关系。根据成本推动的通货膨胀理论，货币工资可以表示通货膨胀率，失业率与通货膨胀率之间的交替关系即失业率和通货膨胀率之间存在着反方向变动的关系。其计算公式为：

$$\text{城镇登记失业率}=\frac{\text{期末实有登记失业人数}}{\text{期末实有登记失业人数}+\text{期末从业人数}}\times 100\%$$

失业率作为生态城市指标，是全面实施《就业促进法》和发挥就业政策效果的重要举措。2007 年 8 月表决通过的《就业促进法》，将政府的就业促进责任延伸到了县一级，规定县级以上人民政府应把扩大就业作为经济和社会发展的重要目标，纳入国民经济和社会发展规划，并制定促进就业的中长期规划和年度计划。2009 年 2 月下发的《国务院关于做好当前经济形势下就业工作的通知》，进一步强调了就业促进目标责任制度，要求把新增就业人数和控制失业率作为政府政绩考核的重要内容。

统计范围：城镇登记失业人员，指非农业人口，在劳动年龄(16 周岁至退休年龄)内，有劳动能力，无业而要求就业，并在当地就业服务机构进行求职登记的人员。但不包括：①正在就读的学生和等待就学的人员；②已经达到国家规定的退休年龄或虽未达到国家规定的退休年龄但已经办理了退休(含离休)、退职手续的人员；③其他不符合失业定义的人员。

期末城镇从业人员总数：指辖区内城镇劳动年龄人口中处于就业状态的人员总数。包括离开本单位仍保留劳动关系的职工，不包括聘用的离退休人员、港澳台及外籍人员和使用的农村劳动力。

2）指标现状

(1) 国家

20 世纪 70 年代末，我国城镇登记失业率较高，1978 年、1979 年城镇等失业率分别达 5.3%和 5.4%。改革开放初期，城镇登记失业率呈急剧下降态势，至 1984 年城镇登记失业率仅为 1.9%，达最低水平。1985 年以来，城镇登记失业率总体维持小幅上升趋势，2010 年城镇登记失业率达 4.3%，分别高出 1984 年、2000 年、2005 年 2.4、1.2、0.3 个百分点(图 5-33)。

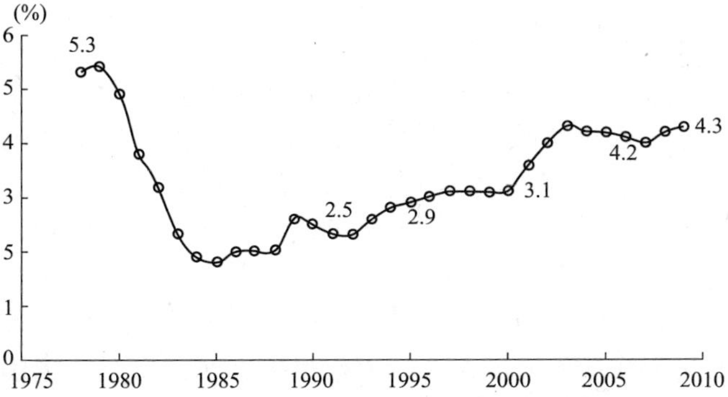

图 5-33　1975～2010 年我国城镇登记失业率

数据来源：中国城市(镇)生活与价格年鉴 2010

（2）地方

283 个可获得数据的地级城市的失业率分布中，$S>0$，呈右偏分布，$K>3$，失业率序列的尾部比正态分布的尾部厚，呈尖峰厚尾，非对称分布。失业率的均值为 3.74%，中位数为 3.16%，最大值为 18.68%(图 5-34)。

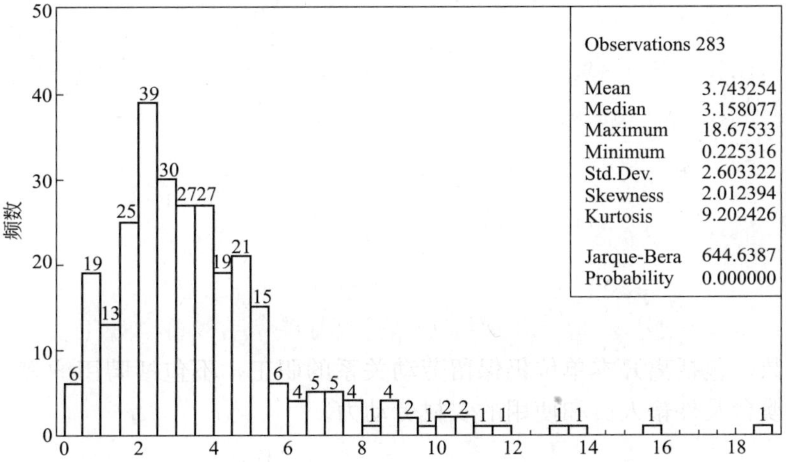

图 5-34　2009 年地级及以上城市城镇登记失业率分布

数据来源：中国城市(镇)生活与价格年鉴 2010

283 个可获得数据的地级城市的失业率分布。城镇登记失业率超过 4% 的城市有 97 个，占地级及以上城市 34.2%。其中，19 个城市城镇登记失业率为 4%～4.5%，21 个城市城镇登记失业率为 4.5%～5%，15 个城市城镇登记失业率为 5%～5.5%，分别占地级及以上城市的 6.6%、7.3%、5.2%。36 个城市城镇登记失业率超过 6%以上，占 12.54%。

283 个可获得数据的地级城市的失业率分布。城镇登记失业率低于 4% 的城市有 286 个，占地级及以上城市 65.8%。其中，54 个城市城镇登记失业率为 3%～4%，69 个城市城镇登记失业率为 2%～3%，38 个城市城镇登记失业率为 1%～2%，分别占地级及以上城市的 18.81%、24.04%、13.24%。

3）指标赋值

（1）国民经济社会发展第十二个五年规划纲要（草案）：国内生产总值年均增长 7%，城镇新增就业 4500 万人，城镇登记失业率控制在 5%以内，价格总水平基本稳定，国际收支趋向基本平衡，经济增长质量和效益明显提高。

（2）失业率数学建模：失业率时间序列是依赖于时间 t 的一组随机变量，构成该时序的单个序列值虽然具有不确定性，但整个序列的变化却有一定的规律性，可以用相应的数学模型如 *ARIMA* 近似刻画。经反复验算确定 *ARIMA*(1，1，2)为最优模型，失业率估计方程为：

$$U_t = 0.006414 - 0.611342U_{t-1} + 1.438133\varepsilon_{t-1} + 0.95441\varepsilon_{t-2}$$

其中，U_t 为 t 期的失业率。根据以上表达式，2015 年的失业率为 4.21%。

4）指标测试

截至 2009 年底，城镇登记失业率低于 4.2%的城市有 195 个，占地级及以上城市的 67.9%(图 5-35)。

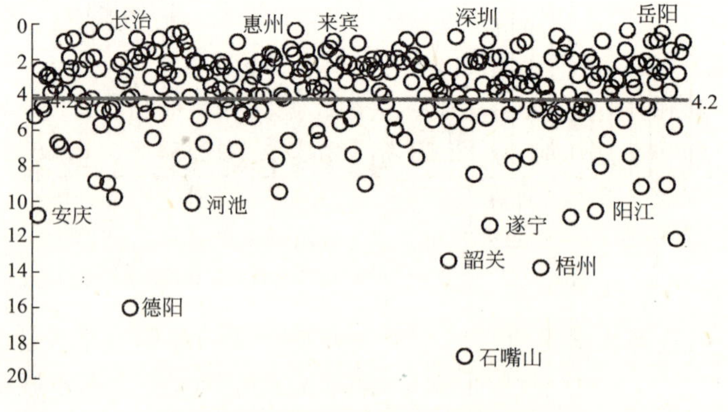

图 5-35　城镇登记失业率指标测试

数据来源：中国城市(镇)生活与价格年鉴 2010

3. 研究与试验发展(R&D)经费支出占 GDP 比重

1) 指标定义

指研究与试验发展(R&D)经费支出占地区生产总值(GDP)的比率，是指在科学技术领域，为增加知识总量，以及运用这些知识去创造新的应用进行的系统的创造性的活动，包括基础研究、应用研究和试验发展三类活动。

基础研究指为了获得关于现象和可观察事实的基本原理的新知识(揭示客观事物的本质、运动规律，获得新发现、新学说)而进行的实验性或理论性研究工作。基础研究是基础性理论知识研究，属于科学研究范畴，其成果形式主要以科学论文和科学著作为主。

应用研究指为获得新知识而进行的创造性研究，目的是探索基础研究成果的可能用途，或是为达到预定的目标，探索应采取的新方法(原理性)或新途径，为解决实际问题提供科学依据。应用研究是基础理论知识应用方向的研究，属于科学研究范畴，其成果形式以科学论文、专著、原理性模型或发明专利等为主。

试验发展指利用从基础研究、应用研究和实际经验所获得的现有知识，为产生新的产品、材料和装置，建立新的工艺、系统和服务，以及对已产生和建立的上述各项作实质性的改进而进行的系统性工作。属于技术开发范畴，其成果形式主要是专利、专有技术、新产品原型或样机样件等。其计算公式为：

$$\text{R\&D 经费支出占 GDP 比重} = \frac{\text{R\&D 经费支出}}{\text{GDP}} \times 100\%$$

2) 指标现状

(1) 世界

2007 年全世界主要国家 R&D 经费支出占 GDP 比重超过 3%的国家主要有日本、瑞典、芬兰、韩国，分别为 3.44%、3.6%、3.47%，3.47%。比重为 2%～3%的国家主要有美国、法国、德国、奥地利、丹麦、冰岛、中国台北、新加坡，分别为 2.68%、2.08%、2.54%、2.56%、2.55%、2.75%、2.63%、2.61%(图 5-36)。

(2) 国家

2010 年研究与试验发展(R&D)经费支出 6980 亿元，比上年增长 20.3%，占国内生产总值的 1.75%，其中基础研究经费 328 亿元。全年国家安排了 326 项科技支撑计划课题，308 项“863”计划课题。累计建设国家工程研究中心 127 个，国家工程实验室 91 个。国家认定企业技术中心达到 729 家。省级企业技术中心达到 5532 家。实施新兴产业创投计划，累计支持设

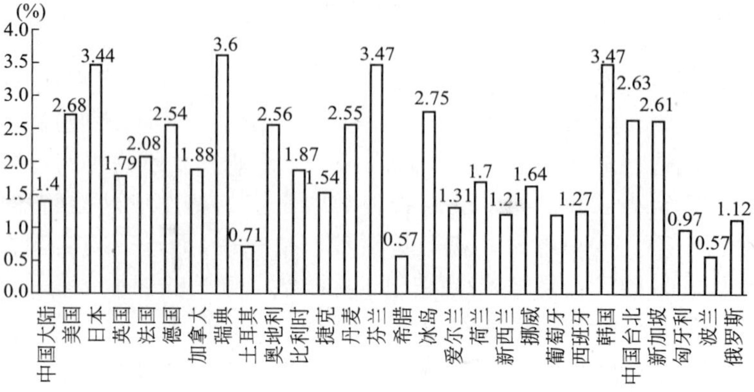

图 5-36　2007 年全世界主要国家 R&D 经费支出占 GDP 比重

数据来源：国际统计年鉴 2010

立 20 家创业投资企业，投资创业企业 46 家。全年受理境内外专利申请 122.2 万件，其中境内申请 108.4 万件，占 88.7%。受理境内外发明专利申请 39.1 万件，其中境内申请 28.1 万件，占 71.9%。全年授予专利权 81.5 万件，其中境内授权 71.9 万件，占 88.2%。授予发明专利权 13.5 万件，其中境内授权 7.4 万件，占 54.8%。截至年底，有效专利 221.6 万件，其中境内有效专利 173.2 万件，占 78.2%；有效发明专利 56.5 万件，其中境内有效发明专利 23.0 万件，占 40.7%。全年共签订技术合同 23.0 万项，技术合同成交金额 3906 亿元，比上年增长 28.5%。全年成功发射卫星 15 次。嫦娥二号卫星成功发射。

1995～2010 年中国 R&D 经费支出占 GDP 比重持续稳定增长。1995、2000、2005 年中国 R&D 经费支出占 GDP 比重分别为 0.6%、0.9%、1.3%、1.8%，2010 年中国 R&D 经费支出占 GDP 比重 1.8%，分别增长 1.2、0.9、0.5 个百分点，年均增加 0.1 个百分点左右(图 5-37、图 5-38)。

(3) 地方

2009 年，265 个可获得数据的全国地级及以上城市 R&D 经费支出占 GDP 比重中位值为 0.6%，最大值为 6.66%，最小值为 0.02%，总体呈尖峰厚尾分布。

265 个可获得数据的全国地级及以上城市 R&D 经费支出占 GDP 比重超过 2.7%的城市有 13 个，占地级及以上城市的 4.52%。

2009 年 265 个可获得数据的全国地级及以上城市 R&D 经费支出占 GDP 比重超过 1.8%的城市有 40 个，占地级及以上城市的 13.93%。其中 13 个

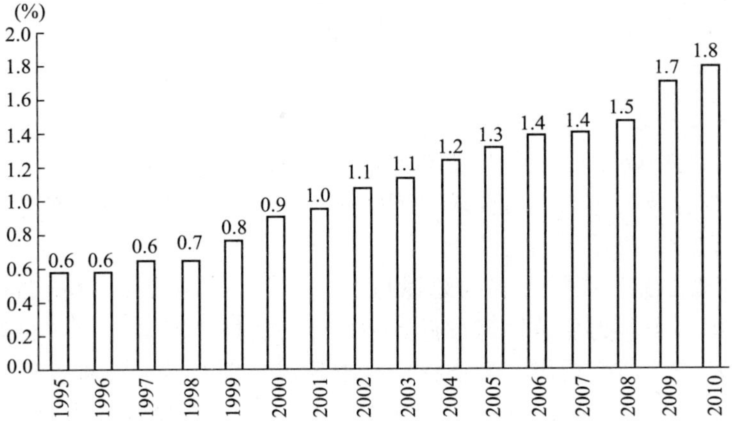

图 5-37　1995～2010 年中国 R&D 经费支出占 GDP 比重(%)

数据来源：中国统计年鉴 2010

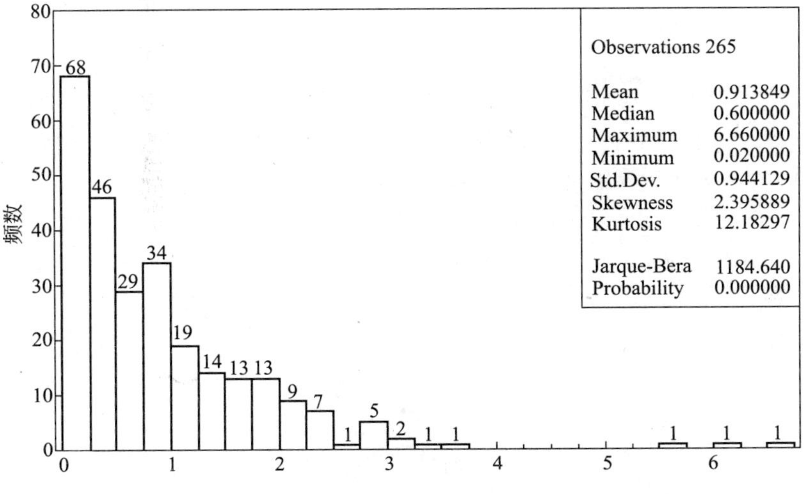

图 5-38　2009 年全国地级及以上城市 R&D 经费支出占 GDP 比重(%)

数据来源：地方城市统计公报 2010

城市的 R&D 经费支出占 GDP 比重为 1.75%～2.0%，9 个城市 R&D 经费支出占 GDP 比重 2.25%～2.5%。

265 个可获得数据的地级及以上城市 R&D 经费支出占 GDP 比重低于 1.8%的城市有 225 个，占地级及以上城市的 78.4%。其中，68 个城市 R&D 经费支出占 GDP 比重为 0.25%以下，占地级及以上的 23.7%。46 个城市 R&D 经费支出占 GDP 比重为 0.25%～0.5%，占地级及以上的 16.1%。63 个城市 R&D 经费支出占 GDP 比重 0.5%～1.0%，占地级及以上的 22%。

3）国家战略

（1）实现创新驱动发展为根本任务，科技成果转化为现实生产力为主攻方向，科技惠及民生为本质要求，增强科技长远发展能力为战略重点，深化改革和扩大开放为强大动力。

（2）“十二五”科技发展的总体目标是：自主创新能力大幅提升，科技竞争力和国际影响力显著增强，重点领域核心关键技术取得重大突破，为加快经济发展方式转变提供有力支撑。基本建成功能明确、结构合理、良性互动、运行高效的国家创新体系，国家综合创新能力世界排名由目前第 21 位上升至前 18 位，科技进步贡献率力争达到 55%，创新型国家建设取得实质性进展。

（3）大幅提高研发投入强度，全社会研发经费与国内生产总值的比例提高到 2.2%。

4）指标赋值

研究与试验发展(R&D)经费支出占 GDP 比重历史数据较少(1991～2010 年)，建立简单线性回归模型，并采用最小二乘(OLS)估计模型参数，确定 2015 年和 2020 年指标的取值(图 5-39)。

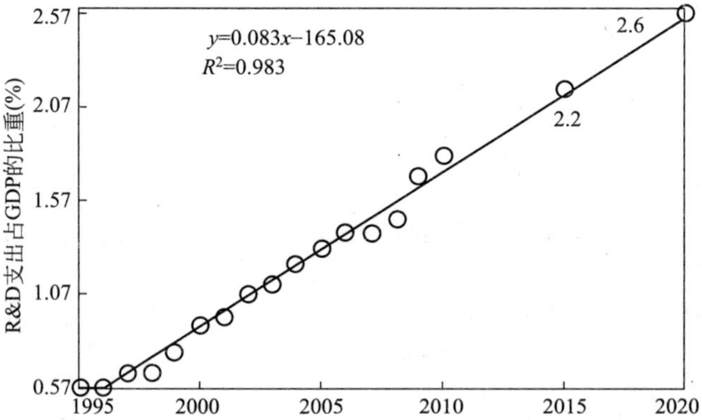

图 5-39　研究与试验发展(R&D)经费支出占 GDP 比重 OLS 回归

数据来源：中国统计年鉴 2010

预测结果显示，2015 年、2020 年的(R&D)经费支出占 GDP 比分别为 2.2%和 2.6%。2015 年的指标赋值与国家“十二五”科学和技术发展规划中的指标值(2.2%)一致，2020 年的指标赋值与《中国的和平发展道路》白皮书和《小康社会指标体系》中（R&D)经费支出占 GDP 的比重一致，均为 2.5%。

5）指标测试

截至 2009 年，265 个可获得数据的全国地级及以上城市 R&D 经费支出占 GDP 比重超过 2.2%有 23 个，占地级及以上城市的 8%。绵阳、西安、北京、嘉峪关、深圳、本溪、太原、铜陵、德阳、南京、上海、金昌、杭州共 13 个城市 R&D 经费支出占 GDP 比重超过 2.5%有，占地级及以上城市的 4.5%。

4. 恩格尔系数

1）指标定义

恩格尔系数指食品支出总额占个人消费支出总额的比重。其计算公式为：

$$恩格尔系数=\frac{食品支出总额}{消费支出总额}\times100\%$$

个人消费支出包括个人购买商品和劳务两方面的支出，是衡量居民消费支出的重要指标。个人消费开支是衡量消费货品及服务价格变动的一个指标，包含实际及估算家庭开支，也包括耐用品、非耐用品及服务数据。

19 世纪德国统计学家恩格尔根据统计资料，对消费结构的变化得出一个规律：一个家庭收入越少，家庭收入中(或总支出中)用来购买食物的支出所占的比例就越大，随着家庭收入的增加，家庭收入中(或总支出中)用来购买食物的支出比例则会下降。推而广之，一个国家越穷，每个国民的平均收入中(或平均支出中)用于购买食物的支出所占比例就越大，随着国家的富裕，这个比例呈下降趋势。

恩格尔定律是根据经验数据提出的，它是在假定其他一切变量都是常数的前提下才适用的，因此在考察食物支出在收入中所占比例的变动问题时，还应当考虑城市化程度、食品加工、饮食业和食物本身结构变化等因素都会影响家庭的食物支出增加。只有达到相当高的平均食物消费水平时，收入的进一步增加才不对食物支出发生重要的影响。

2）指标现状

(1) 世界

联合国根据恩格尔系数的大小，对世界各国的生活水平有一个划分标准，即一个国家平均家庭恩格尔系数大于 60%为贫穷，50%～60%为温饱，40%～50%为小康，30%～40%属于相对富裕，20%～30%为富裕，20%以下为极其富裕。按此划分标准，20 世纪 90 年代，恩格尔系数在 20%以下的只有美国，达到 16%；欧洲、日本、加拿大，一般在 20%～30%之间，是富裕状态。

（2）国家

改革开放以来，全国城镇居民恩格尔系数持续下降。1990 年、1995 年、2000 年、2005 年全国城镇居民恩格尔系数分别为 54.2%、50.1%、39.4%、36.7%。2010 年全国城镇居民恩格尔系数为 35.7%，比 1990 年、1995 年、2000 年、2005 年分别降低了 18.5、14.4、3.7、1.0 个百分点(图 5-40)。

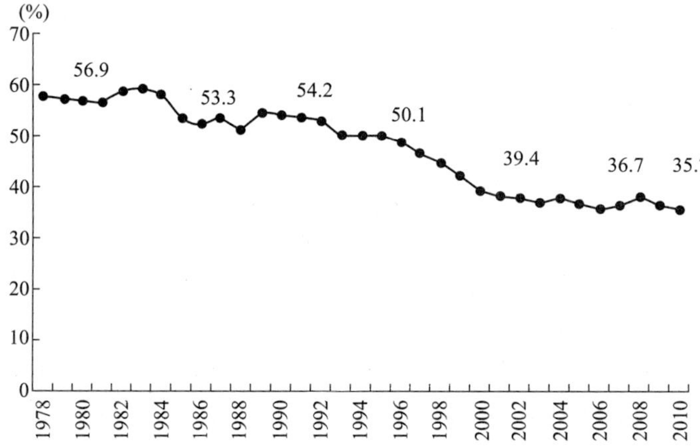

图 5-40　1978～2010 年全国城镇居民恩格尔系数

数据来源：中国统计年鉴 2010

（3）地方

2009 年，281 个可获得数据的地级及以上城镇居民恩格尔系数序列偏度 $S=0.46>0$，峰度 $K=3.78>3$，因此，序列体现总体右偏、尖峰厚尾的分布特征。城镇居民恩格尔系数序列中位值为 37.22%，最大值为 59.8%，最小值为 24.2%(图 5-41)。

281 个可获得数据的地级及以上城市中 91 个城市城镇居民恩格尔系数 40%，占地级及以上城市的 31.7%。其中，19 个地级及以上城市居民恩格尔系数为 40%～41%，18 个地级及以上城市居民恩格尔系数为 41%～42%，15 个地级及以上城市居民恩格尔系数为 42%～43%，分别占地级及以上城市的 6.6%、6.2%、5.2%。

281 个可获得数据的地级及以上城市中 147 个城市城镇居民恩格尔系数 32%～40%，占地级及以上城市的 50.2%。其中，22 个地级及以上城市居

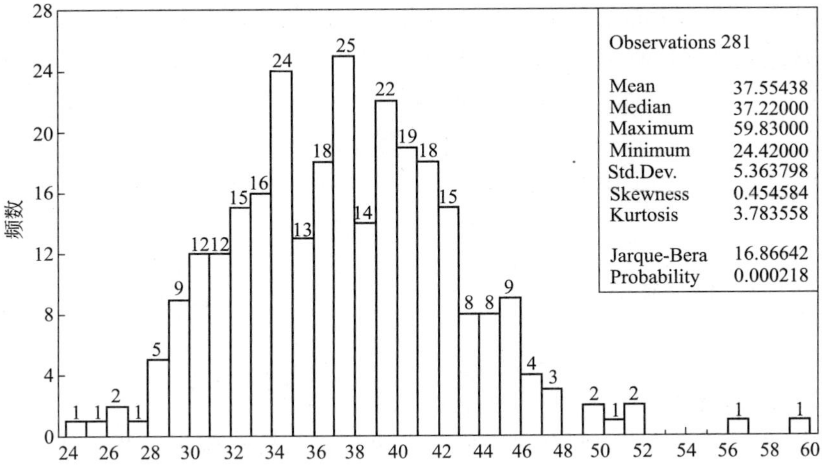

图 5-41　2009 年全国地级及以上城市居民恩格尔系数

数据来源：地方城市统计公报 2010

民恩格尔系数为 39%～40%，14 个地级及以上城市居民恩格尔系数为 38%～39%，25 个地级及以上城市居民恩格尔系数为 37%～38%，31 个地级及以上城市居民恩格尔系数为 35%～37%，分别占地级及以上城市的 7.6%、4.9%、8.7%、10.8%。另外，55 个地级及以上城市居民恩格尔系数为 32%～35%，占地级及以上城市的 19.1%。

281 个可获得数据的地级及以上城市中 43 个城市城镇居民恩格尔系数低于 32%，占地级及以上城市的 15%。其中，居民恩格尔系数为 30%～31% 和 31%～32%的城市，各 12 个。

3）国家战略

建立扩大消费需求的长效机制。把扩大消费需求作为扩大内需的战略重点，进一步释放城乡居民消费潜力，逐步使我国国内市场总体规模位居世界前列。

4）指标赋值

对全国历年恩格尔系数的面板数据进行建模，并得到如下模型：

$$EN_t = -0.006467 - 0.689922 EN_{t-1} + 0.973352 \varepsilon_{t-1}$$

2015 年、2020 年城市恩格尔系数分别为 0.33 和 0.30，ε_{t-1} 为随机扰动项。

5）指标测试

截至 2009 年，281 个可获得数据的地级及以上城市中 58 个城市城镇居民恩格尔系数低于 33%，占地级及以上城市的 20.2%。城镇居民恩格尔系数低于30%的城市有19个，占地级及以上城市的6.6%。城镇居民恩格尔系数最低的10个城市分别为佳木斯市24.42%、大庆市25.51%、承德市26.16%、鄂尔多斯市26.31%、榆林市27.52%、乌海市28.14%、牡丹江市28.27%、威海市28.46%、齐齐哈尔市28.71%、潍坊市28.80%、张掖市29.02%。

5.2.4 社会和谐

1. 保障性住房覆盖率

1）指标定义

保障性住房是指政府在对中低收入家庭实行分类保障过程中所提供的限定供应对象、建设标准、销售价格或租金标准，具有社会保障性质的住房。保障性安居工程主要是指城市的廉租住房、城市的经济适用住房、公共租赁住房、限价商品住房，也包括在一些林区、垦区、煤矿职工的棚户区(危旧房)改造、游牧民定居工程。保障性住房是城镇住房系统的组成部分，是改善城镇中低收入家庭居住条件的有力措施。

2）指标现状

截至2010年底，中国约有2600万户城镇住房困难家庭，在政府的支持下解决了住房困难，住房保障覆盖面10%左右。其中2001～2010年间，中国通过大力实施保障性住房建设、棚户区改造和发放廉租住房租赁补贴，累计解决了2200万户城镇低收入和中等偏下收入家庭的住房困难问题。2008年四季度至2010年底，全国累计开工建设城镇保障性住房和棚户区改造住房1300万套，竣工800万套，成为中国保障性安居工程建设规模大、政府投入多、建设进度快的时期。

从2008年开始，中国在中西部贫困地区开展农村危房改造试点工作，重点补助居住在危房中的农村分散供养五保户、低保户、贫困残疾人家庭和其他贫困户。至2010年，3年间共帮助改造完成了204万户危房，解决贫困农户基本住房安全问题，帮助农村地区住房最危险、经济最贫困农户解决最基本安全住房的要求，为最困难农民提供了居住保障。

3）国家战略

(1) 2010年国务院办公厅《关于促进房地产市场平稳健康发展的通知》：着力解决低收入家庭住房困难问题。力争到2012年末，基本解决1540万户低收入住房困难家庭的住房问题，2013～2015年各地要结合实际，稳步扩大制度覆盖面，适当提高保障标准，力争到规划期末，人均住房建筑面积 13m^2 以下低收入住房困难家庭基本得到保障。

(2)《关于加强廉租住房管理有关问题的通知》：努力解决中等偏下收入家庭住房困难。规划期内，要加快建设公共租赁住房、限价商品住房，解决中等偏下收入家庭的住房困难。

(3)《关于加强廉租住房管理有关问题的通知》：推进各类棚户区改造和旧住宅区综合整治：到 2013 年末，基本完成集中成片城市和国有工矿棚户区改造；有条件的地区争取到 2011 年末基本完成。2014～2015 年，稳步推进非成片棚户区和零星危旧房改造，稳步推进旧住宅区综合整治，完善基础设施配套，改善居住环境；有条件的地区 2012 年开始加快改造、整治。

(4)“十二五”规划纲要：强化各级政府职责，加大保障性安居工程建设力度，加快棚户区改造，发展公共租赁住房，增加中低收入居民住房供给。加强市场监管，规范房地产市场秩序，抑制投机需求，促进房地产业平稳健康发展。

4）指标赋值

“十二五”时期经济社会发展主要指标，城镇保障性安居工程建设 3600 万套作为约束性指标纳入考核；依据 2011 年《关于城镇住房问题》报告：未来五年，我国计划新建保障性住房 3600 万套，其中 2011 年要开工建设 1000 万套，“十二五”期末，保障性住房覆盖率将从目前的 7%～8%提高到 20%以上。根据“十二五”规划纲要，2015 年保障性住房覆盖率定为 20%。同时，2020 年保障性住房覆盖率初步为 30%。

5）指标测试

数据统计尚不完善，指标测试有待进一步工作的开展。

2. 住房价格收入比

1）指标定义

定义：住房价格收入比是指市场居住单元的中间价格与家庭的年收入之比，联合国定义的房价收入比指市场住宅单元价格的中位值与家庭总收入的中位值的比值。实际情况中住房价格的中位值难以统计，且受统计资料不完全的限制，常常房价收入比＝住宅价格/户均家庭可支配收入。在现实中，不可能将所有的收入用于购房，需要考虑维持基本生存的必要支出，通常将可支配收入扣除基本的食品支出后所得的盈余视为实际城镇居民有效购买力。

$$住房价格收入比=\frac{住宅价格}{城镇居民有效购买力}=\frac{住房价格}{(城镇居民家庭人均可支配收入-食品支出)}$$

房价收入比法隐含的意义是，一个家庭在能维持必需的消费支出后，且完全不进行任何其他消费的情况下，需要多少年才能购买一套住宅，它是衡量商品房销售价格偏离其真实价值程度的指标，也是预测商品房价格未来走势的重要依据。

$$人均住宅建筑面积=\frac{住宅建筑总面积}{城镇居住人口}$$

统计范围：房价收入比包括住宅销售单价、人均住宅面积、城镇居民家庭人均可支配收入三个因素。住宅销售单价：具体统计方式详见数据来源中国房地产指数系统。居住人口指报告期末与住宅统计口径一致的、当地公安部门统计的户籍人口；住宅建筑面积指施工和竣工房屋建筑面积中供居住用的房屋建筑面积。施工面积指报告期内施工的全部房屋建筑面积，包括本期新开工的面积和上期开工跨入本期继续施工的房屋面积，以及上期已停建在本期恢复施工的房屋面积。本期竣工和本期施工后又停缓建的房屋，其建筑面积仍计入本期房屋施工面积中；竣工面积指在报告期内房屋建筑按照设计要求已经全部完工，达到住人和使用条件，经验收鉴定合格(或达到竣工验收标准)，正式移交使用单位的各栋房屋建筑面积的总和。

城镇家庭可支配收入指家庭成员得到可用于最终消费支出和其他非义务性支出以及储蓄的总和，即居民家庭可以用来自由支配的收入，是家庭总收入扣除交纳的个人所得税、个人交纳的社会保障支出以及记账补贴后的收入。

城镇家庭消费性支出：指家庭用于日常生活的支出，包括食品、衣着、居住、家庭设备用品及服务、医疗保健、交通和通信、娱乐教育文化服务、其他商品和服务等八大类支出。

城镇家庭收入分组方法：将所有调查户按户人均可支配收入由低到高排队，按 10%，10%，20%，20%，20%，10%，10%的比例依次分成：最低收入户、低收入户、中等偏下收入户、中等收入户、中等偏上收入户、高收入户、最高收入户等七组。总体中最低 5%的户为困难户。

2) 指标现状

截至 2010 年底，中国 100 个大中城市(中国房地产指数系统跟踪房价的城市)住房价格收入比序列 $S>0$，呈右偏分布，$K>3$，序列的尾部比正态分布的尾部厚，呈尖峰厚尾，非对称分布(图 5-42)。城市住房价格收入比的均值为 15.29，昆明和沈阳处于中位数(13.64)，对应的值分别为 13.61 和 13.66，三亚的住房价格收入比最大，为 63.47，株洲的住房价格收入比最小，为 6.98。

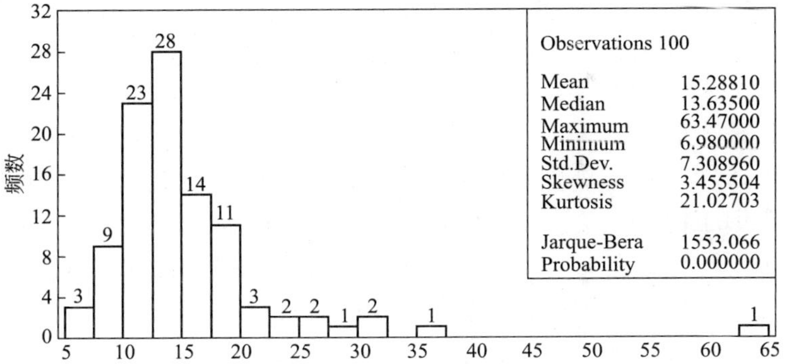

图 5-42　2010 年 100 个大中城市住房价格收入比

住房价格数据来源：中国房地产指数系统

住房价格收入比低于 10 的城市有 12 个，占中国 100 个大中城市的 12%。其中，3 个城市住房价格收入比低于 7.5，9 个城市住房价格收入比为 7.5～10，分别占 100 个大中城市的 2%、9%。

51 个城市住房价格收入比为 10～15，占 100 个大中城市住房价格收入比的 51%。其中 23 个城市住房价格收入比为 10～12.5，占 23%，28 个城市住房价格收入比为 12.5～15，占 28%。

25 个城市住房价格收入比为 15～20，占 100 个大中城市住房价格收入比的 25%。其中，14 个城市住房价格收入比为 15～17.5，占 14%，11 个城市住房价格收入比为 17.5～20，占 11%。

12 个城市住房价格收入比高于 20，占 100 个大中城市的 12%，依次为大连 21.30、天津 22.03、福州 22.23、青岛 23.15、北海 23.16、汕头 25.74、温州 27.20、深圳 29.67、北京 30.64、杭州 32.18、上海 37.08、三亚 63.47。

3）指标赋值

(1) 2004 年 9 月 2 日《商业银行房地产贷款风险管理指引》中第五章第三十六条明：应将借款人住房贷款的月房产支出与收入比控制在 50% 以下(含 50%)。房产支出与收入比的计算公式为(本次贷款的月还款额＋月物业管理费)/月均收入，其中月均收入为可支配收入。

(2) 1998 年以来我国央行公布的历年贷存款利率变化区间的下限是基准利率的 85 折，上限是基准利率的 1.2 倍。20 年还款利息占总贷款的比例分别为 59.04%和 107.67%，平均值 83%左右。

根据以上条件，建立不等式并对食品支出与城镇居民人均可支配收入比建模，结果得出 2015 年住房价格收入比小于等于 9.9，据此确定生态城市 2015 年住房价格收入比小于等于 10，同时，参考国际通用标准，确定 2020 年住房价格收入比小于等于 6。

4）指标测试

截至 2010 年底，住房价格收入比低于 10 的城市有 12 个，占中国 100 个大中城市的 12%。其中，3 个城市住房价格收入比低于 7.5，分别是株洲 6.98、衡水 7.17、宝鸡 7.48，9 个城市住房价格收入比为 7.5～10，占 100 个大中城市的 9%，分别是湘潭 7.75、潍坊 8.42、新乡 8.56、菏泽 8.64、太原 8.67、东营 8.88、马鞍山 8.96、包头 9.40、淄博 9.41(图 5-43)。

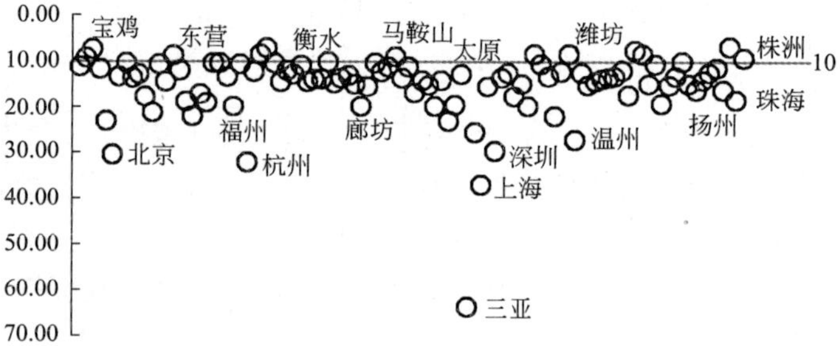

图 5-43 住房价格收入比指标测试

住房价格数据来源：中国房地产指数系统

3. 基尼系数

1）指标定义

基尼系数(Gini Coefficient)是意大利经济学家基尼(Corrado Gini，1884～1965)于 1922 年提出的，定量测定收入分配差异程度，是国际上用来综合考察居民内部收入分配差异状况的一个重要分析指标。其经济含义是：在全部居民收入中，用于进行不平均分配的那部分收入占总收入的百分比。基尼系数最大为 1，最小等于 0。前者表示居民之间的收入分配绝对不平均，即 100%的收入被一个单位的人全部占有了；而后者则表示居民之间的收入分配绝对平均，即人与人之间收入完全平等，没有任何差异。但这两种情况只是在理论上的绝对化形式，在实际生活中一般不会出现。因此，基尼系数的实际数值只能介于 0～1 之间。

按照联合国有关组织规定：基尼系数若低于 0.2 表示收入绝对平均，0.2～0.3 表示比较平均，0.3～0.4 表示相对合理，0.4～0.5 表示收入差距较大，0.6 以上表示收入差距悬殊。通常把 0.4 作为收入分配差距的警戒线。

2）指标现状

(1) 世界

2006 年世界基尼系数低于 0.3 的国家主要有澳大利亚 0.25、捷克 0.25、芬兰 0.26、冰岛 0.26、荷兰 0.26、法国 0.27、德国 0.27、白俄罗斯 0.279、比利时 0.28、卢森堡 0.28、塞浦路斯 0.29、挪威 0.3(图 5-44)。

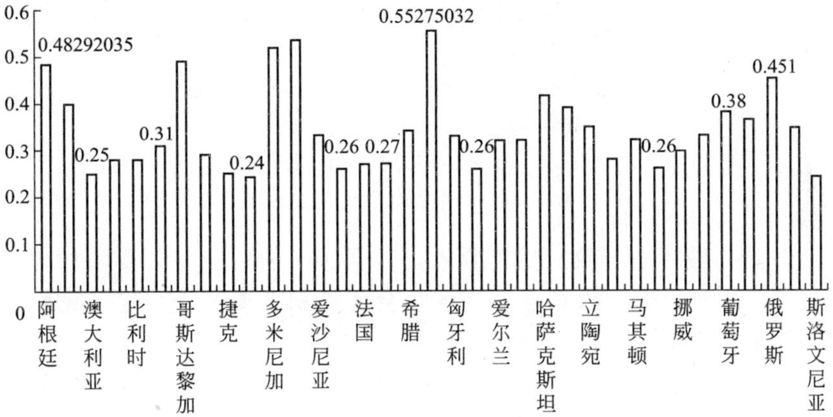

图 5-44　2006 年世界主要国家的基尼系数

数据来源：世界银行

基尼系数为 0.3～0.33 的国家有保加利亚、爱尔兰、意大利、马其顿、爱沙尼亚、匈牙利、波兰，对应的基尼系数为 0.31、0.32、0.32、0.32、0.33、0.33、0.33。

基尼系数为 0.33～0.4 之间的国家主要有希腊、塞尔维亚、立陶宛、罗马尼亚、葡萄牙、拉脱维亚、洪都拉斯 0.34、0.347、0.35、0.364、0.38、0.39、0.4。

(2) 中国

2000～2009 年基尼系数总体呈增大态势。2000 年基尼系数为 0.41，2005 年的基尼系数达 0.45，2009 年，全国基尼系数达 0.47，超过了联合国规定的基尼系数警戒线 0.4(图 5-45)。

3）国家战略

(1)“十二五”规划：要完善收入分配制度，合理调整国民收入分配格

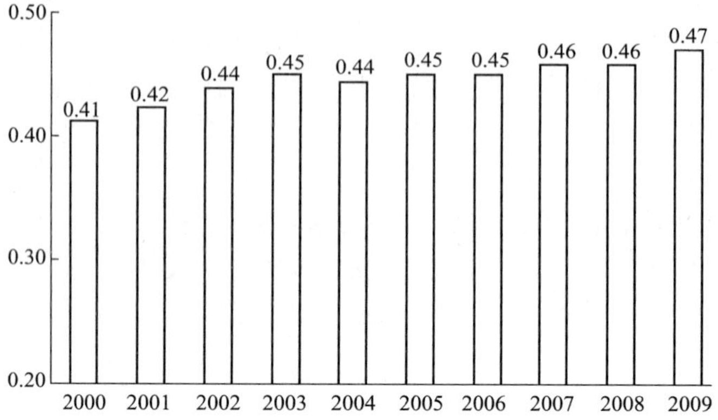

注：2001～2009 年基尼系数是根据国家统计局城镇和农村居民住户调查资料估算得出。

图 5-45　2000～2009 年中国基尼系数

数据来源：中国城市发展报告 2011

局，着力提高城乡中低收入居民收入，增强居民消费能力。要增加政府支出用于改善民生和社会事业比重，扩大社会保障制度覆盖面，逐步完善基本公共服务体系，形成良好的居民消费预期。

（2）合理调整收入分配关系。坚持和完善按劳分配为主体、多种分配方式并存的分配制度。初次分配和再分配都要处理好效率和公平的关系，再分配更加注重公平。

（3）努力提高居民收入在国民收入分配中的比重，提高劳动报酬在初次分配中的比重。创造条件增加居民财产性收入。健全扩大就业增加劳动收入的发展环境和制度条件，促进机会公平。

（4）逐步提高最低工资标准，保障职工工资正常增长和支付。规范分配秩序，加强税收对收入分配的调节作用，有效调节过高收入，努力扭转城乡、区域、行业和社会成员之间收入差距扩大趋势。

4）指标赋值

根据基尼系数的定义，其计算公式为：

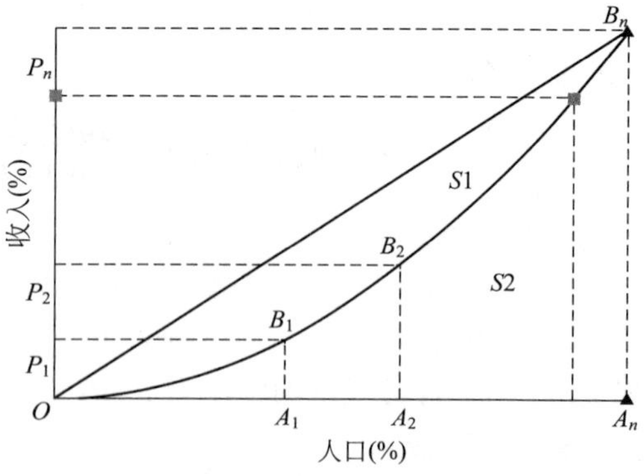

图 5-46　基尼系数

$$G=\frac{S1}{S1+S2}=1-2S2$$

为了求曲边三角形 $OA_1B_2A_nB_n$ 的面积（S_2），将其分成 n 份，每份长度为 $1/n$，曲边三角形 $OA_1A_2A_nB_n$ 被分割成高为 $1/n$ 的曲边梯形（其中第一个是小曲边三角形。令 P_1、P_2、P_n 分别表示第 1、2、n 个阶层的收入在总收入中的比例，则有：

$$A_1B_1=P_1$$

$$A_2B_2=P_1+P_2$$

$$A_nB_{2n}=P_1+P_2+\cdots+P_n$$

简式为：

$$G=\frac{1}{n}\sum_{i=2}^{n}\sum_{1=j<i}(P_i-P_j)=\frac{1}{n}\sum_{i=2}^{n}\sum_{1=j<i}\left(\frac{I_i}{I}-\frac{I_j}{I}\right)$$

式中 I_i、I 分别表示第 i 个人（或组）的收入、全社会所有成员的收入之和。

假设社会人员的收入分配为首项为 I_0，公差为 d 的等差数列时：

$$G=\frac{1}{n}\sum_{i=2}^{n}\sum_{1=j<i}\left(\frac{I_i}{I}-\frac{I_j}{I}\right)=\frac{(n-1)(n+1)d}{3n[2I_0+(n-1)d]}$$

$$\lim_{n\to\infty}\frac{(n-1)(n+1)d}{3n[2I_0+(n-1)d]}=\frac{1}{3}$$

2015 年、2020 年基尼系数的值为：$0.33\leqslant G\leqslant 0.40$

5）指标测试

指标统计数据尚不完善，指标测试有待进一步工作的开展。

4. 城乡收入比

1）指标定义

城乡收入比是指城镇居民人均可支配收入与农村人均纯收入之比。计算公式为：

$$城乡收入比=\frac{城镇居民可支配收入}{农村人均纯收入比}$$

城镇居民人均可支配收入指家庭成员人均得到的可用于最终消费支出和其他非义务性支出以及储蓄的收入，是人均总收入扣除交纳的所得税、个人交纳的社会保障支出以及记账补贴后的收入，也是居民个人可以自由支配的收入；农村居民人均纯收入指农村居民人均总收入相应地扣除各种税费支出、家庭经营费用支出、生产性固定资产折旧、调查补贴以及赠送农村外部亲友后的余额，是农村居民可用于当年的生活消费支出、再生产投入、储蓄和各种非义务性支出的收入。

城乡收入差距，与经济社会发展水平的阶段有关系。一个地区的发展，要经历城乡收入差距由低水平的均衡到收入扩大、再到收入缩小这样一个过程，呈倒“U”字形。这是一个规律，世界上每一个国家和地区都会出现这样的状况。

2005 年，国际劳工组织的数据显示，绝大多数国家的城乡人均收入比都小于 1.6，只有三个国家超过了 2，中国名列其中。美、英等西方发达国家的城乡收入差距一般是在 1.5 左右。

2）指标现状

改革开放以来，我国城乡收入比总体呈增加态势。1984 年城乡收入比最低，只有 1.82，1994 年达到阶段性高点，城乡收入比达 2.86。1995～2008 年，城乡收入比先出现小幅回落，后持续增大，至 2008 年达到历年的高点，比例为 3.3。城乡收入比历年同比增幅围绕 0 附近上下波动，序列平稳。2010 年，我国城乡收入差距比为 3.23：1，成为世界上城乡收入差距最大的国家之一(图 5-47)。

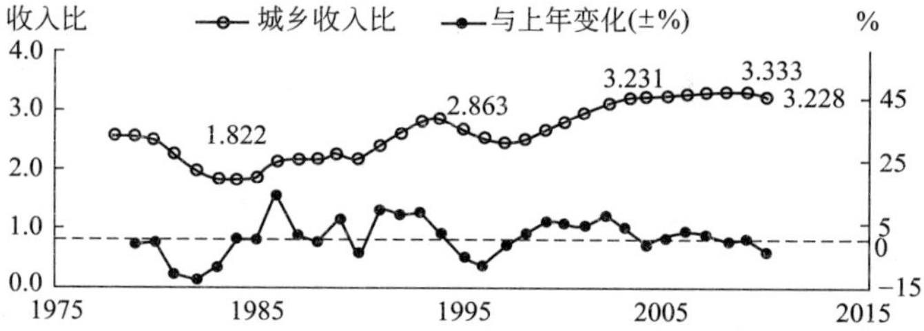

图 5-47　1978～2010 年全国城乡居民收入比

城镇居民可支配收入和农民纯收入数据来源：中国统计年鉴(1978～2010)

截至 2009 年底，全国地级市级以上的城乡收入比的均值为 2.8，中位值为 2.68，最大值为 5.08，最小值为 1，即城市化率为 100，没有农民纯收入。

城乡收入比小于 3.0 的城市有 208 个，占地级及以上城市的 72.2%。其中，城乡收入比低于 2.0 的城市有 18 个，城乡收入比位于 2.0～2.5 之间的城市有 83 个，城乡收入比位于 2.5～3.0 之间的城市有 107 个，所占地级及以上城市的比重分别为 6.25%，28.81%，37.15%。

城乡收入比大于 3.0 的城市有 80 个，占地级及以上城市的比例为 27.8%。其中，城乡收入比在 3.0～4.0 的城市有 57 个，城乡收入比在 4.0 以上的城市有 23 个，占地级及以上城市的比例分别为 19.8%和 8%(图 5-48)。

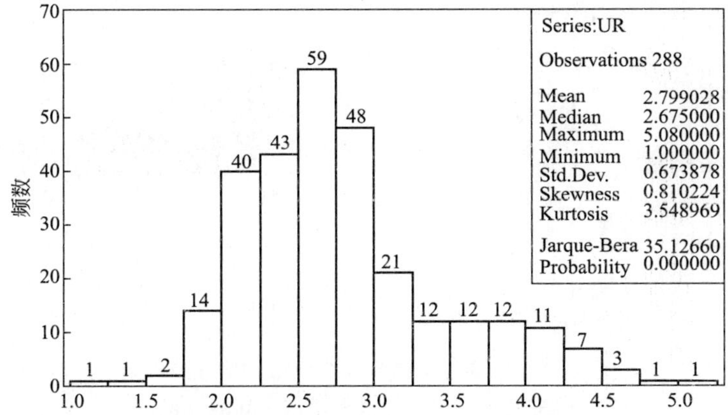

图 5-48　2009 年地级及以上城市城乡居民收入比

城镇居民可支配收入和农民纯收入数据来源：地方城市统计公报 2009

3）国家战略

（1）加快发展各项社会事业，推进基本公共服务均等化，加大收入分配调节力度，坚定不移地走共同富裕道路，使发展成果惠及全体人民。

（2）初次分配和再分配都要处理好效率和公平的关系，再分配更加注重公平。努力提高居民收入在国民收入分配中的比重，提高劳动报酬在初次分配中的比重。

4）指标赋值

（1）倒 U 假说。城镇化初期，农村人口中少数具有一定技能和资本的高收入人群优先进入城市，城乡收入差距逐渐扩大，并在城镇化中期，城镇化率 50%左右，城乡收入比达到极致(周云波，2009)，城镇化后期，随着更多农村人口流入城市，农业劳动力的相对稀缺性增加，农业劳动报酬增加，城乡收入差距缩小。

（2）截面数据分析。全国各省和直辖市的城乡居民收入比总体随城市化率的增加呈下降趋势，同时，地级及以上城市的城乡居民收入比总体随城市化率的增加呈下降趋势(图 5-49)。

（3）运用 OLS 法对城乡居民收入比和城市化率进行回归分析，建立预测模型。对城市化率建模并预测，计算 2015 年、2020 年的城乡居民收入比的合理估值分别为 2.54，2.41。

5）指标测试

截至 2009 年，城乡居民收入比低于 2.54 的地级及以上城市有 110 个，占全国所有地级及以上城市的 38.2%，城乡居民收入比低于 2.41 的地级及

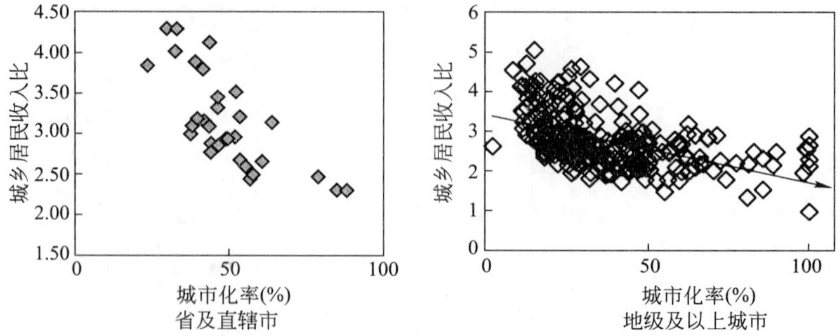

图 5-49　2009 年全国省及直辖市和地级及以上城市城乡收入比与城市化率之间的关系

省及直辖市城乡居民收入比数据来源：统计年鉴 2010

地级及以上城市城乡居民收入比数据来源：地方城市统计公报 2009

以上城市有 84 个，占全国所有地级及以上城市的 29.2%。北京、上海、广州、重庆的城乡居民收入比分别为 2.2、2.0、2.49、3.52(图 5-50)。

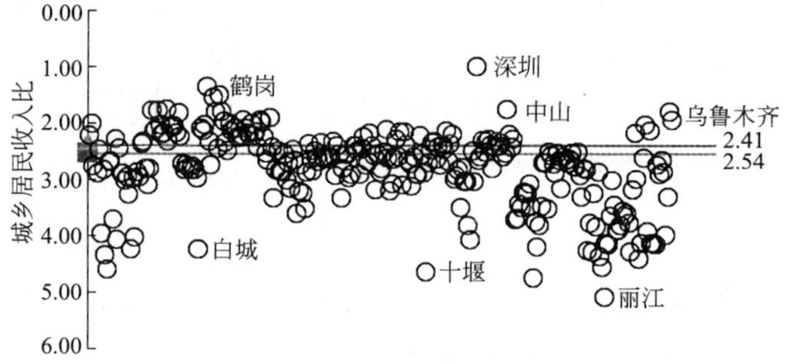

图 5-50　城乡居民收入比指标测试

城镇居民可支配收入和农民纯收入数据来源：地方城市统计公报 2009

5. 绿色交通出行分担率

1）指标定义

绿色交通出行分担率指采用绿色交通出行的次数占总出行次数的百分比，其计算公式为：

$$绿色交通出行分担率=\frac{采用绿色交通出行的次数}{出行总次数}\times 100\%$$

绿色交通指采用低污染适合都市环境的运输工具，进行社会经济活动的一种交通概念，绿色交通出行主要包括步行交通出行、自行车交通出行、公共交通出行等。

2）指标现状

公共交通出行、步行交通出行、自行车交通出行等绿色交通出行方式中，采用公共交通出行所占比重最大，是绿色交通出行的发展重点。

（1）世界

欧洲、南美等大城市达到 40%～60%，日本东京的公交分担率达 70%～80%。巴西库里蒂巴的公交分担率达 75%以上。

（2）国家

2009 年底，全国城市公共交通（含公共汽、电车，轨道交通）运输总量达 779 亿人次。其中公共汽电车、轨道交通运输总量分别为 743 亿人次和 36 亿人次。

2009 年底，全国公共交通运营车辆总量为 41.2 万辆，比 2005 年增长 31.6%。全国共有北京、天津、上海、广州、大连、长春、武汉、深圳、重庆、南京 10 个城市开通轨道交通，轨道交通车辆 5479 辆。此外，城市公共交通车辆装备水平不断提高，新型高档车、空调车、软座车不断投入使用。

全国公共汽电车运营线路网总长度 28.9 万 km，公交专用道里程达 7452km。全国 10 个城市开通 33 条城市轨道交通线路，总运营里程达 1011km。快速公共交通系统（BRT）建设迅速推进，总运营里程达 283.8km（2008 年）。轨道交通和 BRT 系统的发展大大提高了公共交通服务能力，改善了乘车环境，提高了公共交通的吸引力，在大城市和特大城市公共交通系统中的主骨架作用日益明显。

（3）地方

我国主要城市的公交分担率总体偏低。目前我国公共交通的分担率平均不足 10%，特大城市也只有 20%左右。公交分担率较高的城市分别为大连、北京、昆明、广州、厦门，依次为 45%、39.30%、38%、35%、35%、31%（图 5-51）。

284 个可获得数据的全国地级及以上城市万人公共交通车辆拥有量超过 10 标台的城市有 62 个，占地级及以上城市的 21.8%。其中，11 个城市为 10～11 标台，10 个城市为 11～12 标台，13 个城市为 12～13 标台。16 个城市万人公共交通车辆拥有量超过 15 标台，占地级级及以上城市的 5.6%。

284 个可获得数据的全国地级及以上城市万人公共交通车辆拥有量低于 10 标台的城市有 222 个，占地级及以上城市的 78.2%。其中，34 个城市为 8～10 标台，28 个城市为 7～8 标台、75 个城市为 4～7 标台，80 个城市低于 4 标台，

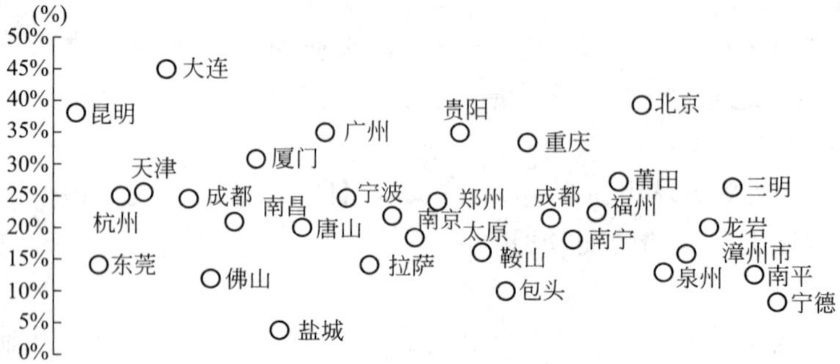

图 5-51　2010 年全国主要城市的公交分担率

数据来源：网络收集，鞍山、福建各市均为 2011 年 4 月数据

占地级及以上城市的 11.84%、9.76%、26.12%、27.87%(图 5-52)。

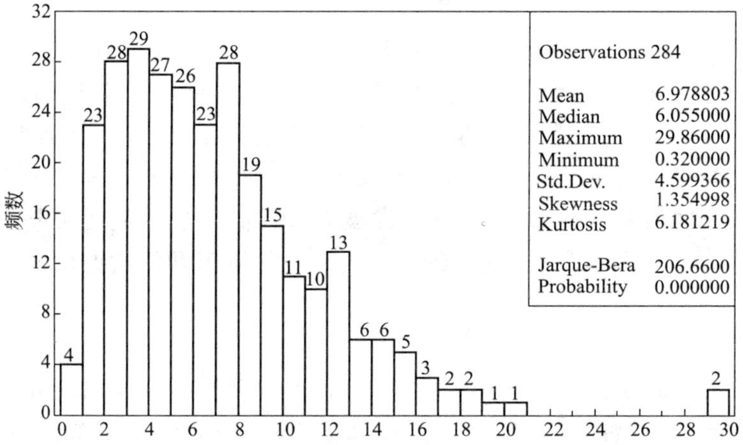

图 5-52　2009 年全国地级及以上城市万人公共交通车辆拥有量

数据来源：中国城市(镇)生活与价格年鉴 2010

天津中新生态城规划对外出行中公交出行占 70%以上，内部出行中非机动出行占 70%以上，公交出行占 25%以上，小汽车出行占总出行量的 10%以下；对外实现快速通达目标，对内实现公交车站周边 500m 服务半径全覆盖。天津中新生态城 2013 年绿色出行比例达到 30%，2020 年绿色出行比例达到 90%。唐山湾(曹妃甸)生态城指标体系中近距离出行的公交分担率规划取值大于 70%。长沙市两型社会城乡建设指标体系提出，2020 年绿色出行比例达到 90%。

3）国家战略

(1) 2004 年 6 月，温家宝总理作出重要批示："优先发展城市公共交通是符合中国实际的城市发展和交通发展的正确战略思想"。

(2) 2009 年 10 月，胡锦涛总书记在考察北京交通工作时指出，要解决城市交通问题，必须充分发挥公共交通的重要作用，为广大群众提供快捷、安全、方便、舒适的公共交通服务，使广大群众愿意乘公交，更多乘公交。

(3)《城市公共交通"十二五"发展规划纲要》：建立政府主导、文明规范、诚信可靠、保障有力的城市公共交通系统，为人民群众提供快捷、安全、方便、舒适的公共交通服务，使广大群众愿意乘公交，更多乘公交。到 2015 年，基本确立公共交通在城市交通系统中的主体地位，公共交通的服务能力和服务质量明显提高，行业可持续发展能力显著增强，推进城市交通向更便捷、更清洁、更和谐的方向发展。

(4)《城市道路交通管理评价指标体系(2008 年)》中规定：A 类城市达到一级的公共交通分担率为 25％～35％，达到二级的公共交通分担率为 20％～25％。

4）指标赋值

依据《城市公共交通"十二五"发展规划纲要》和国内外城市的相关要求，确定 2015 年和 2020 年的绿色交通出行分担率的比例分别为 65％和 80％。

5）指标测试

指标数据尚不完善，指标测试有待进一步工作的开展。

6. 平均通勤时间

1）指标定义

一个城市上班平均花费时间反映出城市规划的合理性、业态分布的合理性、交通网络的合理性、居住的适宜性、环境的质量以及管理的科学性。同时，上班的出行时间也取决于城市的人口规模、城市的面积大小以及出行工具等因素，各地都把出行时间作为解决城市问题的重要指标。住房和城乡建设部颁布的人居环境奖也将该指标作为人居环境奖城市评价的指标。

2）指标现状

(1) 世界

美国纽约平均通勤时间为 43.4min，芝加哥、波士顿、洛杉矶的平均同期分别为 35.7min、35.6min、33.2min。平均通勤时间小于 30min 的城市主要有休斯敦、达拉斯，分别为 29min、26.8min。加拿大多伦多平均通勤时

间为 63min。❶

（2）地方

根据中国科学院《2010 中国新型城市化报告》，平均通勤时间在前 10 名的是：北京 52min，广州 48min，上海 47min，深圳 46min，天津 40min，南京 37min，重庆 35min，沈阳 34min，杭州 34min。西安、大连、济南、郑州、昆明、乌鲁木齐并列排第 11 位，上班花费时间为 29min，最短的则为中山 18min(图 5-53)。

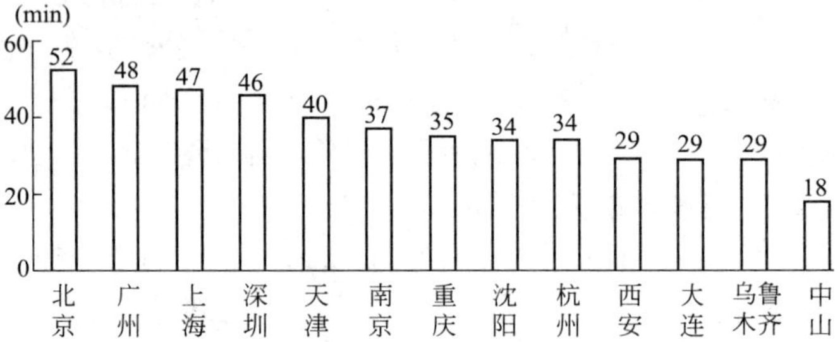

图 5-53　2010 年主要城市的平均通勤时间

数据来源：2010 中国新型城市化报告

3）国家战略

《城市公共交通“十二五”发展规划纲要》：遵循“以人为本、施惠于民”的发展理念，以提高服务水平、满足出行需求为出发点和落脚点，以社会能承受、财政可支撑、百姓得实惠为基本要求，转变发展方式，优化系统结构，为广大人民群众提供快捷、安全、方便、舒适的公交服务。

4）指标赋值

调查表明，通勤时间超过 90min 的雇员中，他们中的 1/3 经常脖子痛或背痛，差不多也是 1/3 的雇员被诊断为患有高胆固醇。通勤时间少于 20min 的雇员中，只有 20％的雇员有高胆固醇、背痛或脖子痛。另外，在通勤时间超过 90min 的雇员中，有 40％ 的雇员在前一天的大部分时间里都感到焦虑，而在通勤时间为 20min 的雇员中，只有 29％ 的雇员有相同的感受。

结合以上案例分析并参考国内外现有城市的相关标准，2015 年、2020 年的城镇居民平均通勤时间分别确定为 35min 和 30min。

5）指标测试

❶ 数据来源：http：//www.payscale.com/research/US/Country＝United _ States/Commute _ Time。

据不完全统计，截至 2010 年底平均通勤时间低于 35min 的城市有中山、乌鲁木齐、西安、大连、杭州、重庆、沈阳。平均通勤时间低于 30min 的城市有中山、乌鲁木齐、西安、大连(图 5-54)。

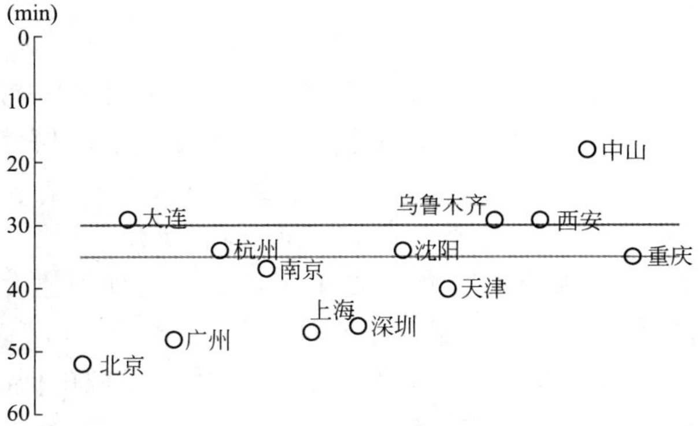

图 5-54　主要城市平均通勤时间指标测试

数据来源：网络收集

7. 人均社会公共服务设施用地面积

1）指标定义

人均社会公考服务设施用地面积指建成区内公共管理与公共服务用地面积与常住人口的比。

$$人均公共服务设施用地面积=\frac{公共服务设施用地总面积}{相应范围城市人口}$$

公共服务设施用地包括文化、教育、体育、卫生等机构和设施的用地，不包括居住用地中的服务设施用地。其核心内涵在于低碳生态城市必须控制以保障满足民生需求的公共服务设施，分为 9 个中类：行政办公用地包括党政机关、社会团体、事业单位、群众自治组织等非营利性设施用地。文化设施用地：包括图书、展览等公益性文化活动设施用地。教育科研用地：高等院校、中等专业学校、中学、小学、科研事业单位等用地，包括为学校配建的独立地段的学生生活用地。体育用地：包括基本的体育场馆和体育训练基地等用地，不包括学校等单位内的体育用地。医疗卫生用地：包括医疗、保健、卫生、防疫、康复和急救设施等用地。社会福利设施用地：为社会提供福利和慈善服务的设施及其附属设施的用地，包括福利院、养老院、孤儿院等用地。文物古迹用地：指具有历史、艺术、科学价值且没有其他使用功能的建筑物、构筑物、遗址、墓葬等用地。外事用地：指外国驻华使馆、领事馆及其生活设施等用地。宗教设施用地指宗教活动场所用地。

2）指标现状

本指标根据新颁布《城市用地分类与规划建设用地标准》确定，目前仍无法在全国统计相关现状数值。

3）国家战略

住房和城乡建设部印发的《关于贯彻落实城市总体规划指标体系的指导意见》，将各项人均公共服务设施用地面积（文化、教育、医疗、体育、托老所、老年活动中心）作为控制性指标。

4）指标赋值

自 2012 年 1 月 1 日起实施的《城市用地分类与规划建设用地标准》规定，规划人均公共管理与公共服务用地面积不应小于 5.5m^2/人。

参考国家新颁布的规范，初步确定国家低碳生态城市标准要求 2015 年人均公共管理与公共服务用地面积大于等于 5.5m^2，2020 年的人均公共管理与公共服务用地大于等于 6m^2。

5）指标测试

指标统计数据尚不完善，指标测试有待进一步工作的开展。

8. 社会治安满意度

1）指标定义

公众对社会治安的满意程度，指被抽查的公众（不少于城市人口的 1‰）对城市社会治安满意（含基本满意）的人数占被抽查的公众总人数的百分比。计算公式为：

$$社会治安满意度=\frac{对城市社会治安满意的人数}{被调查的公众总人数}\times 100\%$$

2）指标现状

2006 年，国家统计局组织进行的第六次全国群众安全感抽样调查显示，对于当时的社会治安环境，认为“很安全”、“安全”和“基本安全”的比重合计占到 92%。其中，“很安全”的人占被调查人员总数的 15.4%，认为“安全”的占 40.1%，认为“基本安全”的占 36.5%，“不太安全”的占 5.8%，“不安全”的占 2.2%。

2011 年，中国城市科学研究会通过网络调查结果显示，认为当下治安环境很安全的比重为 33%，认为治安环境安全的比重 29%，认为治安环境不太安全和不安全的比重分别为 27% 和 11%。总体上看，你所在地区治安如何的问题中，36%的网友认为好，46%的网友认为很好，10%的网友认为不好，11%的网友认为很差。另外，与过去几年相比，40%的网友认为社会安全感提高了，36％的网友认为没什么变化，24％的网友认为降低了(图 5-55)。

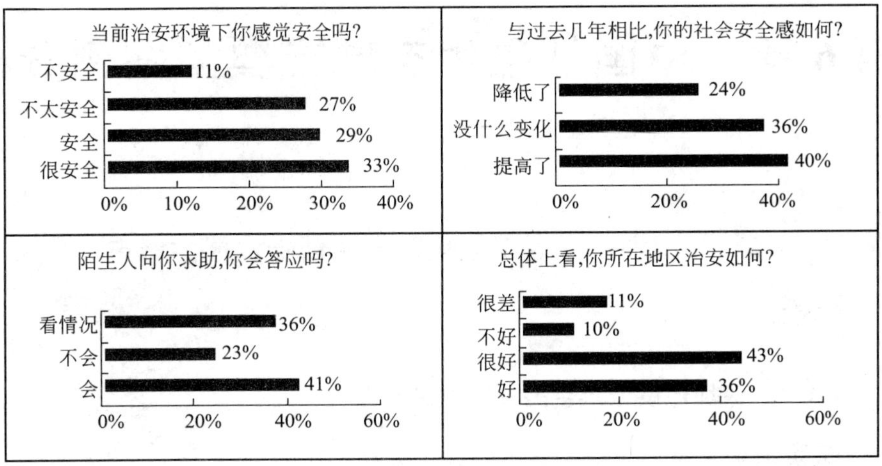

图 5-55　2011 年社会安全感现状调查

数据来源：中国调查网网络调查数据

3）国家战略

(1)《国民经济和社会发展第十二五年规划纲要》：加大公共安全投入，做好流动人口服务管理，加强特殊人群帮教管理和服务工作，加大社会管理薄弱环节整治力度。

(2) 完善社会治安防控体系，加强城乡社区警务、群防群治等基层基础建设，加强政法队伍建设，严格公正廉洁执法，增强公共安全和社会治安保障能力，加强重点地区社会治安综合治理。严密防范、依法打击各种违法犯罪活动，切实保障人民生命财产安全。

4）指标赋值

依据网络调查结果，2015 年低碳生态城市社会治安满意度大于等于 85％；2020 年低碳生态城市社会治安满意度大于等于 90％。

第6章 中国低碳生态城市典型案例分析

6.1 深圳——后工业化时代中创新发展的城市

6.1.1 深圳建设低碳生态城市的必要性

1. *深圳市资源、环境承载力的难以为继*

深圳市一个资源严重短缺的城市。自1979年特区成立以来，深圳市城市建设用地由3km^2迅速增加到2006年的729.08km^2，呈现快速扩张趋势，2009年年末全市人口密度高达到4475人/km^2，远高于其他主要城市。2005年，深圳市委三届十一次会议对深圳25年间“速度深圳”发展模式带来的问题进行了总结和反思，正式提出了深圳正在面临“四个难以为继”的发展制约：

一是土地空间有限。深圳市的可建设用地总面积为767.75km^2，2005年已建设用地已达713km^2，按照传统的速度模式难以为继。

二是能源资源难以为继。2005年按常住人口计(深圳总人口已达1200万以上)，人均拥有水资源量240m^3，远低于水资源拥有量国际公认的用水紧张线(1750m^3)，贫水警戒线(1000m^3)和严重缺水线(1000m^3)。即使抽干东江水也无法满足速度模式下的增长需要。

三是速度模式下人均GDP贡献率明显偏低，如果延续现有的经济增长模式，深圳将不堪人口重负。

四是环境容量和生态系统承载力已近极限，河流水质普遍超标，近海海岸污染不断加剧，生态用地减少，生态系统服务功能下降，环境承载力难以为继。

因此，在深圳市土地资源、能源、水资源、生态系统等均难以承载粗放型的经济发展方式的背景下，深圳市必须坚持走低碳、高效、循环的经济模式，更加严格地保护深圳的生态系统和自然环境，保障深圳生态安全，以实现可持续发展。

2. 国家对深圳市经济发展方式转变的要求

2009年，深圳市正式获批“国家综合配套改革试验区”。根据《深圳市综合配套改革总体方案》，深圳市将从六个方面实现重点突破。其中，“建立资源节约环境友好的体制机制，探索建立环境资源的综合管理机制、资源节约环境友好的激励约束机制和适应经济增长的生态发展模式，加快建设国家生态文明示范城市”作为综合配套改革的重要内容。

2010年国务院《关于深圳市城市总体规划的批复》（国函［2010］78号)指出：深圳市是我国的经济特区，全国性经济中心城市和国际化城市，要坚持经济、社会、人口、环境和资源相协调的可持续发展战略，统筹做好深圳市城乡规划、建设和管理的各项工作；要按照合理布局、集约发展的原则，大力推进经济发展方式的转变，调整优化产业结构，完善公共服务设施和城市功能，不断增强城市综合实力和可持续发展能力，逐步把深圳市建设成为经济繁荣、社会和谐、生态良好、特色鲜明的现代化城市。其中，重点提出深圳要建设资源节约型和环境友好型城市，要创造良好的人居环境。

在建设资源节约型和环境友好型城市方面，深圳市总体规划提出：①要走节约资源、保护环境的集约化道路，坚持节流、开源、保护并重的原则，节约和集约利用资源。②依靠科技进步，积极开发和利用新能源，大力发展循环经济，切实做好节能减排工作。③坚持经济建设、城乡建设与环境建设同步规划，严格按照规划提出的各类环保标准限期达标。严格控制高耗能、高污染和产能过剩行业发展，强化工业、交通和建筑节能，加强城市环境综合治理，严格控制污染物排放总量，提高污水处理率和垃圾无害化处理率。④加强水资源保护，严格控制地下水的开采和利用，提高水资源利用效率和效益，建设节水型城市。⑤加强对特殊生态功能区的保护，重点保护好东部滨海生态资源。⑥加强对大鹏所城等文物保护单位和见证特区发展历程的各类历史建筑的保护，制定保护措施并严格实施，逐步建立和完善深圳历史文化遗产保护体系。

在创造良好的人居环境方面，深圳总体规划提出要坚持以人为本，创建宜居环境；要统筹安排关系人民群众切身利益的教育、医疗、市政等公共服务设施的规划布局和建设；将廉租住房、经济适用住房、公共租赁住房和中低价位、中小套型普通商品住房的建设目标纳入近期建设规划，确保城市保障性住房用地的分期供给规模、区位布局和相关资金投入，提高城市居住和生活质量。

因此，从国家“国家综合配套改革试验区”和国务院对《深圳市城市总体规划》的批复来看，深圳市未来经济发展方式转变的重点方向在于建立资源节约、环境友好型生态城市，为国家探索建立环境资源的综合管理机制、资源节约环境友好的激励约束机制和适应经济增长的生态发展模式提供重要的示范作用。

3. 低碳、生态、宜居城市成为深圳市重要发展方向

深圳市在准确判断经济社会发展的阶段、矛盾和问题基础上，提出要在全国率先加快转变经济发展方式，破解发展难题，探索发展新路，推动经济进入科技引领、创新驱动、内生增长、低碳绿色的发展轨道，为经济社会发展释放新活力的目标。2010 年 10 月，深圳市作出了加快转变经济发展方式的决定。该决定将以促进低碳绿色推动经济发展方式转变作为重要战略方向，提出要强化节能减排和促进低碳生态发展。

在强化节能减排方面，深圳市把节能减排作为加快转变经济发展方式的重要抓手，着力推进结构节能、技术节能、管理节能，减少资源能源消耗，降低经济发展的生态环境代价。重点战略包括：改善能源利用结构，大力发展清洁能源和可再生能源，积极推动智能电网项目建设；推广节约资源的新技术、新工艺、新设备和新材料；推广合同能源管理，建立科学的电价、水价机制和节电节水激励机制，进一步提高资源能源集约高效利用水平；建立健全生态环境补偿机制、污染防治机制，加强水环境、大气环境综合治理，提高城市垃圾无害化处理与利用水平，提升城市综合环境质量，率先建成资源节约型、环境友好型社会。

在促进低碳生态发展方面，深圳市重点通过树立低碳发展的理念，大力发展绿色经济和循环经济，推动生产生活方式根本转变。具体战略包括：推进低碳技术研发和低碳制度创新，完善碳交易、排污权等环境权益交易机制；综合运用产业、土地、环保、价格等政策，加快淘汰高耗能、高污染、高排放产能，形成以高技术产业和现代服务业为主的低碳产业结构；实施公交优先战略，倡导绿色出行方式，建设国际水准公交都市；推进绿色建筑、绿色消费工程和绿色家园建设；完善生态环境政策法规体系，严格执行环境影响评价、生态环境指标考核和环保执法，维护城市生态安全；高水平建设城市绿道网，增加城市绿量，率先建成国家低碳生态示范城市。

根据中共深圳市委、深圳市人民政府《关于加快转变经济发展方式的决

定》，深圳市转变经济发展方式转变的具体指标为：2015，生产总值达到 1.5 万亿元，高技术产业增加值占本市生产总值的比重达到 35%，战略性新兴产业规模超过 1 万亿元，现代服务业增加值占第三产业增加值的比重达到 60%，科技进步贡献率高于 60%，发明专利年授权量超过 1.2 万件，居民人均可支配收入达到 4.9 万元，空气质量优良天数保持 360 天以上，万元 GDP 能耗 0.47tce，万元 GDP 水耗 19.4m^3。其中，建立生态城市成为深圳市推动资源节约、环境友好、宜居和谐、产业持续发展的重要抓手，在城市发展的各个领域开展生态城市建设（中共深圳市委、深圳市人民政府，2010）。

2010 年 1 月 16 日，深圳市政府与住房和城乡建设部签订了《共建国家低碳生态示范市合作框架协议》，成为第一个与住房和城乡建设部合作共建的国家级低碳生态示范市。相比与相对小范围的生态新城、新区建设，市域尺度内的低碳生态建设无疑会在操作层面面临更多样更复杂的挑战，实践推进更具难度。也正因为如此，探索以市域为单位的低碳生态城市建设实践无论是对新区、新城，还是对范围较大的城市转型发展都具有广泛的借鉴意义。对深圳低碳生态城市建设的研究将有利于深圳“摸着石头过河”的低碳生态城市建设实践及时反思，对于其他城市摸索低碳生态的发展路径具有一定的启示作用。

6.1.2　深圳低碳生态城市的目标定位与主要任务

1. 目标与定位

深圳的低碳生态城市建设立足于城市的地域特色，依托于特区在社会经济发展、政策体制创新以及人居环境改善方面的优良基础，将城市低碳生态建设的目标定位在：

(1) 探索南方热带地区低碳生态城市建设的经验。秉持因地制宜、以人为本的观念，深入分析深圳的气候条件和地理环境，充分利用日照、季风、潮汐、降雨、山地、植被等自然要素，发展和运用亚热带滨海地区适宜的低碳技术，实现低碳生态城市建设。

(2) 探索高密度高度城市化地区低碳生态城市建设的模式。立足高密度高度城市化的特点，发挥规划的先导统筹作用，挖掘空间潜力，促进城市整体结构的合理布局和空间的科学利用，运用多种公共管理手段，促进城市活动的高效运行。

(3) 探索低碳生态城市规划管理和实施机制，这也是《框架协议》中要求的重点内容。深圳以光明新区、坪山新区等地区为试点，建立从规划编制到规划实施全过程的低碳生态规划管理和实施机制，并逐步推广应用到全市。在此基础上，总结实践经验，向全国推广。

2. 主要任务

结合《框架协议》的要求，深圳确定了创建低碳生态城市工作的主要任务，具体包括 9 个方面的内容：①积极引导城市紧凑发展；②促进土地节约集约利用；③打造绿色交通体系；④大力推广绿色建筑；⑤切实加强生态环境保护；⑥全面提升资源利用水平；⑦开展试点示范工程；⑧提高科技支持能力；⑨加强政策机制保障。划分了两大实施阶段：试点启动阶段和全面推进阶段。试点启动阶段(2010～2012 年)：开展低碳生态城市相关技术标准体系和政策框架研究，大力推进示范地区和示范项目建设，多点启动低碳生态示范市建设。全面推进阶段(2013～2015 年)：不断完善低碳生态技术手段和政策措施，创新管理模式，提高公众生态文明意识，形成社会广泛参与的低碳生态城市建设模式，低碳生态示范市建设显现成效。

3. 深圳市建设低碳生态城市发展历程

深圳市在 2001 年就提出建设生态城市的目标。之后，深圳市一直把环境保护和生态建设作为政府的重点工作。深圳市生态城市建设过程可以通过以下重要事件体现：

2001 年 6 月，深圳市印发《关于加强我市生态环境建设和保护实施可持续发展战略的实施方案》，明确提出“加强生态环境保护，努力建设生态城市”的目标。

2002 年 8 月，深圳市召开的“第五届国际生态城市大会”。大会与会代表一致呼吁把生态整合方法和原则应用于城市规划和管理，正式通过《生态城市建设的深圳宣言》。

2003 年 10 月，深圳市印发《深圳市创建全国绿化模范城市工作方案》，提出把深圳市建设成为经济与人口、环境、资源协调发展，绿化美化水平较高，生态环境优美的全国绿化模范城市，努力把深圳建设成为经济发达、环境优美、生态文明的国际化城市。

2004 年，深圳市开始编制《深圳生态市建设规划》。

2004 年 9 月，在第五届中国国际园林花卉博览会开幕之际，建设部在深圳举办了高层论坛，全国近 100 位市长或市长代表在深圳共同发起并签署了

《生态园林城市与可持续发展深圳宣言》，提出了创建国家生态园林城市的战略目标。

2005 年 10 月，深圳市发布《创建国家“生态园林城市”工作方案》，提出把深圳创建成为首批国家“生态园林城市”的目标。具体战略包括：提升城市绿化规划、建设和管理水平，建立布局合理、结构稳定、功能高效、系统完善、种群协调、景观秀美、特色鲜明的城市园林绿化系统；进一步强化城市空间安排与自然山水的协调性以及城市空间与历史文脉的连续性；促进对不可再生的自然资源的有效保护、永续利用和优化配置，推进绿色产业和循环经济的发展；为广大市民提供一个生态良好、景观优美、植物多样、清新舒适的人居环境，为深圳未来的发展奠定一个更加良好的生态基础。

2005 年，深圳市委三届十一次会议提出从“速度深圳”到“效益深圳”历史性跃进为标杆，明确了“用科学发展观统领全局，全面落实构建和谐深圳”的战略任务，开始加快了建设生态城市的探索与实践。

2006 年 12 月，深圳市政府印发《深圳生态市建设规划》，围绕建设“和谐深圳、效益深圳”和现代化国际化城市的战略目标，通过构建自然宜居的生态安全体系、循环高效的经济增长体系、集约利用的资源保障体系、持续承载的环境支撑体系和环境友好的社会发展体系，使深圳成为中国最具活力的可持续发展生态城市。《深圳生态市建设规划》提出保护占市域土地面积 50%的生态保护区，近期远期万元 GDP 新鲜水耗分别降至 $27m^3$ 和 $13m^3$，近期全市二氧化硫、化学需氧量排放总量在 2005 年的基础上削减 20%的基本目标，并制定 23 项规划的指标体系，包括反映深圳特点的 17 项国家生态建设指标和 6 项针对深圳实际专门增设的指标(深圳市人民政府，2006a)。

2007 年 1 月，深圳市市委、市政府以一号文件颁布了《中共深圳市委深圳市人民政府关于加强环境保护建设生态市的决定》，将生态立市作为“十一五”重要发展战略，到 2020 年将深圳全面建设成为生态市。市政府成立了以市长为主任的环境与发展综合决策委员会，环保综合决策机制逐步完善。为了稳妥有效地开展生态城市建设工作，市委市政府决定将龙岗、盐田两区于 2008 年在全市率先建成国家级生态区，同时积极开展“国家生态区”、“生态工业园区”、“深圳市生态街道”、“绿色社区”层面的生态示范创建活动。

2007 年，深圳市在国内率先完成了《深圳环境展望》。该报告是中国第一本在GEO(全球环境展望)评价框架下编写的城市环境展望报告。

2008年3月，深圳市印发了《深圳生态文明建设行动纲领2008～2010)》和9个配套实施方案，确定了80项生态文明建设系列重点工程，明确以生态文明理念全面推动城市建设管理和发展，以生态文明标准和要求谋划城市功能布局，推进节能减排和生态建设，优化城市资源管理，提升人居环境质量作为深圳市的城市建设纲领。

2008年，深圳市成为全国生态文明建设试点地区，修订完善生态创建标准体系，出台深圳市生态街道评价标准、绿色社区考核标准、生态工业园区建设标准。

2009年7月，深圳开全国先河，首次以立法形式明确鼓励发展低碳经济。市人大常委会第30次会议通过的《深圳经济特区环境保护条例》新增低碳经济内容："鼓励发展循环经济和低碳经济，促进清洁生产和绿色消费，建设资源节约型、环境友好型社会。"

2010年1月，深圳与国家住房和城乡建设部签署共建国家低碳生态示范市合作框架协议，合作建设全国第一个"低碳生态示范市"，期望在低碳生态城市建设、低碳生态技术应用研发等方面积极探索，大力推进绿色交通、绿色建筑，促进深圳的城市发展转型和可持续发展，为全国的低碳生态城市建设发挥示范作用。在合作框架下，深圳市开始编制深圳市低碳生态城市建设指标体系。

2010年10月，深圳市人民政府印发了《深圳市人居环境工作纲要》，提出为破解发展中的问题和制约，走出一条生产发展、生活富裕、生态良好、社会和谐的文明发展新道路指明了方向，努力建设宜居生态城市和国家生态文明示范城市(深圳市人民政府，2010a)。

2010年10月，深圳市印发《深圳市创建宜居城市工作方案》，提出以不断改善民生为主线，以开展宜居城市创建为手段，通过推进住有所居、改善人居环境、加强社会管理、完善公共服务设施等措施，改善城市生态环境，全面提升城市综合承载能力和竞争能力，提高城市管理水平和效能，努力建设人居环境良好的生态文明城市，促进经济和社会全面协调发展，为深圳实现创新发展、转型发展、低碳发展、和谐发展作出积极贡献。

2010年10月，深圳市开始了坪山新区和光明新城规划建设工作，将坪山新区和光明新城作为"国家低碳生态示范城市"的试验田。

4. 2011 年度深圳低碳生态城市建设的工作进展

为落实《框架协议》的要求，深圳市首先组织制定了《深圳市建设国家低碳生态示范市工作方案(2011～2015)》，以有序推进深圳创建国家低碳生态示范市的各项行动，建立有效、有序的工作及机制。

深圳的低碳生态城市建设本着“整体推进，试点先行”的原则。整体层面上，2010 年到 2011 年上半年，全市各区都结合各自的城市建设基础与生态环境特色，进行了卓有成效的探索和实践，这为全市整体层面推进低碳生态城市建设积累了宝贵的经验。在试点先行的探索中，前海深港现代服务业合作区、光明新城、坪山新城、龙华新城和大运新城的低碳生态建设工作也初具成效，起到了一定的以点带面的效果。

1) 整体推进：市域层面低碳生态城市建设的进展

(1) 土地集约节约利用

面对土地资源紧缺的现实发展瓶颈，深圳市在土地整备以及土地集约节约改造方面开展了大量的探索和实践，通过横向空间上的成片开发、高度地土地混合利用，纵向空间上的地下资源拓展，以及设计与技术创新有效地促进了土地资源的循环利用和产出效益。《框架协议》的签订进一步推进了深圳创新土地开发建设和管理模式的实践。2010 年，深圳市单位面积土地产出的地方生产总值和地方财政收入分别为 4.7 亿元/km^2 和 0.5 亿元/km^2，分别比 2005 年提高了 88%和 142%。

横向空间上，推进成片开发和高度的土地混合利用。以前海深港现代服务业合作示范区为例，在高密度高强度开发原则的基础上，提出都市综合体开发模式，初步划定 22 个开发单元，鼓励集中成片开发。单元内鼓励功能混合的用地方式，采用小尺度空间的地块划分，规定实行“零退线”的地块必须提供骑楼，以街坊为开发单位的空间控制基本单位，适应节约集约用地要求。并且，规划提出综合容积率、混合用地比例等指标，提出前海开发中各项功能应由平面向垂直叠加，以保障前海合作区 24h 活力。

纵向空间的拓展上，深圳通过加强地下空间利用、上盖物业开发等立体开发方式，拓展空间资源，提升空间利用效益。在《深圳市地下空间开放利用暂行办法》和《深圳市地下空间资源规划(2006～2020)》等规范的引导下，深圳地下空间取得了较大进展，福田站综合交通枢纽就是一个代表性的案例(图 6-1)。福田站综合交通枢纽在深圳城市的主中心，是深圳集金融、商贸、信息、文化、行政于一体的城市行政、文化和商务金融中心，用地非常紧张。福田枢纽区范围内的广深港客运专线福田站，创造性地将客运专线和火车站引入地下，将地面空间用于城市道路、绿地广场建设，避免了对城市的干扰和对城市土地资源的大量占用，促进土地分层开发利用。另外，结合地形条件及地面绿化的布置，采取天井、天窗等工程手段，或将阳光引入地下空间，或增加局部的层高，形成内外交融，有阳光，有绿化，有变化的宜人的地下空间。

图 6-1　福田综合交通效果图

资料来源：深圳市光明论坛资料汇编

设计和技术上的创新主要体现在通过采取现代化的技术手段与设备，提高工艺效率，优化市政实施布局，从而实现土地的节约集约利用。如，改变传统的变电站供电模式，实现变电站从户外到户内，从地上到地下，从独立到附设等转变，大幅地节约了土地的占用；又如西丽再生水厂通过半地下式布置工艺流程的设计，将生产区用地控制为 1.2hm^2，仅为国家用地标准的 24%。

(2) 绿色交通优化交通出行结构

自 2010 年以来，深圳轨道交通建设明显加快，城市轨道网络逐步形成。2011 年 6 月底，深圳轨道交通二期 1 至 5 号线全线开通试运营。运营总里程 178km，日均客运量达到 156 万人次，日客运量增幅 164%。深圳市不断调整了优化常规公交的服务范围与功能，大幅提高了公交 500m 覆盖率，到 2010 年底，原特区达到了 100%，原特区外达到 80%。全市“以轨道交通为骨架，常规公交为网络，出租汽车为补充”的公交格局正在形成。2010 年 11 月，深圳成为首批“建设国家公交都市示范城市”，作为交通运输部与地方合作共建的一种有益尝试，深圳将积极发展城市公共交通、缓解的城市交通拥堵(图 6-2)。

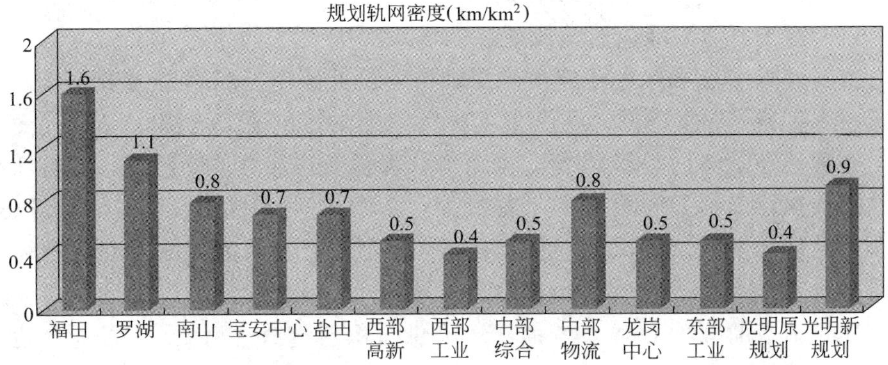

图 6-2　深圳各区规划轨道网络密度对比

资料来源：深圳市规划局光明分局资料，面向可操作的低碳新城规划探索与实践

“公交优先”一直是深圳交通系统发展的重要战略。公交专用道是深圳常规公交运营的重要载体。截至 2010 年底，深圳市共在深南大道、沙河西路、新洲路、皇岗路、梅观路等 27 条道路上设置了公交专用道，总长 112km，有效地保障公交路权优先，提升了公交运行效率，促进了深圳市绿色交通体系的建设和发展。2010 年 11 月 11 日，深圳成为首个与交通运输部合作共建的“公交都市”示范城市；2011 年 2 月 25 日，深圳又被交通运输部列为全国 10 个低碳交通运输体系建设试点城市之一。

此外，深圳大力推进新能源汽车的应用推广。目前，全市已开通新能源公交线路 23 条，投放新能源公交大巴 964 量，还有 50 辆纯电动出租车在运营，30 座充电站投入使用。深圳市还通过强化营运车辆用油定额考核，发展绿色物流，积极开展“无车日及交通服务咨询周”等活动，大力促进交通节能减排和宣传绿色交通理念。

(3) 战略性新兴产业发展迅速

深圳以各类科技园区、特色化功能区及特色学院为载体，推进战略性新兴产业在新城的集聚(如光明新区)，加强居住和服务配套，促进产业和城市功能的协同发展，减少城市的碳排放。2010 年以来，生物、新材料、新能源三大产业呈现快速发展之势，成为深圳经济增长以及结构优化的新引擎(这也与深圳“十二五”规划产业结构的转型相一致)。2010 年，高新技术产业、现代金融业、现代物流业和文化产业“四个支柱产业”占 GDP 比重超过

60%，第三产业增加值占 GDP 比例超过 53%，三次产业结构日趋优化，呈现二、三产业协调发展的良好势态。

(4) 建筑节能与绿色建筑成效显著

推行建筑节能和绿色建筑成为深圳市建设低碳生态城市的重要工作，并力求将深圳打造成为全国领先且具有国际水准的绿色建筑之都。

在建筑节能方面，2010 年，全市继续加强新建建筑节能监管，所有新建建筑全面执行节能 50%的建筑节能标准，新增大型公共建筑能源审计 80 栋，大型公共建筑能耗监测设备安装 250 栋。全市既有建筑节能改造在建和完成项目共计 177 个，设计建筑面积达到 622 万 m^2，全部为公共建筑和商业建筑。建筑节能验收项目共 243 个，建筑总面积超过 990 万 m^2。通过上述努力，全市建筑节能总量累计道道 87.2 万 tce，同比增长 50.3%，相当于节省用电 26.1 亿 kW·h，减排二氧化碳 220 万 t。

在绿色建筑方面，深圳不断强化政策法规和技术标准建设，并积极研究各类标准规范和出台各类经济鼓励政策，引导企业、市场的广泛参与。截至 2010 年，全市累计共有绿色建筑项目 64 个，绿色建筑面积 930 万 m^2，总投资额 556.3 亿元。其中，15 个项目进行了绿色建筑认证，总建筑面积近 100 万 m^2。

(5) 低冲击开发与资源的循环利用

低冲击开发模式是低碳生态城市的有效实现手段之一，它与城市建设的各个方面紧密相连，如减少城市对周边环境的破坏，减少城市对自然资源的索取和消耗，减少城市“三废”的排放，减少碳的排放等等。深圳市将低冲击开发与资源循环利用紧密结合，重点在节水和固体废弃物资源化方面进行了改进，有效地提高了资源的循环利用。

在节水方面，2010 年，深圳市万元 GDP 耗水量 20.0m^3，污水集中处理率达到 81.3%；建成了南山商业文化中心区、侨香村等一批再生水和雨水综合利用项目，完成了西丽再生水厂、罗芳污水处理厂深度处理等再生水利用项目，再生水利用率达 35.9%；并且通过在南山商业文化中心区、光明新区、坪山新区开展低冲击开发模式试点建设，积极推广以低冲击为特色的雨洪利用，综合考虑雨水资源化开发利用关于防控洪涝灾害，削减城市污染源的有机结合，实现了水与城市的协调发展。

在固体废弃物循环利用方面，深圳大力发展垃圾焚烧发电，推进填埋气体、餐厨垃圾和建筑垃圾综合利用。2010 年，深圳市生活垃圾焚烧发电量约占垃圾处理总量的 40%，发电总装机容量 81MW，年发电量超过 2 亿 kW·h。除发电外，经处理的固体废弃物还被广泛用作肥料、燃料、建筑材料等，实现了循环经济的“减量化”、“再利用”和“资源化”的目标。

(6) 区域的绿道网建设全线贯通

依据《珠三角绿道网总体规划纲要》的要求，深圳市开始有序地开展绿道网建设。截至 2010 年底，全市实现区域绿道全线贯通，建成长度 355km；各区按照每区 2～3 段的要求，完成了总长 47km 的城市绿道和社区绿道建设。另外，全市现建设各类公园 653 个，总面积超过 200km²，“公园之城”初具规模。目前，基本实现市民居住地 2km 范围内有园林、小游园或社区公园，5km 范围内有休闲游览的大型城市公园、10km 范围内有供市民回归自然和登山锻炼的郊野公园，30～50km 范围内有供市民度假休闲的大型风景区。

2) 试点先行：以光明新区为例

光明新区在全市范围内最早地推行了低碳生态发展，其发展的目标定位是绿色光明。由于光明新区本身有良好的生态环境，且光明新区有近 50%的面积早在 2005 年就被划入了绿色生态控制线以内(自然环境)，因此，“绿色”光明重点围绕绿色建筑、绿色市政建设和绿色产业集群开展了全方位的试点建设工作，以此来引导新区的低碳生态建设。

目前，光明新区新增建筑全部强制实施“绿色规划”审批，新建政府投资项目强制实施绿色建设标准，实现保障性住房、旧城改造、政府投资、启动区内社会投资等四类项目 100%实施绿色建筑标准。光明新区在建绿色建筑示范项目共 31 个，总投资约 16 亿，总建筑面积约 318 万 m²，无论是在数量上还是在分布密度上，光明新区绿色建设示范项目都位居全国前列。2011 年，光明新区共有 6 个项目通过一星级标准认证，占全国通过绿色建设认证数量的 40%，25 个项目正在申请认证。

在绿色市政配套建设方面，光明新区按照绿色道路标准已建及在建的道路以达 17 条主干道和 30 多条支路，并全部采用 LED 绿色照明系统；实施综合管沟工程，现已建成 9km，正在建设 12km；市政道路全部使用了再生水管，最终将形成大污水处理、大中水回用，大雨洪利用等系统。

在绿道和绿地系统建设上，光明新区辖区内 5 号区域绿道长度约为 19km，南起大水坑水库，北至东莞大屏障森林公园，全部为生态型区域绿道，被列为深圳市4条区域绿道示范段之一，计划在2011年年底前完成建设任务。同时，大力推进牛山公园，明湖城市公园等建设，完善城市绿地系统，改善室外环境。

光明新区的绿色产业集群以循环经济、自主创新为核心，大力发展新材料，新能源的高端产业、新兴产业，吸引了一批高新技术产业项目、高成长型企业加速向光明新区聚集，初步形成了平板显示、LED、电子信息、太阳能光伏、生物医药、新材料和优势传统产业的绿色产业集群。

6.1.3 从目标到实践：经验借鉴

如上所述，不论是着眼于宏观层面的“整体推进”，还是具体到微观层面的“试点工作”，深圳的低碳生态建设都取得了卓越的成绩。但为何深圳的低碳生态建设能够有效地落实到实践中，而非仅仅停留在口号和规划蓝图上？诚然，深圳良好的经济、社会、生态基础对其低碳生态城市的创建有着直接贡献，但深圳在此过程中在体制机制创新、技术支撑、政策保障、试点示范以及理念普及等方面作出的有益尝试无疑有力地推动了深圳创建低碳生态城市的进程。

1. 体制机制

深圳市低碳生态工作中的体制机制主要包括两个维度：一是纵向上建立起的部市合作机制；二是横向上建立起的基于部门事权的交流协作机制。

深圳市与住房和城乡建设部建立起的部市合作机制主要以双方共同成立的部市低碳生态示范市建设工作协调委员会为制度载体来推行纵向上的合作。一方面，该工作协调委员会定期组织召开部市领导联席会议，听取深圳国家低碳生态示范市的建设情况，以及时地应对建设过程中遇到的问题。协调委员会主任由国家住房和城乡建设部与深圳市政府领导担任。另一方面，为责任明晰地实时推进深圳低碳生态示范市的建设，该协调委员会指定专门的部门来负责具体工作。国家住房和城乡建设部方面由城乡规划司会同办公厅、城市建设司、建筑节能与科技司按照各自职责开展工作，深圳市政府方面由市规划和国土委员会牵头，市人居环境委员会、市住房和城乡建设局、市水务局、市城管局等部门配合。

在横向上，依托于《深圳市建设国家低碳生态示范市工作方案

(2011～2015)》，深圳市明确了建设低碳生态示范市各职能部门的任务分工。对于每一项具体的工作任务，该《方案》都确定了任务的"牵头部门"和"协办部门"，如：关于"五线"的规划管理，由市规划和国土委员会牵头，各区政府，新区管委会，市人居环境委、水务局和城管局协办。通过这种方式建立起了各部门间交流协作机制，提高了工作的系统性和协调性。

此外，深圳市还建立了定期评估制度，制定深圳国家低碳生态示范市建设白皮书制度，对低碳生态城市建设情况定期进行分析评估，经部、市领导联席会议审议后，向社会发布，引导全社会共同参与。建立考核评比制度，对各单位工作进展进行定期的评估，表彰成绩突出的单位。

2. 技术支撑

低碳生态城市指标体系和一系列的技术标准是深圳建设低碳生态示范市的有力技术手段。通过指标体系的确立和相关技术标准的颁布实施，在操作层面有效地指导了低碳产业、公共交通、绿色建筑、资源利用等领域的规划与建设，也形成了一套有据可依的技术支撑体系。

《框架协议》签订后，深圳市便开始着手开展低碳生态指标体系的建立。旨在通过这套科学的指标体系，引导低碳生态城市发展，评估低碳生态城市的建设。指标既要与国内外各城市进行横向比较，也要与其自身的发展进行纵向比较。在借鉴国际上通用的指标体系研究方法和框架❶的基础上，参考国内既有的生态指标体系❷，并结合深圳的基础和特色❸分层次地构建了低碳生态城市指标体系。

---

❶ 国际上对低碳生态城市指标体系的研究主要集中在城市可持续发展、城市人居环境建设等领域，比较有影响力的指标主要有：联合国人类署制定的城市指数，共包括20项关键指标，9项选项列表指标和13项扩张指标；联合国可持续发展委员会制定的可持续发展指标，该指标采用"驱动力—状态—响应"的模型，共有134个指标；世界银行制定的全球城市指数以及欧洲经济学人智库制定的欧洲绿色城市指数。

❷ 国内既有的生态指标体系主要包括各部委制定的指标体系和新建生态城市制定的相关指标体系。如，环保部制定的生态县、生态市、生态省建设指标体系，"十一五"国家环境保护模范城市考试指标等；住建部制定的国家园林城市、人居环境奖相关指标和中国城市发展战略绩效指标；新建的生态城(如天津中新生态城、唐山曹妃甸生态城等)也建立了各自生态指标体系。

❸ 深圳自身在指标构建方面也有一定的积累，主要是各职能部门根据其各自的目标计划和发展要求编制的相关指标，如城市发展指标、可持续发展指标、环境保护指标、生态文明建设指标以及一些片区自身开展的指标实践。

1）指标体制的构成

指标体系由总目标、子系统层、路径层和指标层四个层次构成。如图 6-3 所示，其中，子系统层为支撑总目标实现的各系统要素，具体包括经济转型、环境优化、空间保障、社会和谐、示范创新五个子系统；将子系统层进一步分解为可以实施路径——即路径层，如实现“经济转型”分目标的路径为优化产业结构，调整能源结构，资源利用高效；而体系的末端指标层则为约束和引导路径实现的具体因子，是作为评价考核的各项量化指数。如约束和引导“调整能源结构”路径实现的具体因子为：单位能源二氧化碳排放因子和清洁能源所占比重。

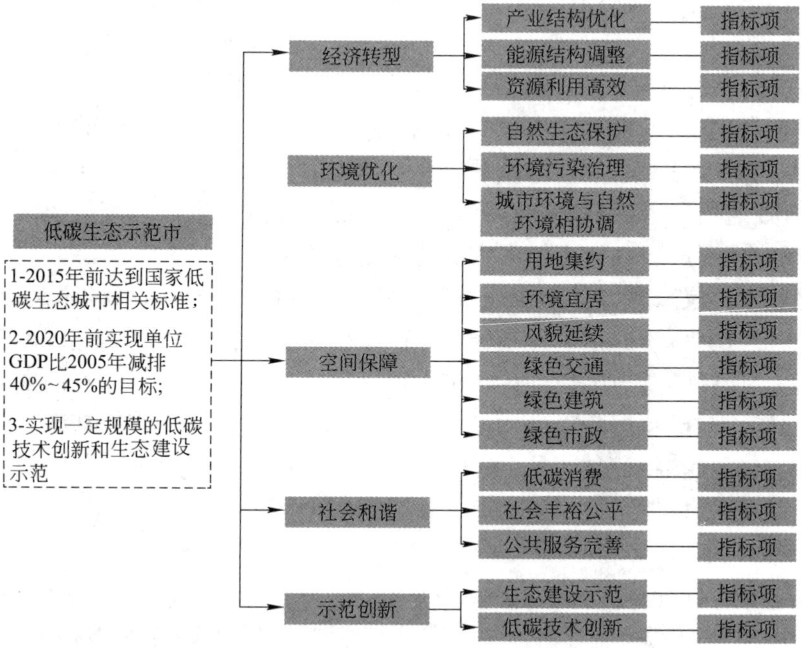

图 6-3　深圳低碳生态城市指标体系

资料来源：天津滨海论坛深圳市规划与国土资源委员会演讲资料

该指标体系的确定经历了由初选到甄选的过程。2010 年 12 月底，由深圳市规划和国土资源委员会牵头，协调市人居环境委员会、财政委、城市管理局、发改委、交通运输委、科工贸信委等 11 个市职能部门对初选的指标体系进行了座谈，征求了各部门的意见。经过多次的协商与交流，历时一个月的时间将最初制定的 62 项指标简化为 37 项指标(表 6-1)。

深圳低碳生态城市指标体系及其赋值　　　　表 6-1

经济转型子系统					
目标参数	碳生产力(单位碳排放 GDP 贡献率)		2010 年 1.02 万元 GDP/吨 CO_2，2015 年约 1.31 GDP/吨 CO_2，比 2005 年基准年提升 40%以上；2020 年达到 1.67GDP/吨 CO_2，比 2005 年提升 80%以上		
路径层	指标层(含单位)		现状值(2009)	目标值(2015)	目标值(2020)
产业结构优化	1	第三产业增加值占 GDP 比重	53.20%	≥60%	≥70%
	2	R&D 投入占 GDP 比重	3.60%	≥5.0%	≥5.5%
	3	新兴低碳产业产值	1400 亿元	5000 亿元	8000 亿元
	4	单位工业用地增加值	14.9 亿元/km^2	18.27 亿元/km^2	45 亿元/km^2
调整能源结构	5	清洁能源占一次能源消费比重	—	15%(近期建设规划中为 11%)	25%
资源集约高效	6	万元 GDP 建设用地	12.1m^2/万元	<8.5m^2/万元	<3.9m^2/万元
	7	单位 GDP 能耗	0.56tce/万元	<0.47tce/万元	<0.35tce/万元
	8	单位 GDP 水耗	22.3m^3/万元(近期建设规划为 21.9)	19.4m^3/万元(近期建设规划为 16)	17.3m^3/万元
环境优化子系统					
目标参数	环境评价综合指数		2009 年 89.82；2015 年 95.41，2020 年 99.91		
路径层	指标层(含单位)		现状值(2009)	目标值(2015)	目标值(2020)
自然环境保护	9	自然保护区覆盖率	0.47%	4.10%	6.10%
	10	本地植物指数	99.68%	0.85	0.9
环境污染治理	11	城市水环境功能区水质达标率	77.78%	≥90	100
	12	生活垃圾无害化处理率	94%	100%	100%
城市环境与自然环境协调	13	绿化覆盖率	49%	≥50%	≥55%
	14	碳汇总量增加率	—	5%	10%
	15	建成区透水性地面面积比例	—	50%	55%

续表

空间保障子系统				
目标参数	热岛效应强度		2015 年≤2.5 度，2020 年≤2.0 度	
路径层	指标层(含单位)		现状值(2009)	目标值(2020)
用地集约	16	人均建设用地面积	100.3m²/人	75～82m²/人
	17	单位 GDP 总建筑面积	1200 元/m²	≥1700 元/m²
	18	新建项目混合用地比例	—	≥30%
环境宜居	19	人均居住建筑面积	26.6m²/人	34m²/人
	20	日常公共服务设施步行可达覆盖率	—	85%～100%
	21	林荫路达标率	—	0.85
风貌延续	22	滨海生活岸线比例(含深圳河)	10.40%	≥20%
	23	有机转化率	—	70%
绿色交通	24	公交分担率	47%	≥65%
	25	绿道网长度	—	≥2340km
	26	新能源公交汽车普及率	—	—
绿色建筑	27	绿色建筑占当年竣工建筑比例	—	80%
绿色市政	28	非常规水资源替代率(近期建设中为再生水利用率)	—	17%
	29	生活垃圾资源化利用率	67%	75%
社会和谐子系统				
目标参数	碳基尼系数		2015 年≤0.45，2020 年≤0.35	
路径层	指标层(含单位)		现状值（2009）	目标值（2020）
社会丰裕公平	30	中低收入人群的社会保障率	—	100%
公共服务完善	31	中低收入家庭住房保障率	<10%	100%
	32	人均公共服务设施用地面积(包括文化、教育、医疗、体育和社会福利设施用地)	4.03m²/人	5m²/人
示范创新子系统				
目标参数	CDM 企业指数		2020 年 1%(需向发改座谈后确定)	
路径层	指标层(含单位)		现状值(2009)	100%
建设示范	33	太阳能光热利用建筑面积	800 万 m²	≥2500 万 m²
	34	新能源汽车保有量	—	10 万辆
	35	生态单元覆盖率	—	—
技术创新	36	低碳技术专利数	—	—
	37	低碳技术研发平台	—	20 个

来源：天津滨海论坛深圳市规划和国土资源委员会演讲资料

在此过程中，对指标的甄选遵循了以下的原则与方式：

一是对于表述方法上略有不同或者概念内涵上近似的指标，各部门沟通协商并进行修正和统一；二是对失去指示意义的指标进行删除和替换❶；三是对于部分内涵交叉、重叠的指标进行合并；四是对于内涵差异较大的指标进行分解❷；五是对于目前难以统计量化的创新指标，暂不纳入核心指标。通过以上几种对指标调整和修正的方式，使指标兼顾了与常规统计口径的对接，并符合了深圳本身的特点。这也对其他城市进行的低碳生态城市指标设计具有重要的借鉴意义。

2）指标与部门事权的结合

深圳低碳生态城市指标体系在设计的过程中，考虑了指标与部门事权的结合。指标体系中的五个子系统分别对应了不同的部门。如，经济转型子系统由发改部门负责(统计部门配合)，环境优化子系统由环保部门负责(规划部门配合)，空间保障子系统有规划部门负责(交通、水务、电力等多部门配合)，社会和谐子系统由人居部门负责(规划部门配合)，示范创新子系统由发改部门负责(科工贸信委配合)。这样的结合一方面明确了各部门间的职能，避免了各部门在有些指标上的重复劳动而在另一些指标上却是空白，另一方面也有效地推进了指标的分解落实与监督评价。

3）指标与规划编制的结合

确定后的低碳生态城市指标体系为深圳进一步落实低碳生态建设，制定规划标准提供了参考和依据。目前，指标体系中的部分指标已经应用在《深圳城市规划标准与准则修编》和《深圳市近期建设规划》中。此外，指标体系中的一些绿色指标也在新制定的《绿色城市规划设计导则》、《绿色住区设计导则》、《城市设计物理环境导则》以及《绿色建筑设计导则》有所体现。以“新建项目混合用地比例”的指标落在规划编制中的落实为例，要求除行政办公用地、必须独立占地的公共设施、市政设施绿地外，其他类型的用地需进行不同程度的功能混合，从允许兼容向必须兼容转变，采用附加指标丰富和完善兼容性规定；同时对混合比例、兼容功能的位置，开发模式等也都

❶ 如：“本地植物指数”、“空气优良天数”，均已达到国家标准，并且变化不大，失去了动态变化的意义。

❷ 如：“城市水环境功能区水质达标率”为生态城市评价的常用指标。但由于深圳滨海城市的特殊地理环境和区域影响，近海海域和地表水功能区水质情况差异较大。根据市人居环境委员会的意见，将此指标拆分为“近岸海域功能区水质达标率”和“地表水功能区水质达标率”来分别描述和确定目标值。

作出了规定(表 6-2)。

"新建项目混合用地比例"指标在规划编制中的细化　　表 6-2

用地性质及代码	主导用地性质	兼容功能	经规划许可后可兼容的功能	对兼容比例的要求	对兼容位置的要求	备注
二类居住用地(R2)	居住	位于建筑底层的商业或公业设施。	位于建筑二层的商业或公共设施。	至少 85%以上的建筑面积用于居住功能，商业功能的建筑面积不得超过总建筑面积的 10%。	所有兼容设施不得设置在 3 层及以上。	兼容设施不得对居民造成噪声干扰和气味影响。
二类居住+商业用地(R2+C1)	居住	商业、服务业或公共设施	商业性办公	至少 60%以上的建筑面积用于居住功能，20%以上的建筑面积用于商业、服务业或商业性办公功能。	沿中央公园大道、光辉大道、光明步行街两侧的建筑底层都必须是商业或服务业。	兼容设施不得对居民造成噪声干扰和气味影响。
商业用地(C1)	商业	服务业或公共设施	商业性办公、旅馆业、二类居住	至少 50%以上的建筑面积用于商业功能，居住功能的建筑面积不得超过总建筑面积的 20%。	1～3 层总建筑面积的 80%以上必须用作商业或服务业。	居住建筑应设专门出入流线。
综合发展用地	商业、商业性办公、服务业	二类居住、旅馆业、公共设施、交通设施		15%～25%的建筑面积用于居住，2～10%的建筑面积用于公共设施和交通设施，其余根据市场情况灵活调配。		各类兼容用地及设施应进行整体设计和开发，并充分考虑与周边轨道站点的交通组织和衔接，形成建筑、交通综合体的形式。
……						

资料来源：深圳市规划和国土资源委员会光明管理局，绿色新区 低碳生活

4）指标与规划管理的结合

设计的指标如何能与规划管理有效地衔接，也是深圳积极探索的领域。目前，深圳的做法主要是借助于试点示范小范围地进行探索尝试，以总结经验，不断地修正完善。如，近期坪山新区新开工 4 个地块的安居房和保障房建设项目中，就在常规的控制指标中加入了一些从上述的各《导则》中提炼出的绿色指标(如绿化率)从设计上来控制项目的低碳生态；并且从规划管理上，也将这些绿色指标作为附件纳入到了"一书两证"的颁发审核中，通过这种方式使指标与规划管理的结合更具法制性和强制性。

3. 政策法规

完善的政策法规体系能够有力地推进低碳生态城市建设的各项工作。深圳市在政策法规保障方面的工作主要体现在以下几个方面：一是借助于价格杠杆的调节作用，二是公共事业领域政府的示范先行以及综合补贴，三是分明的奖励惩罚政策。

1）借助于价格杠杆的调节作用

深圳在节水方面主要借用了市场机制中价格杠杆的调节作用，确保了低碳生态城市建设中用水的节约。其具体做法是：在执行《深圳市节约用水条例》的同时，深圳市将城市生活用水依总用水量的不同分为三个档次来收取费用(这里的水费包含了用水费和排水费)，如总用水量维持在一档(最低档)，那么每吨水费(元/t)是一个价格；如果总用水量达到了三档(最高档)，那么每吨水费将有明显的提高，也即通过价格杠杆的作用来达到节约用水的目的。而在推广中水回用方面，价格机制的作用也非常明显。在中水回用的政策中，使用中水不但每一方的水价格低于第一档的标准，而且不另收排水费，这有力地推动了中水在景观、冲厕等方面的回用。今年，深圳南山区的中水回用项目，获得了全国的人居环境奖，其中水回用的范围可以覆盖到办公楼以及周边商业区的设施，是全国最大的中水回用项目单体。

在垃圾分类收集方面，深圳市将原有的三级垃圾转运体制精简为二级转运体制[1]的基础上，也增加了垃圾按单位面积收费的政策规定。其收费的标准是根据总量的多少分为几个档次来规定每平方米垃圾的费用，这与生活用水的收费模式极为类似。

2）公共事业领域政府的示范先行以及综合补贴

在目前的低碳生态城市建设中，城市的公共事业开展以及新兴能源与技术的推广应用，市场与社会的参与力量都还很薄弱，需要政府的示范引导以及一系列的综合补贴。深圳在此方面的工作主要集中在绿色交通、新能源汽车、绿色建筑、固体废弃物再利用和生活污水的资源化利用。

绿色交通方面，深圳市政府主要通过对公共交通和轨道交通进行补贴的方式来推进绿色出行、低碳出行。公共交通方面，深圳对原有的公交体系进行了改革，将原来私营控股的巴士公司全部收购变为国有企业。公交集团全

[1] 即垃圾由原来的从居民区—收费站—转运站—填埋厂的模式化简为居民区的垃圾收集后交给市政，市政负责对垃圾的收费以及垃圾的暂时存放，然后直接送到垃圾填埋厂。

部变为国有企业后，政府就可以调节公交巴士的票价，以低廉的票价来吸引大众公交出行。轨道交通方面，政府通过价格补贴使大众能够享受到更为优惠的票价。此外，借鉴北京的做法——采用公交和地铁通用的乘车卡，为大众的绿色出行提供了便利。

新能源汽车的推广应用方面，自 2009 年起国家先后发布了一系列对新能源汽车提供补贴政策，即根据新能源汽车的用途、能源类型以及节油率的情况有各自的补贴标准。如公共服务用乘用车(如出租车)和轻型商用车示范推广的补助标准：节油率 40%以上的混合动力汽车国家补助 5 万元/辆，节油率 100%的纯电动汽车和燃料电池汽车国家的补贴分别为 6 万元/辆和 25 万元/辆[❶]。除了执行国家的政策外，深圳市还依据《深圳市新能源产业配套政策》，依同样的标准对新能源汽车再进行补贴。除此之外，深圳市政府还配套建设了数十个充电站和充电桩，以方便新能源汽车的便捷使用。

在固体废弃物再利用方面，深圳市正在研究出台相应的政策，以改变固体废弃物的处理现状——不环保的填埋式处理方式。目前，深圳市设立了 4 个固体垃圾分拣和再利用的工厂，目的就是要将固体垃圾加工成建材，再利用。市政府优先回购这些建材，并在政府主导建设的工程中使用。

3) 政策激励

在低碳生态城市建设的过程中，有效的政策激励一方面可以表明政府的态度，另一方面也会在一定程度上激励企业、开发商的低碳生态行为，调动其积极性。以绿色建筑为例，由于需要使用一些先进的技术和材料来达到绿色建筑“四节一环保”[❷] 的要求，于是这也意味着绿色建筑的建设成本会相应地增加。对于政府实施的绿色建筑、绿色市政(如安居房建设)，深圳市发改委在批复项目的同时会预留一个 10% 左右的预算额度上浮，以确保绿色建筑的实施；对于企业、开发商建设的绿色建筑，深圳市政府会给予一定的容积率奖励或建筑面积奖励(如可不将公共空间计入建筑面积，但公共空间依然可以销售)。当然，容积率或建筑面积奖励的百分比要根据绿色建筑所在的区位以及功用

---

❶ 具体参见《国家进一步明确对新能源车辆的财政补贴标准》和国务院公布的《财政部、科技部关于开展节能与新能源汽车示范推广试点工作的通知》。

❷ “四节一环保”即根据绿色建筑的定义——绿色建筑指在建筑的全生命周期内，最大程度地节约资源(节能、节地、节水、节材)，保护环境和减少污染，为人们提供健康、使用和高效的使用空间，营造与自然和谐共生的建筑，将其简称为“四节一环保”。

而定。

4. 试点示范

2008 年 3 月，深圳市政府与国家住房和城乡建设部签署了《关于共建光明新区绿色建筑示范区的合作框架协议》，确定光明新区成为全国首个绿色建筑示范区。自此，光明新区便开始积极探索并推进绿色建筑的落实。经过 3 年多的努力，光明新区着力从设计、审批入手，通过制定标准、规划引导、示范带动以及强有效的管理措施，使绿色建筑呈现规模化发展态势。

1）绿色规划设计

实施绿色的规划设计可以以地域 20％的资源投入，产生高达 75％～80％的绿色贡献，这意味着规划设计是绿色建筑推进“事倍功半”的基础和关键环节。光明新区在探索绿色建筑实施的过程中，高度重视设计阶段的指导、引导和服务工作，这主要体现在以下具体方面：

一是将绿色建筑设计要求作为用地“招拍挂”重要条件之一明确写进建设用地规划许可证中，并纳入实施推进的硬指标予以落实。

二是符合深圳市建筑方案招标条件的项目坚持通过招标选定方案，并对招标任务书、计划书进行备案审查，没有将绿色建筑要求纳入设计和评审要求的项目不得启动设计招标活动。

三是推行分类、分片专人负责的工作机制，以保障绿色建筑的有效落实：片区负责人先摸清片区待建企业特点、产业类型、用地特点和周边环境特点，提前与企业和设计单位沟通，确保设计中最大程度体现绿色建筑“四节一环保”的要求，例如对有条件开发利用太阳能的企业，指导其做好光伏发电、光热利用设计；对用地狭小，不能南北布置的项目，指导企业合理设计遮阳，如将公共走道布置在西侧，形成隔热阻尼区，减少建筑能耗，对周边环境良好的企业，指导企业充分利用外部环境，优化厂区环境；对用地高差较大的项目，指导企业采取建半地下室等手法，合理利用地形。

四是广泛收集国内外绿色建筑典型案例，总结低成本绿色建筑经验技术，汇编成册后无偿提供给建设单位，并与企业探讨借鉴、落实的可能性，提高了绿色建筑的实施质量。

2）绿色建筑审查

绿色建筑审查指的是在绿色建筑的设计阶段、施工阶段和竣工验收阶段均有相应的审批与审查要求，即对于没有绿色建筑设计专篇的项目不审批，绿色建筑强制标准落实不到位的不审批，降低绿色建筑标准的设计修改不审批，现场与设计图纸不符的不审批。目前审批的项目中，管理办法中的基本条文全部得到落实。其中68.7%项目一次设计到位，21%的项目在审批期限内修改、完善了绿色建筑设计后通过设计审批，8.3%的项目重新设计后通过设计审批。

3）强制政策

为有效推动光明绿色建筑的发展，光明新城根据光明的气候、地理、环境和经济条件，结合国家《绿色建筑评价标准》核心要求，在广泛征求意见的基础上，按照低成本、本土化、实用性、有效性和可操作性原则，制定了光明新区绿色建筑实施规则，采取强制加推荐的办法推行落实：强制执行的“基本条文”共45条，涵盖了场地保护，日照、自然通风和采光、生态绿化、地面透水、外遮阳、雨水利用、照明节能等多方面内容，同时对各项技术要求的审查方式和内容进行了明确的量化规定。“基本条文”以外的《深圳市绿色建筑设计导则》要求按照推荐条文执行，鼓励采用新技术、新材料。同时本着循序渐进、点面结合的原则，明确了光明新区绿色建筑重点实施范围和重点落实的项目类型：重点区域包括32km^2高新区和中心区及重点路段、景观节点；重点项目包括光明新区政府投资建筑项目，居住、办公、商业、公共建筑(含研发类科技厂房)等。在规定区域以及规定的重点项目需按绿色建筑的标准强制实施。这些明晰的规则、明确的标准和范围为绿色建筑的实施和审批管理提供了操作依据。

开展绿色建筑规划设计研究，提出实施层面的绿色控制指标，在法定图则中落实绿色城市规划理念，在每一宗地块内落实绿色建筑规划设计要求。同时，深入探索建筑设计审查规范，从定性要求向定量控制转变，加强绿色建筑审查的操作性；建立适用于新区绿色建筑全过程激励政策的框架体系，研究实施性强的面积奖励、财政补贴和机制创新等的激励实施方案和策略。

4）激励政策

为鼓励企业积极实施绿色建筑，进一步扩大绿色建筑的实施范围，提高绿色建筑的实施水平，光明新区制定实施了一系列的激励措施，诸如审批上的优先，财政上的激励，面积上的奖励以及运营过程中的支持等等(图6-4)。

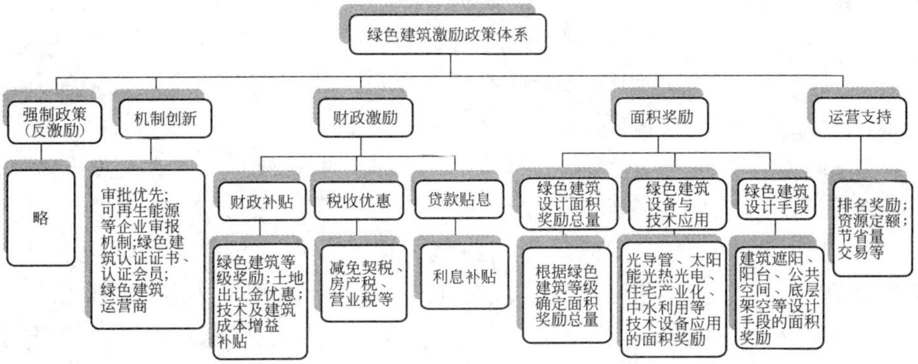

图 6-4　绿色建筑激励政策体系

资料来源：深圳市规划和国土资源委员会，光明管理局绿色新区　低碳生活

5）探索实现低成本、可推广的绿色建筑的途径

目前，单体的绿色建筑在技术上已经相当成熟，很多城市都不乏绿色建筑三星级的范例。但如何将这种单体的绿色建筑推广到一个大的区域内，如何实施规模化的绿色建筑，这也是光明新城所探索的低成本、可推广的绿色建筑之路。

光明新城的实践经验表明，“被动的绿色建筑”在做到“四节一环保”的同时，能够大幅地降低建筑成本，这也使绿色建筑的区域化、规模化推进成为可能。“被动的绿色建筑”，即接受环境、顺应环境的被动设计，是一种建筑与自然的和谐；而非依赖设备、技术强硬地改变环境空间。落实在具体的实践中，光明新城重点把握以下几个方面：一是自然环境与人工环境的有机融合，即依据不同地块自然环境的不同特点，采用低冲击式的开发设计模式，合理地设计绿化、通风、遮阳等人工环境；二是地上空间与地下空间的有机利用；三是节能与开源并重，即在充分考虑以通风、隔热、遮阳为主的被动式建筑的同时，也要充分利用再生能源实现开源；四是科学地利用和保护水资源；五是要做到节材。

同时，光明新城还积极地探索低成本、可推广的绿色建筑实用技术，将绿色建筑的每平方米成本增量降低到 100 元左右，使绿色建筑更具性价比，也在一定程度上激发了企业、开发商建设的积极性。目前，光明新城已根据自身环境特点，总结提炼出 50 项低成本的绿色建筑实用技术供建设单位参考使用。如，利用山地高差建半地下室，不仅可以减少土方量，而且提高了地下室的通风采光质量，降低了未来的照明能耗；科学安排建筑朝向，尽可能南北向布置，深圳最佳方向为南偏东15°至南偏西15°，提高改善建筑的通风条件，避免日晒引起耗能的增加；在遮阳方面，结合建筑遮阳、地貌遮阳、设计遮阳、使用遮阳和技术遮阳等方面降低建筑物的遮阳能耗，使其达到低碳节能，绿色建筑的目的。

“我们不希望因为绿色建筑而过高地增加了建筑成本，这不是我们的初衷，我们也不想看到绿色建筑设计、建筑上模板化，希望能看到许多不同内涵的绿色建筑的出现。”调研时光明新区工作的一位领导如是说。这也是光明新区在绿色建筑工作推进中的宗旨。目前，由于企业的支持，设计单位的配合和审图机构的把关，光明新区绿色建筑推进总体顺利。截至2011年8月底，光明新区共审批各类绿色建筑项目48个，总建筑面积349万m^2，属于强制实施范围的绿色建筑128万m^2(不含达到绿色建筑设计要求的生产厂房)，总投入145亿。其中，已有6个项目建设完成，经过审查，取得了绿色建筑的标识，其他项目目前还在施工建设中。管理办法强制实施范围内的建筑100%按一星以上标准设计、实施。

6.1.4 问题与挑战

1. 指标与建设管理如何对接

指标如何分区分级地应用在规划建设管理中，也是当前深圳低碳生态实践中遇到的难点。设计好的低碳生态城市指标体系如何分区分级地落实到低碳生态示范街道、示范社区和示范区，并不是简单能够直接产生对口的关系。指标与指标的落实也是一种非线性的关系。指标在实践中的挑战主要集中在两个方面：

一是技术层面。目前的很多指标都还没有经过实践，因此，指标是不是能有效地指导实践，推进实践还存在着不确定性；并且，有些指标是目标性的，有些是设计性的，有些是评价性的，指标类型的不同也带来了指标向下落实的难度。比如，目标性的指标需要转换为设计性的指标才能用于实践，这也导致有些指标需要层层分解才能应用。

二是制度层面。技术如何实现，并落实到规划管理的制度上，指标如何能够做到有效，而且便利于管理非常困难。每一个指标的影响因素都很多，有的是空间层面的，有的是环境方面的，而且是在不同的语境下的。这也就导致指标的落实很难。虽然在设计指标时，也考虑到了指标需要落实到今后的管理中，要具有可操作性，于是将指标与事权结合起来(与部门对应)，避免了出现有些指标没有部门管理，而有些指标部门间又存在严重的交叉，标准又不一样的情况。但是，指标落实到各部门后，如何能够作为一种管理规范、约束条件，纳入到规划与建设管理的制度中，还需继续探究。

2. 管理和激励调控机制有待充实

目前，深圳市已经形成以一书两证为核心的实施管理机制。具体在用地选址、核发建设用地规划许可证、方案审批、建筑设计招投标、施工图审查、规划验收等全过程实施低碳生态城市理念和要求。尽管如此，还应完善补充城市规划技术标准与规范，将低碳生态的理念和建设要求纳入各类城市规划设计标准、准则和规范中，在基础数据分析基础上，强化细化城市规划编制的技术指引，并在核发《建设用地规划许可证》时，低碳生态的规划控制指标也作为规划要求，并作为方案审批时的主要依据。

在激励调控机制方面，当前涉及领域还比较少，还需要继续研究通过容积率奖励、地价优惠、审批手续简化、税收减免、价格调控、财政补贴等政策，鼓励低碳生态规划项目建设。

3. 绿色建筑的深入推广任重道远

深圳光明新区在推动低成本、可推广的绿色建筑方面进行了一些探索和实践，也取得了一定的成绩，但是光明新区绿色建筑的深入推广仍然任重道远，这主要表现在：一是企业对开展绿色建筑仍有所顾虑；二是三星级的绿色建筑比例不高，应研究制定恰当的激励政策，扶持、鼓励企业将绿色建筑向高端方向发展；三是光明新区绿色建筑的强性条文还只是针对 $32km^2$ 的强制实施范围、民用建筑和公共建筑，工业厂房没有纳入其中，还需研究适合厂房的绿色建筑实施条文，深入推进绿色建筑的实施；四是要结合光明的地质条件、自然资源和产业特点，研究推广适合光明特点、性价比较高的新技术，使绿色建筑的实施更具可推广性。另外，绿色建筑在交付运营后，如何能确保绿色建筑运营中的低碳节能也需要进一步研究探索。

6.1.5　对深圳市低碳生态城市指标体系的分析

1. 深圳市资源节约战略与指标研究

1）水资源现状、战略与指标变化

（1）水资源现状

深圳市是一个严重缺水的城市，是全国七大严重缺水城市之一，70％以上用水靠市外的东江引入。深圳市 2010 年城市供水保证率达 97％，其中本地水 3.25 亿 m^3，其他水 1.78 亿 m^3，境外调水 15.93 亿 m^3，可供水量共计 20.96 亿 m^3(深圳市水务局，2006a)。按实际人口计算，深圳市人均水资源拥有量不足 $160m^3$，仅为全国平均水平的 1/12 和广东省的 1/11。因此，深圳市面临的水资源制约问题非常严重。

(2) 水资源保护利用战略与措施

传统水资源的开发与保护。深圳市主要通过严格保护水源地水质和节约用水两个方面来保护传统水资源。在水源地环境保护方面，深圳市于 2001 年制定了《深圳经济特区饮用水源保护条例(2001 年修正)》，对水源地环境进行严格保护。深圳水源地环境保护主要措施包括：①加大水库环保监督力度，完善法律法规保障体系；②控制水库流域的人口；③防止水库的突发性污染；④针对水源保护区附近的不同土地使用功能，制定相应的措施；⑤对主要饮用水源地，制定具体的规划目标和专项保护措施；⑥对地下水源制定具体的规划目标和专项保护措施。

在节约水资源方面，深圳市按照建设节水型城市要求，以水资源的循环利用为最终目标，逐步提高城市综合用水效率和效益，保障社会、经济与生态的可持续发展。深圳市于 2005 年 1 月 19 日公布了《深圳市节约用水条例》，提出深圳市人民政府应当根据本市国民经济和社会发展计划，编制统一的节约用水规划，并纳入城市总体规划。

发掘非传统水资源。深圳市在传统水资源保障体系基础上，加大非传统水资源的开发力度，以解决深圳市水资源短缺难题。当前深圳市非传统水源开发主要技术包括：①污水回用，用于工业冷却水、河道景观用水、市政杂用水等；②海水利用，利用近海海水作为工业冷却用水、生活杂用水，进行水产养殖及发展旅游事业，开发海水淡化技术；③雨水利用，研究开发雨水集蓄技术和洪水利用技术，增加可用水资源量，减轻城市河道排洪压力(深圳市水务局，2006b)。

水资源综合管理。通过创建国家水资源综合管理试点城市，落实国家最严格的水资源管理制度，建立水资源开发利用、用水效率、水功能区限制纳污三条水资源管理红线，在全市范围内建立起高效、协调的水资源综合管理体系，全面达到国家水资源综合管理试点城市标准，顺利通过水利部组织的中期验收和终期验收，为国家水资源综合管理工作探索先进经验，发挥示范作用(深圳市人民政府，2010b)。

(3) 水资源指标分析

自深圳市 2005 年正式启动节水型社会创建以来，深圳市开始对城市水资源利用指标进行监测统计。根据深圳市人居环境委员会的统计，深圳市 2005～2008 年近年来水资源利用指标见表 6-3 所列

深圳市 2005～2008 年节水型城市考核指标情况　　表 6-3

年份	2005 年	2006 年	2007 年	2008 年
万元 GDP 用水(m^3/万元)	34.0	29.8	26.48	23.66
人均用水 [L/(人・d)]	555	560.5	572.67	576
人均居民生活用水量 [L/(人・d)]	210	219.5	222	204
万元工业增加值用水量(m^3/万元)	21.2	19.3	18.97	16.81
节水器具普及率(%)	未统计	70	未统计	未统计
再生水利用率(污水处理回用率)(%)	0.2	0.6	3.56	11.2
城市供水管网损失率(%)			13	12.95
工业用水重复利用率(%)			70	70
第三产业万元增加值取水量(m^3)			12.4	8.9
工业废水排放达标率(%)			—	97.88
城市生活污水集中处理率(%)			70.45	75.03
饮用水源水质达标率(%)			98.86	99.87

2）能源现状、战略与指标变化

（1）能源现状

深圳一次性能源极度匮乏，几乎全部一次性能源都要依赖国内外市场供应。随着经济多年高速增长，深圳市用电总量由 1990 年的 359694 万 kW・h 增加到 2009 年的 5856808 万 kW・h，在近 20 年间增加了 16.3 倍，表明深圳市的能源消耗增速很快(图 6-5)。随着社会经济的持续发展，能源需求将继续增加。

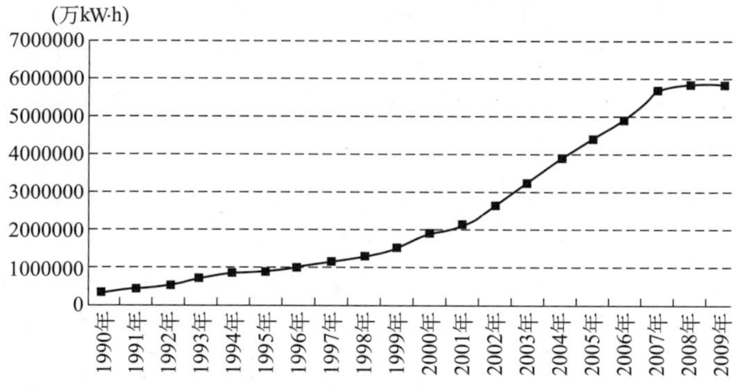

图 6-5　深圳市 1990～2009 年全市用电总量增长趋势

数据来源：深圳统计年鉴 2010

从深圳市2009年主要能源消耗结果来看，深圳市主要能源结构为电力、煤炭、柴油和燃料油等(图6-6)。

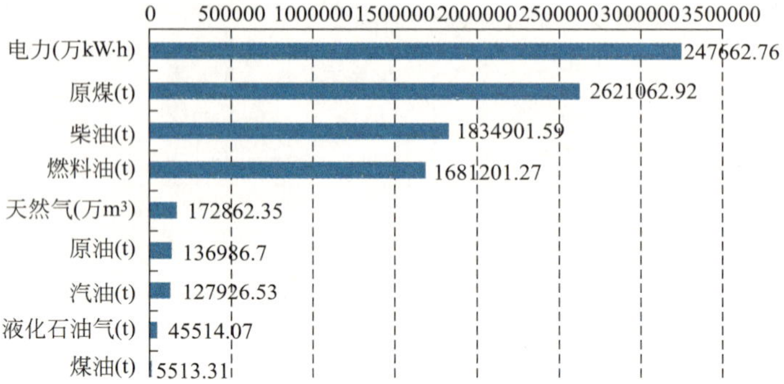

图6-6　深圳市2009年全部工业企业主要能源消费量

数据来源：深圳统计年鉴2010

(2) 能源节约利用战略与措施

大力发展新能源产业。在深圳市能源短缺的背景下，深圳市通过大力发展新能源产业来实现能源的持续保障。现在深圳市新能源产业规模居全国大中城市前列，在我国新能源产业中具有重要的示范作用。根据《深圳新能源产业振兴发展规划(2009～2015年)》，2008年深圳市新能源产业总产值约300亿元，其中新能源开发利用产值超过140亿元，新能源服务业产值超过50亿元，太阳能薄膜电池生产规模全国领先。深圳市在新能源供给比例全国领先。核能、生物质能、太阳能、风能等新能源开发规模逐步扩大，能源结构不断优化。核电装机容量约400万kW，在建200万kW。垃圾发电装机规模约7万kW。太阳能光伏发电量累计超过400万kW·h。风电资源测定容量6万kW，景观风力发电装机容量0.2万kW。2008年，新能源发电装机容量合计407万kW，占全市装机总容量的38%。根据该规划，深圳未来重点发展的新能源为仍集中在太阳能、核能、风能、生物质能、储能电站和新能源汽车方面。

大力推进建筑节能。深圳市属于夏热冬暖地区，建筑能耗以电力消耗为主，其中公共建筑的空调系统设备是主要的能耗来源。2001年深圳市启动了建筑节能工作以来，建筑节能政策法规及标准体系逐步完善，工作取得了一定的成绩。深圳市2006年11月1日实施的《深圳经济特区建筑节能条例》，率先在国内确立了在12层以下住宅建筑中强制安装太阳能热水系统的制度。2006年深圳市被国家住房和城乡建设部列为再生能源(太阳能)建筑规模化应用示范城市，有 11 个项目入选国家首批可再生能源建筑应用示范工程。已建和在建光热建筑应用面积 800 万 m^2，年均增长超过 37%。已建和在建太阳能光电建筑应用装机容量 4.5MW（深圳市人民政府，2010c）。未来，深圳市将重点加速建设国家可再生能源建筑应用示范城市，强力推进太阳能光伏、光热、太阳能玻璃幕墙在建筑领域的广泛应用。

2007 年制定的《深圳市建筑节能"十一五"专项规划暨 2020 年远景目标》提出，到 2020 年，全市新建建筑全面执行建筑节能 65%的标准，80%新建建筑建设成为绿色建筑，80%既有建筑完成改造（深圳市人民政府，2006b）。2010 年深圳市推出的《实施太阳能屋顶计划工作方案》，提出 2010～2011 年具体的工作目标：新增太阳能热水建筑应用面积 702 万 m^2，新增太阳能空调、海水源热泵、污水源热泵、地源热泵、电厂余热等其他类别可再生能源建筑应用面积不低于 10 万 m^2。其中，新增新建建筑安装太阳能热水系统建筑面积不少于 307 万 m^2；新增既有建筑安装太阳能热水系统建筑面积不少于 395 万 m^2。通过建设可再生能源建筑应用示范城市，每年减少消耗 3100 万 m^3 天然气或 32000 万 kW·h 电，折合节约 11 万 tce，减少二氧化碳排放量 27.5 万 t（深圳市人民政府，2010d）。

大力推动新能源汽车。深圳市被国家发展和改革委员会、科学技术部、工业和信息化部、财政部四部委确定为节能和新能源汽车示范推广城市，承担多项新能源汽车领域国家"863"计划攻关项目，现有超过 100 辆混合动力汽车示范运行。未来，深圳市将重点加速建设国家节能与新能源汽车示范推广城市，加快新能源汽车使用配套设施建设，从区域、社区、线路、车队、单位五个层次，开展新能源公交大巴、出租车、公务车、私家车示范推广。规划到 2012 年，推广使用新能源汽车（包括混合动力汽车、纯电动汽车和天然气汽车）2.4 万辆以上，建设公交大巴充电站 50 个，公务车充电桩 2500 个，社会公共充电站 200 个，充电桩 10000 个；到 2015 年，推广使用新能源汽车累计达到 10 万辆，配套基础设施完备（深圳市人民政府，2010e）。

（3）能源指标分析

随着深圳市新能源产业发展、建筑节能和交通节能方面工作的进展以及深圳市产业结构的进一步转型，深圳市能源利用指标有较大变化。其中，从单位 GDP 能耗指标来看，近 5 年间持续下降，从 2005 年的 0.593tce 下降到 2009 年的 0.529tce（图 6-7）。单位工业增加值能耗也从 2005 年的 0.598tce 下降到 2009 年的 0.511tec（图 6-8）。

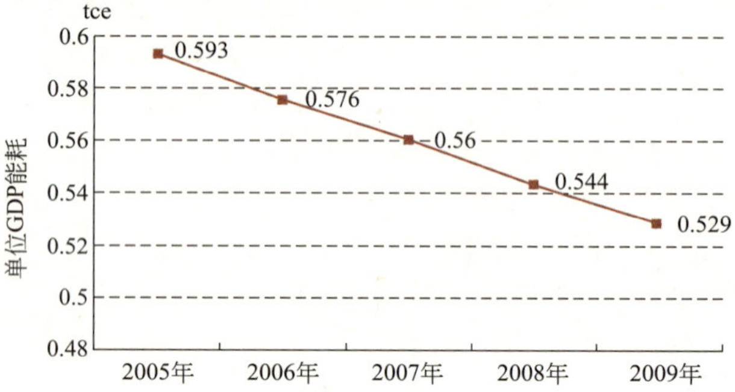

图 6-7　深圳市近 5 年单位 GDP 能耗变化情况

数据来源：深圳市统计年鉴 2010

图 6-8　深圳市近 5 年单位工业增加值能耗变化情况

数据来源：深圳市统计年鉴 2010

2. 深圳市环境友好战略与指标研究

1）空气质量

（1）空气质量现状

根据《2009 年度深圳市环境状况公报》，2009 年深圳全市环境空气质量达到国家一级标准（优）和二级标准（良）的天数共 364 天，占全年总天数的 99.7%，其中一级为 185 天，二级为 179 天，三级为 1 天，空气首要污染物为可吸入颗粒物。2009 年深圳市二氧化硫年日平均浓度为 0.013mg/m^3，比 2008 年下降 0.003mg/m^3；二氧化氮年日平均浓度为 0.042mg/m^3，比 2008 年下降 0.005mg/m^3；可吸入颗粒物年日平均浓度为 0.057mg/m^3，比 2008 年下降 0.006mg/m^3。二氧化硫、二氧化氮和可吸入颗粒物年日平均浓度均符合环境空气质量二级标准。从深圳市 2000～2009 年空气质量达国家标准天数来看(图 6-9)，深圳市空气质量提升较明显，特别是最近 5 年，达国家一级标准的天数逐年增加。

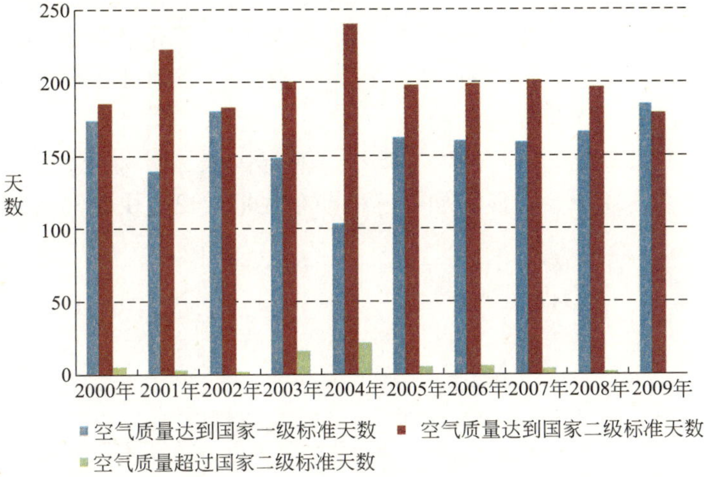

图 6-9 深圳市 2000～2009 年空气质量达国家标准天数情况

数据来源：深圳市环境状况公报 2000～2009 年，其中 2006 年数据缺失，通过插值补充

(2) 空气质量提升战略与措施

深圳市改善空气质量的主要途径有：①交通行业，实施公交优先战略，加快建设以轨道交通为骨干、公共交通为主体的城市交通体系；进行机动车排气污染整治，基本完成加油站、储油库及油罐车的油气回收工程改造；推广液化天然气(LNG)混合动力汽车、纯电动汽车等新能源汽车；强化机动车环保车型目录管理，对新车上牌严格执行机动车国Ⅲ排放标准；加快污染物高排放车辆淘汰更新，逐步建立机动车交通污染检测评估和预报预警体系。②电力行业，加快推进烟气脱硝降氮和挥发性有机物(VOC)治理，现有火电厂全部安装和运行低氮燃烧器。③扬尘污染治理方面，联合城管、交警等部门组织开展专项执法检查，检查建筑施工工地，减少施工扬尘；改进道路清洁方式，减少道路扬尘污染。④建立完善灰霾天气的监测、预报、预警和防控体系，着力解决灰霾问题，改善大气能见度。在常规工作之外，深圳市于 2006 年启动了旨在改善空气质量的“蓝天行动”。该行动通过开展整治行动，不断推动各项大气污染的防治工作，严厉打击各类违法排污行为，引导全体市民参与整治活动，确保重点监管企业稳定达标，机动车污染控制工作有新

突破，城市扬尘污染得到有效控制，总体大气环境质量有所改善，保障群众健康。

（3）空气质量指标变化分析

随着近些年深圳市在大气污染防治方面大量卓有成效的工作，深圳市空气质量逐年提升。从可吸入颗粒物年平均浓度、二氧化硫年平均浓度和二氧化氮年平均浓度三个指标来看(图 6-10～图 6-12)，深圳市的空气质量变化趋势较为明显，呈现连年降低的趋势。

尽管深圳市主要空气污染物年均浓度满足国家二级标准，但是雾霾等复合性空气污染问题开始凸显。如由于机动车数量增长较快，2009 年深圳市本

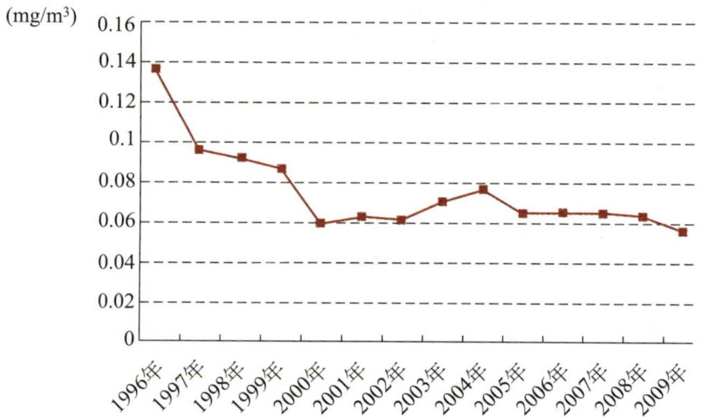

图 6-10　深圳市 1996～2009 年可吸入颗粒物年平均值变化

数据来源：深圳市统计年鉴 2010

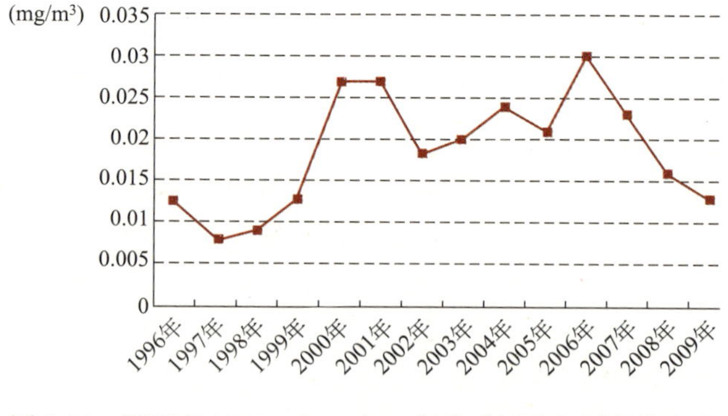

图 6-11　深圳市 1996～2009 年二氧化硫浓度年平均值变化

数据来源：深圳市统计年鉴 2010

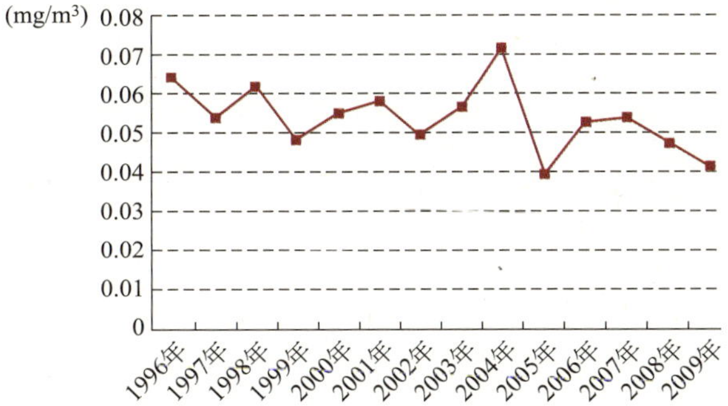

图 6-12　深圳市 1996～2009 年二氧化氮浓度年平均值变化

数据来源：深圳市统计年鉴 2010

地机动车达到 1452642 辆，是 2004 年机动车数量的两倍（深圳市统计局，2010a），因此受机动车尾气排放的影响，二氧化氮浓度上升较快，增加雾霾天气的几率。

2）水环境质量

（1）水污染现状

河流污染是深圳市的主要环境问题之一。特区内污水处理能力尽管已能满足污水处理的需要，但是污水管网配套需要进一步完善；特区外污水收集和处理设施建设相对滞后，大量污染物未经处理排入地表水体和海域。受污水排放的影响，河流污染仍较严重，主要河流中下游水质劣于国家地表水Ⅴ类标准；东部近岸海域海水达到国家海水水质第一类标准，西部近岸海域海水受到一定程度污染，水质劣于第四类标准。

根据深圳市 2009 年环境状况公报，全市 2009 年集中式饮用水源地水质达标率为 100%。其中，深圳市松子坑水库、梅林水库、罗田水库、清林径水库、赤坳水库、径心水库、铜锣径水库和枫木浪水库水质为优，达到国家地表水Ⅱ类标准，其中松子坑水库达到Ⅰ类标准；其他水库水质良好，达到Ⅲ类标准。与 2008 年相比，罗田水库和松子坑水库水质有所改善，其他水库水质基本保持稳定。

2009 年深圳市地表水环境功能区水质达标率为 77.78%，部分河流上游河段水质相对较好，深圳河、龙岗河、坪山河上游水质分别达到国家地表水Ⅳ、Ⅲ、Ⅱ类标准；主要河流中下游水体仍普遍受到污染，水质劣于地表水Ⅴ类标准，主要污染物为氨氮、总磷和生化需氧量。与 2008 年相比，观澜河污染程度有所减轻，新洲河、福田河等河流污染程度有所加重，大沙河、茅洲河、龙岗河、坪山河、凤塘河和沙湾河水质基本保持稳定。

2009年深圳市近岸海域环境功能区水质达标率为81.82%，其中东部近岸海域海水水质良好，符合国家海水水质第一类标准，西部近岸海域海水水质劣于第四类标准，主要污染物为无机氮和活性磷酸盐。与2008年相比，东部近岸海域海水水质保持稳定，西部近岸海域海水水质污染程度有所减轻。

(2) 水环境保护战略与措施

在饮用水源地保护战略与措施方面，深圳市主要通过制定相关法律和编制环境保护规划来确保水源地水质保护。深圳市于2001年出台了《深圳经济特区饮用水源保护条例(2001年修正)》，对深圳市内集中供饮用的江河、湖泊、水库、渠道等地表水资源划定保护范围，禁止在水源区进行对水质有污染的生产行为。2006年深圳市组织编制了《深圳市饮用水水源地环境保护规划(2006～2020)》，对全市饮用水源地的环境现状，水质评价和现状规划情况进行了全面的分析研究，编制了深圳市水环境保护区调整规划、污染物总量控制规划、水源地水质保护工程建设规划，明确了未来15年深圳市饮用水源地污染防治工作目标、对策与具体措施，并针对水源地突发污染事故，研究了水质预警应急机制，规划未来建设水源地环境预警监控体系和环境应急工程。

在河流生态保护战略与措施方面，深圳市主要通过逐渐增强深港、深莞惠环保合作，共同推进深圳河、观澜河、茅洲河、龙岗河、坪山河水环境综合治理，逐步修复河流生态系统。在河流两侧、入海河口、沿海滩涂保护和建立一批湿地；加强持久性有机污染物(POPs)和重金属污染控制，防治面源污染；加强排水排污管理，强化排水执法工作，建立完善河流综合管理的长效机制；强化水环境治理，加快污水处理厂及配套管网、污泥处理厂的建设，完成现有污水处理厂脱氮除磷工艺改造，妥善处理污水处理厂污泥和垃圾填埋场渗滤液。

在近海海域生态保护战略与措施方面，深圳市于1999年制定《深圳市近岸海域环境功能区划》(图6-13)。该区划将深圳近海海域划分为13个功能区，对各功能区提出了具体的水质保护要求和发展目标。在水质保护方面，深圳市在近海海域主要加强陆源污染的排污管理，减少和控制入海河流携带的污染量，防治重点海域氮、磷、石油类和重金属污染，保障海洋生态环境的健康。

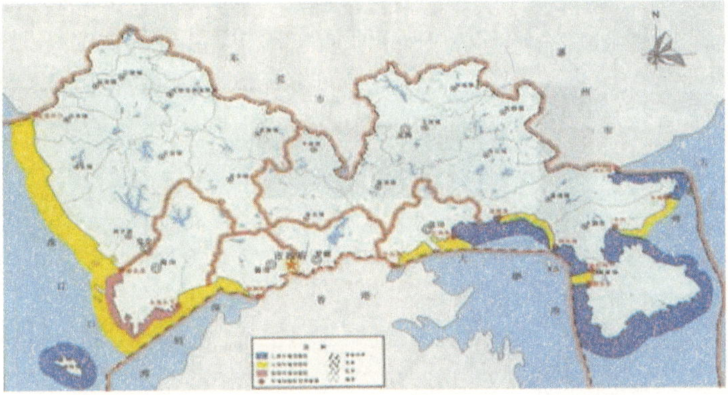

图 6-13　深圳市近岸海域环境功能区划示意图
来源：深圳市人居环境网

（3）水环境指标变化分析

深圳市饮用水源地水质达标率自 1996 年以来一直保持较高水平，从 1996 年的 96.8%增加到 2000 年的 98.73%，2001 年饮用水源地水质达标率下降为 93.45%。2001 年以后，达标率逐年稳步增加，2009 年达到 100%（图 6-14）。由于深圳市于 2000 年重新划分了深圳市生活饮用水地表水源保护区，废止了 1995 年划定的水源地，因此导致 2001 年饮用水源地水质达标率大幅下降。根据 2000 年水源保护区划，深圳市水源保护区 27 个，总面积 59470km^2。其中一级保护区面积 12926km^2，二级保护区面积 24707km^2，准保护区面积 21837km^2（深圳市人民政府，2010f）。

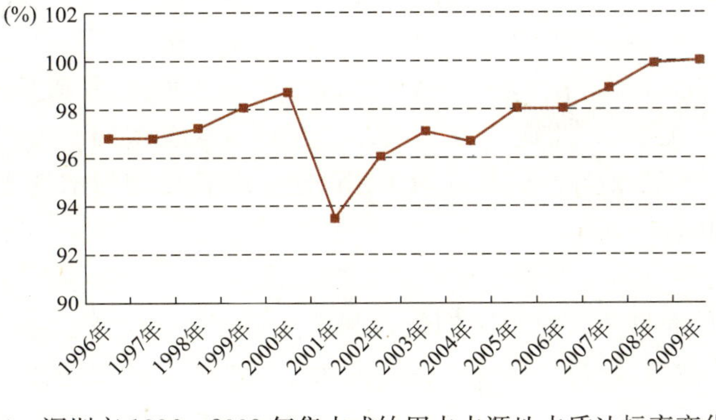

图 6-14　深圳市 1996～2009 年集中式饮用水水源地水质达标率变化情况
数据来源：深圳市统计年鉴 2010

地表水功能区水质达标率和近岸海域环境功能区水质达标率。深圳市2008年以前的环境状况公报仅对河流水质情况进行定性的描述，没有具体的指标来表征河流的水质情况。2009年深圳市环境状况公报中首次使用地表水功能区水质达标率和近岸海域环境功能区水质达标率两个指标来定量化的表征城市地表水环境质量。

城市生活污水处理是水环境保护的重要措施。深圳市城市生活污水处理率从1997年的42.99％增加对2009年的80.17％，增加了近两倍，并且呈逐年上升的趋势(图6-15)。

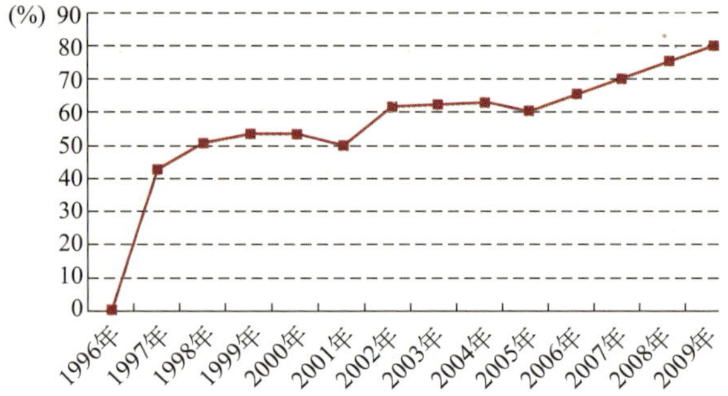

图6-15　深圳市1996～2009年城市生活污水处理率变化情况

数据来源：深圳市统计年鉴2010

3）固体废弃物管理

(1）固体废弃物产生现状

深圳市2009年全市工业固体废物产生量为139.45万t，处置利用率为99.89％。其中收集处置工业危险废物34类，共33.66万t，比2008年减少0.52％，工业危险废物处置利用率100％；收集医疗废物7952.18t，比2008年增长24.89％，医疗废物集中处理率100％。城市生活垃圾产生量为475.96万t，无害化处理量为448.84万t，生活垃圾无害化处理率为94.30％，其中焚烧垃圾191.71万t，填埋垃圾257.13万t(深圳市人居环境委员会，2010)。

从2009年深圳市固体废弃物产生和处理情况来看，深圳市工业固体废弃物、工业危险物和医疗废物的处置利用水平较高，几乎全达到100％。但部分地区，特别是原特区以外生活垃圾无害化处理设施欠完善，存在简易填埋、露天堆放等现象。根据深圳市环境卫生设施系统布局规划预测，深圳市垃圾量仍将大幅增加，特别是随着城市更新带来的建筑垃圾增量将有较大增幅，因此未来固体废弃物处理仍面临巨大压力(表6-4)。

深圳市垃圾产量预测　　**表 6-4**

项目	现状	2010 年	2015 年	2020 年
生活垃圾产生量(t/d)	10731	16146	18935	22073
生活垃圾清运量(t/d)	9121	12917	14201	15451
建筑垃圾产生量(万 m^3/年)	410	1430	2140	2890
城市粪便产生量(t/d)	666	968	1075	1142

数据来源：深圳市环境卫生设施系统布局规划

（2）固体废弃物处理战略与措施

深圳市固体废弃物处理主要分为生活垃圾、工业固体废弃物、危险废弃物和建筑垃圾处理四种类型。

A. 生活垃圾污染控制主要措施：实施生活垃圾分类收集，建设完善回收网络体系，建成现代化城市生活垃圾压缩式收运系统；关闭简易垃圾填埋场，建设无害化处理处置系统，严格控制固体废物污染。

B. 工业固体废物污染控制措施：从末端治理逐步转变到全面控制，以清洁生产、循环再生和污染控制为工业固体废物基本治理方式。强化源头控制管理，大力促进企业清洁生产通过技术改造，降低能耗和原材料消耗，实现生产环节生态化，减少固体废物的产生；拓展工业垃圾资源化利用途径，构建区域综合利用系统。

C. 危险废物污染控制措施：在危险废物的收集、运输、处理处置过程中，实行全过程管理制度；建立危险废物交换网络体系，促进危险废物的循环利用，减少集中处理的费用；完善工业危险废弃物的安全处置，建设废弃物资源再生利用产业基地，形成再生资源回收、加工、利用的产业链条，扩大再生资源回收、加工、利用的规模。医疗废物统一运输到深圳市医疗废物处置中心进行焚烧处理。加强医疗废物监管，杜绝医疗垃圾自行焚烧或混入生活垃圾处置。

D. 建筑废弃物处置措施：出台《深圳市建筑废弃物减排与利用条例》，按照建筑废弃物实行分类管理、集中处置的原则进行处理。实行建筑废弃物排放收费制度，主管部门根据建筑废弃物的分类情况、排放数量、收费标准向建设单位或者业主收取建筑废弃物排放费(以下简称排放费)。排放费全额上缴财政，全部用于支持建筑废弃物减排与回收利用活动。2010 年，深圳市在全国建成投产首个建筑废弃物综合利用项目——塘朗山建筑废弃物综合利用项目(彭勇，2010)。该项目占地面积 6 万 m^2，目前已建有再生骨料生产线 1 条(年产 30 万 m^3)，建筑砌块生产线 6 条(年总产 35 万 m^3)，年总消耗建筑废弃物 100 万 t，在建筑废弃物资源化综合利用方面的规模、技术、生产、再生产品市场销售均走在全国前列，是我国目前较大规模的综合利用厂之一，对深圳市加快低碳生态城市建设具有重要意义，并对全国具有良好的示范效果。

（3）固体废弃物处理指标变化分析

深圳市固体废弃物处理水平较高，其中危险物和医疗垃圾处理率均达100%，生活垃圾无害化处理率和工业废弃物处置利用率两项指标也持续增加。从1996～2009年固体废弃物指标变化情况来看，生活垃圾无害化处理率逐渐接近95%（图6-16），工业废弃物处置利用率逐渐达到100%（图6-17）。

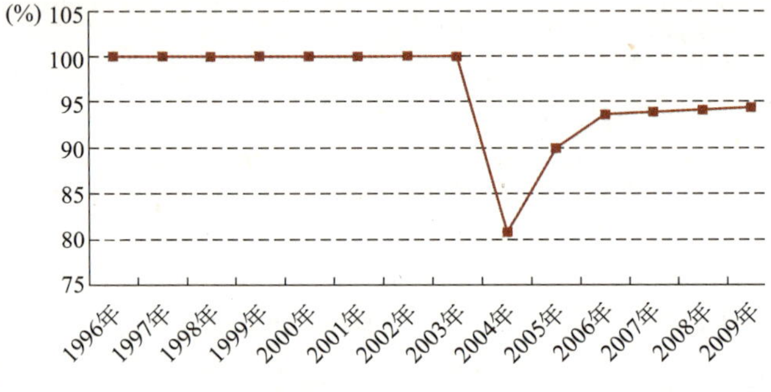

图6-16 深圳市1996～2009年城市生活垃圾无害化处理率变化情况

数据来源：深圳市统计年鉴2010

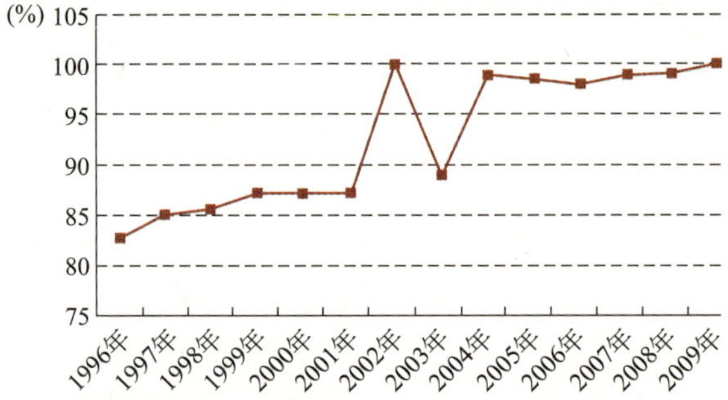

图6-17 深圳市1996～2009年工业固体废弃物处置利用率变化情况

数据来源：深圳市统计年鉴2010

4）噪声

（1）噪声现状

从深圳市近年来噪声污染监测数据来看，城市声环境质量基本稳定，区域环境噪声处于轻度污染水平，道路交通噪声处于良好水平，但部分路段道路交通噪声超标。2009年全市区域环境噪声平均值56.8dB，城市交通干线噪声平均值69.5dB。2009年，深圳噪声类投诉立案案件共13386宗，占环境立案处理总数的 51.8%，表明噪声污染是居民主要的环境投诉类型（深圳市人居环境委员会，2010）。

（2）噪声防治战略与措施

深圳市主要通过以下方式加强噪声管理：开展夜间现场巡查，严厉打击违法施工行为；严格排污申报登记工作，推动过去的被动处理投诉模式向施工噪声全过程管理和源头控制的主动管理模式转变；实施建筑施工环境监理制度；实行夜间施工提前公告制度，做好事前预防控制工作；组织召开轨道交通施工噪声现场管理先进经验交流会，指导地铁施工工地优化施工工艺，调整作业时间和安装简便可行的消声环保设施，推广先进的噪声污染防治技术。

（3）噪声指标变化分析

从深圳市区域环境噪声平均值变化情况来看，2000 年以后区域平均噪声较 2000 年以前有较高的提升，平均水平下降约 0.5dB（图 6-18）。

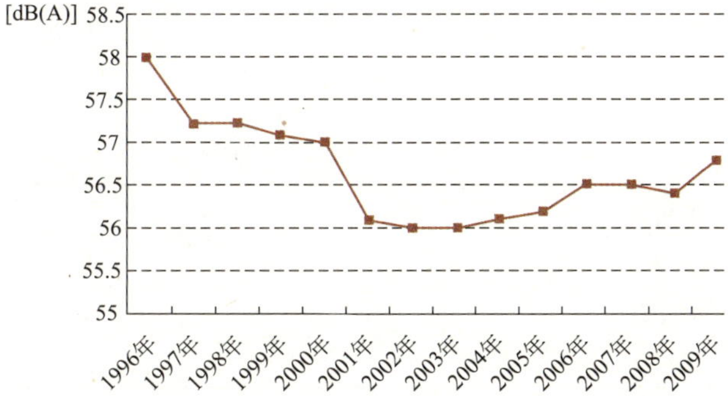

图 6-18　深圳市 1996～2009 年区域环境噪声平均值变化情况

数据来源：深圳市统计年鉴 2010

5）公园绿地现状

（1）公园绿地现状

2009 年，深圳市共有各级公园 653 个，公园面积 20452hm^2，人均公园绿地面积 16.3m^2；全市绿化覆盖面积达 97598hm^2；建成区绿化覆盖面积 36609hm^2，覆盖率 45.02%。自然保护区覆盖率达到 30.65%；974km^2 的生态控制线范围得到有效保护（深圳市统计局，2010b）。

从全市园林绿地面积、建成区园林绿地面积和建成区公园面积三个指标来看（图 6-19），深圳市近五年来绿化面积变化不大，说明绿地面积基本稳定，人均绿地面积 5 年增加了 0.2m^2。但从公园数量、公园面积变化情况看（表 6-5），深圳市公园数量近些年持续增加，公园面积增速加快，表明深圳市公园建设成效显著。

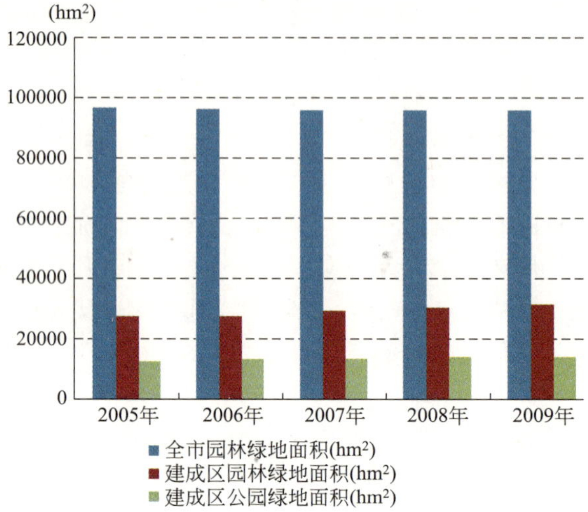

图 6-19　深圳市 2005～2009 年绿地面积变化情况

数据来源：深圳市统计年鉴 2010

2005～2009 年城市公园绿地指标变化　　　　表 6-5

绿化指标	2005 年	2006 年	2007 年	2008 年	2009 年
人均公园绿地面积(按常住人口计算)(m^2)	16.1	16.1	16.1	16.2	16.3
公园数(个)	303	442	575	615	653
公园面积(hm^2)	15766	37420	15873	15986	20452

数据来源：深圳市统计年鉴 2010

(2) 公园绿地保护与建设战略和措施

建立基本生态控制线。根据《深圳市基本生态控制线管理规定》，深圳市的生态控制线包括：①一级水源保护区、风景名胜区、自然保护区、集中成片的基本农田保护区、森林及郊野公园；②坡度大于 25%的山地、林地以及特区内海拔超过 50m、特区外海拔超过 80m 的高地；③主干河流、水库及湿地；④维护生态系统完整性的生态廊道和绿地；⑤岛屿和具有生态保护价值的海滨陆域；⑥其他需要进行基本生态控制的区域。

构建区域生态安全网络格局。为维护深圳市自然生态系统的连通性，防止城市无序蔓延，以重要生态功能区和基本生态控制线为基础，构建“四带”、“六廊”自然生态网络格局，使内陆城区之间以自然地带相隔，实现自然融解城市的目标。对于必须穿越自然生态区域内的重大道路交通设施应以“虚线化”为原则，尽可能采用地下或空中穿越的建设方式，避免对地表植被造成干扰。对于市政公用设施、旅游设施、公园建设也本着从简建设、减少干扰的原则进行严格审查。

大力推进森林公园和自然保护区建设。深圳市大力推进森林公园、郊野公园、市政公园、社区公园的建设，打造“公园之城”。推进生态风景林、沿海防护林和水源涵养林建设以及重要功能区的生态修复，增加城市绿量。加强滨海湿地、红树林、珊瑚礁等典型生态系统的保护与建设，对受损海洋生态系统实施近海增殖放流以及人工渔礁、人工藻场等海洋生态修复重建措施，积极推进深圳湾的生态修复工程。

（3）公园绿地指标变化分析

从 1996～2009 年的公园绿地指标分析来看，近 15 年来深圳市建成区绿化覆盖率变化幅度很小，基本维持在 45%左右（图 6-20）。从自然保护区覆盖率来看，2008 年以前，深圳市增加自然保护区面积的速度很缓慢，而在 2009 年之后，深圳市自然保护区覆盖率增加到 30%（图 6-21）。

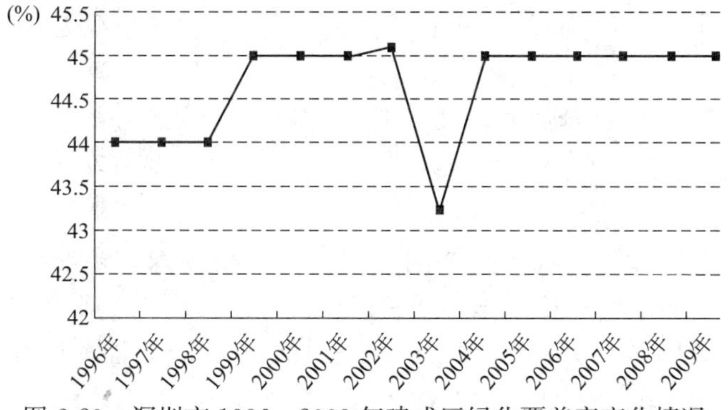

图 6-20　深圳市 1996～2009 年建成区绿化覆盖率变化情况

数据来源：深圳市统计年鉴 2010

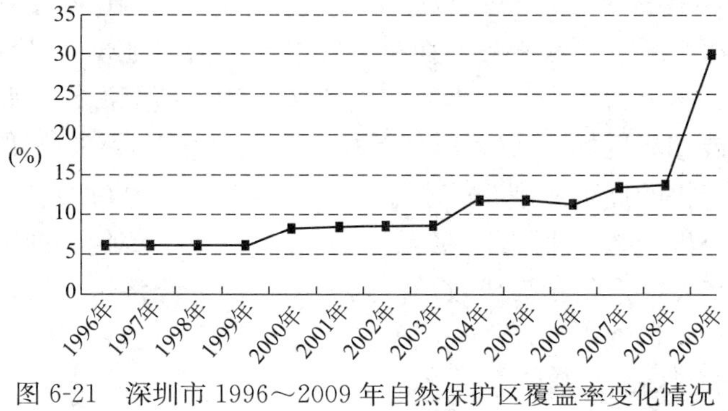

图 6-21　深圳市 1996～2009 年自然保护区覆盖率变化情况

数据来源：深圳市统计年鉴 2010

6）温室气体排放

（1）温室气体减排战略与措施

深圳市于2008年发布了《深圳市节能减排综合性实施方案》，成立节能减排工作领导小组，制定了一系列促进节能减排的工作方案，主要包括：以调整和优化产业结构促进节能降耗，严格建筑节能管理，强化交通运输领域节能减排，大力发展循环经济，积极推进能源结构调整，建立和完善节能监测统计体系，增强全民节约资源意识。同时针对污染减排工作，结合环境保护部门工作，2010年，深圳市成立应对气候变化及节能减排工作领导小组，进一步加强应对气候变化和节能减排工作。

（2）温室气体减排指标变化分析

2010年7月，国家发改委下发了《关于开展低碳省区和低碳城市试点工作的通知》，将广东省、辽宁省、湖北省、云南省、陕西省、天津市、重庆市、深圳市、厦门市、杭州市、南昌市、贵阳市、保定市列为全国首批低碳试点地区。深圳市作为试点城市，将建立温室气体排放数据统计和管理体系。

3. 深圳市经济持续战略与指标研究

1）产业结构

（1）产业结构现状

深圳市经济水平一直保持全国领先位置。根据深圳市2010年政府工作报告表明，深圳市生产总值年均增长13.8%，2009年达到8201亿元，居内地大中城市第四位。人均生产总值达到13581美元，提前两年实现“十一五”规划目标。在中国社科院发布的城市竞争力评估报告中，深圳综合竞争力连续四年名列内地城市榜首。

从产业结构来看，2009年深圳市三次产业结构比例为0.1∶46.7∶53.2，表明深圳的工业和服务业在深圳经济中的突出地位，其中以华为、中兴、比亚迪、腾讯为代表的高新技术企业和生物、新能源、互联网等战略性新兴产业发展态势良好。2009年高新技术产品产值达到8508亿元，其中拥有自主知识产权的比重达到59.5%。从经济增长的质量和效益方面来看，深圳市每平方公里土地产生4.12亿元的生产总值和1.42亿元的财政收入。深圳市循环经济发展取得积极成效，被列为国家循环经济试点城市，单位生产总值能耗、水耗持续下降，在全国保持领先水平。

（2）产业结构调整战略

深圳市一直以来把发展循环高效的产业结构作为经济发展的重要战略。

2010 年 5 月，深圳市发布了《中共深圳市委深圳市人民政府关于加快转变经济发展方式的决定》（深发［2010］12 号），开始在深圳经济特区建立 30 周年庆之际，进一步开展加快转变经济发展方式的战略。2010 年 10 月，深圳市人民政府印发了《优化产业结构加快工业经济发展方式转变的若干意见》，提出着力提升工业经济自主创新能力，推进产业结构优化升级，加快信息化工业化融合步伐，努力建设低碳工业城市的战略。2011 年 1 月 1 日，深圳市人民政府发布的 2011 年 1 号文件中，提出《关于加快转变经济发展方式的行动计划》，指出深圳市各部门推进加快转变经济发展方式的八大战略，主要包括：

A. 以自主创新推动经济发展方式转变；

B. 以优化产业结构推动经济发展方式转变；

C. 以深化改革推动经济发展方式转变；

D. 以开放式发展推动经济发展方式转变；

E. 以加快城市化推动经济发展方式转变；

F. 以促进低碳绿色推动经济发展方式转变；

G. 以增进民生幸福为目的推动经济发展方式转变；

H. 以求真务实的作风确保加快转变经济发展方式取得实效。

其中，在产业结构调整方面，加快发展战略性新兴产业、大力发展现代服务业作为深圳市产业结构转变的主要战略。重点发展的产业包括：新能源、互联网、生物、新材料、新一代宽带、核能、太阳能、新能源汽车、基因工程、干细胞、生物医疗、无线通信网、下一代互联网等产业，发展海洋工程装备制造业、环保节能和电子化为特色的汽车产业、从宇航产品制造到航天航空技术应用的航天航空产业链。逐步淘汰原特区外劳动密集、高消耗的加工制造业，加快发展高技术产业、先进制造业和现代服务业，推动产业集聚，发展园区经济。

在城市建设方面，深圳市计划将光明新区建设成循环经济与自主创新的示范区、资源节约与环境友好的生态区、知识密集型与技术密集型产业的聚集区、先进制造业和生产性服务业的新中心。将坪山新区打造成生态型和创新型现代制造业新城、科学发展示范区、综合配套改革的先行区、可持续发展的新增长极。

在发展绿色经济方面，深圳市投入巨大力量发展绿色经济，建设资源节约型、环境友好型社会。加快建设国家低碳生态示范城市，推进建立以企业为主体、产学研相结合的低碳技术创新与成果转化体系。完善循环经济政策体系，鼓励发展符合国家政策的资源综合利用项目，提出到 2015 年，万元

GDP 能耗达到 0.47tce，万元 GDP 水耗达到 19.4m^3 的绿色经济发展目标。

其中，具有特色的发展战略包括：①全面实现政府物业实行合同能源管理(EMC)，在重点产业领域、高耗能企业推行合同能源管理，逐步形成符合节能减排减碳要求的产业结构；②探索建立排污权有偿使用和交易机制，逐步开展化学需氧量和二氧化硫试点交易。

2）收入与就业水平

（1）居民收入就业水平现状

深圳市 2010 年人均可支配收入为 3.22 万元，比 2005 年的 2.15 万元增加 1.07 万，城镇居民登记失业率保持在 3%以内，“零就业家庭”户数保持动态归零(徐安良，2011)。

（2）居民收入就业政策分析

深圳市主要通过完善收入分配制度，建立健全工资正常增长机制，提高劳动报酬在初次分配中的比重来提供居民收入。具体做法包括：按特区内外统一标准，提高企业最低工资水平。加大收入分配调节力度，不断提高中低收入家庭收入水平，努力缩小不同社会群体的收入差距。

深圳市通过实施积极的就业政策，完善以创业带动就业的政策体系和工作机制来增加就业，努力创建充分就业城市和国家级创业型城市。完善职业培训体系，大力开展公益性技能培训，提升劳动者就业能力。

（3）居民收入和就业水平指标变化分析

从深圳市 2000～2009 年人均可支配收入变化情况来看(图 6-22)，2005 年以来持续增加，到 2009 年已经接近人均 3 万元。根据深圳市《中共深圳市委深圳市人民政府关于加强社会建设的决定》，到 2015 年“十二五”期末，深圳市努力实现居民人均可支配收入 49000 元。

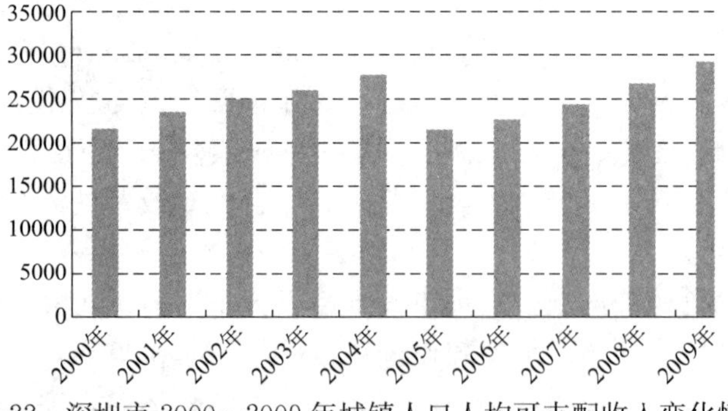

图 6-22　深圳市 2000～2009 年城镇人口人均可支配收入变化情况

数据来源：深圳市 2000～2009 年国民经济和社会发展统计公报

从深圳市 2000～2009 年恩格尔系数变化情况来看(图 6-23)，深圳市恩格尔系数在 2002 年以来有所增加，2004 年超过 30%，2008 年达 36%，说明食品支出所占比重有所增长。

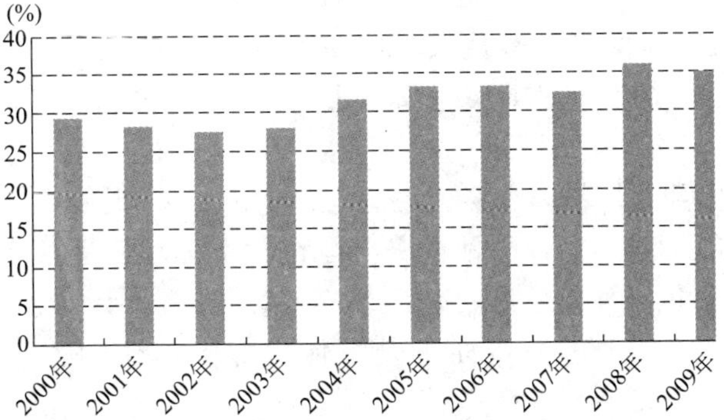

图 6-23　深圳市 2000～2009 年恩格尔系数变化情况

数据来源：深圳市 2000～2009 年国民经济和社会发展统计公报

从深圳市 2000～2009 年城镇登记失业率来看(图 6-24)，2003 年和 2009 年失业率较高，具体原因与金融危机、“非典”疫情等外部因素有关系。2004～2008 年失业率持续下降，最低下降到 2008 年的 2.3%。

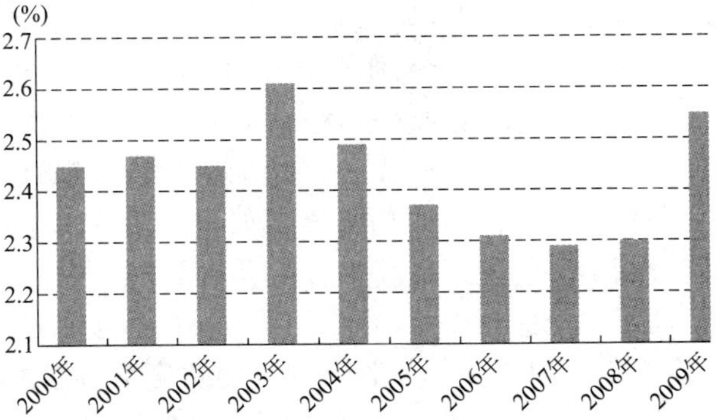

图 6-24　深圳市 2000～2009 年城镇登记失业率变化情况

数据来源：深圳市 2000～2009 年国民经济和社会发展统计公报

4. 深圳市社会和谐战略与指标研究

1) 住房保障

(1) 住房保障现状

深圳市住房保障政策在最近几年有较大的调整。2007 年以前，深圳市住房保障对象主要是机关和企事业单位职工，之后住房保障的对象转移到户籍低收入家庭上来。2009 年深圳市全年共安排建设保障性住房 2.57 万套。从 2010 年，深圳市进一步将住房保障对象从低收入家庭扩大到中、低收入家庭，从户籍人群扩大到符合一定条件的非户籍人群，特别是对深圳长远发展具有重要意义的广大人才作为住房保障的重点对象，进一步扩大了住房保障覆盖面，形成了多层次、广覆盖的住房保障体系。

(2) 住房保障发展战略

深圳市主要通过实施保障性住房工程和人才安居工程政策来保障深圳市低收入人群和引进人才的住房问题。2007 年以来，深圳市出台的住房保障相关文件包括：《关于进一步促进全市住房保障工作的若干意见》(深府［2007］262 号)、《深圳市经济适用住房管理暂行办法》(深国房［2008］37 号)、《深圳市公共租赁住房管理暂行办法》(深国房［2008］36 号)、《深圳市廉租住房保障管理办法》(深国房［2008］38 号)，以及 2010 年出台的《深圳市保障性住房条例》、《中共深圳市委 深圳市人民政府关于实施人才安居工程的决定》(深发［2010］5 号)。

“十一五”期间，深圳市共安排建设保障性住房 16.7 万套，解决 1.85 万户低收入家庭住房困难，低保户住房保障实现应保尽保，启动实施人才安居工程。“十二五”期间将住房保障重点拓展到中等收入家庭和人才群体。具体战略方向为：①构建深圳特色住房保障体系。建立完善包括廉租房、经济适用房、公共租赁房在内的多层次住房保障政策体系，并在此基础上，继续探索新的保障类型和保障方式。②加快推进保障性住房建设。通过政府投资、商品房配建、向企业购买等多渠道多形式筹集房源，确保新增保障性住房建设用地。③加强保障性住房租售管理。完成首批保障性住房租售工作，启动第二批保障性住房申请的受理；落实高层次人才住房服务政策，开展政策性出租住房清退工作，改进租赁房申请程序，缩短公务人员周转房申请轮候时间，推进保障性住房小区(含独立栋)的维修保养等工作。

(3) 住房保障指标变化分析

从深圳市 2002～2009 年人均现住房总建筑面积变化情况来看，人均现住房面积持续增加，到 2009 年增加到人均 26.62m^2(图 6-25)。

深圳市保障性住房在近年来发展较快，住房困难人群住房保障率逐渐增加。根据深圳市 2010 年发布的《深圳市创建宜居城市工作方案》计划，到

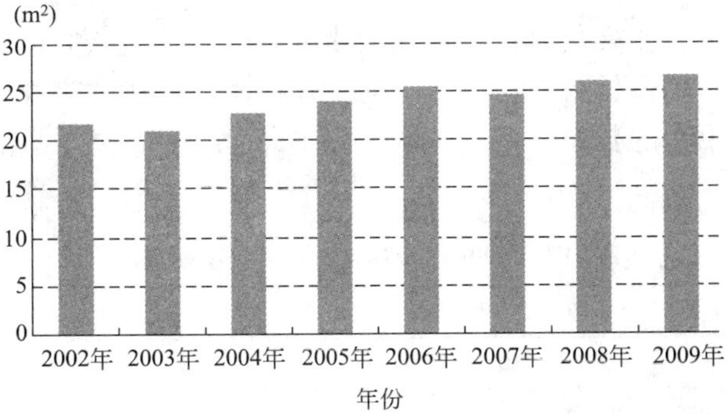

图 6-25　深圳市 2002～2009 年人均现住房总建筑面积

数据来源：深圳市统计年鉴 2010

2012 年，深圳市城市低保、住房困难家庭住房保障率达到 100%。根据《深圳市住房保障发展规划(2011～2015)》(征求意见稿)，确保规划期内保障性住房建设用地不低于全市住房建设用地的 40%；规划期末，将全市保障性住房建筑面积与商品住房建筑面积的比率由 25%提高到 30%；到 21 世纪中叶，力争实现保障性住房套数占全市住房总套数的 50%；规划期内，为 8 万户户籍住房困难人群安排住房保障；为 40.8 万户符合条件的人才安排住房保障。

2）文化体育

(1) 文化体育事业现状

根据深圳市 2009 年国民经济和社会发展统计公报，2009 年全市公共图书馆 617 座，比 2008 年增加 20 座；全市拥有区级及以上博物馆、纪念馆 25 座；全市成年人每周参加 3 次或 3 次以上体育锻炼者占 17.8%。

(2) 文化体育事业发展战略

深圳市主要通过大力建设图书馆、文化场馆和综合文化站、基层体育设施等手段提升深圳文体事业的发展，推动深圳市创建宜居城市。具体战略包括：①加强“图书馆之城”建设，2010 年完成城市街区 24h 自助图书馆 100 台布点工作；到 2012 年全市 140 台自助图书馆纳入全市统一服务平台，实现自助图书馆与市区两级公共图书馆之间服务一体化；到 2015 年“十二五”期末，深圳市人均公共图书馆要达图书藏量 2.3 册。②加快文化场馆和综合文化站的建设，到 2012 年，每个街道至少有一个省一级以上文化站；增加基层体育设施。③加大基层公共体育设施建设力度，增加体育活动场地，在市、区、街道规划建设多层次的体育场馆，到 2012 年，人均公共体育设施用地面积大于 1.2m^2。

从深圳市近些年文化事业发展情况来看(表 6-6)，深圳市 2006 年以来公共图书馆的数量增幅较大，由 2005 年的 8 座增加到 2009 年的 617 座，大幅提升了公共图书馆的数量。文化馆数量没有增加，博物馆、纪念馆的数量有所增加。

深圳市 2000～2009 年文化事业发展情况 **表 6-6**

文体事业	2000 年	2001 年	2002 年	2003 年	2004 年	2005 年	2006 年	2007 年	2008 年	2009 年
公共图书馆(座)	9	9	10	10	8	8	577	597	597	617
群众艺术、文化馆(座)	6	6	7	7	7	7	7	7	7	7
博物馆、纪念馆(座)	8	14	16	16	17	19	19	19	20	25

数据来源：深圳市统计年鉴 2010

3）收入分配

(1) 收入分配现状

2009 年深圳市家庭可支配收入平均值为 29244.52 万元，其中最低收入户家庭可支配收入为 9423.79 元，最高收入户 76482.37 元，相差 8 倍多(图 6-26)。

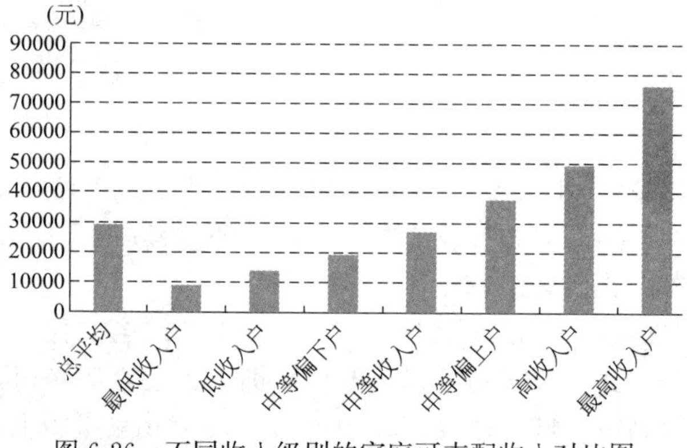

图 6-26 不同收入级别的家庭可支配收入对比图

数据来源：深圳市统计年鉴 2010

(2) 收入分配改革发展战略

深圳市积极争取参与国家收入分配制度改革试点，建立健全工资正常增长和支付保障机制，合理调节社会不同阶层收入差距，逐步提高劳动报酬在初次分配中的比重，提高中低收入阶层的收入水平。

（3）社会公平指标变化分析

深圳市统计局相关数据表明，2005 年深圳市的基尼系数为 0.36，《深圳市国民经济和社会发展“十一五”规划纲要》明确深圳基尼指数要达到 0.3，使收入分配更平衡的目标。

4）城市交通

（1）城市交通现状

2009 年年末，深圳市大、中小巴营运线路 578 条，比 2008 年末增加 90 条。公共交通营运线路总长度 12937.70km，增加 872.70km。年末实有公共汽车营运车辆 25339 辆，增长 5.3%。其中，大巴 8554 辆，增长 1.9%；中小巴 3374 辆，增长 26.4%；出租小汽车 13411 辆，增长 3.2%(图 6-27)。全年公共汽车客运总量 21.36 亿人次，增长 9.3%。地铁客流量 1.38 亿人次，增长 2.0%(深圳市统计局，2010d)。

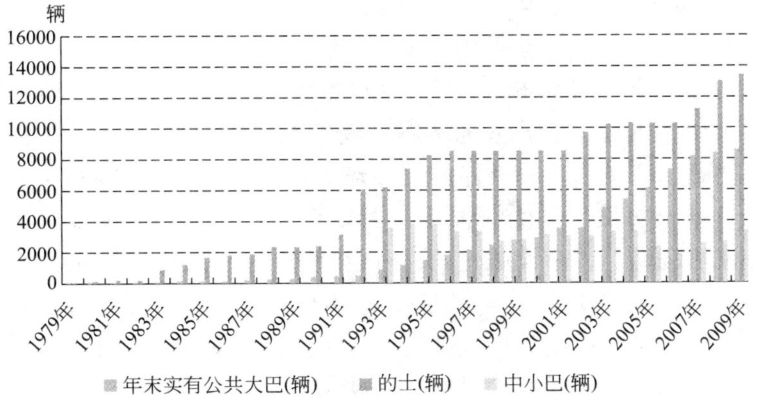

图 6-27　深圳市 1979～2009 年公共交通工具数量变化情况

数据来源：深圳市统计年鉴 2010

（2）城市交通发展战略

深圳市主要坚持公交优先，构建一体化综合交通体系来提成城市交通大力发展绿色公共交通，提升原经济特区外地区公交建设水平，控制轿车增长速度，提高道路畅通率。构建绿色便捷交通体系，构筑以轨道交通为骨干，公共交通为主体，多种交通方式协调发展的城市交通体系。路网建设以提高整体效率和通行能力为重点，提高主次干道路网密度，缓解城市交通压力，促进特区内外一体化的进程。实施公交优先发展战略，提高公交线网密度和站点覆盖率，完善接驳换乘系统，提高公交出行率。提高使用环保能源的公交工具比例，加强其配套设施的建设，淘汰尾气排放不达标的公交工具，推广混合动力公交车。完善人行道及其配套设施的建设，体现人性化交通方式。

(3) 城市交通指标变化分析

到2012年，机动化出行公交分担率达到50%，示范推广各类新能源公交车4000辆。加强车辆停放，改造增设公共停车场，建设路外生态式停车场。到2015年，深圳市计划公共交通出行分担率56%。

5) 城市安全

(1) 城市安全现状

深圳市共设置了各类避险场所414处，基本可以满足常见灾害的避险要求，并开展了莲花山、荔枝公园2处地震避难场所的试点建设工作。2009年，深圳市全年亿元本地生产总值生产安全事故死亡率0.09人，道路交通万车死亡率4.48人。

(2) 城市安全保障战略

深圳市委、市政府发布的《关于加强社会建设的决定》和深圳市《创建宜居城市工作方案》均把万人刑事案件发案率作为主要指标考核城市安全。未来深圳将致力于创造平安有序的社会环境，主要战略措施包括：①增强应对突发公共安全事件的能力，强化公共安全意识；②制定避难场所专项规划，加强避难场所、安全设施建设和对大型公共场所的监控，以及发现和排除安全隐患；③对危险品、易燃易爆物品的生产、存放和运输，以及加油站、施工工地等场所的监管形成制度化；④建立应对恐怖袭击或在重大自然灾害、大规模污染、能源或食品短缺等突发事件和群体性事件的应急预案；⑤加快街区综治信访维稳中心建设，完善社会治安防控和公共安全保障体系；⑥开展以居民社区为单元，街道办、居委会、业主委员会和物业服务企业共同参与的建设安全社区活动，积极开展社区自治巡查，推进各种安全技术防范设施的建设和巡检。

(3) 深圳市城市安全指标分析

根据深圳市委深圳市人民政府《关于加强社会建设的决定》，到2015年，每万人暴力案件立案数小于等于11.5宗。根据深圳市《应急避难场所专项规划(2009～2020)》(草案)规定，全市共选址布局固定避难场所452处，有效用地面积约19km^2，可容纳400～600万人避难生活。该规划规定室外紧急避难场所服务半径不宜超过500m，有效用地面积不宜小于1000m^2，人均避难面积不宜低于1hm^2；室外固定避难场所服务半径不宜超过 2000m，有效用地面积不宜小于 $1hm^2$，避难人员人均有效用地面积宜为2～$3m^2$。

6.1.6 小结

深圳的低碳生态城市建设实践，极大地提升了城市的品质和内涵，同时其成功的方面和存在的不足也为其他城市的低碳生态建设提供了经验借鉴。但值得注意的是，深圳在低碳生态建设实践探索有着自身独特的特点与优势，如：政府雄厚的财力支持，独特的政府机构设置，各项优惠的国家政策等，这些可能都是其他城市并不具备的。因此，深圳创建低碳生态城市中的经验，必须审慎借鉴，重点是要结合城市自身地域环境特征、体制机制特点来制定适宜的低碳生态建设策略，推进低碳生态城市建设。

6.2 武汉——工业化进程中转型发展的城市

作为全国性的城市生态化建设标准，低碳生态城市指标体系的构建既要充分考虑具体指标的导向性、前瞻性，又要考虑其普适性、可操作性、简明性、可比性等原则，以便为不同区域、不同资源能源类型、不同尺度的城市提供一定的参考，确保地方城市在生态化规划建设过程中有标可依，在低碳生态城市建成后有标可评。与此同时，还要兼顾指标体系的创新性和特色，鼓励地方城市在技术手段上的大胆创新，因地制宜地探索适合自己的城市生态化建设。因此，如何使国家级别的低碳生态城市标准，最大限度地引导地方城市沿着真正意义上的生态化进行建设是本研究课题的目的之一，而开展地方低碳生态城市指标与城市建设相结合的工作，验证、修正以及完善前者的可操作性和有效性，是武汉作为低碳生态城市指标体系案例城市进行实证研究的出发点。

6.2.1 武汉市低碳生态城市建设的基本自然条件

城市环境的好坏直接与环境影响因素相关联。各种环境影响因素的总和又是城市生态系统的支柱——城市生态支持系统。在一定的时代、技术、经济背景下，决定了城市可持续发展的状况。城市发展的前景，决定于城市生态支持系统的承载能力。城市生态支持系统的组成成分涵盖了各种城市发展所必须依赖的资源和环境要素，这些资源和环境要素共同决定了城市发展进程中人口、经济、建设规模的容量——城市生态支持系统的承载力。

1. 基本概况

武汉市是湖北省省会，我国中部重要的中心城市，全国重要的工业基地和交通、通信枢纽。地理位置为东经113°41″～115°05″，北纬29°58″～31°22″之间。南北最大纵距约155km，东西最大横距134km，市域面积为8494km^2。全市下辖13个行政区，中心城区由长江、汉江分割为汉口、汉阳、武昌三大片(包括武昌、青山、硚口、洪山、江汉、江岸和汉阳7个行政区)。郊区有江夏、蔡甸、汉南、东西湖、黄陂和新洲6个行政区。2009年末，武汉市常住人口为910万人。

武汉市位于长江中下游，是长江汉水两大淡水河流交汇的河谷残丘冲积平原，属于扬子地槽凹陷的一部分。西联广袤的江汉平原腹地，南临洪湖、梁子湖两大湿地群和湘赣丘陵地区的幕阜山脉，东望鄱阳湖平原，北接广阔的农田和大别山、桐柏山。武汉市境内绝大部分土地地势低平，海拔高程在20～50m左右，属低平原，平原上有少量低山、残丘零星分布，整个地势北高南低，并呈中间低四周高的盆状地形。若按地貌形态细分，有低山、丘陵、垄岗、平原四类。区域环境山水胜美、生态资源丰富，总体呈“北山南泽，西野东岗”生态格局。

武汉属典型亚热带季风气候，具有光能充足、热量丰富、夏热冬冷、四季分明、无霜期长、降水丰沛、雨热同季等特点。年平均气温在16℃左右，年平均降雨量1209mm，武汉地处中纬度，属亚热带季风气候，其总体特征为：四季分明、光照充足，热富水丰、雨热同季，冬冷夏热、无霜期长。四季特点是：春季春雨绵绵，冷暖多变，常有大风；夏季多暴雨，常发生洪涝灾害；秋季时而秋高气爽、时而阴雨绵绵，降温快，常出现“秋寒”天气；冬季常有低温、冻害。

武汉是典型的富有滨江滨湖特色的城市，水资源丰富，多年平均流量24800m^3/s，人均淡水资源拥有量达到91953m^3，是全国人均占有量的39倍，是世界发达国家人均9000m^{3}的10倍。2003年末，武汉市拥有水域面积2187km^2，约占全市土地总面积的25.7%。

2. 自然生态系统现状

1）河湖生态系统

江河生态系统主要有长江生态系统、汉水生态系统、通顺河等生态系统。湖泊生态系统主要有东湖生态系统、武湖生态系统等。水库生态系统主要有夏家寺水库生态系统、道观河水库生态系统等。河流湖泊生态系统在武汉市的各类生态系统中规模较大，城区湖泊生态系统最大的是东湖生态系统，面积为 33.7km^2，另外汤逊湖生态系统面积 36.6km^2，严西湖生态系统面积 11.8km^2。远郊区湖泊生态系统 146 个，较大的有鲁湖生态系统，面积 40.2km^2；涨渡湖生态系统，面积 35.2km^2。梁子湖生态系统，面积 304.3km^2；斧头湖生态系统，面积 114.7km^2。最小的湖泊生态系统：位于市区的小南湖生态系统、后襄河生态系统和西湖生态系统等，其面积都不足 0.05km^2。

2）森林生态系统

武汉市有 6 个以国家级的森林公园为主体的森林生态系统。木兰山森林生态系统面积为 7800km^2；素山寺森林生态系统面积为 1600km^2，物种 28 种，6 种为珍稀物种，主要植被类型有亚热带常绿针叶林等，国家一级保护动物金钱豹、蟒蛇，二级保护动物野羊和娃娃鱼等；嵩阳森林生态系统面积为 1225km^2，森林覆盖率 87.6%；九真山森林生态系统总面积达 570km^2，森林覆盖率 75%；将军山森林生态系统面积 4000km^2，经营面积 333.3km^2，物种 30 种，各种野生动物 30 余种；青龙山森林生态系统面积 1866.7km^2，物种 270 种，森林覆盖率达 87%，森林植被 80 科，270 多个林种。

3）湿地生态系统

武汉市的湿地生态系统主要是沉湖湿地自然保护区生态系统，共有物种 359 种，其中珍稀物种 64 种。栖息的鸟类 116 种，其中列入国际上保护和我国一级重点保护的种类有白鹳、黑鹳、白头鹤、大鸨等 8 种，列入我国二级重点保护的种类有小天鹅等 17 种，属于湖北省重点保护的鸟类有 39 种；兽类有 6 目 9 科 16 属 20 种；爬行动物 2 目 8 科 16 属 23 种；两栖类动物 4 科 4 属 9 种；鱼类 70 种，分别属于 17 科 52 种；水生植物中，高等植物 173 种（湿地植物 73 种，浮游植物 100 种）。缓冲区，沿着核心区外 500m 宽地带，面积约为 3.6 万亩，约 40km 环绕带。目前，武汉市在争取涨渡湖生态系统、梁子湖生态系统和斧头湖生态系统列入湖北省级湿地生态系统保护区。

4）城区绿地生态系统

武汉市的绿地由公共绿地、生产绿地、防护绿地、道路绿地、居住区绿地、风景林地、单位附属绿地等七类绿地组成。武汉市城市绿地系统结构整体体现了以长江和汉水、东西走向的山系为绿化十字轴，形成了以山林绿化和水面绿色长廊为主的绿化风景线，以东湖、南湖、墨水湖和汉口中部五湖为绿心，以主城区主干道和内环、中环为骨架的道路绿化网络。

5）交错区（过渡带）生态系统

武汉市类型的交错区（过渡带）生态系统主要有滨水带、半岛、岛屿等生态系统。这类生态系统分布在各个大型湖泊、河流和森林以及湿地等的周围，呈楔形或半岛状。

6.2.2 武汉市复合生态系统现状

1. 水环境和水生态环境现状

1）水环境质量与污水处理问题

由于长江、汉江的分割，武汉市城区呈“局部扇面、整体圈层”式发展形态；而且由于江河湖泊众多，城市还呈现出“亲水式”发展，即轴向沿长江、汉江发展，向心方向逐渐侵占湖边用地。

2）城市建设占用湿地、水面等生态用地

武汉周边多是由江河洪泛、河道变迁所形成的漫滩、泽地、湖泊，这种季节性浸水的沼泽湖泊是维护生物多样性的重要自然湿地生境。20 世纪 80 年代以后城市建成区规模急剧膨胀，城市周边自然地区向建设用地的转移总量显著增加，污水排放和泥沙淤积使湖泊不断沼泽化，田野湖泊萎缩和消失。由于围湖造田和填湖建设，使建国初期武汉 409km^2 的湖泊面积，到 20 世纪 90 年代只有 122km^2，现在剩下仅 63km^2，城市湖泊面积减少了近 6 倍，自然生态能力不断下降(图 6-28)。

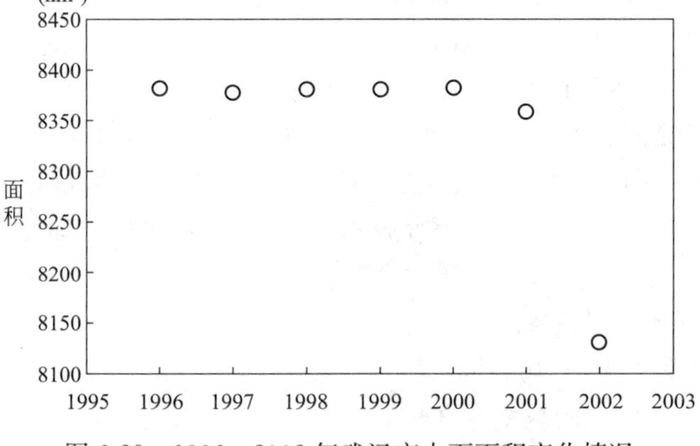

图 6-28　1996～2002 年武汉市水面面积变化情况

在土地资源开发利用中存在城市建设用地的无序膨胀，原有建设用地之间的空地、绿地、湖体水面、山林及紧靠建成区外围的农田、菜地等大量被侵占、蚕食，导致新老城区连片发展，阻断了城区与郊区联结的生态走廊，不利于武汉市自然山水城区特色的形成与发展。

3）水环境质量与污水处理问题

城市污水处理厂及管网建设滞后，面源污染日趋突出，城区地表水污染严重。主城区城市污水处理厂及管网建设滞后，主城区未经处理的城市污水排入湖泊水体，湖泊遭受不同程度的污染。2004 年全市 65 个主要湖泊中，达到相应功能区类别的湖泊仅 13 个，达标率为 20%；35 个湖泊水质较差，处于劣Ⅴ类，占监测湖泊的 53.8%。

武汉市 7 个重点镇及 4 个城关镇的市政污水处理厂建设基本是空白，城镇污水处理设施主要为工厂的废水处理设施、小区的化粪池等。工业废水处理率一般在 50%以下，生活污水的处理率则基本为 0。远城区的中心镇和一般建制镇的污水基本都是自然排放，生活污水基本上未经任何处理就排入了水体。

《2004 年武汉市环境状况公报》显示，全市 10 条主要河流中，2 条河流水质符合Ⅱ类标准，6 条河流水质符合Ⅲ类标准，1 条河流水质符合Ⅳ类标准，府河水质为劣Ⅴ类。全市 65 个主要湖泊中，水质符合Ⅱ类标准的占 5%，符合Ⅲ类标准的占 14%，符合Ⅳ类标准的占 22%，符合Ⅴ类标准的占 6%，有 35 个湖泊水质较差，为劣Ⅴ类。贫营养程度的湖泊 1 个，中营养程度的湖泊 28 个，富营养程度的湖泊 36 个。

2. 土地利用与城市建成区现状

1）土地利用问题

武汉市用地结构中存在一些不合理的问题。农业用地中的园林用地、草地比例严重偏低；建设用地中的农业用地、军事用地和高校用地比重过大，而居住用地、市政基础设施用地比例偏小。目前，武汉市尚未利用的土地（不包括河流、湖泊水面）只占全部土地的 3%左右，后备资源不足。

2）城市功能区布局问题

武汉市城市生态建设与城市发展未能同步，用地扩展基本上围绕汉口、汉阳、武昌、青山四个核心逐步向外扩张，工业区与居民区混杂。武汉市的产污工业主要集中在青山区和新洲区等，这些排污单位集中在武汉市的主导风向的上风向，对武汉市中心城区的大气环境质量产生了较大的影响。冬季以北风居多，青山地区集中了武汉钢铁公司、武汉石油化工厂、青山热电厂等主要能源大户企业，对武汉城区空气质量影响较大。春季和夏季是武汉市降雨较为集中的季节，因气候炎热，空气对流加强，扩散条件好，对城区空气质量影响减小。城市内部的建设密度越来越大，三镇之间规模上的差异大。

3）城市热岛效应

从1961～1983年，武汉城区夏季高于35℃的酷热日数平均比郊县多1.4～5.5天，而冬季寒冷日数则相应减少。在夏季，副热带高压带的控制与城市热岛的配合，使武汉城区不仅温度高且持续时间长，成为“火炉”城市。

4）城市道路交通

2010年武汉市市民出行方式结构为步行方式26.39%，电(助)动自行车方式为24.67%，公交车方式为28.07%，其他为20.87%。公交出行方式会受到其他交通方式的挤压，导致城市道路承受巨大压力。武汉市现有道路的路网密度、面积率、干道网密度、人均道路面积低于城市总体规划要求和国家规范要求20%～30%。武汉市日过长江交通量由1993年的5万辆增加到去年的约22万辆，长江一桥、二桥的交通量已趋饱和。三镇功能分工明晰以及居住和就业岗位分布的不平衡，加大了消极过江交通量。江北城区居住人口占主城区居住人口的46%，就业岗位却占到主城区的61%，江北、江南居住与就业的不平衡，加剧了过江紧张。

3. 园林绿化现状

森林资源不足、市区公园绿地少、人均指标低。2004年武汉市森林覆盖率为21.38%，分别比全国、全省低0.38和24.59个百分点。人均公共绿地面积为8.83m^2，低于我国生态园林城市要求大于12m^2的标准。综合性公园分布形态比较单一，居住区公园数量偏少，儿童公园面积偏小。人均公园绿地水平在各个城区之间相差较大，如洪山区人均公园绿地8.6m^2，而硚口区仅为1.26m^2。

居住区绿地是整个城市绿化的薄弱环节。新建居住区绿化建设和管理较好，老旧居民区绿化面积和水平相对较差。城市道路绿化不达标，行道树树种比较单调。城市绿地多为公园绿地，带状绿地不足，城市绿地的生态系统性尚未形成。

城市绿地生态系统连续性与均匀程度较低。武汉市主城区绿地景观生态系统的整体性被强烈分割，景观连接度大大降低，自然景观内部某些要素之间的一些必要的生物学联系被切断，自然景观被强烈分割。

武汉市绿地分布不是很均匀，主要集中在东西湖区和汉阳区。武汉市的中心城区绿地的破碎程度太高，城区的各个景观斑块之间缺乏必要的廊道等的连接。中心城区和城乡结合部绿化普遍较差，道路绿化等与国家园林城市的标准(国家生态园林城市标准是人均绿地大于 $12m^2$，联合国规定的人均绿地标准为 $50\sim60m^2$)存在一定的差距，城市绿地没有形成点、线、面、楔相结合的绿色空间网络系统。

4. 经济发展现状

2009 年全年武汉共实现 GDP 4620.86 亿元，人均 GDP 约为 51136 元。2009 年武汉 GDP 总量中第一产业约占 3.2%，第二产业约占 46.4%，第三产业约占 50.4%，总体上，产业结构不断调整，三次产业比重日趋优化，但也存在一些问题与不足。

环境问题较为突出，对于发展循环经济的紧迫性认识不足。2008 年武汉轻工业总产值为 944.10 亿元，增长 24.7%；重工业总产值为 3394.18 亿元，增长 25.5%；重轻工业比例为 3.6∶1，属于较为典型的偏重型工业经济结构。武汉多老工业基地，污染物排放量较大，经济持续增长同资源环境约束的矛盾正日益增长。2009 年武汉市工业废气排放总量较上年增加 285.17 亿标准立方米，工业固体废物产生量 1215.05 万 t，比上年增加 130.36 万 t，节能减排压力大（图 6-29）。

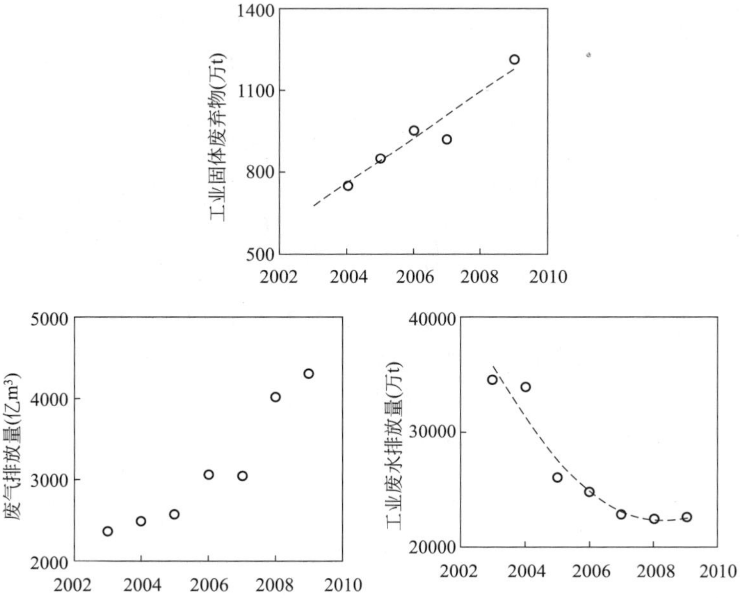

图 6-29　武汉市历年的“三废”排放总量

经济结构不够合理，经济发展水平有待提高。截至2008年，武汉三大产业所占比例为0.4∶4.6∶5，但传统高投入、低附加值、短产业链产业依赖性仍然较强，高新技术产业在工业经济总量中所占比重偏低。武汉企业的自主创新能力相对较低，较为缺乏核心技术和自主知识产权，自主性技术创新仍停留在较低的实践层面。总体上，武汉的经济仍未完全摆脱粗放式增长方式。

6.2.3 “两型社会”背景下武汉市建设低碳生态城市的必要性

1.“两型社会”内涵

资源节约型社会是指在社会生产、建设、流通、分配、消费等各个环节中，通过采取有利于资源节约的生产生活方式、消费方式和发展方式，提高全社会的资源使用效率，以最少的资源消耗获得最大的经济和社会效益，确保经济社会可持续发展的现代化发展模式。它要求彻底转变现行的经济增长方式，通过技术革新、管理创新、结构布局等，在生产和消费过程中，用尽可能少的资源、能源创造相同甚至于更多的财富，最大限度地回收和利用各种废弃物。

环境友好型社会，是以自然规律为准则，以生态承载力和环境容量为基础，以可持续的社会经济文化政策为手段的人与自然和谐共生的社会形态。其核心内涵是人类的生产、生活和消费方式与自然生态系统的协调发展，它不再把环境当成人类社会发展的外在因素，而是一个与人并列的同等重要的内在要素，融合于人类生产生活的各个方面。环境友好型社会是动态的和分层次的，其基本目标就是要建立一种适度消费的生活体系，低消耗的生产体系，持续循环的资源环境体系，不断创新的技术体系，稳定高效的经济体系，一个更注重社会公平的分配体系。它是对社会经济发展与生态环境系统运行两者间关系的高度概括性描述，主要包括：有利于保护环境的生产和消费方式，少污染和低损耗的产业结构形式，无污染或低污染的工艺、技术和产品，符合生态安全条件的生产力格局，对人类健康和环境维护无不利影响的各种开发和建设活动，持续发展的绿色产业体系。

2. 低碳生态城市与“两型社会”的内在联系

1）相同的理论基础

低碳生态城市建设与“两型社会”的理论基础均为可持续发展理论。可持续发展包括生态可持续发展、经济可持续发展、社会可持续发展，生态可持续性是基础，经济可持续性是条件，社会可持续性是目的。低碳生态城市建设是可持续发展的必然选择，是贯彻可持续发展基本国策的实际行动(龚海艳等，2008)。资源节约型、环境友好型社会是人类调整人与自然关系的必然结果。建设资源节约型、环境友好型社会，是要以资源、环境承载力为基础，走可持续发展道路，以遵循自然规律为准则，以绿色科技为动力，倡导环境文化和生态文明，构建经济社会与环境协调发展的社会体(王吉亚，2007)。

2）相同的追求目标

低碳生态城市和“两型社会”建设均要求建立低消耗的生产体系与高效稳定的经济体系，最大限度地实现人与自然和谐相处以及可持续发展。建设“两型社会”和低碳生态城市保持经济平稳快速发展，其最终的目标是要全面提高人们的生活质量和实现生态经济发展的全面小康社会。

3）低碳生态城市与“两型社会”的统一

建设“两型社会”须以落实科学发展准则，以生态环境对经济社会的承载能力为基础，以统筹人与自然和谐发展为目标，以遵循自然规律为核心，创造并维持良好的生态环境。要求将生态环境的优化融合到城市规划及其建筑设计的理念中去，建立以现代生态学为指导和依据的城市设计准则(欧文，2010)。

低碳生态城市和“两型社会”建设互为因果，形成良性互动“两型社会”和低碳生态城市是内容与形式的统一关系。“两型社会”建设本身应当包含低碳生态城市建设。低碳生态城市建设是实现“两型社会”建设的方式和手段(曾春霞，2009)。“两型社会”是宜居生态城市建设的基本目标和价值追求，是小康社会的具体体现，其为低碳生态城市建设提供了动力支持。低碳生态城市建设有利于构建“两型社会”，“两型社会”和低碳生态城市建设是中国特色社会主义建设的构成要素。

3. 武汉市建设低碳生态城市的必要性

1）武汉市低碳生态城市建设的核心是大力发展循环经济

建设资源节约型、环境友好型社会要求建设低碳生态城市，发展循环经济，是武汉实现可持续发展的必然策略，更是转变经济增长方式。走新型工业化道路，建设资源节约型和环境保护型社会，从根本上缓解经济社会发展面临的资源约束矛盾和环境压力，加快武汉“两型社会”建设的战略举措(彭升，2009)。

2）建设低碳生态城市有利于武汉城市圈“两型社会”资源的可持续利用

长期以来湖北省能源开采综合利用率低。据统计，小型煤矿回采率仅为15%原油回收利用率仅为30%(丁悦，2008)，远低于国家标准。建设低碳生态城市，发展循环经济能有效利用资源，把清洁生产和废物的综合利用融为一体。

3）建设低碳生态城市有利于武汉城市圈“两型社会”环境的保护

据统计1980～2000年，湖北省污水排放量已由17.8亿m^3猛增至67.8亿m^3，全省水质污染日益加剧。目前，长江汉江干流水质尚好，但沿江城市近岸都存在长度不等的污染带，中小河流水质污染超标(超Ⅲ类)河段长度占评价河长的21.4%，武汉、黄石等17个城市内湖水质降到了劣Ⅴ类。只有走生态化发展路线，发展循环经济，才能从根本上减轻环境污染和维持生态平衡。

4）建设低碳生态城市有利于武汉城市圈“两型社会”经济结构的调整，提高经济效益

长期以来，武汉产业结构中资源高消耗、污染高排放的资源和原材料工业占很大比重；传统产业比重很大，其中大多数传统企业技术落后，设备陈旧，容易造成环境污染。在这种经济结构中，资源综合开发水平比较低，各种资源联合开发的层次较低，产业关联度小废弃物未得到有效利用，既破坏了环境，也造成了资源的浪费。因此，转变经济发展模式，大力推进和建设低碳生态城市，发展循环经济，有利于促进城市圈经济结构向合理的方向发展，降低经济发展的社会成本，提升经济运行质量和效益。

4.“两型社会”背景下低碳生态城市的目标

武汉城市圈“两型社会”建设综合配套改革试验，确定了四大目标：

(1）把武汉城市圈建设成为全国宜居的低碳生态城市圈；

(2）把武汉城市圈建设成为重要的先进制造业基地、高新技术产业基地、优质农产品生产加工基地、现代服务业中心和综合交通运输枢纽；

(3）把武汉城市圈建设成为与沿海三大城市群相呼应，与周边城市群相对接的充满活力的区域性经济中心；

(4）把武汉城市圈建设成为全国“两型社会”建设的典型示范区。

为实现上述目标，将分两步走：

第一步，到2012年，初步构建资源节约和环境友好的制度保障体系，初步建立比较完善的社会主义市场经济体制，初步形成“五个一体化”格局。城镇化率达到50%以上；城镇人均住房建筑面积达到30m^2；单位地区生产总值能耗降低23%，化学需氧量、二氧化硫排放量分别下降10%、12%，集中式饮用水源地水质达标率达到99%以上，主要河流、湖泊水库Ⅲ类功能区水质达标率达到90%。

第二步，到 2020 年，率先建立比较完善的落实科学发展观与构建和谐社会的体制机制。市场体系比较完善；科技创新体系比较健全；覆盖城乡居民的社会保障体系和公共服务体系比较完善。基本形成节约资源和保护环境的产业结构、增长方式、消费模式；基本实现人口资源环境与经济社会协调发展；单位地区生产总值能耗、主要污染物排放指标进入全国先进行列，构建良好的自然生态、高效的经济生态、文明的社会生态。

6.2.4　武汉市低碳生态城市建设进展

1. 低碳生态城市发展历程(表 6-7)

武汉市低碳生态城市建设　　表 6-7

时间	低碳生态城市建设的战略	低碳生态城市有关的政策支持
1990	武汉开始创建国家卫生城市	《国务院关于加强爱国卫生工作的决定》
2000	武汉被评为中国优秀旅游城市	《创建中国优秀旅游城市工作管理暂行办法》
2005	武汉市环境保护局办公室印发《关于把武汉市创建为全国生态示范城市的建议》	《武汉市环境影响评价实施办法》(2005)、《关于推动武汉市循环经济发展的工作方案》
2006	武汉市荣获国家级园林城市称号	《武汉市城市规划条例》
2007	国务院正式批准武汉城市圈为全国资源节约型和环境友好型社会建设综合配套改革试验区；创建国家环境保护模范城市，确定主要污染物化学需氧量、二氧化硫分别比 2005 年削减 30%、21%；全年空气优良天数达 310 天；重要水域水质达标率达 100%，消除黑臭水体；单位 GDP 用水量、能耗分别降低 41.5%和 15.4%	《武汉市创建国家环境保护模范城市实施方案》、环保局印发《2008 年城市环保清洁空气工程工作方案》
2008	武汉市人民政府办公厅关于印发武汉市创建国家森林城市工作方案的通知	武汉城市圈发布环保合作宣言、《武汉市规划管理技术规定(草案)》(2008)
2009	召开世界湖泊大会，获批“国家节水型城市”，确定创建森林城市从宜居城市走向生态城市的重要途径	《武汉市绿色建筑管理办法(试行)》、《城市水系规划规范》、《武汉宣言》
2010	被授予“国家森林城市”称号；围绕低碳经济、建设生态城市、以循环经济、环境治理、生态修复、绿色消费等为重点，实施 21 项重点工程，全面完成两型建设确定的目标	《武汉市两型社会建设综合配套改革实验报(2009～2010)》、《三年行动计划》

2. 低碳生态城市建设重大举措

1）大东湖生态水网

以前武昌地区的六个湖泊中，除严东湖符合Ⅳ类水质标准，其他几个湖泊均为Ⅴ类或劣五类水质。2005 年武昌地区的东湖、沙湖、北湖、杨春湖、严西湖和严东湖这六大湖泊可相互连通，并引入长江水，总投资预计为 29.77 亿元。2007 年上半年，长江水资源保护科学研究所牵头编制完成了“大东湖”生态水网构建工程的可行性研究报告和环境影响报告书。2009 年 5 月，“大东湖”生态水网总体方案获国家发改委的立项批准。

2）绿化建设发展

至 2003 年年底，主城区建成各类公园 38 个，绿地总面积达 $6513hm^2$。建成区绿地率 30.13%，绿化覆盖率 34.92%，人均公园绿地面积 $8.32m^2$。“十五”期间，武汉市实施了汉口江滩等一批重点绿化工程，完成万亩长江防护林的建设，建成区绿化覆盖率达到 36.03%。实施“社区建设 883 行动计划”，开展了创建绿色社区（小区）等活动，已有 42 个绿色社区，133 所绿色学校，2000 户环保家庭。5 个社区被评为省级“绿色社区”，其中，常青花园第三社区成为国家级“绿色社区”。

3）自行车绿色出行与公交发展

2009 年 5 月起，武汉市已经建成 748 个便民自行车服务点，已投入车辆 2 万多辆，平均每日出租量达 8 万车次。武汉免费自行车采用的是“政府授权、企业运作”方式，是推动“两型社会”建设的重要举措。按照每辆自行车日均被租用 6 人次计算，每投放 1 万辆自行车，一天可替代公共交通 1000 辆次，可直接节省燃油 4 万 L，减少碳排放 100 多吨。按照计划，武汉公共自行车建设的最终目标是建成 2000 个站点，覆盖武汉中心城区，形成平均 300m 一个站点的规模，建成全国最大规模的绿色出行系统。

4）国家“两型社会”建设综合配套改革试验区

2007 年底国家批准武汉为“两型社会”建设综合配套改革试验区，市委、市政府把发展循环经济作为“两型社会”建设的突破口，将其列为近期“两型社会”建设的 12 项重点工作之首，拟订了《武汉市发展循环经济专项实施方案》，建立了循环经济重大项目库，共收录项目 678 个，总投资 1342 亿元。

东西湖区和青山区先后成为国家级循环经济试点园区，东风鸿泰汽车股份有限公司成为国家汽车再制造试点，阳逻开发区成为省级循环经济试点园区。作为全国第一批循环经济试点园区，东西湖区坚持以提高资源利用效率为核心，以建设清洁生产企业、生态工业园区和资源循环型社会为重点，以食品加工业为主导产业，初步形成了以世源热电厂为中心的电厂循环经济圈和东流港牧业园循环经济圈。作为全国第二批循环经济试点园区，青山区依托辖区内一大批钢铁、石化、船舶、电力、机械制造等国家重点企业，重点推进了青山热电厂与武石化蒸汽热电联供、武钢—武石化工业气体利用、武汉钢电—武汉冶金建筑研究院脱硫石膏综合利用、青山热电厂—青山都市工业园集中供热等耦合项目。

6.2.5　武汉市低碳生态城市指标体系

通过城市规划直接予以控制或较为具体控制手段的评价指标列为武汉市低碳生态城市规划标准的核心指标，根据具体的武汉市控制分区给出各区的标准值，其余则列为武汉市市域范围内的低碳生态城市策略指标。

1. 策略指标体系

市域范围内的生态城市策略指标　　**表 6-8**

类别	指标项		现状值*	参考值	来源
环境	森林覆盖率		16.12%	≥30%	武汉市总体规划
	建成区绿化覆盖率		33.24%	≥45%	武汉市总体规划
	城市人均铺装道路面积		8.5	≥28m^2	武汉市总体规划
	受保护地区占国土面积比例		暂缺	≥17%	国家生态市指标
	环境噪声达标区覆盖率		43.8%	≥95%	国家生态市指标
	环境保护投资占 GDP 比例		1.6%	≥3.5%	国家生态市指标
	城市水功能区水质达标率		11%	100%	国家生态市指标
	主要污染物排放强度	SO_2	3.83	<5.0kg/万元	国家生态市指标
		COD	3.14	<5.0kg/万元	
经济	城镇居民可支配收入		16716	≥16000 元	国家生态市指标
	第三产业占 GDP 比重		50.2%	≥50%	国家生态市指标
	单位 GDP 水耗		286.7t/万元	≤100t/万元	武汉市总体规划
	单位 GDP 能耗		1.19tce/万元	≤1.1tce/万元	武汉市总体规划

续表

类别	指标项		现状值*	参考值	来源
社会	城市化水平		75%	84%	武汉市总体规划
	恩格尔系数		37.3%	≤25%	国家生态市指标
	科技教育经费占 GDP 比重		2.9%	≥5.5%	武汉市总体规划
	环保宣传教育普及率		暂缺	≥85%	国家生态市指标
	公众对环境的满意度		暂缺	≥90%	国家生态市指标
	人均住房面积		29.28	≥22m²	武汉市总体规划
	社会保障覆盖率		暂缺	≥80%	武汉市总体规划
	万人拥有公交车数量		7.5	≥14 辆/人	参照上海市标准
	再生水利用率	工业用水重复利用率	80.9%	≥85%	武汉市总体规划
		污水处理回用率	暂缺	≥20%	

注：现状值主要来源为武汉市 2009 年统计年鉴及网络的武汉现状资料，由武汉大学彭建东老师课题组等收集。

2. 核心控制指标体系

本指标体系主要由三部分组成，准则层为基本生态城市规划准则，评价层来自指标项研究中的核心层指标，并对核心指标进行了一系列解读转换，使之成为规划管理或设计上可以予以控制的规划措施及指标(表 6-9)。

核心控制指标 **表 6-9**

准则	规划措施及指标			生态评价指标
	区域规划	总体规划	详细规划	
公交导向的城市开发策略，提倡绿色出行	有效利用现有资源，集约式的增长方式，区域性的公交体系	提高用地混合性，规划快速公交系统，拓展步行空间及规划自行车道	根据交通可达性制定土地开发强度，停车配比指标控制，公交站点设计，合理规划公共绿地及公共设施	人口密度、轨道交通覆盖率、人均公共设施面积、500m 范围内有免费文体设施居住区的比例、绿色出行比例
推广绿色建筑，促进建筑节能	利用当地建筑材料	确定绿色建筑实施区域	满足绿色建筑设计的规划要求	绿色建筑比率、建筑节能达标率
强化城市特征，保护城市自然生态及历史文化	制定区域生态体系规划	历史文化名城规划，城市绿地景观系统规划	历史街区保护规划，历史建筑保护规划，用地绿地率指标	历史建筑保护完好率、建成区绿地率
推广绿色能源使用	对绿色能源资源进行总体评估	确定可实施区域	确定具体实施地块及建筑形式	绿色能源比率

续表

准则	规划措施及指标			生态评价指标
	区域规划	总体规划	详细规划	
增强城市透水性	城市防洪调节策略点选定	一级自然排水区及二级人工辅助渗水区确定	绿色基础设计	新建区道路广场用地中的透水面积比例
完善城市基础设施，促进资源回收利用		各类市政专项规划	各类市政专项规划控制指标，垃圾搜集点服务半径	城镇生活污水集中处理率、城镇生活垃圾无害处理率

3. 分区控制指标体系

依据武汉市总体规划中开发强度控制图，结合武汉市道路交通规划图以及武汉市绿地景观系统，将武汉市主城区划分为三个等级的控制分区，针对不同分区的特征提出不同的生态城市控制指标值，数值的选择依据为参考国内一些相关生态城市标准，基本原则为开发强度高，土地价值大，投资力度大的区域更多的予以在绿色建筑、轨道交通出行等方面予以控制，而开发强度稍弱的区域则更多地在自然环境方面予以控制(表 6-10)。具体分区范围如图 6-30 所示。

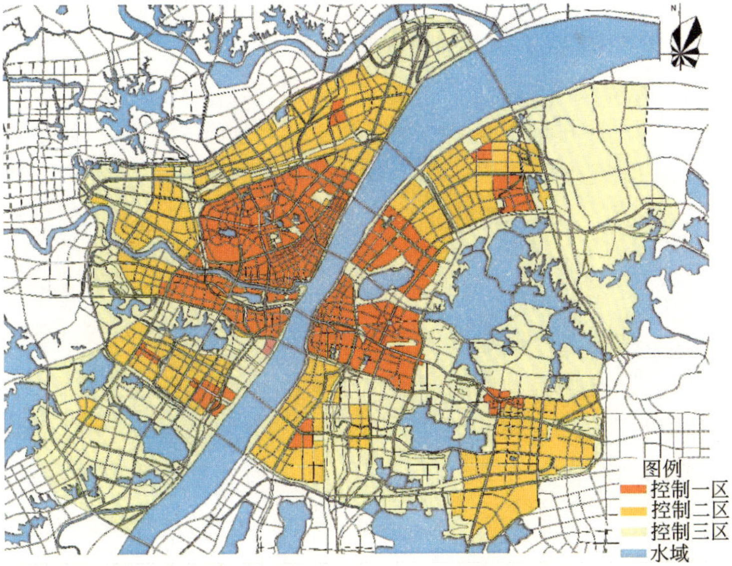

图 6-30　武汉市主城区生态控制分区图

生态控制分区指标 表 6-10

核心指标项	分区控制值		
	控制一区	控制二区	控制三区
建成区绿地率(%)	≥30	≥35	≥40
人口密度(人/km^2)	≤17700	≤9500	≤3500
轨道交通覆盖率(%)	≥90	≥60	≥30
500m 范围内有免费文体设施比例(%)	≥60	≥70	≥80
人均公共设施面积(m^2/人)	≥20	≥17.5	≥15
绿色建筑比率(%)	≥30	≥20	≥10
建筑节能达标率(%)	100	≥90	≥90
绿色出行比例(%)	≥60	≥45	≥30
住房就业比(%)	≥50	≥30	≥20
绿色能源比率(%)	≥15	≥10	≥5
新建区道路广场用地中的透水面积比例(%)	≥70	≥60	≥50

注：指标值大部分依据总体规划相关资料计算得出，总体规划不涉及的指标项则在参考调研数据的基础上结合武汉现状研究确定。

6.2.6 武汉市低碳生态城市指标实施措施

1. 武汉市低碳生态城市环境指标实施措施

1）二氧化硫

目标：二氧化硫排放总量在 2005 年基础上削减 9.1%，控制在 12.78 万 t 以内，其中，二氧化硫“十一五”总量指标分为电力行业和非电力行业，电力行业为 7.4 万 t，非电力行业为 5.38 万 t。2010 年的二氧化硫排放量在 2009 年基础上削减 1%。

实施措施：

(1) 继续实施火电行业烟气脱硫治理项目；

(2) 加大已建成脱硫设施的运行监管，开展废气治理工程，关闭不符合产业政策或污染严重的火电机组等；

(3) 完成国家“十一五”重点减排工程：华能武汉发电有限责任公司二期烟气脱硫、武汉钢电股份有限公司烟气脱硫、武汉钢铁集团公司 1 台烧结机烟气脱硫。

2）化学需氧量(COD)

目标：根据《武汉市“十一五”主要污染物总量削减目标责任书》的要求，到 2010 年底，化学需氧量年排放总量在 2005 年基础上削减 11.2%，控制在 14.97 万 t 以内；2010 年的化学需氧量排放量在 2009 年基础上削减 0.5%。

实施措施：

（1）加大城市污水处理厂建设和运行监管工作力度；

（2）开展工业企业生产废水治理项目；

（3）关停不符合产业政策的工业企业等。

3）绿地率

目标：2020 年，建成区人均公共绿地达到 16.8m^2，绿地率达 38%，绿化覆盖率达 45%，实现“500m 见绿，1000m 见园，2000m 见水”的目标，达到国家生态园林城市关于园林绿地的建设标准。

实施措施：

（1）均衡布局城市各级公园绿地，充实和提升现有黄鹤楼、中山等 25 个市级公园，规划建设后襄河、新华、戴家湖等 26 个区级公园，建设吴家山、黄家湖、柴泊湖公园等新城组群公园。建设和提升武汉动物园、中科院植物园、武昌儿童公园等 51 个专类公园。加强行道树种植，丰富绿化空间景观，形成结构完善的公共绿地体系。

（2）控制外环高速公路、三环路、13 条交通出口道路、国道、省道等主干道路绿化和铁路、工业基地以及城市组群之间的绿化防护带宽度，加强张公堤、武青堤、拦江堤等堤防垂直绿化，以及高压走廊、江滩、湖滨、堤岸和排水港渠等防护绿化。

（3）新建、扩建马鞍山、九峰山及武东等 11 处苗木生产基地，现有城区生产性绿地逐步向观赏性花卉园地或城市开放公园转变。

（4）划定城市内的公共绿地、防护绿地、生产绿地、居住区绿地、单位附属绿地、道路绿地、风景林地等的绿线范围。在城市绿线范围内，不符合规划要求的建筑物、构筑物及其他设施予以迁出。

4）森林覆盖率

目标：武汉市 2010 年森林覆盖率达到 26.5，比上年提高了 1.4 个百分点；“十二五”期间，森林覆盖率到达 28%。

实施措施：

（1）建立林产业基地 130 万亩，建立 20 个森林生态旅游基地，市民出行 500m 见休闲绿地；

（2）对出口高速公路和武汉境内铁路全面绿化；

（3）武汉市境内江河堤岸绿化率达到85%以上，50m宽的长江堤防林带筑起绿色城墙；

（4）黄陂、新洲等区新建特色高效经济林6667hm^2；

（5）建设黄陂武湖花卉科技产业园、江夏郑店苗木花卉产业园等，重点发展乡土树种苗木；

（6）江夏南部低丘岗地、黄陂和新洲荒山荒坡，种植杨树、杉木、湿地松，为品牌木材加工企业输送原料。

5）城市污水处理率

目标：2007、2008年武汉城市污水处理率分别为76%、80%，2010年城市污水集中处理率达到89.8%，2020年主城区污水处理率达到90%，工业废水排放达标率达到99%，城市污水处理回用率达到30%以上。

实施措施：

（1）大东湖生态水网构建工程总体方案获国家发改委批准，东湖九峰渠工程顺利完工，“清水入湖”工程取得阶段性成果，累计完成283个排污口截污，中心城区40个湖泊基本实现截污；

（2）坚持源头控制和终端处理相结合的原则，建立面源污染治理体系；

（3）严格保护长江、汉水等集中式生活饮用水水源的水质，汉水沿线及其他水源地一级保护区内不得新增排污口，对不满足水源地水质保护要求的现有排污口逐步予以取消，优先安排蔡甸等水源上游的污水处理设施建设。

6）垃圾无害化处理率

目标：2020年武汉市生活垃圾无害化处理率将达到95%以上，城市生活垃圾无害化处理率达到100%。

实施措施：

（1）垃圾收集处理工程抓紧实施。着力构建以垃圾焚烧发电为主，垃圾填埋为辅的城市生活垃圾处理系统。都市发展区内生活垃圾以焚烧处理为主，外围城镇地区以卫生填埋处理为主。

（2）建成2座垃圾卫生填埋场，长山口垃圾焚烧发电厂投入试运行，其他3座垃圾焚烧发电厂已经投入使用。5座垃圾焚烧发电厂全部投入使用后，垃圾分类收集处理工作逐步推开，开展了餐厨、建筑垃圾集中处理试点。

（3）新建陈家冲垃圾卫生填埋场、府河口垃圾焚烧处理厂、锅顶山垃圾焚烧发电厂等，至2020年全市垃圾处理能力达到14200t/d，其中焚烧处理能力不小于7100t/d。

(4) 都市发展区建筑垃圾、大件垃圾、医疗垃圾以及公共建筑餐厨垃圾分别采取独立处理方式。在汉口、汉阳、武昌三镇分别新建餐厨垃圾处理厂、建筑垃圾处理场和废品物流基地各一座，新建凤凰山医疗有害垃圾处理厂。

7) 工业固体废物处置利用率

目标：工业固体废物处置利用率≥92%。

实施措施：完善固体废物综合利用的经济政策，推广废物利用新技术、新工艺、新产品；加强重点企业固体废物的综合利用与处置。

(1) 武汉钢铁集团公司投资 30 亿，其冶炼过程中产生的大量废渣，通过综合利用，在消除渣山的同时，回收废钢铁，并开发生产系列建材产品；

(2) 华能武汉发电有限责任公司、青山热电厂将粉煤灰作为生产水泥、砌块砖的原料进行综合利用；

(3) 百威(武汉)国际啤酒有限公司将产生的酒糟经烘干处理后作饲料进行综合利用等。

8) 空气质量优良达标率

目标：空气环境质量优良率达到 90%以上，全年 API 指数小于等于 100 的天数大于等于全年天数的 85%。

实施措施：

(1) 推进高污染燃料禁燃区改燃工作，加快锅(窑)炉改燃，拆除、治理冒黑烟烟囱；

(2) 抓好重点污染源二氧化硫及烟尘(粉尘)治理，实施重点区域大气环境综合整治；

(3) 控制城市工程施工扬尘，加强渣土运输、路面保洁和堆场管理；

(4) 控制机动车尾气污染，推行绿色公交，加快公交车、出租车改用清洁能源；整治餐饮油烟污染。

9) 集中式饮用水水源地水质达标率

目标：集中式饮用水水源地水质达标率≥96%。

实施措施：

(1) 加强饮用水源保护区建设与环境管理，划定饮用水源保护区河流型饮用水水源一级保护区上游水域保护范围由取水口上游 100m 延长到了 1000m；

(2) 二级保护区上游水域保护范围由取水口上游 1000m 延长到了 2000m；

(3) 清理砂码头、油码头、停车场等，禁止船舶在水源保护区停靠、作业、排污；

(4) 建设蔡甸污水处理厂，关闭对集中式饮用水源有影响的排污口、垃圾填埋场，加强饮用水源自动监测及检测能力建设。

10) 噪声达标覆盖率

目标：噪声达标区覆盖率达到95%以上；区域环境噪声平均值≤60dB(A)；交通干线噪声平均值≤70dB(A)。

实施措施：

(1) 统筹规划石材、缝纫、五金加工等专业市场、经营网点布局；

(2) 加强生活、施工、工业等噪声源监管；

(3) 加强交通道路建设，完善交通路网，禁止大货车在中心城区穿行；市区噪声敏感区(点)的高架路、轻轨、铁路设置隔声屏障；强化中心城区机动车禁鸣。

11) 建筑节能达标率

目标：建筑节能达标率≥90%。

实施措施：

(1) 进一步提高新建建筑节能水平。开展建筑节能示范工作工程500万m^2；建筑节能新材料、新技术、新工艺示范工程200万m^2；低能耗建筑、太阳能、地下能源及其他再生能源利用示范建筑面积120万m^2。

(2) 新建建筑严格执行建筑节能设计标准和施工验收标准，强化新建建筑的规划审批、设计审查、施工许可、质量监督、验收备案、销售许可等全过程的监管。

(3) 推动新建建筑65%的节能标准的示范。

(4) 启动5个绿色建筑、低能耗建筑示范项目和5个可再生能源在建筑中规模化应用示范推广项目。

(5) 推动既有建筑节能改造。既有政府办公建筑、公益性公共建筑、商业性公共建筑节能改造示范180万m^2。

(6) 推广太阳能和绿色高效照明产品180万只。

2. 武汉市低碳生态城市经济指标实施措施

1) 万元GDP能耗

目标：2010年，武汉市规模以上工业增加值综合能耗下降5.5%，65户重点能耗企业综合能耗下降8%，至2020年，单位生产总值(GDP)能耗在2009年的基础上降低20%以上。

实施措施：

(1) 对65户重点能耗企业实施动态管理，完善节能目标管理和考核制度。

（2）提高工业资源综合利用水平，从发展初期单一的粉煤灰利用扩展到碎屑、尾矿、化工废水废渣等利用，形成的产品从蒸压加气混凝土砌块延伸到石膏砌块、耐火材料、保温建筑材料等，资源综合利用产值 2008 年为 6 亿，2009 年为 20 亿。

（3）加快淘汰落后产能与工艺设备。开展重点耗能行业、重点企业的能效对标活动。

（4）开展淘汰落后产能的专项治理工作，以造纸、小水泥、小火电、小印染等企业为重点，淘汰了叠峰、三磊、凌云等 5 家水泥企业落后产能 180 万 t，关闭青山热电厂、武昌热电厂等落后产能 18.08 万 tce，关闭 2 家小印染企业落后产能 2500 万 m 布，淘汰小味精企业落后产能 2 万 t，取缔了 25 家择选矿、小炼铁等非法小企业，停产了一批小型电炉、焦炉、轧钢生产线，共减少低水平能源消耗 200 万 tce。

（5）制定《武汉市合同能源管理项目支持办法》，建立合同能源管理项目专项资金，推动 10 家企业实施 13 个合同能源管理项目，总投资金额达 2.3 亿，涉及钢铁、纺织、建材、机电等行业，平均节能率 10%～30%，每年可节约 7 万 tce。

（6）推进企业搬迁改造。有选择地将中心城区工业企业搬迁到 2 个开发区、6 个远郊区和城市圈周边市县产业聚集区集中，重点实施了硚口古田地区化工企业综合治理，有计划地将部分化工企业向城市圈化工园区转移。

2）高新技术产业产值占工业总产值比重

目标：2010 年，武汉市高新技术产业产值达到 2500 亿元，到 2015 年达到 6800 亿元，年均增长 20%以上，占工业总产值比重达到 45%，占地区生产总值的比重达到 23%。全市形成 10～15 家年销售收入过 100 亿元的高新技术龙头企业，形成 3～5 个年销售收入过 10000 亿元的高新技术产业集群，力争光通信、激光加工、数控设备、生物农业、节能环保、地球空间信息服务等特色优势领域的产业技术水平达到国际同期水平，部分领域要达到国际先进水平。到 2015 年，全社会 R&D 投入占地区生产总值的比重达到 3%以上，国家工程实验室和重点实验室达到 25 个，国家工程（技术）研究中心达到 30 个，国家认定企业技术中心达到 60 个，各类高新技术创业服务机构达到 100 家，基本形成以企业为主体的区域技术创新体系。

实施措施：

（1）产业规划

电子信息产业。2010 年全市电子信息产业产值实现 730 亿元，2015 年达到2000亿元，年均增长22%。培育3～5家年总收入过100亿元的龙头企业。

生物产业。2010年全市生物产业产值实现210亿元，2015年达到700亿元，年均增长27%。

新能源与节能环保产业。2010年全市新能源与节能环保产业产值实现130亿元，2015年达到600亿元，年均增长35%。

新材料产业。重点发展新型金属材料、新型建筑材料等高性能新材料，加快信息、生物、航空航天产业和重大工程急需关键新材料的研制和产业化。2010年全市新材料产业产值实现520亿元，2015年达到1200亿元，年均增长18%。

先进制造产业。重点发展高性能数控系统等，形成规模化生产能力。2010年全市先进制造产业产值实现540亿元，2015年达到1300亿元，年均增长19%。

高技术服务业。建设光谷软件园等。2010年全市高技术服务业实现产值220亿元，2015年达到800亿元，年均增长30%。

（2）高新产业空间布局

核心区。东湖新技术产业开发区是武汉综合基地的核心区。核心区规划形成"一心两轴四组团"的总体空间布局。

拓展区。拓展区主要包括武汉经济开发区、吴家山开发区、青山循环经济产业示范区以及葛店经济技术开发区。

辐射区。武汉综合性国家高技术产业基地通过核心区高新技术产业链的延伸，带动和辐射整个"武汉城市圈"、湖北省乃至中部地区。

（3）政策保障措施

加强组织领导，加强市场主体培育，深化体制机制创新，加快基地及园区建设，加强创新能力建设，完善投融资体系，加大对外开放和人才引进力度等七个方面的保障措施。

3）人均GDP

目标：地区生产总值突破5000亿元，增长12%；地方一般预算收入增长13%。

实施措施：

（1）加快转变经济发展方式，抓好国家自主创新示范区建设，调整优化产业结构，推进"两型社会"综合配套改革试验。

（2）实施"工业强市"战略，大力发展先进制造业和现代服务业，鼓励东风汽车公司做大做强武汉基地，力争汽车工业总产值突破1000亿元。

(3) 支持武钢优化产品结构，建设全国冷轧硅钢片、汽车板和高性能结构钢等精品钢材生产基地，延伸产业链，实现钢铁工业总产值 830 亿元。

(4) 发挥装备制造业优势，支持武船等“武字头”企业建设新基地，实现装备制造业工业总产值 800 亿元以上。

(5) 支持东湖欢乐谷主题公园、世茂嘉年华等项目建设。建成武汉国际博览中心展览馆，实施下一代广播电视网(NGB)建设，推进“光城计划”。

(6) 发展工业设计、工程勘察设计等产业，加速汉正街提档升级，积极推进武商摩尔城、宜家等重大项目建设。

4) 城市居民可支配收入

目标：城市居民人均可支配收入增长 8%，农民人均纯收入增长 10%。

实施措施：

(1) 加快经济发展，为居民收入增长奠定坚实基础；

(2) 建立和完善正常合理的工资增长机制，推动职工平均工资水平的全面提升；

(3) 提升就业率，逐步改变负担过重对居民收入增长的瓶颈制约；

(4) 改善收入来源结构，提高居民非工资性收入的比重；

(5) 促进平衡，逐步缩小不同收入群体间的收入差距。

5) 城镇登记失业率

目标：城镇登记失业率控制在 4.6%以内。

3. 武汉市低碳生态城市社会指标实施措施

1) 公交分担比例

目标：确立公共交通的主导地位；2020 年，实现市域外围城镇至主城区出行时间不超过 40min，都市发展区内 95%以上的居民出行时间不超过 50min。主城区公共交通方式出行比例大于 35%，其中轨道及快速公共交通承担公交总客运量的比例不低于 30%。2020 年，全市机动车保有量 190～250 万辆，都市发展区居民出行总量达到 2500 万人次。

实施措施：

(1) 构建“双快一轨”的复合交通走廊。2020 年，建成由 13 条高快速路，13 条骨架性城市主干路组成的“双快”干线道路。建成轨道交通 1 号线、2 号线、3 号线、4 号线、5 号线，线网总长约 160km。建成古田、常青花园、青山 3 座车辆基地和硚口等 9 座车场。

(2) 新城及新城组团的道路网络以“方格网”式布局为主，规划道路广场面积率为 15%～20%，路网密度为 6～7km/km^2，其中干道网密度 2.5～3km/

km^2。区域性主干路与城市快速路相交设置互通式立交，立交间距为3～5km；与骨架性主干路相交设置全互通或部分互通式立交，立交间距为1.5～3km。

(3) 公交优先，主城区道路系统保持环路、放射路与方格网相结合的布局，城市快速路红线宽40～65m，主干路红线宽40～70m，次干路红线宽25～40m,支路红线宽15～25m，预留人行过街设施空间。公交线路按快线、普线、支线三级进行布置，主城区常规公交线网密度达到3.5km/km^2。公交场站按保养场、停车场、枢纽站及首末站等四类规划控制用地。2020年，主城区布局保养场12座，大型公交枢纽站12座，中小型枢纽站24座，公交首末站及停车场94座。

(4) 优化主城区骨干道路系统，增加马鹦路过江通道，畅通城市一环路；增加珞狮南路至江夏、梅子路至常青路等环线切向快速放射线和联络线。

(5) 解决过江交通问题，在已建成长江大桥、长江二桥、白沙洲长江大桥，在建的青岛路隧道、天兴洲长江大桥的基础上，新建二七路、马鹦路、杨泗港3条过长江通道。

2) 人均住房面积

目标：2020年，都市发展区居住用地总面积达到252km^2，人均居住用地面积达到28.7m^2，人均住宅建筑面积提高到35m^2，达到小康社会居住标准。

实施措施：

(1) 推进后湖、南湖、古田、东湖、沌口等大型居住区建设，新建四新、白沙、十升等大型居住新区，完善站北、关山、青山等居住区的环境和配套设施建设。

(2) 结合产业布局，在新城组群集中建设盘龙、汤逊湖、豹澥、流芳、吴家山、金银湖等大型居住新区和蔡甸、阳逻、常福等中型居住区。结合中小型工业园，就近配套布局一批小型居住区。都市发展区外重点加强前川、邾城和中心镇的住区建设，提高宜居环境，增加对农村人口的吸引力。

(3) 改造“城中村”为城市社区，基本完成主城区的“城中村”改造。

(4) 适当提高经济适用房比例，近期结合后湖、古田、青山、常青等居住区进行安排。

(5) 建立健全以财政预算安排为主、多渠道筹措的廉租住房资金来源渠道，采取租金补贴、配房租赁和租金核减等方式，加大廉租房供应建设和覆盖范围，保障低收入家庭的住房需求。

3) 千名老人(65岁以上)拥有床位数

目标：2020年，武汉市每千名65岁以上的老人拥有床位60张。

实施措施：

(1) 提升社会养老设施的建设标准，新建 3 个大型和 6 个中型老年康乐中心；

(2) 全市因地制宜地布局福利型及消费型老龄公寓，扩大老年公寓的建设比重；

(3)在公共设施建设中，增加老年人的就医、康复等配套设施建设。

6.2.7　武汉市低碳生态城市实现技术

1. 青山区循环经济发展模式

按照武汉城市圈“两型社会”综合配套改革试验区的整体布局和循环经济试点的要求，高起点、高标准、高规格建设国家级循环经济示范区，以循环型企业、园区和生态型城市创建为抓手，建设循环经济示范区和生态宜居城市（图 6-31）。

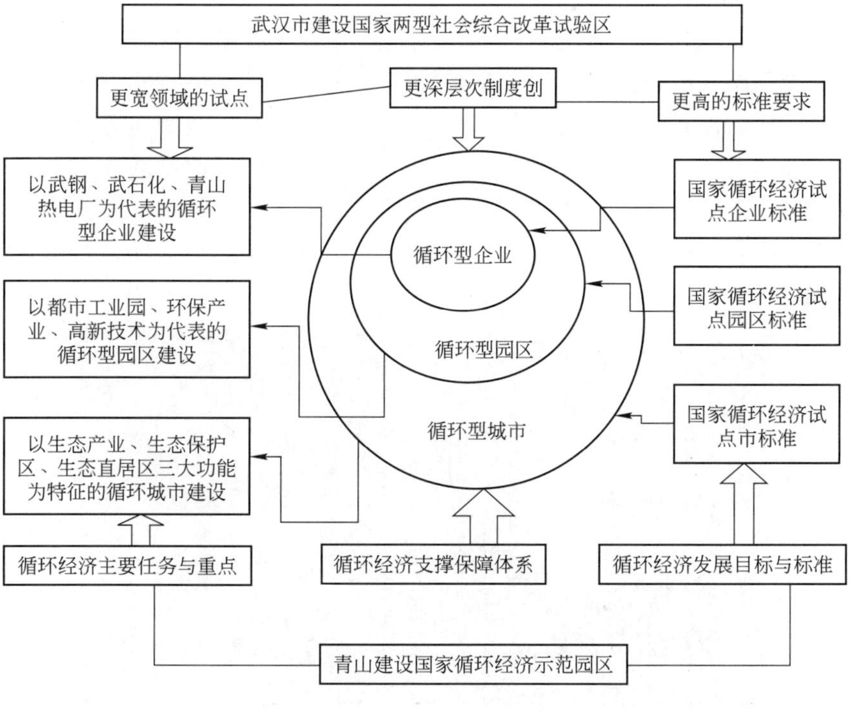

图 6-31　青山区循环经济发展体系示意图

从企业、园区、城市循环三个层面推进，在生产和消费两大领域实现突破，以“三企（武钢、武石化、青山电厂）、三园（都市工业园、环保产业园、高新技术孵化园）、三区（生态产业区、生态宜居区、生态保护区）”为依托，以点带面，连点成片，梯次推进，辐射发展，努力实现产业结构、城市功能和发展方式“三个转变”。

以武钢、武石化和青山热电厂等三家大型国有企业为重点，将企业内部生产单元的节能减排和企业之间的循环作为突破口，全面推行清洁生产审核，建设循环型示范企业。在企业循环基础上，推动工人村都市工业园、环保科技产业园和高新技术孵化园等三个园区的建设。工人村都市工业园以固体废弃物综合利用、基础设施共享为特色，打造资源综合利用的循环经济示范园区；环保科技产业园以环保成套设备和技术研发为特色，壮大国家环保产业基地；高新技术产业孵化园以研发、孵化、科技服务一体化为特色，形成循环经济技术中心。按照青山区“东工西居”城市总体规划，强化生态功能分区，建设生态产业区、生态保护区和生态宜居区。

2. 武钢循环经济产业模式

通过以武钢（图 6-32）为代表的钢铁企业和园区各单元的副产品和废物交换、能量和废水的梯级利用以及基础设施和信息资源共享，实现资源的最大化和废物排放的最小化。构建与电力、化工、建材及机械制造等其他产业及社会环境间的共享资源、互为排放物治理、互为二次资源循环利用的循环经济体系。以武钢为中心的循环经济如图 6-33 所示。武钢产业链遵循循环经济能源梯级利用的原则，通过构建合理的循环经济产业链为途径，强化钢铁企业与其他企业间的共生耦合。

图 6-32　武钢实景

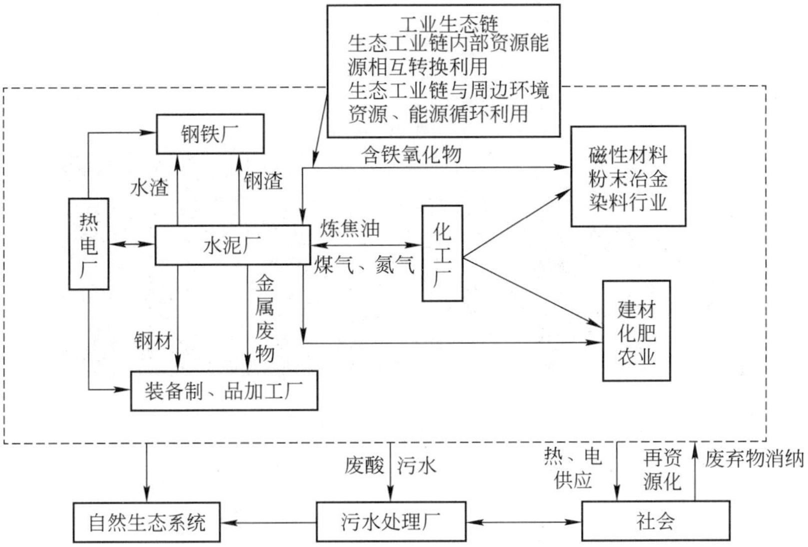

图 6-33　以武钢为中心的循环经济产业链

武钢创建低耗高效、环境友好型，实现钢铁工业生产的生态化的技术途径体现在：第一，优化生产工艺，提高钢铁生产全过程的金属收得率和利用率；第二，提高生产过程中产生的副产煤气回收利用率，延伸煤化工产业链，实施焦炉煤气制氢、粗苯加氢精制等项目；第三，提高余热余压回收利用率，变湿法熄焦为干法熄焦，建设燃气、蒸汽联合发电、高炉熔渣余热回收等项目；第四，强化水的循环利用，建立综合废水处理厂，构建工序废水梯级利用系统；第五，提高固体废弃物的循环利用率，包括高炉渣、钢渣、含铁尘泥、氧化铁皮等的综合利用。

3. 武石化循环经济产业模式

中国石化股份有限公司武汉分公司是以炼油为核心的燃料型炼油厂，主营产品汽油、柴油、燃料油等以及 PVC，一次加工能力 500 万 t/年，PVC 产量 13 万 t/年(图 6-34)。武石化的规划和设计应严格遵循循环经济理论的“3R 原则”，从行业和企业之间三个层面落实贯彻“减量化、再利用、资源化”原则。企业内部各个环节实行节能减排、清洁生产，企业与企业之间以及行业之间实现物质循环、废弃物的再利用及资源化。

武石化规划 2012 年之前实现扩能改造，原油加工能力由目前的 500 万 t/年提高到 800 万 t/年。改造完成后，固体废弃物产量从目前 4.35 万 t/年

图 6-34 武石化鸟瞰图

增加至 11.28 万 t/年，循环利用率达 85.3%；废气排放量将达到 261040 万标准立方米，综合利用率达到 100%。废轻烃气经脱硫合作后作燃料使用，废硫化氢气体制成副产品硫黄，用于医药、农业、化工等领域，同时实现经济效益和环境效益双赢；改造完成，废水排放量比目前增加 17.3 万 t/年，水量增 5%，化学需氧量(COD)削减 21.6t/年，削减率 10.7%，石油类削减 0.35 万 t/年，削减率 3.6%(图 6-35)。

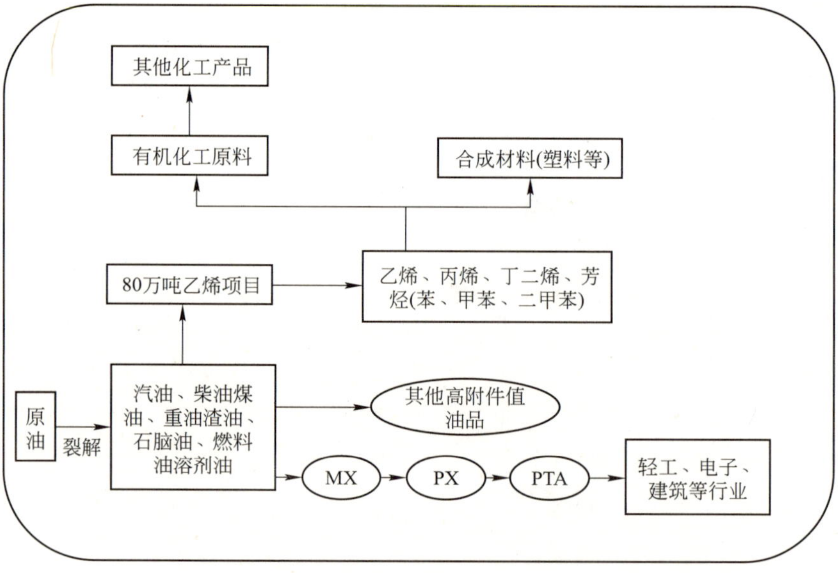

图 6-35 以武石化为核心的循环经济产业链

武石化通过研发运用一系列循环技术，实现了低能耗、低排放的目的。第一，突出炼油特色，调整产业结构，努力增加高附加值的油产品产量，提升与乙烯项目的配套能力；第二，实现能源节约与梯级利用，增设换热器，建设回收锅炉烟气和催化低温余热等项目；第三，在“三废”利用方面，重点建设年 6 万 t 尾气处理硫黄回收装置、高浓度污水处理、碱渣湿式氧化装置回收废碱等项目；第四，在水资源节约与循环利用方面，重点抓好凝结水回收等项目建设。

4. 青山热电厂的循环发展模式

目前青山热电厂在粉煤灰、渣的利用方面取得了一定的成绩，粉煤灰利用率达 100%。青山热电厂粉煤灰的现有出路主要通过三个途径实现循环：一是供应水泥厂生产水泥；二是用作生产轻型墙体材料（如春笋集团），青山热电厂投入 2 亿元，对 2×30 万 kW 热电联产机组采用干法烟脱硫，日产脱硫石膏 5t/d（图 6-36）。

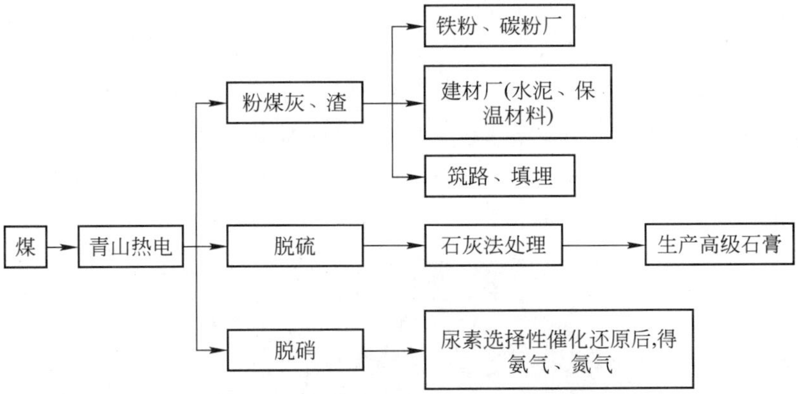

图 6-36　青山热电厂的循环发展模式

青山热电厂在促进物质循环方面：一是要促进粉煤灰和硫、氮、碳等元素的综合利用和开发，实现“零排放”；二是对于粉煤灰加大科研力度，在提取铁以及重金属方面等取得突破，与武钢等钢铁企业形成共生耦合产业链；三是加大脱硫石膏副产品的开发，促进脱硫石膏的综合利用，在高档陶瓷、金属精密铸造和金属模具方面取得突破；四是对废气的处理，采用不同的技术手段，增加高效脱硫、除尘设备，与青山区化工行业紧密结合，构造新的产业链，从源头上控制二氧化硫等污染物的排放。

依照循环经济的理论，通过构建合理的循环经济共生耦合产业链为途径形成青山热电厂与区域内其他产业的共生耦合产业链（图 6-37）。

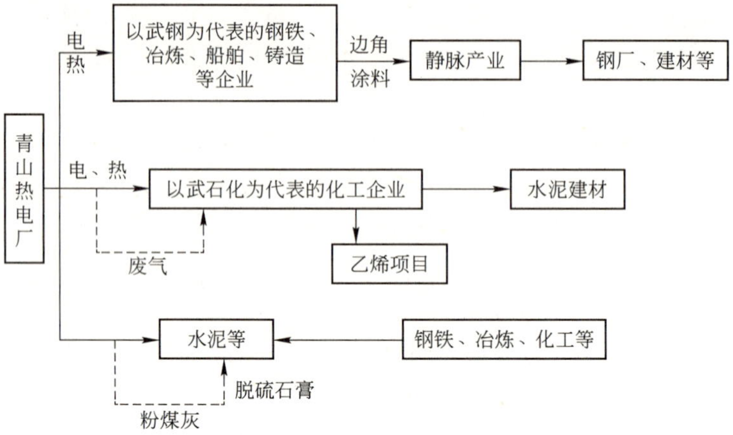

图 6-37　青山共生耦合产业链

5. 工业生态园整合模式

在工业区建设的过程中，以某种产业为主导，再配置一些以该产业排放物为原料或将排放物作为主导产业的原料的共生企业，以构建区域循环经济的运行体系和运行风险分担的机制。这种模式适合工业群相对发达的城市或工业区。这类地区工业经济发展相对成熟，工业化步伐相对较快。青山循环经济整体布局中，武汉工人村都市工业园重点发展钢材深加工和环保两大产业(图 6-38)。

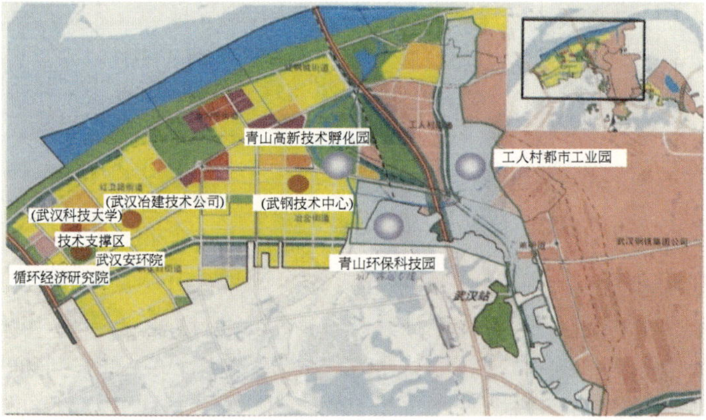

图 6-38　青山循环经济整体布局图

1）产业结构优化升级和区域布局优化调整

产业结构优化，加速发展现代服务业。推动武钢、武石化和环保等重点特色产业发展，延伸产业链，促进产业结构优化升级。以优化产业结构、产品结构为核心，发展知识密集型和技术密集型产业，形成以钢铁、石化、环保三大产业为支撑、专业化配套的先进制造业体系。大力发展现代服务业，发展环保产业服务体系，配合武汉水车站和天兴洲大桥建设，加快培育壮大现代物流、信息服务、金融证券、咨询服务等现代服务业。建立以网络信息技术为平台的循环经济信息发布系统，对全区的能源使用、废物排放利用以及清洁生产技术开发等信息资源实现共享。

2）优化工业空间布局，提高土地资源的集约化利用水平

划定高污染燃料禁燃区，扩大烟尘控制区覆盖范围，在禁燃区推行煤改气，淘汰、改造一批燃煤锅炉和大灶，拆除一批污染严重的黑烟囱。严格控制化工、水泥等行业在主城区的发展，将现有污染严重企业逐步迁往发展区的环境非敏感区域。对钢铁、冶金、热电、化工、建材业等重点行业实施排污许可管理，在工业集聚区试行排污权交易。

3）加强重点行业、重点企业强化工业污染控制和环境监测

重点控制和削减钢铁等排污大户，加快污水处理回用设施建设。严格执行燃煤电厂和钢铁行业的二氧化硫及烟尘排放总量控制。加快武汉钢铁(集团)公司、国电青山热电有限公司等二氧化硫、烟尘重点排放企业治理。对新建的 80 万 t/年乙烯及其配套项目，加强环境监管，及时配备脱硫、除尘设施。完善大型锅炉的除尘设施。针对目前大型锅炉采用的静电除尘受锅炉运行工况、煤种、粉尘的物理及化学性能等影响的问题，加强改进措施的研究实施。对重点污染源实行关闭、搬迁、限期治理，技术改造，具体包括关闭岱家湖粉煤灰堆场，关停武汉三磊水泥有限公司、武汉叠峰水泥有限公司等，抓好国电青山热电有限公司脱硫与除尘，推动与武钢主体工程相配套的除尘设备改造。

4）促进工业固体废物综合利用与处理，推进工业固体废物减量化

制定有关政策，促进企业采用新技术、新工艺，实施清洁生产审核，武汉钢铁(集团)公司应大力发展循环经济，包括开发钢渣矿渣复合微粉，充分利用工业废渣替代水泥；以氧化铁皮为原料，生产直接还原铁，替代进口低硫废钢用于炼钢，提高综合利用氧化铁皮的附加值；加快工业脱硫石膏的资源化进程，发展硬石膏—复合工业废渣轻质砌块(属石膏制品)；以水泥、粉煤灰或废钢渣为主要原料，制造新型环保复合吸声降噪板；综合利用废钢渣生产高档永磁铁氧体。

5）实现污水处理厂污泥无害化处置

随着落步咀污水处理厂、北湖污水处理厂、工业港污水处理厂、石化高

浓度污水处理厂工程、武汉船用机械有限责任司污水处理站等工业污水和生活污水处理设施的建成，污泥产生量将大大增加。应合理布局城市污水处理厂的脱水污泥处置场所，满足污泥处置无害化的要求；加强工业污水处理设施脱水污泥的管理，禁止随意堆放脱水污泥，鼓励企业进行脱水污泥的无害化填埋以及开展资源化利用。

6）推行清洁生产与工业园区生态管理

工业园区的生态管理有三个层次：第一，从产品层次，要求园区企业根据产品全生命周期分析、生态设计和环境标志产品要求，开发生产低消耗可循环利用的产品；第二，要求企业自身实现清洁生产和污染零排放。开展企业 ISO 14000 标准认证和清洁生产工艺推广工作，引导企业生产方式的转变；提高企业资源能源使用效率和环境综合管理水平；第三，在园区内建立 ISO 14000 环境管理体系。制定相应的政策大力实行工业园区生态管理。鼓励企业用环境友好生产工艺和技术，为青山工业可持续发展提供生态保障。

6. 生态宜居区

1）加快旧城改造，加大城市环境基础设施建设

推进旧城改造。实施《武汉市青山区棚户区及旧房改造规划》，重点对沿江地区、棚户区进行旧城改造，提高环境治理和绿化水平，完善城市管理体系，加强社区配套设施建设和长效管理。建立住宅区间的生态缓冲带。环滨河绿带、住宅与绿廊间隔出现，使公共绿化空间得到充分利用，住宅内部与外部环境系统连为一体，提升宜居功能(图 6-39)。

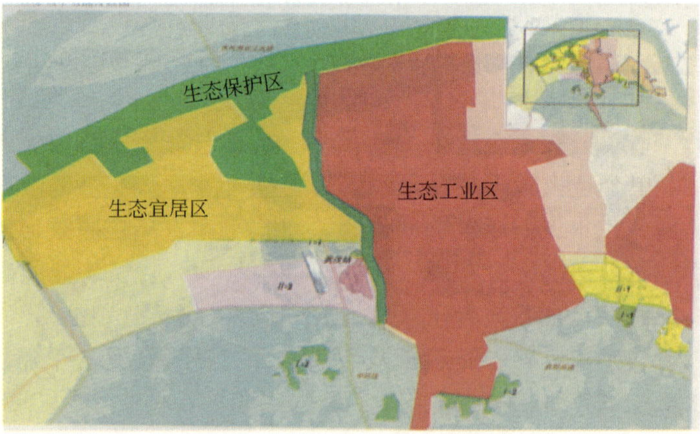

图 6-39　生态功能区分布图

2）建立城市生活污水治理与循环利用系统

建设落步咀污水处理厂以及配套污水再生利用工程，收集青山大部分居住区生活污水，处理能力 12 万 t/d，建设中水回用设施，处理后中水用于市政和周边企业。落步咀污水处理厂污水处理采用厌氧＋卡鲁塞尔氧化沟工艺（A/C 工艺）。污泥最终处置采用卫生填埋。完善污水收集管网。配套管网建设长度约 24.15km，新建泵站 2 座，改造泵站 3 座。形成由青山港东侧污水主干管及各区污水干管组成的污水收集系统，将沿线各地区污水收集后自北向南排至落步咀污水处理厂。污水管道工程收集武汉钢院、红钢城、青山镇、友谊大道等整个地区污水入落步咀污水处理厂，工程服务面积 30.1km^2。完善五大水系排水管网。以改造城区老化排水管网为重点，进一步完善武西、港东、任罗、青山镇和白玉山等五大片区排水管网，对辖区排水泵站机电设备、房屋、管道实施维修改造。配合落步咀污水处理厂和北湖污水处理厂建设，完善生活污水收集处理系统，逐步解决雨污合流和污水直排江湖问题。

3）建立城市生活垃圾处理循环利用系统

城市垃圾源头控制。提倡绿色消费，减少生活垃圾产生量；通过净菜进城、包装容器循环利用、垃圾分类收集及废品回收以及垃圾排放按量收费等，实施垃圾减量化。

实行垃圾分类收集和分类处理。制定垃圾分类收集规划，建设一批分拣设施，实现垃圾的资源化利用，缩短与国内先进城市的差距。与垃圾分类收集及垃圾分拣相配套，在垃圾转运及垃圾末端处置中实行垃圾分类转运和分共处理。

垃圾收集设施配置。逐步废除垃圾屋、楼梯垃圾通道等简陋垃圾收集设施，普及垃圾桶。居民小区按标准配套建设收集站，采用垃圾集中箱集中。近期配置 100 个垃圾集中箱。在垃圾处理厂服务半径 5km 范围外的城区设置垃圾转运站，单个垃圾转运站服务区域最大直线距离不超过 6km。

7. 生态保护区

1）构建“两带三湖多园多线”生态控制网络体系

建设滨江“长江防护绿地带”和“东西绿化隔离带”两个“T”形绿化主轴，建设杨春湖、北湖、严西湖三个湖滨生态区，建设矶头山公园青山公园、白玉公园、和平公园、临江公园、石化公园等多个景观园林生态区，以多条纵横交错的主要道路绿化带构成区域绿化网络，沟通各景观节点。

2）加强生态建设与恢复，强化饮用水源保护

对矶头山进行绿化建设，保护山林生态系统。将江滩防护林绿地建成为江滩公园，加强环境管理。建设南干渠游园，保护成片林带。配合钢都花园的建设，对罗家港进行全面规划，增加绿地面积。重点加强青山段沿岸水源涵养林保护和建设，森林覆盖率要求达到90%以上；在水源保护区范围内禁止新建污染工业企业，对原有污染企业要严格监管。

3）优化市内公共绿地空间布局

公共绿地分布尽量均衡，缩短服务半径，实现全区十条街道、两个管委会的居民都可就近到公园休闲娱乐。重点改变人口密度最低的武东街公园数量少且面积小的现状，满足居民就近到公园休闲需求。新建冶金大道、厂前小森林，建成以乔木为主的多层次生态绿化景观；对和平大道等8条道路进行绿化改造，提升道路绿化与水平；对南干渠游园等6个游园景点和青山公园等4个公园进行新建、改建、扩建；在主要社区内建设街区绿地，通过各类绿地的合理安排，形成主城区点、线、面相结合、层次分明、布局合理的绿地系统分布格局。

4）强化滨水区生态建设

一是湖泊水质保护与生态恢复。逐步封闭湖泊周边的主要排污口，实现清水入湖；在大东湖生态水网构建工程中，加强湖泊环境综合管理，发挥连通沟渠的氧化沟功能，加强坡岸生态功能与景观建设，防止硬化。二是滨江带生态建设。建设沿江、沿河林带，形成连接城区腹地的生态廊道；改进坡岸设计，建设具有防洪和亲水、过滤功能的河岸，保护长江水质；加强长江防洪大堤建设和排水能力建设，注意江边滩地等湿地资源的保护。三是河渠生态恢复。利用清淤、沿河生态林带建设等修复工程措施，改善青山港、明渠等的水质；采用生态护坡设计，保证生态系统连接性。

8. 经验与启示

武汉城市圈是国家“资源节约型与环境友好型社会”综合配套改革试验区，创造性地将循环经济理念运用于生态城市的实际建设，探索重化工聚集区循环经济发展和推进生态城市道路。青山区以循环经济、城市生态学理论为指导，根据国家“两型社会”，综合配套改革试验区落户武汉城市圈的新形势和国家循环经济试点园区的新要求，积极探索新型工业化和城市化道路总结经验，为武汉城市圈“两型社会”建设和中部崛起战略提供改革试点，为我国重化工聚集区建设低碳生态城市，发展循环经济提供了新的模式。

6.2.8　武汉市低碳生态城市建设对国家低碳生态城市指标体系的借鉴意义

低碳生态城市区别于旧工业时代的城市发展模式，它倡导城市生态文明，是实现环境友好、能源资源高效利用、经济持续发展、人民生活幸福、人与环境及其他生物和谐共处的技术手段，终其目的是提高人的生活质量，增强人的幸福感。

低碳生态城市顺应中后工业时期城市发展方向的要求，担负着摆脱以往高排放高污染的粗放型生产方式和为现有环境发展、产业结构以及社会民生等一系列迫切问题提供解决策略的使命。低碳生态城市指标体系是低碳生态城市具体化、定量化、定性化的综合结构框架，其目标是为未来城市的生态化发展战略提供国家级别的指导纲领，其落脚点是各个地方城市生态化的规划建设以及建成后低碳生态城市的管理和评价。作为案例城市，武汉市低碳生态城市的发展对国家低碳生态城市指标体系的构建、落实、检验以及修正的意义主要体现在如下方面：

1. 明确低碳生态城市指标体系的目标

城市之间基地的不均质性和城市发展的时序性，要求指标体系具有良好的敏感性。

全世界对低碳生态城市内涵的理解都不相同，细分下来主要有经济生态观、自然生态观、城市生态观等观点，但一致的认识是低碳生态城市是全球气候变暖背景下维持影响发达和发展中国家城市发展的诸多因子之间动态平衡的理想途径，它体现的是城镇化发展的趋势。低碳生态城市指标体系是城镇化过程中城市环境友好、经济发展水平、社会和谐程度的动态判断，因而每个城市发展阶段有不同的目标。城市生态化程度本质上是以上三者之间关系的动态平衡问题，它反映的是城市功能及生活在城市里面的人生存状态进化或退化的问题。因此，指标的选取原则要求指标能够体现城市生态化，以及指标结果和目标的动态化。这要求低碳生态城市指标需要具有良好的敏感性，这是低碳生态城市指标的原则之一。

国家和地方低碳生态城市指标体系的目的有所差异。国家低碳生态城市层面的指标体系更多的是从宏观的角度关注社会，经济和资源环境的承载等问题。地方城市倾向于解决自己面临的实际困难，一般会先将城市面临的问题找出来，然后按问题的重要性进行分类，确定城市生态化的主要目标。因此，构建指标体系时，地方城市本身的优势及其面临问题的重要性在很大程度上决定着城市生态化建设的对象和确定目标。而指标体系的目的决定了低碳生态城市建设的重点。武汉市作为“两型社会”的示范区，其主要特点是重工业突出，环境压力大，这要求低碳生态城市建设的目标是发展循环经济以缓解环境压力，节约能源资源。在低碳生态城市指标体系中，武汉的循环经济产业增加值对 GDP 的贡献显著高于其他同等规模的城市。另外，2009 年，武汉市在全国率先启动实施了 15 个新兴产业战略发展规划，其中很多是与循环经济有关的产业。统计显示，2009 年 12 个工业及高技术类新兴产业共完成产值 1370.2 亿元，同比增长 14％，集成电路、新能源和动漫产业分别实现 45.9％、35％和 43％的高速增长，地球空间信息、数控机床、新动力汽车、新一代移动通信实现了 20％左右的快速增长。“十二五”期间，武汉市战略性新兴产业增加值占工业增加值比重将到达的 30％左右。以上分析表明，国际上的低碳生态城市指标在实现资源节约环境友好、经济持续、社会和谐的目标时，既要体现约束性指标的刚性，也要激励性和预测性指标的弹性。

2. 合理确定指标权重

目前确定指标权重的常用方法是排序法和专家咨询法，前者基于“问题严重性优先”原则，即涉及问题越严重的指标其权重大；后者是汇集不同领域的专家，经过多轮讨论确定权系数的方法。前者注重指标的针对性和目的性，后者注重指标的前瞻性和可比性。“木桶原理”表明木桶的容量取决于木桶的短板，若仅仅采用看起来很好的指标，往往会掩盖问题的本质。但若只采用“短板”指标，则会掩盖城市已经在生态化方面的成绩和特色，一个城市的长板很可能是另一个城市的“短板”，前者可以为后者提供效仿作用。因此，低碳生态城市指标权重时考虑既要好的指标也要有不好的指标。

构建指标体系时，尽量采用单项指标，慎用加权综合指标。比如采用 API 评价空气质量很难客观地解释具体质量的好坏。API 是二氧化硫、二氧化碳、可吸入颗粒物三项指标的综合加权，其不足的方面是等级的确定与划分比较存在一定的争议。例如相似的空气质量，内地评价可以到达二级指标，而在香港只能是三级标准。另一方面指标 API 的综合加权特征，决定其对评价结果产生一定的模糊效果。再如武汉单项空气质量指标未达标，但经整体加权之后所得综合指标 API 是可以达标的，这显然平滑了结果。类似的，对二氧化硫、二氧化碳、可吸附颗粒物等指标赋值时尽量采用日均值而不用年均值，原因这些指标数据来源于一个城市不同的监测点检测值的综合均值，随机误差不可避免，若再用年均值，则产生的误差就更大，减弱了统计学意义。日均值表示的结果则更客观，老百姓一看就知道哪些天空气质量不好，不好在哪些地方。

3. 分级分类使用指标体系

低碳生态城市不一定非得建在经济发达的地区，经济水平一般的城市也可以建设。问题的关键在于城市细部的品质是否改善，即环境、经济、社会三者是否协调发展并组成一个更优的复合生态系统，是否增强人的幸福感。人的幸福感不仅与经济有关，还与城市的规模、地域、环境、社会关系等一系列因素有关，这要求设计低碳生态城市指标时宜按尺度、对象等因素进行分级分类。一般，国家层面的指标设置简单，地方实施指标时可操作性大，实施措施有更多的选择。

在评价地区水资源时涉及年人均用水量，但这是个与地域有关的指标，南北相差大，普适性存在较大的不确定性，若不按地区分类使用指标，则很难衡量城市生态化建设的好坏。该指标越高，一方面可能说明该地区居民的用水节约意识不够，另一方面，很有可能说明该地区水资源丰富，人的生活质量高，它与低碳生态城市的目的并不冲突。相反，该指标越低，可能是该地区水资源缺乏，但也可能是该地区的环保意识高，用水节约，这是与低碳生态城市的要求相吻合的。类似的指标还有雨水收集利用率、再生水利用率等，受时空和地域性等因数影响大，很难在全国范围内设定统一的标准，因此，可以先从低碳生态城市的地域特点、空间规模、时间阶段，再分类分级界定，然后再从中观尺度上建设具有示范特征的低碳生态城市，最后再落实具体指标的临界阈值。

按指标涉及的自然属性、实施手段、执行力度等可将指标分成控制性指标、激励性指标、预见性指标三类。控制性指标是各个城市必须遵守的，刚性的，阈值应该明确，如单位 GDP 能耗，日均二氧化硫排放量等。激励性指标主要是由于自然条件、空间、地域等因素的差异性指标对各个城市的必要性、可达性等程度不一，难以采用统一的尺度评价，如绿地率、森林覆盖率等。预见性指标主要是基于国家重大政策和战略方向或者全球各国对某种发展状态趋势性判断而衍生出来的指标，这类指标通常没有完善的实施措施，但是具有稳定的趋势性和前瞻性，很可能引领城市未来的发展方向，如绿色建筑、资源产出率等相关的指标。

4. 优先采用结果指标

在构建指标体系时尽可能地将结果指标纳入评价标准体系。低碳生态城市的建设是一个系统的、复杂的系统工程，涉及诸多规划、建设、管理等环节，各环节又相互密切联系，因此，同一系统的指标往往涉及很多指标，其中包括过程指标和结果指标。由于时空地域等因素的影响，过程指标存在很大的变数，指标实现的路径相差悬殊，若选择过程指标作为评价尺度可能会影响城市之间的可比性。鉴于低碳生态城市建设的最终目的是提高人的生活质量，因此，采用结果指标评判城市的生态化结构、功能及发展程度，所得的评价结果更具有可比性。

武汉市规划在2020年主城区城市污水处理率达到90%以上，若单看这一过程指标，很难评价污水经处理后的水质优劣。为了解决这一问题，武汉将反映水质的结果性指标纳入评级体系：逐步提高污水处理厂处理等级，排入江河的处理厂尾水水质达到国家一级B排放标准；排入湖泊等封闭水体的处理厂尾水水质达到国家一级A排放标准；2020年城市污水处理回用率达到30%以上；武汉市集中式饮用水水源地水质达标率要求≥96%。水环境指标的意义在于评价水环境质量，如水环境功能区、水生态(如指示性生物，能够看到指示性生物的河段长度)、水景观、水安全问题，而不在于污水处理率。原因在于，即使水环境功能区水质达标率提高，也不一定表明水环境质量达到了很好的水平。武汉辅以结果指标评级后，水质的评价更加接近真实，污水处理结果更具有公众信服力。

现在很多城市生活垃圾无害化处理率已经达到了100%，问题是即便这样也不一定能实现环境友好的目标。部分垃圾被运到郊区，没有采取卫生填埋处理，实际上是一种污染转移的手段，它充其量是短暂地改善了局部区域的微观环境，而整体环境没有实际性提高。为了避免这种情况，武汉市针对不同功能区域分别采取垃圾焚烧和卫生填埋相结合的处理方式。其中，都市发展区内生活垃圾、建筑垃圾、大件垃圾、医疗垃圾以及公共建筑餐厨垃圾进行分类收集，独立处理，开展餐厨、建筑垃圾集中处理试点，不能回收利用的垃圾以焚烧处理为主，垃圾焚烧过程中产生的热量用来发电，实现废物利用，变废为宝。2020年武汉市垃圾处理能力达到14200t/d，其中焚烧处理能力不小于7100t/d。外围城镇地区以卫生填埋处理为主，垃圾填埋为辅的城市生活垃圾处理系统。武汉市处理这些问题的做法具有一定的借鉴意义。

5. 强化低碳生态指标实施的保障措施

指标体系作为低碳生态城市建设指导性标准，关键问题在于如何将指标尽可能地落实至地方城市，为低碳生态城市的规划建设以及管理提供有效的指导和参考。众多案例城市的调研结果表明，一种考核指标能够比较顺利、有效地落实的主要途径(调控手段)有两种：其一指标能够体现国家意志，可以纳入国家考核体系并具有约束性的指标，其实施保障体系是国家的考核制度；其二，指标的实施能给地方城市创造诸如政府政绩、环境改善、经济增长等效益。激励性指标和预见性指标属于这类指标。

低碳生态城市指标体系最有效的落实途径是纳入国家的考核指标体系，形成一套自上而下，各部门逐级分解并落实至具体的工作。案例城市研究结果显示，2006～2009年武汉市单位GDP能耗下降率分别为3.4%、4.1%、6.2%、6.0%，呈逐年下降态势。2010年上半年，武汉市能源消耗总量2167.35万tce，同比增长13.1%，比GDP增速慢2.4个百分点。GDP的增加快于能源消费总量的提高，单位GDP能耗为1.02tce/万元，同比下降2.0%。全年单位GDP能耗降幅将在4%左右，整个“十一五”期间单位GDP整体保持负增长趋势，完成节能目标任务。除了武汉，全国绝大多数的单位GDP排放指标也出现类似的变化趋势。这说明纳入国家考核的指标能够很好地落实至地方城市。因而，在构建低碳生态城市指标体系时，要优先选择那些已经纳入国家考核体系的指标。如此以来，指标的落实路径变得简便，数据的获得更加便捷，评价结果的可靠性、科学严谨性均有保障。

激励性指标主可分为两种：内生型激励指标和外生型激励指标。前者是城市内部主动实施的指标，后者是外部引导后而实施的指标。对于暂时没有纳入国家考核的非约束性指标而言，如何挖掘落实指标给地方城市带来的效益，决定了指标的落实力度和质量。在选择激励性指标时，应充分考虑生态城市指标落实的成本效益。效益大于成本时，地方城市会产生一种主动的内生动力驱动指标的落实工作。武汉R&D投入占GDP比重指标是比较具有代表性的实证例子。2009年武汉市开展R&D活动的工业企业391个，占规模以上工业企业的15.4%。其中，开展R&D活动的大中型企业119个，占全部大中型工业企业的40.2%；实际工作时间计算的R&D人员全时当量20709人年，是2000年的4.6倍。工业企业R&D经费63.99亿元，是2000年的10.6倍，年平均增长30.0%。工业企业R&D经费居前三位分别为：青山区23.00亿元，占35.9%；东湖开发区18.57亿元，占29.0%；武汉开发区9.45亿元，占14.8%。与此同时，R&D企业的产出明细高于投入。2009年，工业企业完成新产品产值961.16亿元，是2000年的9.1倍。全年实现新产品销售收入955.97亿元，是2000年的9.3倍；新产品销售收入占主营业务收入的比重为16.0%，比2000年提高2.9个百分点。2009年，工业企业申请专利3899件，是2000年的7.5倍；其中发明专利1404件，是2000年的6.6倍；发明专利所占比重36.0%。以上数据表明，R&D投入所产生的效益显著大于成本，其结果是R&D投入的人力、财力均逐年递增，形成良性循环，与之对应是这项指标呈逐年上升趋势。

以上仅仅是R&D效益中经济方面的分析，若附加考虑R&D经费主要是投向于高新技术产业和循环经济等产业产生的环境和社会效益，地方城市实施这项指标的动力就更大。对于类似R&D占GDP比重这样的指标，尽管不是国家考核的约束性指标，但它具有较好的效益，因而具有较好的可操作性和推广性。

6. 加强"重型化"城市的生态化建设

对于重工业比重大的城市，低碳生态城市并非要求完全放弃原有的产业化结构，而是通过结构升级，提高能源资源效率，技术革新等措施使原来主导产业增加其附加值，实现经济规模生态化和产业链生态化。

2008年，全国8个城市规模以上工业中重工业总产值均高于轻工业，南京重工业比重最高83.8%，武汉市83.4%，居8个城市中第二，青岛最低为57.7%。8个城市除青岛和杭州外，其他城市重工业占比均在60%以上，说明武汉市及相关城市工业"重型化"及支撑作用都比较突出。

因此，从城市"重型化"转型至生态化是工业化中后期，是类似武汉这样的城市面临最突出的问题。武钢集团提高生产工艺水平，炼铁系统抓住高煤比、高风温、高顶压、高煤气利用率、高寿命、高富氧，烧结系统实行烧结余热发电和厚料层等节能技术，提高高炉原燃料的精料水平，使炼铁的入炉焦比逐年降低。各技术支撑企业可以通过提高生产工艺水平及工艺流程创新，加快节能技术开发来达到节能的目的。运用科技创新改变企业的生产工艺流程，实现燃料结构优化和能源梯级利用，把这些有关联的企业整合起来节约能源。武汉市的做法无疑为"重型化"城市的生态化发展提供了新的思路。

6.3 安吉——城乡一体化进程中的生态发展新模式

6.3.1 安吉概况

安吉县地处浙西北，隶属湖州市，位于长三角经济圈几何中心，距上海220km，距杭州65km(图6-40)。安吉是中国竹乡、中国民间艺术(书画)之乡、中国白茶之乡、中国椅业之乡和中国竹地板之都。全县面积1886km^2，七山一水二分田，人口45万，辖10镇5乡1街道和1个与城关镇合并的省级经济开发区。2010年地区生产总值180亿元，财政总收入23.5亿元，相比2009年增长了 12.0%，增幅位居全市首位。城镇居民人均可支配收入 25205 元，农民人均纯收入 17697 元，是浙江省城乡居民人均收入差距较小的县市之一。

图 6-40　安吉县地理位置图

安吉是首个国家生态县，是国家环保部“新农村与生态县互促共进示范区”和全国生态文明建设试点县。全县植被覆盖率 75%，森林覆盖率 71%，境内空气质量一级，水质二类以上，生态环境一流，旅游休闲产业兴盛，被誉为“黄浦江源”和“中国大竹海”。依托资源优势，安吉在大力发展生态经济同时，通过不断创新有效载体，着力改善农村人居环境，提升群众生活质量，先后获得国家卫生县城、中国人居环境范例奖、国家生态县、国家园林县城、全国绿化小康县、省级文明城市、浙江省平安县等荣誉称号。2008 年以来，安吉通过建设“中国美丽乡村”，形成特色鲜明的以改善农村人居环境为主要内容的新农村建设“安吉模式”；2011 年，安吉开始打造“风情小镇”的建设，以各乡镇的特色为依托，通过提升乡镇的功能更好地连接县城与乡村，为安吉的生态建设和发展提供有力地支撑。

6.3.2　安吉“风情小镇”的低碳生态建设

安吉县树立全县城乡协调发展的理念，统筹推进山区新型城镇化样板区和新农村示范区的建设，城乡一体化发展格局初步形成(图 6-41)。

图 6-41　安吉县生态城市规划

资料来源：安吉县网站(http：//www.anji.gov.cn/)

城市管理体制调整成效显著，“递孝同城”❶ 发展进一步深化；“一港两园三区”建设取得重大进展，山地人居一期建成推出，凤凰山公园对外开放，中心区块 RBD 开工建设，新铜山桥、外环东路、穆皇中路等一批道路建成通车，云鸿西路、安吉大道、绕城南线等一批道路开工建设，城市路网不断完善，建成区面积进一步扩大；城市环境、功能、形象明显提升，管理精细化、标准化水平显著提高；成功创建省级示范文明县城和省级森林城市，荣获中国首个县级“中国人居环境奖”(图 6-42)。

图 6-42　魅力安吉

资料来源：安吉县网站(http：//www.anji.gov.cn/)

❶ “递”，“孝”分别指递铺镇和孝丰镇。

根据全县城乡协调发展的理念，安吉统筹推进新农村示范区和山区新型城镇化样板区建设，城乡一体化发展格局初步形成。新农村示范区建设成效明显。中国美丽乡村已成为浙江省新农村建设品牌和载体，并成为“中国美丽乡村”国家级标准化示范县。目前安吉的“中国美丽乡村”建设正在进一步扩面提质，范围扩大到75%以上；经营全面启动，初步构筑“一环四带六区”的格局；城乡统筹管理进一步加强，城镇物业管理模式和社会化运作机制得到推广；改革深入推进，投融资体制建设、林权改革和土地流转工作取得明显成效。城镇化样板区建设扎实推进。

1. 政策支持

为了构建“优雅竹城—风情小镇—美丽乡村”立体式城乡统筹建设格局，安吉县委、县人民政府制定《安吉县“风情小镇”建设五年行动计划》，将打造低碳、生态、特色的风情小镇作为全县建设乡村旅游大景区的重要载体，成为推进山区新型城镇化样板区建设的重要工程，更是放大“中国美丽乡村”品牌优势，拓展美丽乡村建设经营领域，加快推进城乡一体化发展格局的重要任务。根据《安吉县“风情小镇”建设五年行动计划》，自2011年起，计划用五年左右时间实施低碳、生态、特色的“风情小镇”建设推进行动。

1）总体要求

以科学发展观为统领，以打造全国首个县城绿色、生态旅游大景区为龙头，以建设山区新型城镇化样板区为核心，以提高城乡居民生活品质为目的，立足全省争示范，面向长三角打品牌，全面提升小城镇建设水平，使之成为推进山区新型城镇化样板区的有力支撑、开展乡村经营的主要节点、统筹城乡发展的重要载体、城乡居民创新创业的重要基地、国内外旅客休闲旅游的胜地，全力打造全省中心镇和小城镇建设的品质示范。

2）建设目标和路径

通过五年努力，逐步将全县所有城镇打造成为“环境优美、功能配套、产业发展、特色鲜明”的低碳、生态、特色小镇。

（1）环境优美：以打造长三角最佳旅居地为目标，规划布局显美，建设设计显韵，神形兼备，动静相宜，所有城镇实现镇貌景观美化亮化，环境洁化，镇容秩序良好，社会安定和谐。

（2）功能配套：以树立全国城乡融合发展示范为目标，按绿色、生态旅游大景区的要求配置建设集镇公共设施，实现功能集成和精细化服务，进一步推进农村人口向城镇集中，城市现代服务和新型管理功能向农村延伸，成为人口集中的新主体，要素集约的新载体，集聚力、辐射力和带动力明显增强。

（3）产业发展：以打造全国绿色、生态旅游和特色产业集聚区为目标，按照一镇一业的产业布局，做大做强镇域特色主导产业，繁荣发展镇域经济，实现产业优势明显，经济高度发展，群众生活宽裕。

（4）特色鲜明：以建设长三角独具魅力城镇集群为目标，按照一镇一品、一镇一韵的建设理念，充分依托镇域自然禀赋、产业特色、历史文化等，挖掘风情元素，一镇一主题，个性化、差异化开展特色风貌设计和景观建设，地方特色明显，人文景观彰显，文化底蕴丰厚，精神生活丰富，村民民俗淳朴，社会风尚健康，居民素质提升，社会文明进步，把“风情小镇”打造成风格高雅、特色明显的全国品牌。

3）建设原则和方法

（1）规划统领

强化规划引领。按照“宜居、宜业、宜旅、宜文”的要求，坚持人与环境和谐，体现文化内涵，反映风情特色的原则，在以县域总体规划、土地利用总体规划、城乡建设总体规划等规划为指导的基础上，合理确定创建范围，全面组织“风情小镇”镇域规划和城市风貌设计工作，并加强“美丽乡村”建设总体规划与其他规划的衔接；要确定三年建设项目，一次规划，分步实施。要坚持改旧与立新相结合，共性与个性相统一，着手实施风貌、格调和风格设计，明确建设定位、范围和品质，细分业态、特色和类型。要突出规划的刚性，加强规划的实施和管理，发挥规划的指导和引领作用。要按照通盘谋划、科学安排、试点先行的原则，按规划分期、分批、分类组织实施，做到建设规划、方案设计和年度计划三同步，建出风格，建出样板。

（2）梯度推进

按照先易后难、重点突破、注重实效的原则有序推进。以现有乡镇政府所在集镇(县城和孝丰除外)为主要对象，以5年(2011～2015年)作为规划建设年限，确定近、中、后期工作目标。近期目标(2011～2013年)：重点完成天荒坪、报福、章村、鄣吴和山川等5个乡镇的“风情小镇”建设试点，初步树立风情小镇示范精品，建成首批风情小镇集群。中期目标(2012～2014年)：完成溪龙、昆铜、皈山、上墅和杭垓等5个乡镇的“风情小镇”建设，风情小镇的规模效应初步显现，品牌影响明显扩大。后期目标(2013～2015年)：完成高禹、良朋、梅溪等3个乡镇的“风情小镇”建设，确保城镇建设走在全省前列。同时，对人口集中程度较高、辐射带动能力较强等老集镇，由所在乡镇提出规划、申请，经领导小组审核后，分年度列入集镇环境综合整治提升范围。

（3）彰显个性

充分尊重各乡镇发展特色和发展空间，注重个性，分类推进。充分挖掘自然、人文、产业等特有元素，精心打造山乡旅居型、历史人文型、特色产业型的风情小镇，凸显主题分类、类别有型、韵味各异和风格独特，杜绝同质化和趋同性，实现共性要求和个性魅力相统一。整体提升集镇的基础配套、产业集聚、公共服务和辐射带动功能，着力原有基础的改造、改善和改良，整合提升现有资源，不搞大拆大建，维持自然本色，保证质量。根据乡镇实际，分类开展“风情小镇”创建。对人口集中程度较高、辐射带动能力较强等老集镇，在美丽乡村创建的基础上，集中开展集镇环境综合整治提升。

（4）乡镇主体

充分发挥乡镇的主体作用，切实增强主观能动性和创造性。“风情小镇”建设由各乡镇具体负责组织实施，要着力在规划设计、方案论证、计划安排、特色定位、项目实施等方面发挥首创性，自主建设、自主提升、自主发展。

（5）项目带动

坚持与新农村建设、农村住房改造建设、“百村示范、千村整治”、中心镇村建设、旅游拓展、环境整治、乡村文化挖掘、农民创业就业和城镇化推进等具体项目，带动“风情小镇”创建工作。

4）保障措施

（1）加强组织保障

县委、县政府成立“风情小镇”建设工作领导小组，统筹协调全县“风情小镇”建设工作。建立“县领导＋专家团＋部门＋乡镇”的“风情小镇”建设工作推进机制，创建乡镇列入县领导“六联”体系[1]，每年排定创建乡镇和一批重点项目由县领导牵头联系。组建“风情小镇”专家服务团，专题针对到创建乡镇进行全程实地指导。各部门要加强与省级主管部门的联系，支持“风情小镇”重点乡镇与省级机关部门开展结对共建工作。建立“风情小镇”建设联席会议制度，定期组织规划会审论证，协调处理有关问题，负责项目服务督查。各乡镇要强化主体职责，强化组织领导，建立由党政主要

[1] 县领导干部“六联”制度，指每位县领导联系一个乡镇、一个工业功能区、一家工业企业、一个社区、一个中心村、一户低保户。

领导牵头的组织推进体系，清晰定位、明确目标、制订计划、安排项目、完善措施、组织落实。强化考核激励，把“风情小镇”建设纳入乡镇年度综合考核和部门效能机关考评。

低碳、生态、特色“风情小镇”的考核采取项目“以奖代补”和“百分制”考核相结合的方式。百分制考核指标分4个方面，28项指标(表6-11)。

安吉县“风情小镇”建设考核指标与解释　　表6-11

类别		指标编号	指标内容	责任及数据来源部门	指标解释(指标的上限要求)
环境优美	29分	1	城镇总体规划、控制性详细规划和城镇风貌设计	规划局	完成小城镇总体规划编制及修编，并报经县人民政府批准实施； 小城镇规划区控制性详细规划编制达到70%以上并报批实施； 完成小城镇风貌设计并经安吉县“风情小镇”建设专家组会审通过
		2	土地利用规划与城镇规划执行情况	国土局、城管执法局	严格执行土地用途管制制度，不得擅自改变土地用途； 大力提高单位面积土地产出效益，严格执行各类项目建设用地控制指标
		3	镇容镇貌建设与管理	住房和城乡建设局、县农业和农村工作办公室	城镇主干道两侧建筑讲究建筑艺术，注重美观； 规划区内的广告牌、标语牌、画廊、候车厅等城市家具保持统一、完好、美化； 规划区内地面设置的各类井盖体现风情小镇特色，保持度完好； 确定环境卫生长效管理资金筹集标准，并按标准足额筹资，配备从业人员等
		4	通镇主干道和城镇道路建设	交通运输局、住房和城乡建设局	成立专门公路养护站，人员、资金到位，制度完善； 路面清洁无杂物，行车平稳通畅；公路边沟排水通畅，路面无积水； 安全设施齐全醒目
		5	生态河道(沟渠)整治美化和水景观营造	水利局、住房和城乡建设局	水清：城镇(集镇)规划区内的河道沟渠及水塘水质清洁，水面无漂浮物； 岸绿：城镇(集镇)规划区内的河道沟渠堤岸无安全隐患，中心河段沿河美化； 景美：城镇(集镇)规划区内的河道沟渠及水塘自然风光、工程措施和水文化相结合； 流畅：城镇(集镇)规划区内的河道沟渠无设障、行洪排涝通畅，河底无淤泥

续表

类别		指标编号	指标内容	责任及数据来源部门	指标解释（指标的上限要求）
环境优美	29 分	6	城镇照明和夜景系统建设	城管执法局	城镇已建道路及公共场所照明普及率达到 100%； 照明设施完好率达到 95%以上，亮灯率达到 95%以上； 主要入镇口、重要节点、标志性楼宇安装景观照明
		7	城镇绿化和彩化系统建设	林业局、城管执法局	山体绿化：森林资源保护，建立生态公益林保护管护制度、管护队伍并落实；生态修复合格率为 90%； 公共绿化：集镇建成区绿化覆盖率不低于 25%，集镇广场绿化面积不少 300m^2； 庭院绿化：城镇建成区农户庭院绿化率大于 30%，以大乔木或经济树种为主； 城镇道路绿化与彩化，道路绿化率达 100%
		8	城镇区域生态环境质量	环保局	环境质量状况：经监测县控以上断面水质和空气质量符合功能区的要求； 飞行监测达标率全年累计达到 85%以上
功能配套	33 分	9	接待服务设施建设和运行	旅游管理委员会、住房和城乡建设局	综合性服务：有占地面积达一定规模的旅游集散中心，能够提供信息咨询、代办车辆租赁、宣传资料、监督投诉、特色旅游商品展销等综合服务； 食宿接待：分别按照国家星级旅游饭店或浙江省星级农家乐标准考核验收； 运行管理：各项接待服务设施运行有序，管理规范，工作高效，有专人专职管理，整体布局合理，无责任事故发生
		10	公共文化活动场所建设和管理	文化广电新闻出版局、体育局	每个乡镇（街道）建有文化活动中心 1000m^2，建有休闲文化活动场地面积不少于 500m^2，乡村大舞台面积不少于 80 m^2； 每个乡镇（街道）建有专题文化生态博物馆或地域文化展示馆（乡土风情展示馆）
		11	精品会所和主题农场建设	旅游管理委员会	参照《浙江省农家乐经营户（点）旅游服务质量星级划分和评定》，考核有正常经营的会所或农庄，精品会所和主题农庄至少要相当于四星级农家乐标准； 主题文化特色：全部精品会所和主题农庄均有立项、规划等手续，均具有明显安吉当地特色，装修豪华，文化气息浓郁，品质高雅，农庄风格主题突出

续表

类别		指标编号	指标内容	责任及数据来源部门	指标解释(指标的上限要求)
功能配套	33分	12	供水设施建设和运行	城管执法局、水利局	自来水使用普及率大于等于95%，全年经卫生防疫部门检查4次以上(含4次)，水质达标； 具备供水安全运行等长效管理机制
		13	污水处理设施建设和运行	城管执法局、环保局	设施建设：完成年度污水收集处理设施建设(有相关支撑材料)； 区域污水收集率达90%以上，出水达标率达到100%； 建立污水处理设施及管网养护长效管理机制
		14	车站、停车场建设和管理	交通运输局、住房和城乡建设局	车站功能齐全，未闲置和挪作他用；有专门组织机构、人员对车站进行管理； 有健全的安全管理制度，落实到位
		15	标准化农贸市场建设和运行	工商局、商务局	基础设施建设：有提升改造方案并组织实施，建筑安全、布局合理、通风良好、宽敞明亮、地面平整、沟道通畅； 环境卫生：空间上无明显积尘、破挂及蜘蛛网，地面基本清洁，无严重积水，通道无明显污物堆积，场内通风无异味； 交易秩序：场内经营者亮照经营，商品准入台账健全，各项制度上墙公示，划行规市，通道畅通、车辆及物品摆放有序，无乱堆乱放和占道经营，配有管理人员
		16	环卫设施建设、运行和管理	城管执法局、旅游管理委员会	生产、生活垃圾有专人及时收集，路面、路边、绿化带等公共活动场所环境干净整洁； 生活垃圾、建筑垃圾、工业垃圾做到分类清运，设有集中合理的建筑垃圾填埋场，垃圾清运设施满足全镇垃圾日产日清要求，垃圾清运车有明显标志，做到密封不洒漏； 城镇道路按垃圾分类要求设置美观大方、富有特色的果壳箱，主要道路不出现移动垃圾筒，垃圾房美观大方，设置位置合理，不存在敞开式垃圾池，垃圾中转站管理有序； 公共厕所数量按照建成区面积每平方公里不少于3座设置，建设有2座及以上2星级公厕，或1座及以上3星级旅游厕所

续表

类别		指标编号	指标内容	责任及数据来源部门	指标解释(指标的上限要求)
产业发展	16 分	17	乡镇经济总量提升水平	统计局	分乡镇生产总值增幅和服务业经济比重两部分考核，按排名打分
		18	乡镇财政增长比例	财政局	乡镇财政总收入与县财政总收入的平均增幅相比较； 乡镇服务业税收与县服务业税收的平均增幅相比较
		19	农民人均纯收入	农业局、统计局	以 2010 年度乡镇农民人均纯收入为基数，通过各乡镇排名打分； 以 2011 年度农民人均纯收入的排名打分
		20	休闲农业发展水平	农业局、林业局	公路沿线农田无全年撂荒，建设现代农(林)业园区； 立足当地特色农(林)主导产业并进行培育壮大
		21	小城镇人口集聚率	规划局	按申报创建当年小城镇规划区内常住人口为基数，计算增长的百分比，分别以 15%和 10%作为打分标准
		22	非农从业人员比重提高百分点	统计局、县农业和农村工作办公室	按各乡镇指标数值高低排名打分
特色鲜明	22 分	23	特色定位和实施效果	规划局、住房和城乡建设局	特色定位准确：创建乡镇过程中对地域文化、人文历史等挖掘到位、特色鲜明、定位准确、风味独具，具有明显的自我个性和不可替代性； 施工精良细致：完成各项工程的专项设计并严格按照设计建设，施工要求精良细致，尽可能使用地方特色的材料，充分体现城镇地方特色和风情； 整体效果明显：能充分展示城镇风貌和自身风情特色，有较强视觉冲击力
		24	个性化视觉系统建设	交通运输局、旅游管理委员会	公路绿化坚持高起点、高标准，实行点状、带状、片状绿化相结合，平面和立体绿化相结合，突出个性设计和地域特点，着力绿化景观塑造，结合地方特色，打造立体景观和绿色长廊的视觉效果； 设置标牌流程规范、合法，设置过程经路政部门审批，标识材料、字体、颜色符合规范要求，指路牌内容清晰、简洁、连续

续表

类别		指标编号	指标内容	责任及数据来源部门	指标解释（指标的上限要求）
特色鲜明	22分	25	区域化人文建设	文化广电新闻出版局	推进区域文化形象的宣传，组织开展节庆和传统庙会、集庆等活动，发掘区域的“人杰物名”，成功打造区域特色文化品牌； 开展区域人文特色主题活动，组织举办区域特色文化交流活动，积极配合全县性活动； 推进区域人文资源的整合利用，加强区域人文景观建设，协助相关部门做好区域内历史文化遗存的规划、修缮和保护工作
		26	特色产品开发和营销	旅游管理委员会	特色旅游商品品种：种类、规格丰富齐全，能满足游客购物的基本需求，商品种类以当地的特色商品为主，开发新的特色旅游商品，开发本地旅游商品； 特色旅游商品品质：质量有保证，严禁销售假冒伪劣产品和过期商品，有严格的检查制度及严格的处罚公示制度； 开展旅游销售：推进品牌建设和推广，有统一的营销品牌，建有独立的销售系统等
		27	特色品牌推广和外部影响力	宣传部	乡风文明：以是否获得市级、省级、国家级文明乡镇评分； 活动推介：是否每年参与举办“风情小镇”品牌推介活动，是否自主举办“风情小镇”品牌推介活动； 新闻外宣：每年完成县委宣传部下达的外宣任务
		28	可再生能源和节能应用	住房和城乡建设局	规划区内新建公建项目太阳能建筑一体化利用达70%； 每个“风情小镇”至少有一处不少于20盏太阳能路灯建设，并保持运行良好； 规划区内新建公建项目及住宅项目屋面、外墙、门窗设计必须达到建筑节能要求

（2）加大资金扶持

县财政五年整合安排2亿元专项资金用于支持“风情小镇”建设，采取“百分制考核”和“以奖代补”形式，对各乡镇的“风情小镇”建设给予鼓励扶持。县财政为“风情小镇”建设提供融资支持，鼓励县级政府融资平台参与“风情小镇”建设。探索建立“风情小镇”创建专项基金，鼓励和引导民间资本、金融资本和工商资本参与投资旧城改造、新区建设、基础配套和社会事业发展等项目建设，构筑起多元化的投入格局，有效保障“风情小镇”项目建设的资金投入。对涉及“风情小镇”创建的集镇土地出让金净收益，3 年内县得到的部分全额返还给乡镇，城镇基础设施配套费 3 年内金额留镇使用。各乡镇要将“风情小镇”建设项目资金纳入财政年度预算，实行封闭运行、滚动投资。审计部门对项目建设、补助资金的使用和管理实行跟踪专项审计。

“百分制考核”是指创建乡镇三年建设周期结束后，对所在乡镇风情小镇创建工作的综合评价，根据得分予以鼓励，建制镇和乡的标准为每分值 3 万元和 2 万元，奖励总额最高不超过 300 万元和 200 万元。总分低于 90 分以下者减半奖励，低于 70 分以下者不予奖励。

“以奖代补”指对列入“风情小镇”创建计划，并通过考核验收的公建项目，按乡镇实际投入项目建设资金 30%予以以奖代补，每个“风情小镇”创建乡镇公建项目奖励资金不超过 1000 万元。

（3）强化用地支持

县政府每年从新增建设用地计划指标中安排必需的集镇建设用地指标支持“风情小镇”创建。有条件的“风情小镇”创建乡镇要积极开展农村土地综合整治，整合城镇建设用地空间。乡镇要积极盘活老厂房、旧校舍、大会堂等闲置用地用于保障中心集镇用地需要。对符合规划并已办理确权登记手续的经营性集体建设用地，鼓励开展土地使用权流转。

（4）加大项目投入

充分整合项目资源，集中支持“风情小镇”建设。县级机关部门在项目安排上重点给予倾斜，优先安排“风情小镇”创建，项目扶持政策连续支持 3 年，建立项目审核、动态管理和绩效考核机制，由县住房和城乡建设局牵头，会同规划局、财政局、审计局、县发展改革与经济委员会、县农业和农村工作办公室和项目实施部门，对乡镇申报项目进行审核把关，领导小组统筹确定后组织实施。县级机关各部门要加大争资立项力度，集聚上级项目、资金、技术等资源，合力推进“风情小镇”建设。

（5）营造浓厚氛围

进一步统一思想，提高认识，切实把“风情小镇”建设作为贯彻落实科学发展观，统筹城乡协调发展的有效举措，作为全面深化“中国美丽乡村”建设，加快打造“一地四区”的必然选择来加以谋划。各乡镇、有关部门要充分利用广播、电视、报纸、网络等多种形式，广泛宣传“风情小镇”创建工作的重要意义、政策措施和典型经验，营造浓厚氛围，形成强烈共识，广泛凝聚参与支持“风情小镇”建设的强大合力。

2. 特色做法——以天荒坪镇和报福镇为例

1）报福镇——“自在小镇、安吉报福”

（1）概况

报福镇位于浙江省湖州市安吉县的西南部，天目山北麓，东邻上墅乡，南接临安县，西与章村、杭垓两镇交界，北界下汤乡，是在山林土特产品集散的基础上，缓慢发展起来的以竹、电、鞋为主具有山区特色的小城镇。报福镇距上海230km(高速直达)，杭州70km(高速51km)，南京200km(高速直达)。王章公路贯穿全镇，通村公路全部黑色化。

报福镇距安吉县城27km，镇域面积153.5km^2，占全县8.4%，辖10个行政村，1个居民区，共5300户，常住人口1.8万余人。近年来，报福镇先后获得省级生态镇、全国环境优美镇、省级文明城镇、旅游强镇、卫生城镇、体育强镇等称号，实现了“中国美丽乡村”10个村全覆盖(图6-43)。

图6-43　报福镇

资料来源：报福镇网站(http：//www.triptobaofu.com/)

报福镇是安吉县重要的林业乡镇，2009年森林覆盖率达85%以上，植被覆盖率高达90%以上，度产毛竹640万支，小竹4.6万担，年木材采伐量2000m^3。土特产主要包括山核桃、高山有机茶、石岭笋干、报福本鸡等(报福镇网站，2011 http：//baofu.zj.com/show/id/95593/db/0/)。

报福镇也是全省首批命名的生态乡镇，自然景色优美，高山怪石、奇树异草、清溪飞瀑等山水景观星罗棋布；人文景观渊源丰富，有中张畲族少数民族村，南天目古寺庙群和众多名人传说。现已建成深溪大石浪、大汉七十二峰等旅游景点，大场坪综合休闲项目等已在开发中。

近年来，报福镇经济社会发展成就显著，经济综合实力增强，产业结构不断优化，产业层次明显提升。2010年全镇工农业总产值达9.23亿元，其中规模以上工业总产值达到1.79亿元；全年内资注册资本2800万元，实到外资500万美元。财政总收入达到1417万元，其中地方财政收入514万元，农民人均纯收入 14275 元。

（2）总体规划及目标定位

报福镇是安吉县重要的休闲旅游重镇。截至 2011 年全镇共有旅游餐饮住宿经营户 100 余家，接待床位达 3000 多张，直接从业人员 800 余人。2010 年全镇旅游人数达 65.66 万人次，同比增长 19.1%，其中农家乐接待游客 43.9 万人次，同比增长 22.9%；旅游收入达 2.85 亿元，同比增长 26.1%，其中农家乐创收 5707 万元，同比增长 40.9%。2011 年 1 月至 10 月，接待游客 71.1 万人次，实现旅游收入 3.12 亿元。预计全年接待游客将突破 80 万人次，旅游收入将达到 3.5 亿元(来源:《安吉县报福风情小镇——项目策划方案》，2011 年 12 月）。

报福镇坚持休闲旅游产业主导，以“经营美丽乡村，打造休闲报福”为载体，致力于全镇的生态环境保护和休闲旅游开发，通过项目引进与创建，推进报福休闲产业的发展，初步形成了“一线三沟五区”的大旅游格局。休闲旅游业将成为报福镇经济社会持续发展的强有力的增长点，报福镇也将努力被打造成为“长三角乡村休闲旅游目的地”和“乡村休闲经济先行区”。

2011 年是安吉县“风情小镇”建设 5 年行动计划实施的第一年。安吉以天荒坪、报福、章村、山川和鄣吴等 5 个乡镇作为首批“风情小镇”创建镇。在此背景下，报福镇确立以品牌为引领的风情小镇创建战略，初步完成了以品牌为发展核心的策划方案。报福镇将“风情小镇”的建设定位于“自在小镇，安吉报福”。

阶段目标分为近期、中期和远期。近期目标(2012～2014 年)为品牌构建阶段：通过整体创新，梳理资源，创建品牌，搭建平台，构建机制，形成以“自在”为核心的休闲旅游产品体系和品牌形象体系。中期目标(2015～2017 年)为品牌提升阶段：立足机制和平台，放大品牌效应，创建品牌效益，提升“自在”小镇的品牌形象。远期目标(2018～2020 年)为品牌深化阶段：完善品牌体系，打造核心竞争力，实现品牌高溢价，缔造中国第一自在小镇。

规划理念包括立足生态、融入现代、激活传统和契合需求。其中立足生态是指立足生态环境的保护，规划注重保护环境，提出生态的生活方式，实现和谐发展。融入现代是指立足休闲生活与休闲产业的综合因素，在规划中充分考虑现代社会条件与消费习惯的变迁，实现传统与现代的自然融合。激活传统是指充分发掘报福及民间社会中的传统休闲因子，领悟和传承地域文化，让传统“回归”生活。契合需求是指注重构建都市消费者与乡村生活的关联，营造惬意的生活场景，致力构建不受束缚的自在生活。

(3) 特色做法——努力提升绿色公共配套

报福镇在规划“风情小镇”的建设中策划了一系列的项目(如自在居住、自在美食、自在观光、自在运动、自在养生等)，同时十分注重公共配套的全面规划。主要包括行政事业管理的配套、医疗卫生服务配套、基础设施的配套等。其中行政事业中心的功能为满足报福镇日常行政管理与服务需要，具备行政管理能力、行政服务、会务活动等功能。医疗卫生服务配套体现在设立报福镇社区卫生服务中心，用于实现报福镇医疗、防保、社区卫生等功能，发展增加保健、养生调理等功能，满足部分中长期居住报福的“银发一族”的养老保健要求。基础社会配套包括完善集镇及各村域互联网络配套和绿色公共交通规划配套。绿色交通规划中包括形成集镇中心至各村的绿色公交体系和完善的集镇公交自行车租赁体系。

公共配套的完善不但可以为报福镇提升优质客源的比例，同时可以进一步完善城镇的绿色低碳建设，实现生态保护。

2) 天荒坪镇——建立风情“旅居”小镇

(1) 概况

天荒坪镇，位于安吉县南端，东与余杭区交界，南与临安市接壤，西连上墅乡，北接递铺镇，属西苕溪流域。天荒坪镇临湖州市区 86km，距杭州 60km，离上海 200km，境内有 04 省道、临青省道、青孝线等重要交通干线贯穿，交通十分便利。全镇面积为 110km^2，下辖 12 个行政村，162 个村民小组，6298 户农户，3 个居民区，总人口 2.2 万。

全镇基本形成了以建材、食品、饮料、竹制品、化工、电力、纺织、服装加工为主的工业体系。在工业产品中，水泥、啤酒、竹叶黄酮系列、竹制品、笋制品为湖州市领先。全镇 45 家规模工业企业现有 48 项专利，一大批企业正在争牌夺标，其中已有两个著名商标。

天荒坪镇是林业大镇、竹业强镇，全镇有山林面积 9.6 万亩，森林覆盖率达 82% 以上。其中竹林面积 8.6 万亩，毛竹蓄积能量 14500 万枝，占全县 1/6，素有“全国毛竹看安吉，安吉毛竹看天荒坪”之称(图 6-44)。竹产业的该镇经济开发的支柱产业，从培育到加工、销售实现一条龙。竹林培育水平处于全国优先地位，设有省、市、县及国家级科研示范基地五处，全国第一个以村为单位的毛竹现代林业园区也在这里建成。

图 6-44　天荒坪镇的竹海

资料来源：天荒坪镇网站（http：//ajnews. zjol. com. cn/）

（2）总体规划及目标定位

作为安吉县“十二五”期间全力打造的 13 个风情小镇示范镇之一，天荒坪镇于 2010 年 11 月启动项目策划、选址、规划设计等前期准备工作，经过多方接触与论证，多轮研讨与修改，编制完成《天荒坪风情小镇项目规划设计》和《天荒坪“风情小镇项目”策划方案》，确定了风情旅居小镇核心区“一心一轴”的空间布局。

在此基础上，该镇以 3 年作为规划建设年限，确定 3 年规划及 2011 年重点工作。2011～2013 年的建设重点是完成“一心一轴”建设。“一心”即老区改造提升和新区开发建设；“一轴”即浒溪河道及老 13 省道改造建设。2011 年的主要工作任务是以“打基础”为主，实现近期综合目标，其中“一心”完成规划布局和新区的征地拆迁工作，“一轴”全面启动建设；2012 年全面铺开建设，实现中期综合目标，“一心”完成新区土建工程，老区拆迁改造工作，“一轴”全面完成建设；2013 年“一心”新区建成并试运营，老区开发建设基本完成，天荒坪“风情旅居小镇”的整体面貌基本显现。

天荒坪镇“旅居小镇”的功能定位是“旅”和“居”，旨在打造一个风格独特、承载力更强的旅游集散中心，凸显“旅”字；以老区改造和新区建设为依托，着力兴建上档次、高品位的大型度假酒店、风情文化街、乡村民俗体验区等，将天荒坪的旅游从“过境站”过渡到“目的地”，凸显“居”的功能。

（3）特色做法——着力打造绿色城镇建设

天荒坪镇在“风情小镇”建设的同时，继续加强其在低碳生态城镇方面的建设，以建筑节能作为切入点，与浙江省住房和城乡建设厅联合开展了《绿色城镇建设现状及对策研究》课题研究。研究内容主要包括两部分：绿色城镇建设现状调查和绿色城镇建设指标及措施方法。

绿色城镇建设以天荒坪镇为例进行实际数据调研，主要包括：城镇发展基础数据(能耗消费、经济总量、经济发展状况、可再生能源情况及循环经济发展状况等)，城镇节地建设调查(整体容积率情况、可利用屋顶面积及地下室利用情况等)，水资源集约利用(非传统水源利用率、节水器具利用情况、景观及绿化灌溉等)，可再生能源应用(可再生能源的应用形式、应用体量、节能效果、技术难点等)，城镇环境调研(城镇绿化率、屋顶绿化率、垃圾处理方式等)。

绿色城镇建设指标

1．节地与室外环境

(1) 建筑建设场地不破坏当地文物、自然水系、湿地、基本农田、森林和其他保护区，无洪涝灾害、泥石流及含氡土壤的威胁，无电磁辐射危害和火、爆、有毒物质等危险源；

(2) 人均居住用地标准：低层不高于 $52m^2$，多层不高于 $34m^2$，中高层不高于 $29m^2$，高层不高于 $18m^2$；

(3) 合理利用地下空间，充分利用尚可使用的建筑。

2．节能与可再生能源利用

(1) 建筑围护结构热工性能指标符合国家和地方建筑节能标准的规定；

(2) 可再生能源的使用量占总建筑能耗的比例大于 4%；

(3) 采取有效措施减低建筑运行能耗。

3．节水与水资源利用

(1) 在方案、规划阶段制定水系统规划方案，统筹、综合利用各种水资源；

(2) 采取有效措施避免管网漏损，采用节水器具和设备，景观用水不采用市政供水和地下水井供水；

(3) 非传统水源利用率不低于 10%。

4．城镇环境

(1) 垃圾分类收集率达 90%以上；

(2) 有效避免有害化学药品的使用对土壤和地下水环境的损害；

(3) 住区建筑布局保证室内外的日照、采光和通风的要求，绿地率不低于 25%，人均公共绿地不低于 $0.8m^2$。

以上所提供指标应根据研究实际情况后作出相应调整，实际情况应包括当地经济发展水平、人口规模、区域规划等条件进行。

6.3.3 安吉“美丽乡村”的低碳生态建设

1. 政策支持

2008 年，安吉在全县范围开展了以农村人居环境改善为主要内容的“中国美丽乡村”建设行动，努力实现安吉人居环境和自然生态、产业发展和农民增收、社会保障和社区服务以及农民素质和精神文明的全面提升。并且出台了《安吉县建设“中国美丽乡村”行动纲要》、《推进“中国美丽乡村建设”的实施意见》等多项政策文件，积极推动安吉“美丽乡村”建设的步伐，努力把安吉所有的乡镇打造成为生态环境最优美，村容村貌最整洁，产业特色最鲜明，社区服务最健全，乡土文化最繁荣，农民生活最幸福的全国新农村建设样板。2008 年，全县 61 个行政村开展创建工作，其中 50 个村达到考核要求，最后评定精品村 18 个，重点村 26 个，特色村 6 个。2009 年有 69 个行政村正在开展创建工作。

安吉“美丽乡村”建设的主要内容即村村优美、家家创业、处处和谐、人人幸福，这也是集环境、产业、素质、服务“四位一体”的工作目标。按照“因地制宜、分类指导”原则和“一村一品、一村一景、一村一业”要求，根据每个村的特色和基础，将全县 187 个行政村划分为 40 个工业特色村、98 个高效农业村、20 个休闲产业村、11 个综合发展村和 18 个城镇化建设村。坚持充分彰显依山傍水、因势而建的生态环境特色，不搞大拆大建，避免不伦不类。

2. 特色做法

1）坚持规划先导

一直以来，安吉县坚持统筹建设、因地制宜、提升内涵、彰显特色原则，持续加大投入，加快城乡规划体系建设，形成了一批覆盖全县的规划成果，为人居环境改善工作奠定了扎实的规范保障。在县级层面，完成了县域总体规划、土地利用总体规划、村庄布局规划以及各类基础设施和公共服务专项规划，特别编制了生态县建设规划；在乡镇层面，编制了乡镇总体规划、土地利用规划以及所有乡镇的生态乡镇建设规划；在村级层面，修编完成了全部 187 个行政村的村庄规划，并在此基础上，抓紧开展了农村人居环境提升专项设计编制工作。

2）高标准的环境整治

为整体改变农村脏乱差状况，让环境改善成果惠及每一个村和村民，安吉县按照串点成线、连线成片的方式梯度推进农村人居环境整治。通过先易后难、分步推进，试点引路、样板示范的路线推进。首先，因地制宜推进一般村、自然村环境整治，尽快改变环境卫生状况，着力完善公共基础设施，同时结合生态村、全面小康建设示范村、文明村和环境优美村创建，集中培育若干个精品村庄。其次，逐步分层推开，集聚规模效应。展开区域成片整治和一批老集镇环境提升，全片联动，整体推进，形成一批村庄人居环境整治景观带和精品集群。三是“三沿”整治。全面开展沿路、路线、沿(景)区整治，集中攻坚工业污染、违章建筑、生活垃圾等突出问题，同时在山区、半山区和平原土斗区实施“五整治一提高”工程。

3）高品位创建

在产业配套、环境提升、彰显特色、塑造精品等方面狠下工夫，发展农村经济社会各项事业，重点培育“村美、户富、班子强”的全面小康建设示范村。在示范类属上，市级以上小康示范村达到 38 个，其中省级 32 个。县级生态村达到 85 个，其中市级生态村 27 个，环境优美乡镇达到 12 个，县级以上文明村达到 145 个，占行政村总数的 77.5%。在示范区域上，小康示范村创建涉及全县绝大部分乡镇，呈现山区、半山区和平原土斗区梯队分布的良好态势，每个区域都有领头羊。在示范特色上，小康示范村创建注重新区建设与老村庄相结合，注重特色文化挖掘，注重生态经济发展和清洁能源利用，注重品牌建设。在示范效应上，小康示范村创建成功后释放的辐射效应日趋显现，附近许多村庄纷纷学习效仿，带动了分片连区集中创建。

4）筹措建设资金

一是充分发挥财政四两拨千斤的作用。县级财政在已有的支农政策和资金保持不变的基础上，投入 1 亿元，对经考核验收达到“中国美丽乡村”建设标准的乡镇根据人口规模给予 300～500 万元的以奖代补，根据村人口规模大小和考核评定等级给予 37.5～300 万元的“以奖代补”。二是广泛开展村企结对。三是吸引工商资本、金融资本参与“中国美丽乡村”建设。

5）建管并重，长效管理

坚持建管并重，基本形成一套长效管理机制。一是建章立制。为提高农村人居品质，先后精心编制四套《农村农居建筑通用图集》和每种农居户型的施工图纸，印制下发到每个乡镇、每个村，供农户免费使用。制定《农村建房管理协议》，以村规民约的形式从规划选址、方案设计、审批管理等方面规范引导农户建筑符合村庄规划与村庄风貌要求，加强农村建房管理。制定《关于加强村庄环境建设长效管理工作的实施意见》和《村庄环境建设长效管理工作考核办法》，村村建立日常保洁、绿化养护、动态督查和违规问责等办法，基本做到建设一个巩固一个。二是层级考核。构建县、乡镇、村三级考核监督体系，由县文明委牵头，相关部门组成考核组，对乡镇统一考核，乡镇负责对所辖村进行考核。

6）落实制度保障

一是完善创建机制。领导机制普遍建立。各乡镇(开发区)相应建立“中国美丽乡村”建设工作领导小组，成立联村包片工作指导组，细化责任分工，明确工作任务。保障机制日趋完善。部分乡镇纷纷制定出台扶持意见，进一步整合各项支农、惠农政策，加大资金投入力度，落实政策与资金保障机制，对创建村的启动资金和专项整治工作予以经费补助，有效激发基层创建积极性。考核与激励机制逐步落实。乡镇普遍明确专抓督查工作的领导与机构，工作完成情况与干部考核相挂钩。结对共建机制不断规范。乡镇内部、乡镇和结对部门之间还建立了工作例会和定期交流机制，通过召开座谈会和现场办公会等形式，及时通报分析情况，协调沟通解决难题，加快推进建设步伐。二是实施政策激励。农村人居环境改善工作实行财政“以奖代补”激励政策，逐年加大奖励力度。到 2007 年底，县财政共安排资金 3.23 亿元，用于奖励和补助村镇建设，另外每年安排 2000 万元特别用于生态环保项目建设。2008 年县财政投入 1 亿元，用于“中国美丽乡村”创建村镇“以奖代补”。三是强化考核督导。出台《安吉县建设“中国美丽乡村”考核指标和验收办法》，对纳入“中国美丽乡村”年度创建计划的村实行百分制考核，特别明确环境提升工程达到最低要求，才可以通过考核验收。建立健全工作督察制度，加强工作考核，制定出台乡镇、部门工作考核办法，使各项建设工作目标具体化和责任化。建立 200 万元专项考核奖励基金，对在实施“中国美丽乡村”建设工作中取得显著成绩的先进单位和先进个人进行表彰奖励。

6.3.4 安吉生态发展模式：建立一个可持续生产和消费空间

生态发展模式并不是不要发展，而是解决经济发展与生态保护之间的矛盾和冲突的一条途径。“发展是硬道理”为当今世界各国所认同。生态发展需要有生态经济的支撑。没有经济的支撑，这个地区就可能是落后的。

但如何理解“生态经济”？普遍认可的定义是：生态经济是生态和经济并重、实现双赢的经济形式，也就是说生态经济不是以生态换经济，亦不是以经济换生态。生态经济以人类经济活动为中心出发点，研究经济系统和生态系统合二为一而形成的“复合系统”及其矛盾运动过程中可能发生的潜在问题，继而探索生态经济发展和运动的规律，寻求经济发展和生态发展互惠互利、保持平衡的途径。

生态经济具有以下一些特性：

(1) 综合性：生态经济学结合自然科学与社会科学研究经济问题，并从整体的生态经济体系研究社会经济问题与自然环境的关系。

(2) 多层性：生态经济含义很广。不但涵盖社会、生态和经济问题的研究，还包括不同专业领域的生态经济研究。

(3) 地域性：生态经济的一个主要考虑因素是地域问题。由于地域的特殊性，生态经济所涉及的范围也不同。

(4) 战略性：生态经济的目标不仅仅要满足当前社会经济的发展，更重要的是要有足够的长远眼光来考虑未来的经济前景。

生态经济的发展强调经济的多样化和发展的特色化，这是实现生态发展和经济可持续增长基础。安吉在生态经济的发展模式上(图 6-45)，寻找到了具有自身“内在性”和“创新生产力”的模式。结合本地区的特点，充分发挥了农副业和环境的优势，实现多样化和特色化的发展，取得了较好的成效。2000 年以来，安吉通过对自身转型的管理和调控，不仅实现了高品质的生态环境形象，同时实现经济多样化的发展。2001～2006 年工业和农业的生产总量分别从 47 亿元和 74.6 亿元增长到 620 元和 1300 亿元。

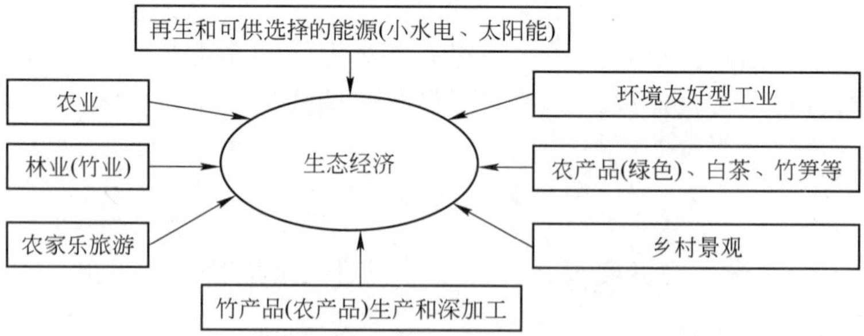

图 6-45　安吉生态经济的内容

资料来源：于立．创立一个中国式的生态发展模式：安吉研究 [J]．城市发展研究，2009(10)

自 2000 年以来，安吉的发展定位转变为：不仅要凭借良好的生态环境发展可持续的生态旅游(仅 2006 年接待游客 325 万人以上)，并且要成为多样化的工业和服务业基地。2001～2006 年，安吉工农业总产值从 4.7 亿元增至 7.46 亿元，县财政收入翻了一倍，从 2001 年的 6200 万元增至 1 亿 3 千万元。

根据安吉县统计局 2008 年的统计数据可知，在过去 5 年间，安吉城市和乡村居民绝对收入均稳步增加(图 6-46)的同时，城乡居民的收入差距比从 2003 年的 1∶2.12 缩小到 2008 的 1∶1.97(图 6-46)。而全国城乡居民的平均收入差距为 1∶3(图 6-47)。

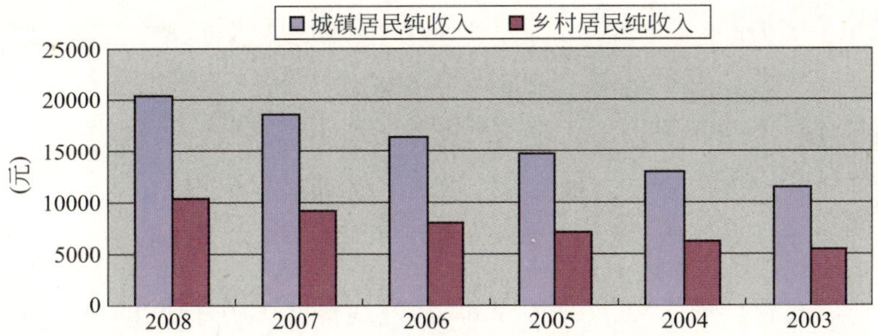

图 6-46　城乡居民的纯收入情况
来源：安吉县统计局(2008)

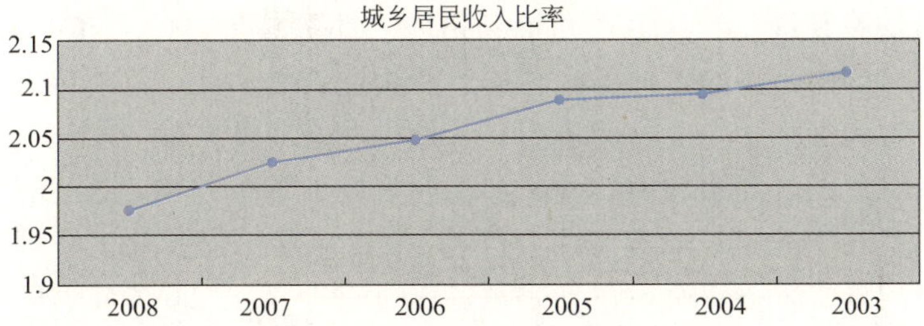

图 6-47　城乡居民的收入差距
资料来源：安吉县统计局(2008)

安吉县统计局(2008 年)的数据还表明，不论是在劳动力分配(图 6-48)，还是对当地居民的收入上，第二产业都发挥了重要的作用。

安吉第二产业和第三产业的就业远高于第一产业。目前，40.3%的农村人口就业于第二产业，另有 23%就业于第三产业，其余 36.7%的农村人口虽然仍从事农业工作，但其中 93%的人同时经营其他副业，尤其是“体验农村生活”为主的农村生态旅游项目。安吉的农村人口正在向第二和第三产业

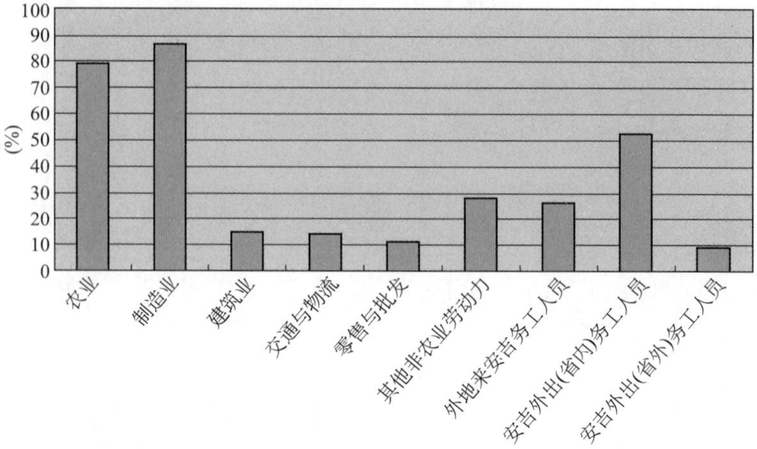

图 6-48 农村劳动力分配情况

来源：安吉县统计局(2008)

转移。

另外，安吉已有20%的农村人口到外地务工。在我们的调研中也发现，仅5%的本地农村劳动力就业于当地的转椅工厂；但在竹地板制造企业中，却有50%的雇工为当地农村居民(安吉县统计局，2008)。

在工业区和农村工业部门的发展带动下，私营企业成长迅速。传统工业也进一步发展并且在产品生产和市场拓展上都更具多样性。其中，包括415个面向国际国内市场的竹加工和转椅生产企业，它们使产品升级和更新的同时，也巩固和加强了企业的竞争力。其他一些新兴的工业，如制药业、电子业，以及绿色的、高附加值的食品加工业也逐渐繁荣起来，这也是借助外来资金来实现内生的增长的典型案例。自2001年起，安吉加大了对工业基础设施建设的投资，投资金额的年增长率为45%，截至2006年，安吉共投入资金10亿元。

私营企业对当地经济发展具有重要作用。据湖州市统计局2007年统计数据显示，私营企业的产值要比工业的平均产值高4.1%，轻工业的发展(包括食品加工业)在税收和利润上分别高于重工业1.3%和2.4%。

1. 可再生能源和循环经济

为了保护环境，对于大型的生活固体废物处理和污水处理项目，安吉县政府将对总投入在10～50万的项目提供最多50%的项目补贴。

通过对集中收集固体废物进行处理的经济循环方式已扩大到农村社区。

其具体做法是：各村先集中收集本村居民的固体废物，各乡镇再将各村收集的固定废物集中，最后这些废物将送到县城的电力发电站发电。

在农村地区进行污水处理的成本很高。为了解决这一问题，安吉引进了个体式生态污水处理系统。绿化和沙子是清除污水(图 6-49)的主要材料。有两种类型的生态污水处理系统。一种是集中式生态污水处理(图 6-50)，这种形式适合于向全村或是较多农户提供服务。但中央处理系统的建设需要依据村庄的地形，污水通过每户地下的管道流入村下游的处理池中。在一些乡村，还结合中央生态污水处理系统建立了沼气发电站，为当地农户提供能源。

图 6-49　个体式生态污水处理系统

图 6-50　集中式生态污水处理

高家堂村的中央生态污水处理系统于 2003 年建立，其建设资金由当地村民的自筹款和地方政府的支持资金两部分组成，共花费 47 万元。该系统采用“Aquamats”技术，这是美国通过生物过滤和生物栖息处理的方法处理污水的最新技艺，它还可以对较差水质进行自然的营养消化来净化水质。

家庭生态污水处理系统适用于那些住所离主村较远的或是住所分散在田间的农户。当地的生物过滤技术是该系统的核心。

安吉水资源丰富，小水电站的建设解决了当地电力供应短缺的问题，支持了地方经济的发展，也增加了当地居民的收入；并且，更重要的是，它减少了二氧化碳的排放，有助于对全球气候变暖的控制。目前，安吉有 113 家小型水力发电站，其中 41 家是 1990 年后建立的。到 2008 年年底，这 41 家水电站通过向国家电网出售电能创造了 4500 万元的年回报率(约为 GDP 总量的 0.37%)，并且其提供的电能占全县电力总需求的 12%。这些小水电站已减少 72 万 t 的二氧化碳排放，节约 30 万 tce 和 9 万 m^3 的木材。

2. 竹产业链

竹加工产业及其产品都是非常环保的。竹子的种植简单，相对于树的成材周期，竹子的更短，一般为6年。成熟的竹子需要尽快使用，否则将很快腐坏。

安吉竹产业发展迅速，不仅为当地GDP的增长作出了巨大贡献，而且提高了当地居民的收入，目前竹产业已成为当地重要的经济活动之一。安吉现有约有1万hm^2的竹林，5个工业园区内大概有1600多家竹加工企业，其中130家大型的竹产品加工企业提供了1万多个就业岗位。另外，安吉国际竹产品贸易博览会和国际竹工业园区已经建立。安吉的竹资源仅占全国2%，但却覆盖了25%的竹产品市场。2007年，安吉竹产品加工业创造了98.7亿元的GDP，当地农村人均收入的61%来源于竹产品加工。

竹产业群已经由农业部门延伸到第三产业。在2008年3月的调查中，我们发现，安吉已形成了有层次的竹产品生产和供应链(群)。竹子的砍伐及其初加工由当地农村社区的村民完成。他们将初加工后的竹子卖给县城和其他乡镇的竹加工代理商、分支机构或是一些商业公司。大型的竹企业一般自产自销，我们对几家主要企业的调查也发展，95%的产品是用于出口，尤其是竹地板。竹加工业的出口每年创收12亿元。

3. *农村生态旅游*

“体验农村生活”(农家乐)已成为很多中国城市居民中一种流行的乡村旅游项目，其旅游活动包括：“住农家院，吃农家饭，参与农事活动，享受乡村生活的快乐”。城市居民也喜欢到农村娱乐，享受农村的田园生活，欣赏乡村美丽的景色，呼吸郊外清新的空气。

自从安吉在1996年被国家环保总局正式授予“竹乡”的称号，并在2006年又荣获“国家级生态县”后，安吉已经成为颇具吸引力的旅游胜地。

安吉县政府也认识到依赖其良好的生态环境而发展起来的生态旅游，是提高当地农村居民生活条件和促进农村经济增长的重要工具，尤其是当前中国的农业生产率仍然很低，单靠农业生产还不能养活所有农村人口，而较低的技能和受教育水平又使农村居民被高收入的工作拒之门外。

安吉已建立9个标准化的旅游服务中心和8个“体验农村生活”的村民组织。以旅游为目的的农家旅馆、农村(有机)食品餐厅和有机休闲农场也相继建立起来。

将竹子作为农村生态旅游的主旋律，对于生态旅游的发展意义重大。乡村旅游不仅增加了当地村民的收入，而且可以促进当地有机食品和绿色食品的销售。有机白茶、有机竹食品以及其他农产品都是当地“体验农村生活”(农家乐)餐厅的主要原料。品尝这些食品后，游客们通常会再购买一些带回去，他们也会尝试在其所居住的城市超市中购买这些食物。目前，安吉已有 520 家“体验乡村生活”（乡村旅游）的餐厅和旅馆。2007 年，安吉共接待了 445.67 万名国内游客，43042 名国际游客，由此带来的旅游收入为 12 亿元（湖州旅游统计网）。

2008 年，出于营销的策略，经营乡村旅游的家庭——“体验农村生活”（农家乐）成立的自己的协会，名为“家乡厨房上的炊烟”。经过市场调查后，该协会将其市场主要定位在上海、江苏和安徽。每天都有专门的往返于上海和安吉、杭州和安吉之间的巴士，并且还在上海和苏州设立了办事处。安吉“体验乡村生活”的乡村旅游已经通过协作营销方式直接与目标市场建立起联系。到目前为止，安吉县已建立了 8 个乡村旅游协会。

“体验农村生活”的发展不仅提高了当地村民的收入，也使村民了解了生态环境的重要性，认识到这种类型的乡村旅游（农家乐）必须以怡人的生态环境景观为基础。村民们也从心坎儿里信任可持续发展和环境保护，他们知道良好的生态环境才是其收入的主要资源。

“体验乡村生活”也大大刺激了当地有机食品的生产。“体验乡村生活”的活动之一就是品尝当地的有机食品。当地有机的蔬菜、鸡肉、鸡蛋，山上的野猪以及泉水里生长的鱼都是游客们喜欢吃的。饭后，游客可以到果园和菜园中去采摘水果和蔬菜，并根据所采食品支付相应的费用。这也使当地村民从农产品生产中获得了更多的收入。

属纤维作物的竹笋，被公认为是一种健康的食品。游客们可以亲自上山挖竹笋，当地的农家乐餐馆会帮他们烹制。这些竹笋不仅可在当地买到，而且在国内的超市也销售。2007 年安吉的竹笋总产量为 51700t，占据了全国竹笋市场总量的近 50%的份额（安吉新闻，2008）。

安吉县政府每年投入 150 万元用于支持绿色食品和有机食品产业，鼓励食品加工企业要以出口国际的质量标准严格生产。当地的竹笋和竹鸡也分别销往家乐福和沃尔玛。到 2008 年年底，已有 225 家绿色食品和有机农产品基地建立起来，占耕地 26800hm^2。安吉每年生产的绿色食品和有机农产品为 40 多万吨，占该县农产品总量的 50%，价值 700 亿元。

安吉的农产品加工业是其主要的经济活动之一。到 2008 年，安吉已有 1800 家农产品加工企业，其中有 84 家年产值超过 500 万元的大型企业。这些食品加工企业涉及粮食、植物油、畜产品、茶叶和蚕桑的加工。仅 2008 年上半年，安吉农产品在国内市场的销售收入 40 亿元，国际出口创收 910 万元。

安吉良好的生态环境，有机食品丰富的市场需求以及当地政府对外商投资食品加工的政策支持吸引了一些大型食品公司，养生堂食品集团浙江有限公司就是一例。从投资决策的确定到注入5000万元的初始资金开办一个大型的食品加工企业，并设定年生产能力为5000t，年营业额为3亿元的计划，养生堂食品集团浙江有限公司仅用了2个月的时间。运营3个月后，其销售量就已达到6800万元，预计2008年其收入将达20亿元(新华网，2008)。

一些全球500强的公司也表达了希望与安吉建立合作关系的兴趣，印度的TATA集团已在安吉投资建立了一家合资的食品加工厂。

4. 取得成效

安吉的“美丽乡村”建设硕果累累。一是它极大改善了农村人居环境。农村基础设施不断完善，公共服务体系逐步健全，初步实现城乡文教卫设施一体化、环卫一体化和公交一体化，建立了45个农村社区管理服务中心。村容村貌焕然一新，全面改造农村危旧住房1660户，建设了24座乡镇垃圾中转站，每个行政村有垃圾收集房，每个自然村有垃圾箱(桶)，落实固定保洁员1371名，垃圾处理形成“户集、村收、乡镇中转、县处理”的处置网络，所有行政村全面实施垃圾集中收集处理，农村垃圾收集率达100%。生态保护更加有效，太阳能利用和“Aguamats”、分散式湿地、多介质土壤层等多种生活污水处理技术广泛运用。特别是各乡村在村庄规划和环境提升专项设计指导下，深度挖掘人文特色，统一打造村庄景观，村庄风貌体现“一村一品”。

二是有效拓展了农村生态经济的发展空间。农村人居环境改善后，许多村庄认真做好经营山水、经营环境文章，大力发展以“秀山、碧水、野趣”为特色的“农家乐”乡村休闲旅游经济，农民就业门路和增收空间不断拓宽。乡村旅游不仅增加了当地村民的收入，而且可以促进当地有机食品和绿色食品的销售。目前，全县农家乐达到520家，床位8800余张，年均接待旅客39万人次，收入1.5亿元以上。同时，许多村变环境优势为经济效益，积极培育高效生态农业，建成无公害农产品生产基地205个，面积34.4万亩，绿色有机食品47个，面积4.7万亩，两项总产值达到5亿元以上。

安吉在“农家乐”发展的过程中，也探索出了一条新的路径——安吉农家乐营销联合体，改变了安吉农家乐单打独斗的营销场面。安吉“体验农村生活”的乡村旅游已经通过协作营销的方式直接与目标市场建立了联系，如在上海和苏州设立了办事处。到目前为止，安吉县已建立了8个乡村旅游协会。

三是形成了一、二、三产联动，城乡经济互动的竹产业链。在“美丽乡村”创建的过程中，安吉竹产业发展迅速，不仅为当地 GDP 的增长作出了巨大贡献，而且提高了当地居民的收入，目前竹产业已成为当地重要的经济活动之一。安吉现有约 1 万 hm^2 的竹林，5 个工业园区内大概有 1600 多家竹加工企业，其中 130 家大型的竹产品加工企业提供了 1 万多个就业岗位。另外，安吉国际竹产品贸易博览会和国际竹工业园区已经建立。安吉的竹资源仅占全国的 2%，但却占据了 25%的竹产品市场。2007 年，安吉竹产品加工业创造了 98.7 亿元的 GDP，当地农村人均收入的 61%来源于竹产品加工。

目前，安吉已形成了有层次的竹产品生产和供应链(群)。并且，竹产品的生产也越来越具有创新性，从其传统的竹雕装饰、竹地板和竹刻艺术品，到竹家具，再到更创新的高技术产品，如：竹纤维纺织品、制药(从竹叶中提取的黄酮是一些药物的主要成分)、竹饮料，甚至竹笔记本电脑。

竹产业群还带动了循环经济的发展。竹子的废料(竹枝、竹叶、竹产品生产过程产生的残余部分和废料)切成粉末后，可用于制造竹纤维板。目前，安吉已经建立了几家竹纤维板厂，这些企业从县里的竹产品加工厂和农户的家庭作坊中收集竹废料，进行再生产。

安吉已与中国林科院、国家竹研究中心、国际竹藤组织(International Network for Bamboo and Rattan)、国际竹藤中心(International Centre for Bamboo and Rattan)、南京林业大学、浙江省林业研究所和浙江林业大学都建立了密切的联系。通过与这些机构的合作，安吉在提高竹产业的技艺，加速竹产品创新的同时，也激发了安吉建立竹篮、竹家具生产的研发中心，并且其竹产品的研发已使安吉被世界知晓。在过去的十年间，安吉已举办了 30 次国际培训课程，来自 50 个国家的 1000 多名学员参加了培训。

随着安吉竹产品的发展，2007 年，占地 $38hm^2$ 的国际竹制工艺品贸易和商务园区正式建成，其主要功能是竹产品的展览和批发，园区内的第三产业和其他经济活动也为当地劳动力就业提供了机会。当地的竹加工不仅仅是以出口为导向，而且是连接当地农村生态旅游、竹海和竹文化的重要纽带。

四是加快优化了农村生产力布局，切实解决了农民实际需求。在实施农村人居环境改善过程中，安吉县适时推进了部分空心村、小型村和自然村的撤并整合，加快了农村产业集聚，提升了区域中心村功能。特别是部分村抓住环境整治的机遇，在中心地带建造商铺从事商贸经营，促进了人口、资源、要素和产业集中集聚，优化了农村生产力布局。一批与群众生活密切相关的乡村道路联网工程、“十万农民饮用水改造”工程、“千库保安”工程、农村医疗服务站、建筑节能、危房改造等基础设施项目已相继投入实施，切实帮助农民解决就医、出行、居住、生活等方面的现实困难。

五是提高了当地村民对环境重要性的认识。安吉“美丽乡村”建设，在改善乡村人居环境，提高当地村民收入的同时，也使村民了解了生态环境的重要性，认识到依托于美丽乡村景色而发展起来的乡村旅游(农家乐)必须以怡人的生态环境景观为基础。村民也深刻地认识可持续发展和环境保护的重要性，知道良好的生态环境才是其收入的重要保障。以大溪村为例，大溪美丽的景色吸引了大量的游客旅游观光，然而，游客的增加也带来了对当地的生态环境的破坏。为了保护生态环境，保证乡村的可持续发展，当地村民自筹资金70万元建立了污水处理厂。

5. 下一步的发展建议

当前，安吉的“美丽乡村”建设取得了相当的成效，并形成了较有影响的“安吉模式”，开创了“中国美丽乡村”建设的新局面。即便如此，安吉的“美丽乡村”建设仍有继续深入的空间，主要是要整体深化推进新农村建设综合配套改革。重点改革农村集体土地管理使用制度，创新农村金融服务机制。加大农地、林地土地流转力度，探索创新集体建设用地流转模式，建立健全集体建设用地流转收益分配机制，并且继续统筹城乡规划建设，以推进农村住房改建和管理为重点，建立健全规划建设与管理、财政投入与多元化投融资机制相结合的农村新社区建设机制。

安吉县目前已经建立了覆盖面达100%的污水处理设施和垃圾回收处理系统，在今后发展中的关键是要确保设备和系统的持续运转、维护和更新。如何保障这些处理设施在居民可承受的范围内可持续地长时间运行，这其中涉及资金及人员的安排，需要政府的持续关注。

本章参考文献

[1] 安吉县报福镇政府. 安吉县报福风情小镇——项目策划方案 [R]. 2011.

[2] 安吉县政府. 安吉县“风情小镇”建设五年行动计划 [R]. 2011.

[3] 丁悦. 以循环经济理论促进武汉城市圈两型社会的发展 [J]. 湖北水利水电职

业技术学院学报，2008，4(2)：46-48.
[4] 龚海艳，刘莉. 宜春市生态城市建设与可持续发展问题初探 [J]. 传承，2008(16)：114-115.
[5] 国务院办公厅. 国务院关于深圳市城市总体规划的批复 [EB/OL]. 中华人民共和国中央人民政府网，http：//www.gov.cn/zwgk/2010-08/23/content_1686116.htm，2010.
[6] 欧文. 长株潭两型生态城市建设统计评价研究 [D]. 长沙：湖南大学，2010.
[7] 彭升. "两型社会"视角下的武汉循环经济发展对策研究 [J]. 区域经济，2009(8)：130-131.
[8] 彭勇. 国内首个建筑废弃物综合利用项目在深圳建成投产 [EB/OL]. 新华网广东频道，http：//www.gd.xinhuanet.com/newscenter/2010-03/28/content_19364230.htm，2010.
[9] 坪山新区概况 [EB/OL]. 坪山政府在线，http：//www.psxq.gov.cn/content/2010-09/27/content_4961588.htm，2010b.
[10] 深圳市规划和国土资源委员会. 低碳为纲引领城市发展转型——深圳建设国家低碳生态示范市的思考与探索(内部资料) [R]. 2011.
[11] 深圳市规划和国土资源委员会. 面向规划实施管理的低碳生态指标体系——深圳低碳生态城市指标体系初探索(内部资料) [R]. 2011.
[12] 深圳市规划和国土资源委员会光明管理局. 绿色建筑低碳生活(内部资料) [R]. 2010.
[13] 深圳市人居环境委员会. 2009 年深圳市环境状况公报 [EB/OL]. 深圳人居环境网，http：//www.szhec.gov.cn/xxgk/xxgkml/xxgk_7/xxgk_7_1/201006/P020100612676024695376.pdf，2010(a).
[14] 深圳市人民政府. 关于印发《深圳生态市建设规划》的通知(深府 [2006] 264 号) [EB/OL]. 深圳政府在线网，http：//www.sz.gov.cn/zfgb/2007/gb534/200810/t20081019_94009.htm，2006(a).
[15] 深圳市人民政府. 深圳市建筑节能"十一五"专项规划暨 2020 年远景目标 [EB/OL]. 能源世界网，http：//www.chinagb.net/zt/qita/fiveyearplan/energyconsuming/20110105/73781.shtml，2006(b).
[16] 深圳市人民政府. 关于加强雨水和再生水资源开发利用工作的意见(深府 [2010] 171 号) [EB/OL]. 深圳政府在线网，http：//www.shenzhen.gov.cn/zfgb/2010/gb722/201012/t20101206_1615714.htm，2007.
[17] 深圳市人民政府. 关于印发深圳市人居环境工作纲要的通知(深府 [2010] 155 号) [EB/OL]. 深圳政府在线网，http：//www.sz.gov.cn/zfgb/2010/gb718/201011/t20101101_1606096.htm，2010(a).
[18] 深圳市人民政府. 关于印发深圳新能源产业振兴发展规划(2009～2015 年)的通知(深府 [2009] 239 号). 深圳政府在线网，http：//www.shenzhen.gov.cn/

zfgb/2010/gb681/201001/t20100112_1424158. htm，2010(c).
[19] 深圳市人民政府. 关于印发深圳市开展可再生能源建筑应用城市示范实施太阳能屋顶计划工作方案的通知(深府办 [2010] 86)[EB/OL]. 深圳政府在线网，http://www. sz. gov. cn/zfgb/2010/gb718/201011/t20101101_1606080. htm，2010(d).
[20] 深圳市人民政府. 关于印发深圳新能源产业振兴发展规划(2009～2015 年)的通知(深府 [2009] 239 号) [EB/OL]. 深圳政府在线网，http：//www. shenzhen. gov. cn/zfgb/2010/gb681/201001/t20100112_1424158. htm，2010(e).
[21] 深圳市人民政府. 关于重新划分深圳市生活饮用水地表水源保护区的通知(深府 [2000] 80 号) [EB/OL]. 深圳规划局网，http：//www. szplan. gov. cn/main/zcfg/qtl/200506300311. shtml，2010(f).
[22] 深圳市人民政府. 关于印发深圳市水资源综合管理试点工作实施计划的通知(深府办 [2010] 85 号) [EB/OL]. 深圳政府在线网，http：//www. sz. gov. cn/zfgb/2010/gb718/201011/t20101101_1606089. htm，2010(b).
[23] 深圳市水务局. 深圳市供水水源修编规划报告 [EB/OL]. 深圳，http：//www. siruiman. cn/down/dos/ssgszyghbg. doc，2006(a).
[24] 深圳市水务局. 深圳市供水水源修编规划报告 [EB/OL]. 深圳，http：//www. siruiman. cn/down/dos/ssgszyghbg. doc，2006(b).
[25] 深圳市统计局. 2007 年“效益深圳”统计指标统计结果 [EB/OL]. 深圳统计局网，http：//www. sztj. com/main/xxgk/tjsj/tjgb/qtgb/200811192464. shtml，2008.
[26] 深圳市统计局. 深圳统计年鉴—2010(数据网络版) [EB/OL]. 深圳统计局网，http：//www. sztj. com/main/images/2010/12/23/962915473885. xls，2010(a).
[27] 深圳市统计局. 深圳统计年鉴—2010(数据网络版) [EB/OL]. 深圳统计局网，http：//www. sztj. com/main/images/2010/12/23/962915473885. xls，2010(b).
[28] 深圳市统计局. 深圳市 2009 年国民经济和社会发展统计公报 [EB/OL]. 深圳统计局网，http：//www. sztj. com/main/xxgk/tjsj/tjgb/gmjjhshfzgb/201004265740. shtml，2010(c).
[29] 深圳市统计局. 深圳市 2009 年国民经济和社会发展统计公报 [EB/OL]. 深圳市统计局网，http：//www. sztj. com/main/xxgk/tjsj/tjgb/gmjjhshfzgb/201004265740. shtml，2010(d).
[30] 王吉亚. 关于建设资源节约型、环境友好型社会的若干思考 [J]. 环境经济杂志，2007，40：47-50.
[31] 新华网. 安吉投资环境介绍 [EB/OL]. 2006-12-04 [2012-01-05]，http：//www. zj. xinhuanet. com/df/2006-12/04/content_8691506. htm.
[32] 徐安良. 关于深圳市 2010 年国民经济和社会发展计划执行情况与 2011 年计划(草案)的报告 [EB/OL]. 深圳政府在线网，http：//www. sz. gov. cn/zfgb/2011/gb734/201103/t20110308_1641774. htm，2011.

[33] 于立等．以新兴的乡村生态发展模式解决中国城乡协调发展．探讨可持续性的发展模式：安吉案例 [J]．城市发展研究，2011，18(1)．
[34] 于立．创立一个中国式的生态发展模式：安吉研究 [J]．城市发展研究，2009(10)．
[35] 曾春霞．“两型社会”背景下宜居生态城市建设探讨—以湖南衡阳为例 [J]．安徽农业科学，2009，37(10)：4746-4749．
[36] 中共深圳市委、深圳市人民政府．关于加快转变经济发展方式的决定(深发[2010] 12 号) [EB/OL]．深圳政府在线网，2010，http：//www.sz.gov.cn/zfgb/2010/gb717/201010/t20101027_1604293.htm.

第 7 章　引导中国低碳生态城市健康发展的对策与行动

7.1　出台全国导向性指标体系，明确低碳生态城市发展目标和方向

低碳生态城市的发展目标是实现资源节约、环境友好、经济持续、社会和谐的城市可持续发展，低碳生态城市的规划建设是一项涉及面极广、综合性很强的复杂系统工程。目前低碳生态城市的发展尚处于一个从理论到实践的探索过程中。为使低碳生态城市规划建设这个综合复杂的系统变得可理解、可量测，让城市管理决策部门可以明确城镇发展方向和目标，同时为准确衡量当前发展水平，确立发展方向和目标，引导低碳生态城市规划、建设、管理的各个环节，有效指导从总体规划到详细规划各个管理层次，引导其朝着低碳、生态的方向发展，迫切需要构建一整套设计合理、操作可行的评价标准。低碳生态城市指标体系构建的目的在于从宏观层面上引导全国低碳生态城市的发展，为地方制定低碳生态城市指标体系提供必要的导向性准则和方向。

低碳生态城市指标体系是低碳生态城市内涵和标准的具体化，是建设低碳生态城市的量化目标，同时也是低碳生态城市的实施指引、管理基准与成效度量。建立低碳生态城市指标体系有助于准确把握低碳生态城市的发展方向，为建设低碳生态城市的规划、建设和管理提供准绳和引导。全国导向性指标体系的制定需要在遵循科学性、时效性、可比性、决断性、易取性、简明性、普适性和敏感性的原则下，借鉴、参考国内外权威机构和组织制定的指标体系，在充分吸纳经济、环境、社会等各领域专家意见的基础上，制定兼具社会认可和可操作性的指标体系。同时，为了保证指标体系的可比性和科学性，全国导向性指标体系的制定还应注意尽量使用单项指标，慎用加权指标；尽量使用结果性指标，慎用过程性指标；指标的数量不宜过多，从而使得地方在制定指标体系时能够拥有更大的扩展权，实施措施具有更多的选

择性；在指标属性上还应分为控制性指标（核心指标或门槛指标）和引导性指标，从而明确低碳生态城市发展所必须遵循的控制性指标和引导城市发展的引导性指标。

7.2 出台低碳生态城市发展指南，确立分领域、分区域发展引导原则

低碳生态城市发展指南的制定意义在于立足国情，将低碳生态城市的建设目标具体化和形象化，并对全国不同地区、不同规模、不同发展阶段的城市提供低碳生态城市发展的宏观政策性、技术性的指导原则。低碳生态城市发展指南可包括发展理念、发展路径、技术方法、政策保障、行为模式等多个方面，以及城市规划、低碳产业、能源利用、水资源利用、绿色建筑、绿色交通、生态基础设施、废弃物处理、数字城市、低碳社区等专业技术领域，因此，现阶段有必要通过构建低碳生态城市发展完整框架及技术政策引导全国低碳生态城市建设健康、合理的发展。

低碳生态城市规划建设虽然有着共同的发展目标，但中国地形复杂、国土辽阔、发展水平差异显著的特点决定了低碳生态城市发展过程的多样性。因此，中国的低碳生态城市发展需要分区域进行政策引导。低碳生态城市发展指南的制定需要在明确低碳生态城市发展目标的前提下，针对不同地理区域的地质状况、气候条件、资源禀赋、经济水平等因素，根据分区域引导的原则，合理制定不同的鼓励引导政策和技术保障体系；同时从低碳生态城市发展所涉及的不同专业领域出发，推介成熟、适宜、低成本的技术，制定科学、合理引导地方低碳生态城市实践纲领性的措施，促进各地通过各具特色的发展手段协同进步，共同朝着低碳生态城市的目标发展。

7.3 确立低碳生态城市规划地位，落实分解低碳生态城市实施途径

低碳生态城市的发展理念、发展目标和指标体系等都需要通过与城市规划相结合落实到空间层面，从而实现低碳生态城市从理论到实践的过程。目前我国现行规划设计方法尚缺乏有效融合生态理念的规划技术和方法，存在着偏向主观经验判断，城乡规划与生态规划和非开发建设规划等脱节，低碳生态城市的规划编制办法缺失等一系列问题。

低碳生态城市的规划编制应当以人居系统和自然系统的和谐为出发点，对传统空间规划设计方法和技术体系进行总结和提升，将生态理念植入城市规划的可行方法和途径，明确不同尺度低碳生态城市规划编制的目标、原则和方法，明确不同规划要素(理念、目标、布局、技术、政策)相应改变的内容和深度。具体来讲就是引入“低碳”、“生态”、“绿色”、“宜居”的理念，实现规划理念上的转变和发展。要结合与低碳生态城市发展有关的国家政策背景、地方发展阶段、国内外经验和城市SWOT分析，实现规划目标的总结和提升；从正反双向思维出发，结合生态安全格局的构建和生态建设适宜性分析，实现规划布局的生态化和高效化；从城市规划、低碳产业、能源利用、水资源利用、绿色建筑、绿色交通、生态基础设施、废弃物处理、数字城市、低碳社区等多个专业领域出发实现规划技术上的创新和完善；从推广适宜技术、改革考核体系、制定鼓励政策、加强公众参与等多个方面实现规划政策上的衔接和落实；从区域规划、城市总体规划等宏观层面，到控制性详细规划、社区规划等微观层面，从综合性新建新城到专项既有城市更新改造等不同领域分层考虑，从而达到整体提高我国低碳生态城市规划设计技术水平的综合目标。

7.4 推行试点示范案例项目，推广低碳生态城市适宜技术应用

低碳生态城市的建设实践不但需要理论层面的指导，同时需要在具体实践上遴选示范案例项目为标杆，推广适宜技术作支撑。在遵循能推广、能复制、低成本、高效益的原则下，在全国不同的地域试点示范低碳生态城市建设所涉及的循环产业、清洁能源、绿色建筑、绿色交通、生态环境、废弃物利用和绿色基础设施等方面的新技术、新项目，并在不同气候区域条件成熟的地区，对适宜技术进行推广实施，形成示范基地，加快低碳生态城市的建设步伐。

同时在技术研发阶段，应当面向实际需求，研究开发一批节能、节水、节地、节材方面的适用新技术及产品。面向电力、钢铁、化工、建材等节能减排重点行业，围绕节能、新能源应用、废物处理等节能减排重点技术领域，研究、开发一批先进的适用技术、装备和产品。在技术成果集成、推广阶段，加强对国内外成熟适用节能减排技术的筛选与集成，通过媒体、网络和培训等多种手段实现技术成果的传播、推广和应用，同时选择适宜的地区作为典型示范基地开展综合科技示范，并建立起以企业为主体、产学研相结合的新技术、新项目的专家队伍和技术服务体系。

7.5 配套出台低碳生态城市发展各项政策，形成良好的激励体制机制

为激励低碳生态城市的健康发展，需要有系列政策法规、技术标准体系配套出台。城市政府应把这项工作摆到重要的议事日程。一系列规范性文件的出台，可保障低碳生态城市建设工作做到有章可循；具体的法律依据和制度保障可为低碳生态城市建设打下良好基础。因此，要认真贯彻国家和省的相关政策，研究制定适合本地区低碳生态城市发展规划，对资源进行评估，并结合本地实际，制定经济激励政策，出台配套规范性文件，扶持应用低碳生态城市建设项目，实现从规划建设到验收运行全过程监管。另外，随着政策法规和管理制度相继出台，低碳生态城市的标准规范也应不断完善。系统的标准规范和技术图集，将为低碳生态技术的应用提供基础保证。同时，要制定一系列相关的办法、制度和措施，发挥典型示范带动作用，认真做好国家级、省级低碳生态城市示范项目的实施，积极做好国家试点示范城市、试点示范项目申报，通过示范，制定相应的标准和管理政策，以点带面，逐步全面推广。

目前低碳生态城市的实践已经遍及世界各大洲，各国也都在努力探索适合于本国的城镇发展模式并积累了一些成功的理论和实践经验，我国正在进行中的低碳生态城市实践也不乏国际合作的案例，如中国和新加坡合作的中新天津生态城、中国和瑞典合作的唐山湾（曹妃甸）国际生态城、中国和芬兰合作的中芬生态谷等，但需注意的是我们在一方面努力汲取国际成功经验的同时，也需要结合中国国情来进行低碳生态城市规划建设。因此，中国低碳生态城市的国际合作需要秉行有条件、有选择、有目的的原则，适当引进国外成熟、适宜的技术和经验，以政府、社会团体、企业、科研机构等多主体参与的方式，通过举办国际交流论坛，开展研究课题，参与实践项目等多种合作模式共同促进国外适宜的低碳生态理念和技术在中国的推广应用。

7.6 倡导新型的生产生活方式，践行低碳生态城市和谐共生价值观

我国当前的低碳生态城市建设多是自上而下地进行，因此，在生产生活方式的转变上，需要加强政府、企业、公众的共同参与，通过开展系列宣讲教育、示范评选、媒体报道等多种方式推广绿色生态的理念。政府是社会行

为与公共道德的示范和标杆，政府机构自身对生态理念的重视程度影响着公众观念。政府机构工作人员应该带头增强资源忧患意识、节约意识和责任意识，从自身做起，从点滴做起，形成崇尚节俭、合理消费的机关文化，为全社会发挥表率作用。企业应履行社会责任，在转变旧有生产生活方式上发挥其不可替代的重要作用。应当增强企业节能减排意识，完善管理制度，制定奖励措施，促进节能减排；围绕企业生产经营的每个环节，从细微处着手，找漏洞，找原因，提出针对性的意见和建议；改进和完善工艺设计，采用先进技术，提高资源利用率，减少资源浪费，促进环境保护。家庭是社会的细胞，社区是社会的基层组织，是推动绿色生态理念的重要依靠力量。应当以改变当前家庭生活中与绿色生活理念不相适应的观念、行为方式为重点，在广大家庭成员中大力倡导生态环保新理念，形成健康、文明、节约、环保的生活方式，并通过家庭影响社区，通过社区带动全社会参与。目前国际上倡导的绿色生活方式要求遵循“5R 原则”[1]也即通过多种方式和渠道，大力鼓励市民自觉选择绿色消费，促进市民养成绿色消费习惯，在衣、食、住、行、用各个方面体现绿色生活理念。

努力提高作为低碳生态城市的实施主体和需求主体的城市居民的能力建设。一是宣传相关法律法规和标准，使参与活动的各方主体和公众提高对低碳生态城市重要性的认识；二是加强培训，不断提高管理人员和专业技术人员的能力水平；三是向公众宣传，树立良好的节约资源的意识和正确的消费观，形成良好的社会氛围。

[1] “Reduce”节约资源，减少污染；“Reevaluate”绿色生活，环保选购；“Reuse”重复使用，多次利用；“Recycle”分类回收，循环再生；“Rescue”保护自然，万物共存。

附　　录

附录 1 国内外低碳生态城市相关指标体系

联合国人居署人居议程指标 **附录 1-1**

人居议程目标	指标	组别
1. Shelter 安居		
Promote the right to adequate housing 提升拥有足够住房的权利	Key indicator 1：durable structures 关键指标 1：耐用结构	A
	Key indicator 2：overcrowding 关键指标 2：人口拥挤	A
	Check-list 1：right to adequate housing 核对表 1：拥有适当住房	B
	Extensive indicator 1：housing price and rent-to-income 扩展指标 1：住房价格和租金与收入比例	B
Provide security of tenure 保障财产安全	Key indicator 3：secure tenure 关键指标 3：财产安全	B
	Extensive indicator 2：authorized housing 扩展指标 2：授权的住房	B
	Extensive indicator 3：evictions 扩展指标 3：拆迁	B
Provide equal access to credit 提供平等的信贷	Check-list 2：housing finance 核对表 2：住房信贷	B
Provide equal access to land 提供平等的土地获取途径	Extensive indicator 4：land price-to-income 扩展指标 4：土地价格与收入之比	B
Promote access to basic services 促进获得基本服务	Key indicator 4：access to safe water 关键指标 4：获得安全用水	A
	Key indicator 5：access to improved sanitation 关键指标 5：卫生条件得到改善	A
	Key indicator 6：connection to services 关键指标 6：连接到服务	A
2. Social development and eradication of poverty 社会发展和消除贫困		
Provide equal opportunities for a safe and healthy life 提供平等的安全和健康的生活的机会	Key indicator 7：under-five mortality 关键指标 7：5 岁以下儿童死亡率	A
	Key indicator 8：homicides 关键指标 8：犯罪	B
	Check-list 3：urban violence 核对表 3：城市暴力	B
	Extensive indicator 5：HIV prevalence 扩展指标 5：艾滋病毒感染率	A-B

续表

人居议程目标	指标	组别
Promote social integration and support disadvantaged groups 促进社会融合和支持弱势群体	Key indicator 9：poor households 关键指标 9：贫困家庭	A
Promote gender equality in human settlements development 促进人类住区发展中的男女平等	Key indicator 10：literacy rates 关键指标 10：识字率	A
	Check-list 4：gender inclusion 核对表 4：性别包容	B
	Extensive indicator 6：school enrolment 扩展指标 6：学校招生	A
	Extensive indicator 7：women councilors 扩展指标 7：女议员	B
	3. Environmental Management 环境管理	
Promote geographically - balanced settlement structures 促进地域平衡的住区结构	Key indicator 11：urban population growth 关键指标 11：城镇人口增长	A
	Key indicator 12：planned settlements 关键指标 12：规划居住区	B
Manage supply and demand for water in an effective manner 有效地管理水资源的供给和需求	Key indicator 13：price of water 关键指标 13：水价	B
	Extensive indicator 8：water consumption 扩展指标 8：用水量	B
Reduce urban pollution 减少城市污染	Key indicator 14：wastewater treated 关键指标 14：废水处理	B
	Key indicator 15：solid waste disposal 关键指标 15：固体废物处理	B
	Extensive indicator 9：regular solid waste collection 扩展指标 9：固体废物定期收集	B
Prevent disasters and rebuild settlements 预防灾害和重建住区	Check-list 5：disaster prevention and mitigation instruments 核对表 5：灾害预防和缓解手段	B
	Extensive indicator 10：houses in hazardous locations 扩展指标 10：在危险区域的房屋	B
Promote effective and environmentally sound transportation systems 促进环境友好和高效的运输系统	Key indicator 16：travel time 关键指标 16：通勤时间	B
	Extensive indicators 11：transport modes 扩展指标 11：交通模式	B

续表

人居议程目标	指标	组别
Support mechanisms to prepare and implement local environmental plans and local Agenda 21 initiatives 支持机制，制定和执行地方环境计划和当地21世纪议程	check-list 6：local environmental plans 核对表6：地方环保计划	B
4. Economic Development 经济发展		
Strengthen small and micro-enterprises，particularly those developed by women 促进小企业发展，特别是由妇女创业的企业	Key indicator 17：informal employment 关键指标17：非正规就业	A-B
Encourage public - private sector partnership and stimulate productive employment opportunities 鼓励公共和私营部门伙伴关系，增加就业机会	Key indicator 18：city product 关键指标18：城市产品	B
	Key indicator 19：unemployment 关键指标19：失业	A-B
5. Governance 治理		
Promote decentralisation and strengthen local authorities 促进权力下放，强化地方政府	Key indicator 20：local government revenue 关键指标20：地方政府的收入	B
	Check-list 7：decentralization 核对表7：权力下放	B
Encourage and support participation and civic engagement 鼓励和支持参与和公民参与	Check-list8：citizens participation 核对表8：公众参与	B
	Extensive indicator 12：voters participation 扩展指标12：选民参与	B
	Extensive indicator 13：civic associations 扩展指标13：民间协会	B

联合国社会经济局可持续发展指标框架 2007 版(第三版)　　附录 1-2

Theme 主题	Sub-theme 专题	Indicator 指标	是否核心指标
Poverty 贫穷	Income poverty 贫困	Percent of Population Living Below National Poverty Line 国家贫困线以下的人口比例	Yes 是
	Income inequality 收入不平等	Ratio of share in national income of highest to lowest quintile 最高收入与最低收入比	
	Sanitation 卫生	Proportion of population using improved sanitation facilities，urban and rural 城市和农村中使用改善后的卫生设施人口比例	Yes 是
	Drinking water 饮用水	Proportion of population using improved water source，urban and rural 城市和农村人口使用改良水源的比例	Yes 是
	Access to energy 能源使用	Share of households with access to electricity or commercial energy 使用电力或商业能源的家庭比例	Yes 是
		Percentage of population using solid fuels for cooking 使用固体化石燃料做饭的人口百分比	
	Living conditions 生活条件	Proportion of urban population living in slum 居住于城市贫民窟的人口比例	Yes 是
Governance 治理	Good governance 良好的治理	Percentage of population having paid bribes 行贿人数占总人数百分比	Yes 是
	Crime 犯罪	Number of recorded violent crimes and homicides per 100,000 population 每 10 万人暴力犯罪的记录	Yes 是
Health 健康	Mortality 死亡	Mortality rate under 5 years old 5 岁以下儿童死亡率	Yes 是
		Life expectancy at birth 出生预期寿命	Yes 是
		Healthy life years expectancy 预期健康年数	
	Health care delivery 卫生保健	Percent of population with access to primary health care facilities 获得初级卫生保健设施人口的百分比	Yes 是
		Immunization against infectious childhood diseases 儿童传染性疾病的免疫接种比例	Yes 是
		Contraceptive prevalence rate 避孕普及率	
	Nutritional status 营养状况	Nutritional status of children 儿童营养状况	Yes 是

续表

Theme 主题	Sub-theme 专题	Indicator 指标	是否核心指标
Health 健康	Health status and risks 健康状况和风险	Prevalence of tobacco use 抽烟率	
		Suicide rate 自杀率	
		Morbidity of major diseases such as HIV/AIDS, malaria, tuberculosis 主要疾病发病率，如艾滋病、疟疾、肺结核	Yes 是
		Morbidity of major childhood diseases such as diarrhea 儿童主要疾病发病率	
Education 教育	Education level 教育水平	Gross intake into last year of primary education, by sex 小学毛入学率，分性别	Yes 是
		Net enrolment rate in primary education 小学净入学率	Yes 是
		Adult secondary (tertiary) schooling attainment level, by sex 成人受教育程度，分性别	Yes 是
		Life long learning 终身学习程度	
	Literacy 文化	Adult literacy rate, by sex 成人识字率，分性别	Yes 是
Demographics 人口统计	Population 人口	Population growth rate 人口增长率	Yes 是
		Total fertility rate 总生育率	
		Dependency ratio 抚养率	Yes 是
	Tourism 旅游	Ratio of local residents to tourists in major tourist regions and destinations 当地游客与总游客之比	
Natural hazards 自然灾害	Vulnerability to natural hazards. Disaster preparedness and response 自然灾害影响以及预防和响应对策	Economic and Human Loss Due to Natural Disasters, as percentage of population and of GDP 自然灾害导致的经济和人员损失百分比	Yes 是

续表

Theme 主题	Sub-theme 专题	Indicator 指标	是否核心指标
Atmosphere 气候	Climate change 气候变化	Emissions of greenhouse gases 温室气体排放	
		CO_2 emissions，total and by sector 各部门二氧化碳排放总量	Yes 是
	Ozone layer depletion 臭氧层损耗	Consumption of ozone depleting substances 臭氧消耗物质的消费量	Yes 是
	Air quality 空气质量	Ambient concentration of air pollutants in urban 城区空气污染物浓度	Yes 是
Land 土地	Land use and status 土地利用和状态	Land use change 土地利用变化	
		Land degradation 土地退化	
	Desertification 荒漠化	Land affected by desertification 土地荒化面积	
	Agriculture 农业	Arable and permanent cropland area 耕地和永久性的耕地面积	Yes 是
		Efficiency of fertilizer use 化肥使用效率	
		Use of agricultural pesticides 农药使用	
		Organic farming as percentage of total farming 有机农业比重	
	Forests 森林	Forest Area as a percent of land area 林地面积比重	Yes 是
		Percent of forests damaged by defoliation 落叶森林百分比	
		Area under sustainable forest management 可持续管理的森林面积	
Oceans，seas and coasts 海洋和海岸线	Coastal zone 海岸带	Algae concentration in coastal waters 沿海水域藻类浓度	
		Percentage of total population living in coastal areas 沿海地区人口百分比	Yes 是
		Bathing water quality 沐浴水质	
	Fisheries 渔业	Proportion of fish stocks within safe biological limits 生物安全上限的鱼群比例	Yes 是

续表

Theme 主题	Sub-theme 专题	Indicator 指标	是否核心指标
Oceans, seas and coasts 海洋和海岸线	Marine environment 海洋环境	Proportion of marine area protected, total and by ecological region 海洋保护区比例	Yes 是
		Marine trophic index 海洋营养指数	
		Area of coral reefs 珊瑚礁面积	
Freshwater 淡水	Water quantity 水量	Proportion of total water resources used 资源总用水量的比例	Yes 是
		Water use intensity by industry 工业水耗强度	Yes 是
	Water quality 水质	BOD in water bodies 水体生化需氧量	
		Concentration of faecal coliform in freshwater 淡水粪大肠菌群浓度	Yes 是
		Waste water treatment 废水处理	
Biodiversity 生物多样性	Ecosystem 生态系统	Proportion of terrestrial area protected, total and by ecological region 陆地保护区的比例	Yes 是
		Management effectiveness of protected areas 保护区管理的有效性	
		Area of selected key ecosystems 选定重点地区的生态系统	
		Fragmentation of habitat 破碎的栖息地	
	Species 物种	Abundance of selected key species 关键物种的丰富度	
		Proportion of species threatened by extinction 濒临灭绝物种比例	Yes 是
		Invasive species 外来入侵物种	

续表

Theme 主题	Sub-theme 专题	Indicator 指标	是否核心指标
Economic development 经济发展	Macroeconomic performance 宏观经济的表现	GDP per capita 人均国内生产总值	Yes 是
		Investment share in GDP 投资占国内生产总值的比重	Yes 是
		Savings rate 储蓄率	
		Adjusted net savings rate 调整后的净储蓄率	
		Inflation 通货膨胀率	
	Sustainable public finance 可持续的公共财政	Debt to GNI ratio 债务占国民总收入的比例	Yes 是
	Employment 就业	Labor productivity and unit labor costs 劳动生产率和单位劳动成本	Yes 是
		Employment-population ratio, by sex 就业人口比例，分性别	
		Employment status, by sex 就业状况，分性别	
		Share of women in wage employment in the nonagricultural sector 非农业部门就业的妇女薪酬份额	Yes 是
	Information and communication technologies 通信技术	Internet users per 100 population 每10万人互联网用户的百分比	Yes 是
		Fixed telephone lines per 100 population 每10万人固定电话用户百分比	
		Mobile cellular telephone subscribers per 100 population 每10万人移动电话用户百分比	
	Research and Tourism 研究与旅游	R&D expenditure as percentage of GDP R&D支出占国内生产总值的百分比	
		Tourism contribution to GDP 旅游业对GDP的贡献	Yes 是
Global economic partnership 全球经济伙伴关系	Trade 贸易	Current account deficit as percentage of GDP 当前财政赤字占国内生产总值的比例	Yes 是
		Share of imports from developing countries and from LDCs 从发展中国家和最不发达国家进口的份额	
		Average tariff barriers imposed on exports from developing countries and LDCs 发展中国家和最不发达国家征收的平均关税壁垒	

续表

Theme 主题	Sub-theme 专题	Indicator 指标	是否核心指标
Global economic partnership 全球经济伙伴关系	External financing 外部融资	Total Official Development Assistance (ODA) given or received as a percentage of GNI 官方开发援助(ODA)收入总和占国民总收入的百分比	Yes 是
		FDI inflows and outflows as percentage of GNI 外国直接投资流入和流出占国民总收入的百分比	
		Remittances as percentage of GNI 汇款占国民总收入的百分比	
Consumption and production patterns 消费和生产模式	Material consumption 材料消耗	Material intensity of the economy 材料强度	Yes 是
		Domestic material consumption 国内物质消耗	
	Energy use 能源使用	Annual energy consumption per capita, total and by main user category 年人均能源消耗量按能源总量及各种能源类型划分	Yes 是
		Share of renewable energy sources in total energy supply 可再生能源比例	
		Intensity of energy use, total and by sector 能源使用强度	Yes 是
	Waste generation and management 废弃物产生和管理	Generation of waste 废物的产生	
		Generation of hazardous waste 危险废物的产生	Yes 是的
		Management of radioactive waste 放射性废物的管理	
		Waste treatment and disposal 废物处理和处置	Yes 是
	Transportation 运输	Car share of inland passenger transportation 汽车股内陆客运	Yes 是
		Road share of inland freight transport 内陆货运比重	
		Energy intensity of transport 交通能源强度	

全球城市指数(2008)　　附录 1-3

1. City Services 城市服务		
A. Education 教育	Are there enough teachers? 是否有足够的师资? Are children getting good basic (elementary) education? 儿童是否有受到良好的基础(初级)教育? Are residents literate? 居民是否识字? Does the city foster access to books and information? 城市是否鼓励市民利用书籍和信息?	a. Percentage of children completing primary and secondary education: survival rate 儿童完成小学和中学教育的百分比:升学率 b. Percentage of school aged children enrolled in schools (by gender) 学龄儿童在校比例(按性别) c. Student/teacher ratio 学生/教师比例
		d. Desirable future indicator Number of libraries per 100,000 population 未来指标:每 10 万人口的图书馆数量 e. Desirable future indicator Number of visits to library per 100,000 population 未来指标:每 10 万人口中去图书馆人数 total electronic and non-electronic (电子和非电子总和) f. Desirable future indicator: Performance on standardized tests 未来指标:标准化考试的人数
B. Energy 能源	Do residents have access to authorized power? 居民是否能够获得政府授权的电力供应 Is the service reliable? 服务是否可靠? Is the city using a lot of energy? 城市是否使用大量能源? Is the city's energy use sustainable? 城市的能源使用是否可持续?	a. Percentage of city population with authorized electrical service 公共供电设施服务的人口比例 b. Total electrical use per capita 人均用电量 c. Number and duration of electrical interruptions per year per customer 每年每用户平均停电次数和时间
		d. Desirable future indicator: Share of renewable energy use out of primary energy supply 未来指标:使用可再生能源的比例占初级能源供应比重 e. Desirable future indicator: Residential energy use per household: by types of energy 未来指标:平均每户家庭能源使用量(按能源类型划分) f. Total Energy Use Index 能源使用总量指数
C. Finance 金融	Are the city and its government financially healthy? 城市及其政府财政金融是否健康吗?	a. Debt service ratio (debt service expenditures as a percentage of a municipality's own-source revenue) 偿债率 b. Tax collected as percentage of tax billed 缴税比例 c. Own-source revenue as a percentage of total revenues 自有资产产值占总产值比例 d. Capital spending as percentage of total expenditures 资本支出总支出的百分比

续表

1. City Services 城市服务			
D. Fire and Emergency Response 消防及突发事件响应	Are residents protected from fires and emergencies? 居民是否受到火灾等突发灾害的保护?	a. Number of firefighters per 100,000 population 每 10 万人的消防队员数量 b. Number of fire-related deaths per 100,000 population 每 10 万人火灾死亡人数 c. Response time for fire department from initial call 消防部门报警后响应时间	d. Desirable future indicator: Response time for ambulance from initial call 未来指标：救护车报警后响应时间 e. Desirable future indicator : Emergency medical services indicators 未来指标：紧急医疗服务指标
E. Governance 管理	Is government equitable, open, and transparent? 政府是否公正、公开、透明? Is government efficient? 政府是否高效?	a. Accountability and transparency (percent of maximum score) 问责制和透明度(最高分的百分比) b. Percentage of city government workforce who are women and minorities 在政府工作的妇女和少数民族的百分比	c. Desirable future indicator: City Governance Index 未来指标：城市治理指数 d. Desirable future indicator: Average number of days to get a business license 未来指标：取得行政许可(行政审批)的平均工作日数 e. Desirable future indicator: Number and percentage of requests for service received during the past year for which the response time was exceeded (eg., 10 working days) 未来指标：获得行政许可时间超过一定时间(如 10 个工作日)的申请数量和比例
F. Health 健康	Is the city a healthy place to live? 城市是否是一个健康的居住场所? Is there access to health care? 是否可以享受医疗照顾? Are residents satisfied with their lives? 居民是否对自己的生活满意?	a. Under-age-five mortality per 1,000 live births 每 1000 新生儿 5 岁以下婴儿死亡率 b. Immunization against infectious childhood diseases (percent of eligible population who have been immunized) 儿童接种染性疾病免疫疫苗(注射疫苗人群健康比例) c. Number of in-patient hospital beds per 100,000 population d. 每 10 万人口的医院床位数 d. Number of physicians per 100,000 population 每 10 万人口的医师数量	e. Desirable future indicator: Annual HIV/AIDS death rate per 100,000 population 未来指标：每 10 万人口每年艾滋病的死亡率

续表

1. City Services 城市服务		
G. Recreation 休闲	Is the city vibrant? 城市是否充满活力? Are there enough places to recreate and play? 是否有足够的休闲游憩场所?	a. Square meters of public recreation facility space per capita 人均公共休闲设施空间面积(m^2) b. City expenditures on public recreation as a percentage of overall city budget 城市公共休闲设施费用占城市财政预算的百分比
		c. Desirable future indicator: An indicator of recreational use levels 未来指标：休闲设施利用水平
H. Safety 安全	Is there a lot of crime? 是否有很多犯罪? Do residents feel safe? 居民是否感到安全?	a. Number of homicides per 100,000 population 每10万人口的凶杀案数量 b. Number of sworn police officers per 100,000 population 每10万人口在职警务人员数量 c. Violent crime rate per 100,000 population 每10万人口暴力犯罪发案率
		d. Desirable future indicator: Perception of safety 未来指标：安全感
I. Social Services 社会服务	Under Development 开发中	
J. Solid Waste 固体废弃物	Is the city clean? 城市是否市容整洁? Does the city generate a lot of solid waste? 城市是否产生很多固体废物? Is the city's solid waste disposed of safely? 城市的固体废物是否被安全地处理?	a. Percentage of city population with regular solid waste collection 城市固体垃圾的定期收集所覆盖的人口的百分比 b. Percentage of solid waste: disposed to sanitary landfill; incinerated and burned openly; disposed to open dump; recycled; other 各种方法处理固体废物的百分比：垃圾填埋场、焚烧、露天堆放、回收的比例 c. Total solid waste generation per capita (measured in tons) 人均产生固体废物数量(t)
		d. Desirable future indicator: percentage of population participating in recycling program 未来指标：参与垃圾回收再利用的人口百分比
K. Transport 交通	How easy is it to travel in the city by different modes? 城市交通是否便捷? Is there good access to the city from other parts of the world? 世界其他地方是否方便到达这个城市? How extensive and safe is the road system? 道路系统是否安全?	a. Km of transportation system per 100,000 population 每10万人口交通系统总长度(km) b. Annual number of public transit trips per capita 每年人均乘坐公共交通次数 c. Commercial air connectivity (number of nonstop commercial air destinations) 商业航空连接度(直飞目的地航班数量) d. Average travel speed on primary thoroughfares during peak hourse 上下班高峰时间城市干道平均车速 e. Transportation fatalities per 100,000 population 每10万人口的交通事故次数

续表

1. City Services 城市服务		
K. Transport 交通	How easy is it to travel in the city by different modes? 城市交通是否便捷? Is there good access to the city from other parts of the world? 世界其他地方是否方便到达这个城市? How extensive and safe is the road system? 道路系统是否安全?	f. Desirable future indicator: Total municipal road and transit expenditures per capita (include capital and operating expenditures) 未来指标：城市人均道路和交通工具支出(包括投入和运营支出) g. Desirable future indicator : Modal split (percentage of commuters using a travel mode other than a personal vehicle) 未来指标：交通模式(城市公共或自行车等交通方式与私家车使用人数百分比)
L. Urban Planning 城市规划	Does the city have green and open areas? 城市是否有绿色和开放空间? Is the city densely populated? 城市是否人口拥挤? Are residents at risk from hazards? 居民是否有受灾的风险? Does the city have a balance of jobs and housing? 城市在居住和就业方面是否平衡? Is the city's permit process efficient? 城市的行政审批是否高效?	a. Latest approval date of Master Plan 最近一版总体规划审批时间 b. Green area (hectares) per 100,000 population 每10万人口绿地面积 c. Housing in hazardous locations 房屋在危险地区的数量
		d. Desirable future indicator: percentage of land parcels with a registered title 未来指标：已注册登记的地块百分比 e. Desirable future indicator: Jobs/housing ratio 未来指标：工作/住房比例
M. Wastewater 污水	Is wastewater collected? 是否进行污水收集? What is the quality of wastewater treatment? 污水处理的质量如何? Is wastewater affecting receiving water bodies? 污水是否影响受纳水体?	a. Percentage of city population served by wastewater collection 城市污水收集服务覆盖的人口百分比 b. Percentage of wastewater receiving no/primary/secondary/tertiary treatment 城市污水不处理、一级处理、二级处理、三级处理的百分比
		c. Desirable future indicator: percentage of assimilative capacity of receiving water body used 未来指标：受纳水体同化能力百分比 d. An indicator of wastewater treatment effectiveness 废水处理效果指标

续表

1. City Services 城市服务		
N. Water 水	Do residents have access to safe drinking water? 居民是否可以获得安全饮用水？ Is the water supply safe and regular? 供水是否安全和正常？ Does the city use a lot of water? 城市是否过度用水？	a. Percentage of city population with potable water supply service 城市饮用水供应服务人口所占百分比 b. Domestic water consumption (in liters)per capita 人均生活用水量(L) c. Number of interruptions in water service per 1,000 hectares of service area 每 1000hm^2 供水服务区域供水中断次数
		d. Desirable future indicator：percentage of treated water lost during distribution 未来指标：供水在处理后的输水过程中损失的百分比 e. Desirable future indicator：Water quality (relative to national standards and boil water advisories) 未来指标：水质(参考国家标准和沸水公告) f. Desirable future indicator：Incidence of waterborne diseases 未来指标：水传播疾病的发病率
2. Quality of Life 生活质量		
A. Civic Engagement 公众参与	Do residents effectively participate in local governance? 公众是否有效参与地方管理？	a. Voter participation (as a percentage of eligible voters) 选举参与(有选民资格人数的百分比)
		b. Citizens' participation：number of local officials elected to office per 100,000 population 公众参与：每 10 万人中被选为政府官员的人数 c. Number of civic organizations per 100,000 population 每 10 万人口的民间组织数量
B. Culture 文化	Is the city vibrant? 城市是否充满活力？ Are there enough places to recreate and play? 是否有足够的地方休闲和娱乐？	a. Number of cultural establishments per 100,000 population 每 10 万人口的文化机构数量 b. City expenditures on culture as a percentage of overall city budget 城市用于文化支出的费用占城市总财政支出的百分比
		c. Desirable future indicator：Attendance at cultural events per capita 未来指标：人均出席文化活动次数 d. Desirable future index：Competitiveness Index 未来指标：竞争力指数

续表

2. Quality of Life 生活质量		
C. Economy 经济	Are people working? 是否工作? Is the city economically healthy? 城市是否经济健康? Is there investment? 城市是否有投资? How easy is it to do business? 从事商业活动的容易程度如何?	a. City product per capita 城市人均产值 b. Employment rate by age and gender 就业率(分年龄和性别)
		c. Desirable future index: Competitiveness Index 未来指标: 竞争力指数 d. Desirable future indicator: Commercial/Industrial assessment as percentage of total assessment 未来指标: 商业性或产业性资产占总资产的百分比 e. Desirable future indicator: Investment indicator 未来指标: 投资指数
D. Environment 环境	Is the city contributing to climate change? 城市是否对应对气候变化有贡献? Is the air clean? 城市空气是否良好?	a. Greenhouse gas emissions measured in tons per capita 人均温室气体排放量(t)
		b. Desirable future indicator: Number of days with PM 10 exceedances 未来指标: PM 10 超标的天数 c. Desirable future indicator: Indicator linking air quality to respiratory problems 未来指标: 关联空气质量和呼吸系统疾病的指标
E. Shelter 住房	Do many residents live in housing that is substandard or insecure? 是否有许多居民居住在不符合标准或不安全的住房? Does the city have many informal neighborhoods? 城市是否有许多非正式居住区? Is housing affordable? 住房是否负担得起?	a. Percentage of city population living in slums 居住在城市贫民窟的人口百分比 b. Areal size of informal settlements as a percentage of city area 非正式居住区面积占城市面积的百分比
		c. Desirable future indicator: Housing price/income ratio 未来指标: 住房价格/收入比率 d. Desirable future indicator: Housing rent/income ratio 未来指标: 房屋租金/收入比率
F. Social Equity 社会公平	Is there a lot of poverty? 是否有很多贫困人口? How equitable is the distribution of wealth? 财富分配的公平状况如何? Are basic necessities affordable? 基本的生活必需品价格是否合理? Are there assets for the collective production of wellbeing? 是否有为健康与福祉提供的公共产品?	a. Percentage of city population living in poverty 城市贫困人口百分比
		b. Desirable future indicator: Cost of basic necessities or Market Basket Measure (MBM) 基本必需品支出或者市场篮标准 c. Desirable future indicator: percentage of population receiving government financial assistance 未来指标: 接受政府的财政资助的人口百分比 d. Desirable future index: Social Capital Index 未来指标: 社会资本指数

续表

2. Quality of Life 生活质量		
G. Subjective Wellbeing 主观幸福感	Desirable future index：Subjective Wellbeing Index 未来指标：主观幸福感指数	
H. Technology and Innovation 技术和创新	Does the city have good access to the internet? 城市是否具有良好的互联网接入服务？ Is there good phone service? 是否有良好的电话服务？ Is the city a creative and innovative place? 城市是一个创造和创新的场所？	a. Number of internet connections per 100,000 population 每10万人的互联网连接数量 b. Number of telephones (land lines and cell phones) per 100,000 population 每10万人拥有的电话数量(包括有线电话和移动电话) c. Desirable future index：Creativity Index 未来指标：创意指数 d. Desirable future indicator：Venture capital investment 未来指标：风险资本投资 e. Desirable future indicator：Broadband penetration rate 未来指标：宽带普及率

欧洲绿色城市指标体系　　　　**附录 1-4**

Category 分类	Indicator 指标	Type 种类	Weighting 权重	Description 指标描述	Normalisation technique 标准化方法
CO_2 二氧化碳	CO_2 emissions 二氧化碳排放量	Quantitative 定量	33%	Total CO_2 emissions, in tonnes per head 二氧化碳总排放量，t/人	Min-max 最小值—最大值法
	CO_2 intensity 二氧化碳强度	Quantitative 定量	33%	Total CO_2 emissions, in grams per unit of real GDP (2000 base year) 二氧化碳总排放量，g/单位实际GDP(以2000年为基准年)	Min - max; lower benchmark of 1, 000 grams inserted to prevent outliers 最小值—最大值法；将低基准定为1000g以避免异常值的输入
	CO_2 reduction strategy 二氧化碳减排战略	Qualitative 定性	33%	An assessment of the ambitiousness of CO_2 emissions reduction strategy 二氧化碳减排的远景战略评估	Scored by Economist Intelligence Unit analysts on a scale of 0 to 10 由“经济学人智库”的分析员在0～10之间打分

续表

Category 分类	Indicator 指标	Type 种类	Weighting 权重	Description 指标描述	Normalisation technique 标准化方法
Energy 能源	Energy consumption 能源消耗	Quantitative 定量	25%	Total final energy consumption, in gigajoules per head 总最终能源消耗，GJ/人	Min-max 最小值—最大值法
	Energy intensity 能源强度	Quantitative 定量	25%	Total final energy consumption, in megajoules per unit of real GDP (in Euros, base year 2000) 总最终能源消耗，MJ/单位实际GDP(欧元，以2000年为基准年)	Min - max; lower benchmark of 8MJ/€ GDP inserted to prevent outliers 最小值—最大值法；将低基准定为8MJ/€ GDP，以避免异常值的输入
	Renewable energy consumption 可再生能源消耗量	Quantitative 定量	25%	The percentage of total energy derived from renewable sources, as a share of the city's total energy consumption, in terajoules 总可再生能耗占城市总能耗的比例，TJ	Scored against an upper benchmark of 20% (EU target) 将高基准定为20%(欧盟目标)
	Clean and efficient energy policies 清洁高效能源政策	Qualitative 定性	25%	An assessment of the extensiveness of policies promoting the use of clean and efficient energy 推动清洁高效能量使用政策的广泛评估	Scored by Economist Intelligence Unit analysts on a scale of 0 to 10 由“经济学人智库”的分析员在0～10之间打分
Buildings 建筑物	Energy consumption of residential buildings 居住建筑的能源消耗	Quantitative 定量	33%	Total final energy consumption in the residential sector, per square metre of residential floor space 居住建筑单位面积总能耗	Min-max 最小值—最大值法
	Energy-efficient buildings standards 节能建筑标准	Qualitative 定性	33%	An assessment the extensiveness of cities' energy efficiency standards for buildings 各城市建筑节能标准的广泛评估	Scored by Economist Intelligence Unit analysts on a scale of 0 to 10 由“经济学人智库”的分析员在0～10之间打分

续表

Category 分类	Indicator 指标	Type 种类	Weighting 权重	Description 指标描述	Normalisation technique 标准化方法
Buildings 建筑物	Energy-efficient buildings initiatives 节能建筑的倡议	Qualitative 定性	33%	An assessment of the extensiveness of efforts to promote energy efficiency of buildings 推进建筑节能效果的广泛评估	Scored by Economist Intelligence Unit analysts on a scale of 0 to 10 由“经济学人智库”的分析员在0～10之间打分
Transport 交通运输	Use of non-car transport 非小汽车交通的使用	Quantitative 定量	29%	The total percentage of the working population travelling to work on public transport, by bicycle and by foot 劳动人口上班选用公共交通、自行车或步行的总比例	Converted to a scale of 0 to 10 转换为0～10分的区间
	Size of non-car transport network 非机动交通网络尺度	Quantitative 定量	14%	Length of cycling lanes and the public transport network, in km per square metre of city area 自行车道和公共交通网络路线的长度(km)/城市面积(m^2)	Min - max. Upper benchmarks of 4 km/km^2 and 5 km/km^2 inserted to prevent outliers 最小值—最大值法。将高基准定为4km/km^2和5km/km^2以避免异常值的输入
	Green transport promotion 绿色交通的推广	Qualitative 定性	29%	An assessment of the extensiveness of efforts to increase the use of cleaner transport 增加更清洁交通运输方式使用效果的广泛评估	Scored by Economist Intelligence Unit analysts on a scale of 0 to 10 由“经济学人智库”的分析员在0～10之间打分
	Congestion reduction policies 降低交通拥堵政策	Qualitative 定性	29%	An assessment of efforts to reduce vehicle traffic within the city 降低城市机动车交通效果的广泛评估	Scored by Economist Intelligence Unit analysts on a scale of 0 to 10 由“经济学人智库”的分析员在0～10之间打分

续表

Category 分类	Indicator 指标	Type 种类	Weighting 权重	Description 指标描述	Normalisation technique 标准化方法
Water 水资源	Water consumption 水资源消耗	Quantitative 定量	25%	Total annual water consumption, in cubic metres per head 年度总耗水量(m^3/人)	Min-max 最小值—最大值法
	Water system leakage 水系统的泄漏量	Quantitative 定量	25%	Percentage of water lost in the water distribution system 配水系统中水的损失比例	Scored against an upper target of 5% 将高基准定为 5%
	Wastewater treatment 废水处理	Quantitative 定量	25%	Percentage of dwellings connected to the sewage system 连接到排水系统的住所比例	Scored against an upper benchmark of 100% and a lower benchmark of 80% 将高基准定为 100%，低基准定为 80%
	Water efficiency and treatment policies 水资源高效利用和处理政策	Qualitative 定性	25%	An assessment of the comprehensiveness of measures to improve the efficiency of water usage and the treatment of wastewater 增强用水和污水处理效率的详尽政策评估	Scored by Economist Intelligence Unit analysts on a scale of 0 to 10 由"经济学人智库"的分析员在 0～10 之间打分
Wast and land use 废弃物和土地利用	Municipal waste production 城市垃圾产生	Quantitative 定量	25%	Total annual municipal waste collected, in kg per head 总年度城市垃圾收集(kg/人)	Scored against an upper benchmark of 300 kg (EU target). A lower benchmark of 1, 000kg inserted to prevent outliers 将高基准定为 300kg（欧盟目标），低基准定位 1000kg 以避免异常值的输入
	Waste recycling 垃圾回收	Quantitative 定量	25%	城市垃圾回收率 Percentage of municipal waste recycled	将高基准定为 50%(欧盟目标) Scored against an upper benchmark of 50% (EU target)

续表

Category 分类	Indicator 指标	Type 种类	Weighting 权重	Description 指标描述	Normalisation technique 标准化方法
Waste and land use 废弃物和土地利用	Waste reduction and policies 废弃物的减量和政策	Qualitative 定性	25%	An assessment of the extensiveness of measures to reduce the overall production of waste, and to recycle and reuse waste 降低垃圾的生成总量及垃圾的回收再利用措施的广泛评估	Scored by Economist Intelligence Unit analysts on a scale of 0 to 10 由"经济学人智库"的分析员在0～10之间打分
	Green land use policies 绿色土地利用政策	Qualitative 定性	25%	An assessment of the comprehensiveness of policies to contain the urban sprawl and promote the availability of green spaces 城市扩张和绿地可达性促进情况的详尽评估	Scored by Economist Intelligence Unit analysts on a scale of 0 to 10 由"经济学人智库"的分析员在0～10之间打分
Air quality 空气质量	Nitrogen dioxide 二氧化氮	Quantitative 定量	20%	Annual daily mean of NO_2 emissions 年度二氧化氮排放量日均值	Scored against a lower benchmark of 40μg/m³(EU target) 将低基准定为40μg/m³(欧盟目标)
	Ozone 臭氧	Quantitative 定量	20%	Annual daily mean of O_3 emissions 年度臭氧排放量日均值	Scored against a lower benchmark of 120μg/m³(EU target) 将低基准定为120μg/m³(欧盟目标)
	Particulate matter 颗粒物	Quantitative 定量	20%	Annual daily mean of PM10 emissions 年度可吸入颗粒物排放量日均值	Scored against a lower benchmark of 50μg/m³(EU target) 将低基准定为50μg/m³(欧盟目标)
	Sulphur dioxide 二氧化硫	Quantitative 定量	20%	Annual daily mean of SO_2 emissions 年度二氧化硫排放量日均值	Scored against a lower benchmark of 40μg/m³(EU target) 将低基准定为40μg/m³(欧盟目标)
	Clean air policies 空气清洁政策	Qualitative 定性	20%	An assessment of the extensiveness of policies to improve air quality 空气质量改善政策的广泛评估	Scored by Economist Intelligence Unit analysts on a scale of 0 to 10 由"经济学人智库"的分析员在0～10之间打分

续表

Category 分类	Indicator 指标	Type 种类	Weighting 权重	Description 指标描述	Normalisation technique 标准化方法
Environmental governance 环境管理	Green action plan 绿色行动计划	Qualitative 定性	33%	An assessment of the ambitiousness and comprehensiveness of strategies to improve and monitor environmental performance 改善和监控环境的绩效战略评估	Scored by Economist Intelligence Unit analysts on a scale of 0 to 10 由“经济学人智库”的分析员在0～10之间打分
	Green management 绿色管理	Qualitative 定性	33%	An assessment of the management of environmental issues and commitment to achieving international environmental standards 达到国际环境标准过程中的环境问题和义务承担的环境管理评估	Scored by Economist Intelligence Unit analysts on a scale of 0 to 10 由“经济学人智库”的分析员在0～10之间打分
	Public participation in green policy 公众参与绿色环保政策	Qualitative 定性	33%	An assessment of the extent to which citizens may participate in environmental decision-making 市民参与环境决策程度的评估	Scored by Economist Intelligence Unit analysts on a scale of 0 to 10 由“经济学人智库”的分析员在0～10之间打分

美国耶鲁大学和哥伦比亚大学环境可持续发展指标体系　　附录 1-5

涵盖类别	涉及环境方面	指标大类	指标
环境健康、空气质量、水资源、生物多样性和栖息地、生产性自然资源、可持续能源	环境健康	环境问题所引发的疾病	环境问题所引发的疾病
		水环境对人的影响	饮用水源的获得
			清洁水的获得
		空气环境对人的影响	城市颗粒物含量
			室内空气污染程度
	生态系统活力	空气环境对生态系统的影响	二氧化硫排放量
			氮氧化物排放量
			挥发性有机化合物的排放量
			臭氧超标程度

续表

涵盖类别	涉及环境方面	指标大类	指标
环境健康、空气质量、水资源、生物多样性和栖息地、生产性自然资源、可持续能源	生态系统活力	水环境对生态系统的影响	水质指数
			水质威胁程度
			水资源短缺指数
		生物多样性和生境	生物群落保护
			重要栖息地保护
			海洋保护区
		森林	木材积累量
			森林覆盖率
		渔业	海洋营养指数
			拖网捕鱼强度
		农业	农药使用量
			农业用水强度
			农业补贴
		气候变化	温室气体人均排放量
			电力碳强度
			工业碳强度

苏格兰可持续发展指标(SISD)　　　　**附录 1-6**

指数	指数名称	指数含义
AEANNP	环境近似调整后的国民生产净值	总资本(人造资本+自然资本)存量－当年付出的环境补偿量。旨在考虑环境损失对原国民收入额进行修正
PAM	弱可持续性测量法	$Z=S/Y-\delta M/Y-\delta N/Y$ Z=可持续指数；S=国内总储蓄；Y=国内总收入；δM=人造资产贬值量；δN=自然资产贬值量
NPP/K	净初级生产力与承载力	NPP=生物固化下来的全部能量－初级生产者呼吸作用所耗的能量；K=测量环境中可再生资源的总量
EF/ACC	适当的承载力与生态立足域	为使给定数量人口达到平均单位个体消费量水平所需要的总土地面积
ISEW	可持续经济福利指数	$ISEW$=个人消费＋非防护性支出－防护支出＋ 资产构成－环境损害费用－自然资产折旧

英国可持续发展指标(宏观) **附录 1-7**

涵盖类别	涉及领域	指标
可持续的生产和消费，气候转变和能源，自然资源和环境保护，可持续发展的社区与社会平等	碳排放	二氧化碳排放
	电能	可再生能源使用
	资源使用	能源供给
		水资源
		垃圾处理
	自然资源	生物多样化
		农业
		畜牧业
		土地使用
		生态
		河流

德国建造规划的环境统计指标体系 **附录 1-8**

涵盖类别	生态环境调查类别	调查名称
固体废物、水、大气污染控制、环境经济	废物管理	垃圾处理行业的废物管理调查
		企业内部废物管理
		由公共垃圾回收站收集的生活垃圾、工业垃圾及其他废物垃圾的调查
		公共垃圾回收站以外的单位收集的垃圾
		对废物所需的专门监测和垃圾越界运输的二次开发资料所作的评估
		对建筑废料、施工点垃圾，以及由于开凿地面毁坏公路产生的碎片的处理和回收利用的调查
		公共建设活动中建筑废料利用的调查
		废油、废玻璃、废纸的回收利用调查
		塑料的回收利用及其制品的调查
		销售用包装物和运输包装物收集的调查
	水管理	公共用水供应调查
		公共污水处理调查
		住户自己拥有的水供应和污水处理设施调查
		采矿、开采和制造业水的供应和污水处理调查
		农业用水的供应和污水处理调查
		为公共提供能源的热电厂的水供应和污水处理调查
		水污染事故的处理处置调查
		处理水污染企业的调查
	大气污染控制	大气污染调查
		对破坏臭氧层和影响气候变化的大气污染物的调查

国家生态园林城市标准(暂行) 附录 1-9

一、一般性要求

1. 应用生态学与系统学原理来规划建设城市，城市性质、功能、发展目标定位准确，编制了科学的城市绿地系统规划并纳入了城市总体规划，制定了完整的城市生态发展战略、措施和行动计划。城市功能协调，符合生态平衡要求；城市发展与布局结构合理，形成了与区域生态系统相协调的城市发展形态和城乡一体化的城镇发展体系。

2. 城市与区域协调发展，有良好的市域生态环境，形成了完整的城市绿地系统。自然地貌、植被、水系、湿地等生态敏感区域得到了有效保护，绿地分布合理，生物多样性趋于丰富。大气环境、水系环境良好，并具有良好的气流循环，热岛效应较低。

3. 城市人文景观和自然景观和谐融通，继承城市传统文化，保持城市原有的历史风貌，保护历史文化和自然遗产，保持地形地貌、河流水系的自然形态，具有独特的城市人文、自然景观。

4. 城市各项基础设施完善。城市供水、燃气、供热、供电、通讯、交通等设施完备、高效、稳定，市民生活工作环境清洁安全，生产、生活污染物得到有效处理。城市交通系统运行高效，开展创建绿色交通示范城市活动，落实优先发展公交政策。城市建筑(包括住宅建设)广泛采用了建筑节能、节水技术，普遍应用了低能耗环保建筑材料。

5. 具有良好的城市生活环境。城市公共卫生设施完善，达到了较高污染控制水平，建立了相应的危机处理机制。市民能够普遍享受健康服务。城市具有完备的公园、文化、体育等各种娱乐和休闲场所。住宅小区、社区的建设功能俱全、环境优良。居民对本市的生态环境有较高的满意度。

6. 社会各界和普通市民能够积极参与涉及公共利益政策和措施的制定与实施。对城市生态建设、环保措施具有较高的参与度。

7. 模范执行国家和地方有关城市规划、生态环境保护法律法规，持续改善生态环境和生活环境。三年内无重大环境污染和生态破坏事件、无重大破坏绿化成果行为、无重大基础设施事故。

二、基本指标要求

（一）城市生态环境指标

序号	指标	标准值
1	综合物种指数	≥0.5
2	本地植物指数	≥0.7
3	建成区道路广场用地中透水面积的比重	≥50%
4	城市热岛效应程度(℃)	≤2.5
5	建成区绿化覆盖率(%)	≥45
6	建成区人均公共绿地(m^2)	≥12
7	建成区绿地率(%)	≥38

（二）城市生活环境指标

序号	指标	标准值
8	空气污染指数小于等于100的天数/年	≥300
9	城市水环境功能区水质达标率(%)	100
10	城市管网水水质年综合合格率(%)	100
11	环境噪声达标区覆盖率(%)	≥95
12	公众对城市生态环境的满意度(%)	≥85

（三）城市基础设施指标

序号	指标	标准值
13	城市基础设施系统完好率(%)	≥85
14	自来水普及率(%)	100，实现24h供水
15	城市污水处理率(%)	≥70
16	再生水利用率(%)	≥30
17	生活垃圾无害化处理率(%)	≥90
18	万人拥有病床数(张/万人)	≥90
19	主次干道平均车速(km/h)	≥40

人居环境奖基本指标体系　　　　附录 1-10

一级指标	二级指标	三级指标	指标标准	
A 居住环境	A1 住房与社区	住房保障率(%)	≥80%	65%~80%
		保障性住房建设计划完成率(%)	100%	≥90%
		社区配套设施建设	社区教育、医疗、体育、文化、便民服务、公厕等各类设施配套齐全	
		棚户区、城中村改造	建成区内基本消除棚户区，居民得到妥善安置，实施物业管理。制定城中村改造规划并按规划实施	
	A2 市政基础设施	城市公共供水覆盖率(%)	≥95%	
		城市供水水质	卫生防疫部门依据《生活饮用水卫生标准》(GB 5479—2006)检测，符合标准	
		城市燃气普及率(%)	≥98%	
		城市生活污水处理	集中处理率高于全国平均值 10%，污水收集管网配套，污水处理厂运行负荷率高于全国平均水平，污泥得到有效处置	
		城市生活垃圾处理	生活垃圾无害化处理率高于全国平均值 20%，垃圾处理设施达到无害化等级评定Ⅱ级以上，运行安全，试行垃圾分类	
		城市排水	城市排水设施按规划建设；建成区推行雨污分流排水体制，雨水系统按《室外排水设计规范》(GB 50014—2006)规定标准高限建设；排水设施有专门管理机构，专项财政资金维护	
		互联网用户普及率(户/百人)	≥10	
	A3 交通出行	平均通勤时间(min)	≤30min	30~40min
		公共交通出行分担率(%)	≥30%	
		步行、自行车交通系统建设	制定专项规划，并经批准实施，建成较为完善的步行、自行车系统。步行和自行车出行分担率≥40%	
	A4 公共服务	小学布局合理	分布均匀，服务半径不超过 500m	
		校园安全	幼儿园、中小学校舍、校园符合安全要求，校园周边治安环境良好，设置完善的警示、限速、禁止鸣笛等交通标志；校园周边无台球、电子游戏机营业点、网吧，无集贸市场、摊点等	

续表

一级指标	二级指标	三级指标	指标标准	
A 居住环境	A4 公共服务	人均拥有公共体育设施用地面积(m^2)	≥0.15	
		万人拥有卫生服务中心(站)数量(个)	≥0.3	
		万人拥有医院床位数(个)	≥40	
		万人拥有公共图书馆图书数量(册)	≥16000	
		人均拥有公益性文化娱乐设施用地面积(m^2)	人均拥有文化馆、图书馆、博物馆、青少年宫等设施用地面积(指设施已建成投入使用的用地)≥0.8m^2	
B 生态环境	B1 城市生态	生态环境保护	市区自然地貌、植被、水系、湿地等生态敏感区域得到有效保护，按照生态学原则进行驳岸和水底处理，河道无大规模硬质护坡和衬砌	
		城市生物多样性	制定《城市生物多样性保护规划》，并完成市域范围的生物物种资源普查	
	B2 城市绿化	城市绿化覆盖率(%)	≥40%	
		城市绿地率(%)	≥40%	35%～40%
		城市人均公园绿地面积(m^2)	≥12	
		城市公园绿地服务半径覆盖率(%)	≥80%	
		城市林荫路推广率(%)	≥70%	
	B3 环境质量	城市空气质量(%)	API ≤100 的天数占全年天数比例≥80%	API ≤100 的天数占全年天数比例 60%～80%
		城市地表水环境质量(%)	达标率 100%，且市区内无 IV 类以下水体	
		城市区域噪声平均值(db)	≤60dB	
C 社会和谐	C1 社会保障	社会保险基金征缴率(%)	≥90%	
		城市最低生活保障	最低生活保障线高于本省同类城市平均水平，实现应保尽保，正常发放	
	C2 老龄事业	优待老年人政策	制定完善的老年人医疗、交通等优惠政策，并得到有效实施	
		百名老人拥有社会福利床位数(张)	≥2	

续表

一级指标	二级指标	三级指标	指标标准	
C社会和谐	C3 残疾人事业	残疾人服务和保障体系	建立完善的残疾人服务和保障体系，并得到有效实施	
		无障碍设施建设	主要道路、公园、公共建筑等公共场所设有无障碍设施，管理、使用情况良好	
	C4 外来务工人员保障	外来务工人员保障政策	制定完善的外来务工人员保障政策并得到有效实施	
	C5 公众参与	公众参与规划建设和管理	建立完善的规划、建设、管理等公众参与制度，得到有效实施	
	C6 历史文化与城市特色	历史文化遗产保存完好	城市文化遗产和历史街区得到有效保护	
		城市风貌特色	景观风貌专项规划经过审批，实施效果良好。城市景观格局清晰，特色明显。新建建筑有地方特色	
D公共安全	D1 城市管理与市政基础设施安全	城市管理	数字化城市管理系统建成并运行 1 年以上，结案率≥90%；城市管理高效有序	
		城市市政基础设施安全运行	城市地下管网、道路桥梁等市政基础设施档案健全，运行管理制度完善，监管到位，城市安全运行得到保障	
	D2 社会安全	道路事故死亡率(人/万台车)	≤10 人/万台车	
		刑事案件发案率(%)	≤5%	
	D3 预防灾害	城市人均避难场所面积(m^2)	≥2	
		城市公共消防基础设施完好率(%)	100%	
		城市防洪排涝	城市防洪排涝设施达到相应设防标准。城市重点地区、交通枢纽地区、地下公共空间等配备完善的汛期排水设施并有效维护	
	D4 城市应急	城市应急系统建设	建立完善的应急指挥系统，制定突发公共事件等地方应急预案，并经过实际演练	
E经济发展	E1 收入与消费	城市居民人均可支配收入(万元)	≥1.8	
		恩格尔系数(%)	≤36%	
	E2 就业水平	城市登记失业率(%)	≤4.3%	
	E3 资金投入	城市市政公用设施建设资金投入比重(%)	城市市政公用设施建设固定资产投资占同期全社会固定资产投资比重≥5%	
	E4 经济结构	第三产业增加值占 GDP 比重(%)	≥55%	40%～55%

续表

<table>
<tr><th>一级指标</th><th>二级指标</th><th>三级指标</th><th colspan="2">指标标准</th></tr>
<tr><td rowspan="9">F 资源节约</td><td rowspan="4">F1 节约能源</td><td>单位 GDP 能耗 tce/万元</td><td colspan="2">≤1.6</td></tr>
<tr><td>节能建筑比例(%)</td><td colspan="2">严寒及寒冷地区≥40%，夏热冬冷地区≥35%，夏热冬暖地区≥30%</td></tr>
<tr><td>北方采暖地区住宅供热计量收费比例(%)</td><td colspan="2">≥25%</td></tr>
<tr><td>可再生能源使用比例(%)</td><td>≥15%</td><td>≥10%</td></tr>
<tr><td rowspan="4">F2 节约水资源</td><td>单位地方生产总值(GDP)取水量(m^3/万元)</td><td colspan="2">≤100</td></tr>
<tr><td>城市再生水利用率(%)</td><td colspan="2">≥30%</td></tr>
<tr><td>工业用水重复利用率(%)</td><td colspan="2">≥90%</td></tr>
<tr><td>城市节水规划</td><td colspan="2">编制节水规划并取得明显实施效果</td></tr>
<tr><td>F3 节约土地</td><td>城市人口密度(人/km^2)</td><td colspan="2">≥10000</td></tr>
<tr><td>综合否定项</td><td colspan="4">近 2 年内发生重大安全、污染、破坏生态环境等事故，造成重大负面影响的城市，实行一票否决</td></tr>
</table>

资料来源：http://www.mohurd.gov.cn/lswj/tz/jc201012001.doc
http://www.chinahabitat.gov.cn/show.aspx?id=7337&cid=2

中国城市发展战略绩效指标手册—指标汇总清单　　附录 1-11

序列号	指标
	第一章　经济生活
	国内生产总值(城市产值)
1	国内生产总值（GDP）
2	国内生产总值增长率(按恒定价格计算)
3	人均国内生产总值
4	人均国内生产总值增长率
	产业结构
5	第一产业增加值
6	第一产业占国内生产总值比重
7	第二产业增加值
8	第二产业占国内生产总值比重
9	第三产业增加值
10	第三产业占国内生产总值比重

续表

序列号	指标
	固定资产投资和需求总量
11	固定资产投资总额
12	房地产开发投资
13	消费品零售总额
	就业
14	就业总人数
15	第一产业从业人数
16	第二产业从业人数
17	第三产业从业人数
18	城市登记失业率
	高科技产业
19	高科技产品产值
	旅游业
20	接待国内外游客总人数
21	旅游业总收入
	地方政府财政状况
22	地方财政收入
23	地方财政支出
24	人均地方财政收入
25	人均地方财政支出
26	地方财政收入占国内生产总值比重
第二章　社会发展	
	人口
27	总人口
28	市区人口
29	城市化水平
30	年平均人口
31	人口自然增长率
32	流动人口增长率
	家庭
33	非农业家庭数
34	全市总家庭数
	生命力与公众健康

续表

序列号	指标
35	出生预期寿命
36	65 岁以上人口比例
37	(5 岁以下)儿童死亡率
38	出生缺陷发生率
39	孕产妇死亡率
40	传染病发病率
41	每千人拥有医生数
42	每千人拥有病床数
	教育与人力资源
43	大专及以上文化程度的人口占 15 岁及以上人口比重
44	从业人员中专业技术人员比重
45	15 岁及以上人口平均受教育水平
46	科教文卫事业支出占总财政支出比重
47	教师与学生之比
48	从教人员比例
49	教育事业支出占地方政府支出比例
50	职工人数
51	年末离退休总人数
	收入分配与社会安全网络
52	最低与最高人均可支配收入之比
53	最低生活保障金
54	享受最低生活保障金的人数(家庭数)
55	养老保险覆盖率
56	医疗保险覆盖率
57	失业保险覆盖率
第三章　生活质量	
	家庭收入、支出与价格
58	职工年平均工资收入
59	城镇家庭年人均可支配收入
60	城市消费价格指数
61	恩格尔系数
62	人均食品支出
63	城镇居民人均消费性支出

续表

序列号	指标
64	人均交通和通讯支出
65	人均娱乐、教育和文化支出
66	调查户中人均住房支出
67	调查户中人均医疗保健支出
	住房
68	城镇人均住房建筑面积
69	房价与收入比
	文化与通讯
70	每万人拥有图书量
71	国际互联网用户数
72	城镇电脑普及率
73	有线电视入户率
74	电话普及率
75	城镇移动电话普及率
	安全
76	刑事案件犯罪人数
77	火灾发生数
78	火灾死亡人数
79	交通事故发生数
80	交通事故死亡人数
第四章　城市基础设施	
	土地使用与土地开发
81	建成区面积
82	建成区人口密度
83	建成区户数
84	市区总户数
85	城市地区人均绿地面积
86	城市绿化覆盖率
	水、电、气
87	城市地区人均生活用水量
88	年供水量
89	水资源总量
90	城市自来水普及率

续表

序列号	指标
91	城乡人均生活用电量
92	年供气总量
93	城市用气普及率
94	集中供热普及率
	交通运输
95	机动车总量
96	私人汽车数量
97	每万人拥有公交车数量
98	公共汽车运营线路长度
99	使用公共交通上下班比例
100	上班路上平均花费的时间
101	全社会货运量
	基础设施
102	人均城市建设维护资金
103	人均城市道路面积
	空气质量
104	空气质量
105	使用清洁能源人口数
106	工业废气处理率
	水质量
107	饮用水水源达标率
108	城市污水处理率
109	工业废水处理率
	垃圾处理和回收利用
110	城市生活垃圾无害化处理率
111	生活垃圾粪便无害化处理量
112	工业固体废物重复利用率
	噪声污染
113	城市噪声平均值
114	交通噪声平均值

续表

序列号	指标
115	区域环境噪声平均值
116	环境噪声达标面积
	自然
117	自然保护区覆盖率
118	全年 15～25℃气温天数
	环境保护和规划
119	环境保护投资比重
Q1	公众是否参与城市重大规划制定
Q2	地方环保计划
第五章　国际合作	
	贸易
120	进口总额
121	出口总额
122	贸易总额占国内生产总值比重
123	贸易差额占国内生产总值比重
	外国直接投资
124	实际外国直接投资
Q3	参与国际合作

国家生态市(含地级行政区)建设指标　　　　附录 1-12

1. 基本条件

(1) 制定了《生态市建设规划》，并通过市人大审议、颁布实施。国家有关环境保护法律、法规、制度及地方颁布的各项环保规定、制度得到有效的贯彻执行。

(2) 全市县级(含县级)以上政府(包括各类经济开发区)有独立的环保机构。环境保护工作纳入县(含县级市)党委、政府领导班子实绩考核内容，并建立相应的考核机制。

(3) 完成上级政府下达的节能减排任务。三年内无较大环境事件，群众反映的各类环境问题得到有效解决。外来入侵物种对生态环境未造成明显影响。

(4) 生态环境质量评价指数在全省名列前茅。

(5) 全市 80%的县(含县级市)达到国家生态县建设指标并获命名：中心城市通过国家环保模范城市考核并获命名。

2. 建设指标

	序号	名称	单位	指标	说明
经济发展	1	农民年人均纯收入 经济发达地区 经济欠发达地区	元/人	 ≥8000 ≥6000	约束性指标
	2	第三产业占 GDP 比例	%	≥40	参考性指标
	3	单位 GDP 能耗	tce/万元	≤0.9	约束性指标
	4	单位工业增加值新鲜水耗 农业灌溉水有效利用系数	m^3/万元	≤20 ≥0.55	约束性指标
	5	应当实施强制性清洁生产企业通过验收的比例	%	100	约束性指标
生态环境保护	6	森林覆盖率 山区 丘陵区 平原地区 高寒区或草原区林草覆盖率	%	 ≥70 ≥40 ≥15 ≥85	约束性指标
	7	受保护地区占国土面积比例	%	≥17	约束性指标
	8	空气环境质量	—	达到功能区标准	约束性指标
	9	水环境质量 近岸海域水环境质量	—	达到功能区标准，且城市无劣Ⅴ类水体	约束性指标
	10	主要污染物排放强度 化学需氧量(COD) 二氧化硫(SO_2)	kg/万元(GDP)	<4.0 <5.0 不超过国家总量控制指标	约束性指标
	11	集中式饮用水源水质达标率	%	100	约束性指标
	12	城市污水集中处理率	%	≥85	约束性指标
		工业用水重复率		≥80	
	13	噪声环境质量	—	达到功能区标准	约束性指标
	14	城镇生活垃圾无害化处理率 工业固体废物处置利用率	%	≥90 ≥90 且无危险废物排放	约束性指标
	15	城镇人均公共绿地面积	m^2/人	≥11	约束性指标
	16	环境保护投资占 GDP 的比重	%	≥3.5	约束性指标
社会进步	17	城市化水平	%	≥55	参考性指标
	18	采暖地区集中供热普及率	%	≥65	参考性指标
	19	公众对环境的满意率	%	>90	参考性指标

"十一五"国家环境保护模范城市考核指标　　附录 1-13

一、基本条件

1. 城市环境综合整治定量考核连续三年名列本省(自治区)前列

2. 近三年城市辖区内未发生重大、特大环境污染和生态破坏事故，前一年未有重大违反环保法律法规的案件，制定环境突发事件应急预案并进行演练

3. 环境保护投资指数≥1.7%

二、考核指标

(一) 经济社会

4. 经济持续增长率高于全国平均增长水平，人均 GDP>1.5 万元(西部城市可选择市区人均 GDP>1.5 万元)

5. 人口与计划生育年度计划完成率 100%

6. 单位 GDP 能耗<全国平均水平，且近三年逐年下降

7. 单位 GDP 用水量<全国平均水平，且近三年逐年下降

8. 万元 GDP 主要工业污染物排放强度<全国平均水平，且近三年逐年下降

(二) 环境质量

9. 全年 API 指数≤100 的天数≥全年天数的 85%

10. 集中式饮用水水源地水质达标率≥96%

11. 城市水环境功能区水质达标率 100%，且市区内无劣Ⅴ类水体

12. 区域环境噪声平均值≤60dB(A)

13. 交通干线噪声平均值≤70dB(A)

(三) 环境建设

14. 受保护地面积占国土面积比例≥10%

15. 建成区绿化覆盖率≥35%(西部城市可选择人均公共绿地面积≥全国平均水平)

16. 城市污水集中处理率≥80%，且缺水城市污水再生利用率≥20%

17. 重点工业企业污染物排放稳定达标率 100%，工业企业排污申报登记执行率 100%

18. 城市清洁能源使用率≥50%

19. 城市集中供热普及率≥65%(南方城市不考核)

20. 机动车环保定期检测率≥80%

21. 生活垃圾无害化处理率≥85%

22. 工业固体废物处置利用率≥90%

23. 危险废物处置率 100%

（四）环境管理

24. 环保目标责任制落实到位，环境指标已纳入党政领导干部政绩考核，制定创模规划并分解实施，实行环境质量公告制度

25. 建设项目“环评”、“三同时”和规划环评综合执行率达到国家要求

26. 按期完成总量控制计划，国家重点环保项目落实率≥80%

27. 环境保护机构独立建制，环境保护能力建设达到国家标准化建设要求

28. 公众对城市环境保护的满意率≥85%

29. 中小学环境教育普及率≥85%

30. 城市环境卫生工作落实到位，城乡结合部及周边地区环境管理符合要求

“十一五”城市环境综合整治定量考核指标及计分公式　　附录 1-14

序号		指标名称	单位	限值		权重	计分公式	考核范围
				上限	下限			
环境质量	1	API 指数≤100 的天数占全年天数比例	%	85	30	20	20×(*X*−30)/55	认证点位
	2	集中式饮用水水源地水质达标率	%	100	80	8	8×(*X*−80)/20	
	3	城市水环境功能区水质达标率	%	100	60	8	8×(*X*−60)/40	
							6×(*X*−60)/40+*Z*	
							5×(*X*−60)/40+3×(*Y*−60)/40	
							3×(*X*−60)/40+3×(*Y*−60)/40+*Z*	
	4	区域环境噪声平均值	dB(A)	62	56	4	4×(62−*X*)/6	
	5	交通干线噪声平均值	dB(A)	72	68	4	4×(72−*Y*)/4	
污染控制	6	清洁能源使用率	%	70	20	3	3×(*X*−20)/50	城市地区
	7	机动车环保定期检测率	%	80	40	2	2×(*X*−40)/40	
	8	工业固体废物处置利用率	%	90	50	5	5×(*X*−50)/40	
	9	危险废物处置率	%	100	40	5	3×(*X*−40)/60+2×(*Y*−40)/60	

续表

序号		指标名称		单位	限值		权重	计分公式	考核范围
					上限	下限			
污染控制	10	重点工业企业排放稳定达标率	重点工业企业废水排放稳定达标率	%	100	60	3	3×(X−60)40	
			重点工业企业烟尘排放稳定达标率	%	100	60	1	(X−60)40	
			重点工业企业粉尘排放稳定达标率	%	100	60	1	(Y−60)40	
			重点工业企业二氧化硫排放稳定达标率	%	100	60	2	2×(Z−60)/40	
	11	万元 GDP 主要工业污染物排放强度		t/万元			8	2×(50−W)/40+2×(0.01−C)/0.009+2×(0.02−P)/0.018+2×(0.04−S)/0.032	
环境建设	12	城市污水集中处理率		%	80	30	8	8×(X−30)/50	
	13	生活垃圾无害化处理率		%	85	30	8	8×(X−30)/55	
	14	建成区绿化覆盖率		%	35	20	4	4×(X−20)/15	
环境管理	15	环境保护机构建设					3	见指标解释	
	16	公众对城市环境保护的满意率		%	85	30	3	3×(X−30)/55	

科学技术部《中国可持续发展科技纲要》中生态类目标　附录 1-15

涵盖类别	涉及环境类领域	指标
人口数量控制、健康与重大疾病防治、食品安全、水安全保障、油气安全保障、战略矿产资源安全保障、海洋监测与资源开发利用、清洁能源与再生能源、环境污染控制与生态综合治理、防灾减灾、城市与小城镇建设、全球环境	环境污染控制与生态	环境污染物监测
		烟气脱硫
		机动车污染
		城市污水
		城市生活垃圾处理处置及资源化利用
		低能耗高性能环境友好材料开发
		化工、冶金、轻工等行业清洁生产工艺
		生态环境监测研究
		水土保持
		防沙治沙

续表

涵盖类别	涉及环境类领域	指标
人口数量控制、健康与重大疾病防治、食品安全、水安全保障、油气安全保障、战略矿产资源安全保障、海洋监测与资源开发利用、清洁能源与再生能源、环境污染控制与生态综合治理、防灾减灾、城市与小城镇建设、全球环境	环境污染控制与生态	受污染土壤修复
		脆弱生态地区的综合整治技术以及矿山复垦
	清洁能源与可再生能源	煤炭清洁利用
		农村小水电利用
		农村生物质能利用
		沼气利用
		太阳能、风能、地热能、潮汐能利用
	全球环境问题	全球气候变化
		生物多样性
		臭氧层保护

中国科学院制定的可持续发展指标体系 **附录 1-16**

涵盖类别	涉及环境类领域	指标
生存支持 发展支持 环境支持 社会支持 智力支持	生存资源禀赋	土地资源指数
		水资源指数
		水土匹配指数
		气候资源指数
		生物资源指数
	资源转化效率	生物转化效率指数
		经济转化效率指数
	区域环境水平	排放强度指数
		大气污染指数
	区域生态水平	生态脆弱指数
		气候变异指数
		土壤腐蚀指数

中国社会科学院制定的低碳城市标准体系 **附录 1-17**

涵盖类别	涉及环境类领域	指标
低碳生产力 低碳消费 低碳资源 低碳政策	低碳生产力	单位经济产出的碳排放指标
		单位经济能耗指标
	低碳消费	人均能源消费
		家庭人均能源消费
	低碳资源	零碳能源在一次能源中所占比例
		森林覆盖率
		单位能源消耗的 CO_2 排放系数

循环经济评价指标体系(宏观)　　附录 1-18

分类	指标
一、资源产出指标	主要矿产资源产出率 能源产出率
二、资源消耗指标	单位国内生产总值能耗 单位工业增加值能耗 重点行业主要产品单位综合能耗 单位国内生产总值取水量 单位工业增加值用水量 重点行业单位产品水耗 农业灌溉水有效利用系数
三、资源综合利用指标	工业固体废物综合利用率 工业用水重复利用率 城市污水再生利用率 城市生活垃圾无害化处理率 废钢铁回收利用率 废有色金属回收利用率 废纸回收利用率 废塑料回收利用率 废橡胶回收利用率
四、废物排放指标	工业固体废物处置量 工业废水排放量 二氧化硫排放量 COD 排放量

中新天津生态城指标体系　　附录 1-19

指标类别	指标	指标值	指标时限
自然环境良好	区内环境空气质量达标率	好于等于二级标准的天数≥310 天/年(相当于全年的 85%)，在此基础上，要求 SO_2 和 NO_X 好于等于一级标准的天数≥155 天/年(相当于达到二级标准天数的 50%)	即日
	区内地表水环境质量	达到《地表水环境质量标准》(GB 3838)现行标准Ⅳ类水体水质要求	2020
	水喉水达标率	100%	即日
	噪声达标率	100%	即日
	单位 GDP 碳排放量	150 吨−C/百万美元	即日
	自然湿地净损失	0	即日
人工环境协调	绿色建筑比例	100%	即日
	本地植物指数	≥0.7	即日
	人均公共绿地	≥12m²/人	2013 年之前

续表

指标类别	指标	指标值	指标时限
生活模式健康	日人均生活耗水量	≤120L/(人·d)	2013年之前
	日人均垃圾产生量	≤0.8kg/人·日	2013年之前
	绿色出行比率	≥30%	2013年之前
		≥90%	2020年之前
基础设施完善	垃圾回收利用率	≥60%	2013年之前
	步行500m范围内有免费文体设施的居住区比例	100%	2013年之前
	危废与生活垃圾无害化处理率	100%	即日开始
	无障碍设施率	100%	即日开始
	市政管网普及率	100%	2013年之前
管理体制健全	经济适用房、廉租房占本区住宅总量的比例	≥20%	2013年之前
经济发展持续	可再生能源使用率	≥20%	2020年之前
	非传统水资源利用率	≥50%	2020年之前
科技创新活跃	每万名劳动力中R&D科学家和工程师全时当量	≥50人年	2020年之前
就业综合平衡	就业住房平衡指数	≥50%	2013年之前

唐山湾(曹妃甸)生态城建设指标(政府版)　　附录1-20

分类	细化的生态指标体系			
	序号	分类	指标	取值
绿色生活	1	保证低收入居民有能力负担住房支出	住宅用地中经济适用房的比例	≥20%
			住宅用地中廉租房建设的比例	≥10%
	2	配备完善的公共设施	1000m内有公共场所和设施(包括中学、公园、居住区级服务设施)的居住区比例	100%
			500m内有公共服务设施(包括小学、社区服务中心等设施),以及免费文体设施(包括社区文化站、健身休闲设施和小型运动场地)的居住区比例	100%
			300m内有基本便民设施(包括幼儿园、商业设施网点)的居住区比例	100%
			社区内有小型超市、社区中心等公共服务设施的居住区比例	100%
	3	提高市民的生活质量	千人人均享有健身活动场所面积	$500m^2$/千人
			千人人均文化设施建筑面积	$500m^2$/千人
			千人拥有医院病床数	≥6张/千人
			公园绿地和公共空间建筑的投资预算比例	

续表

<table>
<tr><th rowspan="2">分类</th><th colspan="4">细化的生态指标体系</th></tr>
<tr><th>序号</th><th>分类</th><th>指标</th><th>取值</th></tr>
<tr><td rowspan="5">绿色建筑</td><td>4</td><td>建立完善的绿色建筑管理体制</td><td>应用一套经过检验的标准以及环境管理系统</td><td>参考 ISO 9000、ISO 14000</td></tr>
<tr><td rowspan="4">5</td><td rowspan="4">鼓励高效能的建筑和布局</td><td>建筑满足国家绿色建筑标准比例</td><td>100%</td></tr>
<tr><td>采用绿色环保建筑材料比例</td><td>100%</td></tr>
<tr><td>新建居住建筑节能达到节能65%标准率，公共建筑节能达到节能50%标准率</td><td>100%</td></tr>
<tr><td>合理的建筑布局，创造良好的微气候，减少建筑能耗</td><td></td></tr>
<tr><td rowspan="9">绿色交通</td><td rowspan="4">6</td><td rowspan="4">引入 TOD 理念，节约交通能耗，减少交通污染</td><td>步行和非机动交通分担率</td><td>≥30%</td></tr>
<tr><td>公交分担率</td><td>≥60%</td></tr>
<tr><td>人均交通 CO_2 排放量</td><td><20kg/(人·km)</td></tr>
<tr><td>交通能耗中可再生能源使用占总能源需求量的比例</td><td>≥75%</td></tr>
<tr><td rowspan="3">7</td><td rowspan="3">高效的公共交通体系</td><td>当地公交系统（公共汽车）站点 300m 覆盖率</td><td>100%</td></tr>
<tr><td>地区干线公交（轻轨、BRT 等）站点 800m 覆盖率</td><td>100%</td></tr>
<tr><td>乘坐公共交通及汽车从主要居民区到主要工作区路程时间差异小于 1.5 的比例</td><td>100%</td></tr>
<tr><td rowspan="2">8</td><td rowspan="2">人性化的非机动车交通体系</td><td>使用自行车及汽车从主要居民区到主要工作区路程时间差异小于 1.5 的比例</td><td>90%</td></tr>
<tr><td>为行人以及骑自行车者提供毛细道路网，基本公共服务便民设施布局需与步行及自行车道路网系统整合</td><td>—</td></tr>
<tr><td rowspan="7">绿色能源</td><td rowspan="7">9</td><td rowspan="7">鼓励可再生能源的使用</td><td>整个区域可再生电力生产量占总电量的比例</td><td>80%</td></tr>
<tr><td rowspan="6">再生能源（包括工业余热）占消耗总量≥65%</td><td>风力发电占 47%</td></tr>
<tr><td>太阳能光电占 0.5%</td></tr>
<tr><td>沼气利用 0.8%</td></tr>
<tr><td>地热利用 2%</td></tr>
<tr><td>太阳能光热利用 5.5%</td></tr>
<tr><td>工业余热利用≥10%</td></tr>
</table>

续表

分类	细化的生态指标体系			
	序号	分类	指标	取值
绿色环境	10	最大化废弃物的再利用	城市有害废物和生活垃圾无害化处理率	100%
			废物回收频率	每天
			生活垃圾回收利用率	≥60%
			生活垃圾分类收集率	≥80%
			固体废弃物填埋率	≤10%
			固体废弃物焚烧率	≥50%
	11	水资源的循环利用	经过净化的雨水、灰水及海水淡化水等非常规水资源占供水来源总量比例	≥30%
			实行黑水、灰水分别收集处理方案的居住区比例	100%
			雨水利用率	≥90%
	12	居住区拥有优美的景观	城市绿化覆盖率	45%
			1000m 内有城市级绿地（>10hm^2）、海或河流滨水区的居住区比例	100%
			500m 内有街区级生态绿地及公共空间的居住区比例	100%
			200m 内有邻里级绿地的居住区比例	100%
			50m 内有街区级绿地的居住区比例	100%
绿色产业	13	提供在家工作的机会	SOHO(住宅区内的小办公室)所占比例	3%～5%
	14	鼓励创业	产业用地内中小型办公室的比例	≥20%
	15	优化产业结构，创造就业机会	第二产业与第三产业的用地比	≤1∶5
			生态城创造的总就业机会	87 万
			千人高等教育与科研用地面积	≥2500m^2
	16	通过循环系统，创造经济价值	循环利用以减少投资额	1.5 亿元/年
			城市废弃物回收、堆肥可以达到的销售总额	3.3 亿元/年

附录 2　低碳生态城市指标体系意见征询活动问卷调查表

低碳生态城市指标体系第一轮意见征询活动问卷调查表　　附录 2-1

生态城市评价指标体系征询意见活动

尊敬的女士/先生：

您好！

非常感谢您关注并支持本次生态城市评价指标体系意见征询活动！

本研究是在生态城市建设仍处于起步阶段的时代背景下，由住房和城乡建设部指导，美国联合技术公司(UTC)资助，中国城市科学研究会研究部开展实施的重大研究课题(项目网站：http：//www. eco-chinacity. com/index _ cn. html)。

生态城市评价指标体系制定的目标为：**(1)指导实践**，能够对全国不同类型和地区的城市在总体层面上建设生态城市进行指导；**(2)监测评价**，可以动态监测中国生态城市发展情况。通过对试点年研究成果进行修正和完善，确定**“资源节约、环境友好、经济持续、社会和谐、示范创新”**5个方面的多项指标。

我们认为生态城市不仅需要物质环境的改善，更需要经济社会发展模式和民众生活方式的重大转变，因此特向全社会进行采用基于德尔菲法的三轮征询意见活动，以确定生态城市的评价指标及其权重。我们希望得到关注生态城市发展的科研机构、政府部门和社会公众的广泛参与。

我们会将此轮问卷的结果再次反馈给您，请您和我们一起分享研究的成果。为便于及时向您反馈问卷调查结果，烦请您告知以下信息，我们将会严格对您的个人信息保密！

您的单位性质：(科研院所、高等院校、政府部门、企业、社会团体、其他)；单位名称：【　　　　　】

您的职称：(初级、中级、高级、其他)；　　您的年龄：(30岁以下，30岁—45岁，45岁—60岁，60岁以上)

您的姓名：　　　　　　　您的电子邮箱：

非常感谢您对我们的大力支持！

请您在以下列表中选择您认为最具有代表性，容易获取，可有效引导生态城市发展，可在城市间进行比较的指标作为您推荐入选的指标。

资源节约指标

目标	专题	指标名称	您的建议	计算方法(单位)
资源节约	水资源	年人均生活用水量	○入选，○剔除	(居民家庭用水量＋公共服务用水量)/城市用水人口(t/人)
		万元GDP耗水量	○入选，○剔除	城市总用水量与城市国内生产总值(GDP)的比率(t/万元)
		再生水利用率	○入选，○剔除	城市污水再生利用量与污水处理量的比率(%)
		工业用水重复利用率	○入选，○剔除	工业重复用水量与工业用水总量的比率(%)
		道路广场用地中透水面积的比例	○入选，○剔除	城市建成区内道路广场用地中，透水性地面(径流系数小于0.60的地面)所占比重(%)
		您认为还有哪些指标应该纳入本专题?		

续表

目标	专题	指标名称	您的建议	计算方法(单位)
资源节约	能源	年人均能源消耗	○入选，○剔除	城市总能耗与相应范围城市人口之比(tce/人)
		可再生能源使用比例	○入选，○剔除	可再生能源(风能、太阳能、水能、生物质能、地热能、海洋能等非化石能源)使用量(tce)占城市能源消费总量(tce)百分比(%)
		国家机关办公建筑、大型公共建筑单位建筑面积能耗	○入选，○剔除	国家机关办公建筑、大型公共建筑年度总能耗量/国家机关办公建筑、大型公共建筑总面积(tce/m^2)
		新能源汽车使用比例	○入选，○剔除	城市投入使用的新能源汽车数量占城市机动车数量的比例(%)
		您认为还有哪些指标应该纳入本专题?		

环境友好指标

目标	专题	指标名称	您的建议	计算方法(单位)
环境友好	空气质量	二氧化硫浓度达标天数	○入选，○剔除	城市建成区环境空气中测得的单位体积中二氧化硫含量达国家二级标准天数(d)
		二氧化氮浓度达标天数	○入选，○剔除	城市建成区环境空气中测得的单位体积中二氧化氮含量达国家二级标准天数(d)
		可吸入颗粒物(PM10)浓度达标天数	○入选，○剔除	城市建成区环境空气中测得的单位体积中可吸入颗粒物含量达国家二级标准天数(d)
		您认为还有哪些指标应该纳入本专题?		
	水环境质量	集中式饮用水水源地水质达标率	○入选，○剔除	城市市区从集中式饮用水水源地取得的水量中，其地表水水质达到《地表水环境质量标准》(GB 3838—2002)Ⅲ类和地下水水质达到《地下水质量标准》(GB/T 14848—93)Ⅲ类的数量占取水总量的百分比(%)
		城市水功能区水质达标率	○入选，○剔除	城市市区地表水认证水体及断面和近岸海域认证点位监测结果按相应水体功能标准衡量，不同功能水域水质达标率的加权平均值(%)
		您认为还有哪些指标应该纳入本专题?		

续表

目标	专题	指标名称	您的建议	计算方法(单位)
环境友好	垃圾处理	人均日生活垃圾产量	○入选，○剔除	居民24h产生垃圾量与区域人口数之比(t/人)
		生活垃圾无害化处理率	○入选，○剔除	经无害化处理的城市市区生活垃圾数量占市区生活垃圾产生总量的百分比(%)
		工业固体废物综合利用率	○入选，○剔除	工业固体废物综合利用量占固体废物产生量的比重(%)
		危险废物处置率		危险废物(包括工业危险废物、医疗废物等)的处置量占总产生量的百分比(%)
		您认为还有哪些指标应该纳入本专题?		
	噪声	环境噪声达标区覆盖率	○入选，○剔除	建成区内建成并达到国家规定标准的环境噪声达标区的面积占建成区面积的百分比(%)
	公园绿地	建成区绿化覆盖率	○入选，○剔除	指建成区内一切用于绿化的乔、灌木和多年生草本植物的垂直投影面积与建成区总面积的百分比(%)
		人均公园绿地面积	○入选，○剔除	建成区的公园绿地面积与相应范围城市人口之比，(m^2)
		本地植物指数	○入选，○剔除	建成区内全部植物物种中本地物种所占比例(%)
		公园绿地覆盖率	○入选，○剔除	公园绿地边界500m范围内覆盖的居住用地占全部居住用地的百分比(%)
		您认为还有哪些指标应该纳入本专题?		
	温室气体排放	年人均二氧化碳排放量	○入选，○剔除	城市二氧化碳排放量与相应范围城市人口之比(kg/人)，二氧化碳排放量根据矿物燃料消耗量估算
		万元GDP二氧化碳排放量	○入选，○剔除	单位国民生产总值的二氧化碳排放量(kg/万元)
		您认为还有哪些指标应该纳入本专题?		

经济持续指标

目标	专题	指标名称	您的建议	计算方法(单位)
经济持续	产业结构	万元GDP能源消耗	○入选，○剔除	市区单位国内生产总值所消耗的能源(tce/万元)
		万元GDP主要工业污染物排放强度	○入选，○剔除	每万元工业增加值主要工业污染物(包括工业废水排放量、COD、二氧化硫、烟尘)的排放量(t/万元)
		战略性新兴产业增加值占GDP比重	○入选，○剔除	战略性新兴产业增加值占城市国内生产总值的比例(%)
		循环经济产业增加值占GDP比重	○入选，○剔除	循环经济产业增加值占城市国内生产总值的比例(%)
		R&D经费支出占国内生产总值的百分比	○入选，○剔除	研究与发展经费支出和公共教育经费支出占国内生产总值(%)
		您认为还有哪些指标应该纳入本专题?		
	收入水平	人均GDP	○入选，○剔除	城市国内生产总值与城市总人口的比值(元/人)
		恩格尔系数	○入选，○剔除	城市居民食品支出总额占个人消费支出总额的百分比(%)
		城市居民人均可支配收入	○入选，○剔除	城市居民家庭人均可用于最终消费支出和其他非义务性支出以及储蓄的总和(元)
		您认为还有哪些指标应该纳入本专题?		
	就业水平	城镇失业率	○入选，○剔除	城镇登记失业人数占城镇从业人数和城镇登记失业人数总和的百分比(%)
		您认为还有哪些指标应该纳入本专题?		

社会和谐指标

目标	专题	指标名称	您的建议	计算方法(单位)
社会和谐	住房保障	住房价格收入比	○入选，○剔除	(住宅销售单位面积价格×城镇人均住宅建筑面积)/城镇居民年人均可支配收入
		人均住房建筑面积小于$15m^2$的居民户比例	○入选，○剔除	人均住房建筑面积小于$15m^2$的居民户与城市总居民户的比例(%)
		住房保障率	○入选，○剔除	当年已保障户数/已申请登记应保障户数(%)
		您认为还有哪些指标应该纳入本专题?		

续表

目标	专题	指标名称	您的建议	计算方法(单位)
社会和谐	医疗健康	百名老人拥有社会福利床位数	○入选，○剔除	市区每百名60岁以上的高龄人口拥有社会福利机构提供的床位数(张/百人)
		万人拥有社区医院数量	○入选，○剔除	市区中每万人拥有社区卫生服务机构的数量(个/万人)
		您认为还有哪些指标应该纳入本专题?		
	文体设施	公共文化体育设施覆盖率	○入选，○剔除	公共文化体育设施500m范围内覆盖的居住用地占全部居住用地的百分比(%)。注：公共文化体育设施是由各级人民政府举办或者社会力量举办的，向公众开放用于开展文化体育活动的公益性的图书馆、博物馆、纪念馆、美术馆、文化馆(站)、体育场(馆)、青少年宫、工人文化宫等的建筑物、场地和设备
		您认为还有哪些指标应该纳入本专题?		
	科技教育	教育投入占GDP的比例	○入选，○剔除	各级教育部门投入的教育事业经费占城市GDP的百分比(%)
		您认为还有哪些指标应该纳入本专题?		
	社会公平	城乡居民收入比	○入选，○剔除	城镇居民可支配收入与农村居民人均纯收入之比
		基尼系数	○入选，○剔除	在全部居民收入中，用于进行不平均分配的那部分收入占总收入的百分比
		您认为还有哪些指标应该纳入本专题?		
	交通便捷	公共交通分担率	○入选，○剔除	城市居民出行方式中选择公共交通(包括常规公交和轨道交通)的出行量占总出行量的比率(%)
		自行车专用道路网密度	○入选，○剔除	建成区内平均每平方公里城市用地上拥有的自行车专用道长度(km)
		平均通勤时间	○入选，○剔除	建成区居民单程通勤所花费的时间(min)
		您认为还有哪些指标应该纳入本专题?		
	城市安全	每万人刑事案件数	○入选，○剔除	在一定时期内每万人中发生的刑事案件立案件数(起)
		人均应急避难场所面积	○入选，○剔除	建成区应急避难场所面积与建成区人口之比(m^2/人)
		最近5年洪涝灾害年均损失占同期GDP的比重	○入选，○剔除	最近5年洪涝灾害年均损失占同期GDP的比重(%)
		您认为还有哪些指标应该纳入本专题?		

示范创新指标

目标	专题	指标名称	您的建议	考核方法(单位)
示范创新	资源节约示范创新	低冲击开发模式推广程度	○入选，○剔除	城市是否大力倡导低冲击开发模式？通过建设下凹式绿地、蓄洪池等多种城市雨洪管理设施，尽量减小城市开发建设对地表径流的影响，实现雨水资源的利用和回补地下水，同时控制和削减城市洪涝灾害和水污染
		绿色建筑推广程度	○入选，○剔除	城市是否制定推广绿色建筑的规划与政策？每年绿色建筑占当年竣工建筑比例
		绿色照明推广程度	○入选，○剔除	城市是否制定推广绿色照明相关规划与政策？城市公共照明领域推广LED等节能灯具的情况
		您认为还有哪些指标应该纳入本专题？		
	环境友好示范创新	城市特色与景观风貌质量	○入选，○剔除	城市是否进行景观风貌专项规划和具有实施效果良好？城市建筑、景观是否具有鲜明特色和地方性；城市的标志、节点、示意性要素清晰可辨，给人印象深刻
		城市生态安全格局构建	○入选，○剔除	城市是否优先保护城市的自然生态基底？市域和市区的山、江、河、湖、海等自然生态环境要素连通度如何？河流湖泊沿岸绿化是否按照生态学原则进行驳岸和水底处理？生态效益和景观效果是否明显？城市滨水地带是否作为城市开放空间和慢行交通系统使用？
		城市生物多样性保护	○入选，○剔除	是否制定《城市生物多样性保护规划》和实施措施？是否进行市域范围的生物物种资源普查？城市的代表性动物物种(鸟类、鱼类)在城市建成区内物种数和市域范围内该类物种总数的比例情况
		您认为还有哪些指标应该纳入本专题？		

续表

目标	专题	指标名称	您的建议	考核方法(单位)
示范创新	经济持续示范创新	农业产品的本地生产比例	○入选，○剔除	城市是否大力提倡都市农业，提升粮食、蔬菜、水果、肉类、奶制品等食品的供应本地化，减少远距离运输交通成本和能源消耗
		绿色食品发展程度	○入选，○剔除	城市是否积极开展绿色无公害食品的生产、加工，保障食品安全
		您认为还有哪些指标应该纳入本专题?		
	社会和谐示范创新	智能化城市数字管理平台构建	○入选，○剔除	城市是否通过创新的智能化城市数字管理平台建设，综合缓解城市面临的能源利用、环境管理、城市建设、公共安全、政府服务、社会服务、交通运输等方面的问题
		绿色生活方式		城市是否制定了倡导绿色生活的政策和行动？社会公众是否积极主动改变传统生活方式，坚持绿色生活方式“5R原则”的比例(节约资源，减少污染；绿色生活，环保选购；重复使用，多次利用；分类回收，循环再生；保护自然，万物共存)
		您认为还有哪些指标应该纳入本专题?		

权重打分表（请根据您对生态城市的理解，在下表中对各目标和专题进行10分制的权重打分）

目标	1. 资源节约		2. 环境友好		3. 经济持续		4. 社会和谐	
目标权重	[ ]		[ ]		[ ]		[ ] 注：1+2+3+4=10	
专题	专题	权重	专题	权重	专题	权重	专题	权重
	1.1 水资源 1.2 能源	[ ] [ ]	2.1 空气质量 2.2 水环境质量 2.3 垃圾处理 2.4 噪声 2.5 公园绿地 2.6 温室气体排放	[ ] [ ] [ ] [ ] [ ] [ ]	3.1 产业结构 3.2 收入水平 3.3 就业水平	[ ] [ ] [ ]	4.1 住房保障 4.2 医疗健康 4.3 文体设施 4.4 科技教育 4.5 社会公平 4.6 交通便捷 4.7 城市安全	[ ] [ ] [ ] [ ] [ ] [ ] [ ]
	注：1.1+1.1=10		注：2.1+…+2.6=10		注：3.1+3.2+3.3=10		注：4.1+…+4.7=10	

注：示范创新指标将额外考评，不纳入指标权重计算范围。

低碳生态城市指标体系第二轮意见征询活动问卷调查表　　附录 2-2

生态城市评价指标体系第二轮意见征询活动

（截止日期：2011 年 3 月 5 日）

尊敬的女士/先生：

非常感谢您生态城市评价指标体系第一轮意见征询活动的建议！第一轮意见征询活动得到了来自全国各地 219 位专家的积极参与，对指标体系提出了很多宝贵意见，对此我们深表感谢！为进一步对指标进行遴选，特将第一轮意见征询结果反馈给各位参与者，同时邀您继续根据您的专业知识对指标选择提出宝贵的意见。

生态城市是既有生产、生活、发展方式的一种转变，是社会、经济、环境一体化的发展，不仅需要物质环境的改善，更需要经济社会发展模式和民众生活方式的重大转变。真诚希望您能够继续参加意见征询活动，为制定出科学合理的生态城市指标体系提出您的宝贵建议！

同时，我们也会将第二轮结果继续反馈给您，请您和我们一起分享研究的成果。为便于及时向您反馈信息，烦请您告知以下信息，我们将会严格对您的个人信息保密！

您的单位性质：（科研院所、高等院校、政府部门、企业、社会团体、其他）；单位名称：【　　　　】

您的职称：（初级、中级、高级、其他）；　　您的年龄：（30 岁以下，30 岁—45 岁，45 岁—60 岁，60 岁以上）

您的姓名：　　　　　　　　您的电子邮箱：

资源节约指标（在各专题内，选择 1～3 个您认为最具有代表性，容易获取，可有效引导生态城市发展，可在城市间进行比较的入选指标）

目标	专题	选取指标	第一轮反馈入选比例	您的建议	反馈新增指标	提及次数	您的建议
资源节约	水资源	再生水利用率	98%	□入选	雨水利用率	12	□入选
		工业用水重复利用率	94%	□入选	污水处理率	9	□入选
		万元 GDP 耗水量	93%	□入选	地下水开采比例	5	□入选
		年人均生活用水量	88%	□入选	非传统水源利用率	5	□入选
		道路广场用地中透水面积的比例	86%	□入选	自然地表径流保护比例	2	□入选
	能源	可再生能源使用比例	96%	□入选	单位 GDP 能耗	15	□入选
		年人均能源消耗	96%	□入选	节能建筑比例	3	□入选
		国家机关办公建筑、大型公共建筑单位建筑面积能耗	90%	□入选	绿色建筑比例	2	□入选
		新能源汽车使用比例	82%	□入选			
	其他建议：						

环境友好指标（在各专题内，选择1～3个您认为最具有代表性，容易获取，可有效引导生态城市发展，可在城市间进行比较的入选指标）

目标	专题	选取指标	第一轮反馈入选比例	您的建议	反馈新增指标	提及次数	您的建议
环境友好	空气质量	可吸入颗粒物(PM10)浓度达标天数	99%	□入选	雾霾天数	6	□入选
		二氧化硫浓度达标天数	98%	□入选	蓝天可见率	5	□入选
		二氧化氮浓度达标天数	98%	□入选	空气污染指数(API)	5	□入选
					可吸入颗粒物(PM2.5)浓度达标天数	4	□入选
	水环境质量	集中式饮用水水源地水质达标率	100%	□入选	生活污水集中处理率	5	□入选
		城市水功能区水质达标率	98%	□入选	地下水水质	4	□入选
					人均水面面积	4	□入选
					可直接饮用自来水比例	2	□入选
	垃圾处理	生活垃圾无害化处理率	99%	□入选	垃圾分类处理率	36	□入选
		工业固体废物综合利用率	98%	□入选	建筑垃圾综合利用率	4	□入选
		危险废物处置率	98%	□入选	医疗垃圾无害化处理率	1	□入选
		人均日生活垃圾产量	89%	□入选			
	噪声	环境噪声达标区覆盖率	99%	□入选	年噪声扰民投诉次数	2	□入选
	公园绿地	建成区绿化覆盖率	98%	□入选	建筑屋顶/立体绿化率	2	□入选
		人均公园绿地面积	97%	□入选	市域森林覆盖率	2	□入选
		公园绿地500m服务半径覆盖率	92%	□入选	可供人活动的绿地占总绿地比例	2	□入选
		本地植物指数	86%	□入选	自然湿地保有率	2	□入选
	温室气体排放	万元GDP二氧化碳排放量	95%	□入选	达到国Ⅳ排放标准的汽车比率	1	□入选
		年人均二氧化碳排放量	92%	□入选	其他温室气体排放量	1	□入选
	其他建议：						

经济持续指标(在各专题内，选择1～3个您认为最具有代表性，容易获取，可有效引导生态城市发展，可在城市间进行比较的入选指标)

目标	专题	选取指标	第一轮反馈入选比例	您的建议	反馈新增指标	提及次数	您的建议
经济持续	产业结构	万元GDP主要工业污染物排放强度	97%	□入选	第三产业比重	4	□入选
		万元GDP能源消耗	95%	□入选	万元GDP新鲜水耗	1	□入选
		循环经济产业增加值占GDP比重	93%	□入选			
		战略性新兴产业增加值占GDP比重	92%	□入选			
	收入水平	城市居民人均可支配收入	96%	□入选	幸福指数	2	□入选
		恩格尔系数	95%	□入选			
		人均GDP	90%	□入选			
	就业水平	城镇失业率	93%	□入选			
	其他建议：						

社会和谐指标(在各专题内，选择1～3个您认为最具有代表性，容易获取，可有效引导生态城市发展，可在城市间进行比较的入选指标)

目标	专题	选取指标	第一轮反馈入选比例	您的建议	反馈新增指标	提及次数	您的建议
社会和谐	住房保障	住房保障率	96%	□入选	人均住宅建筑面积	7	□入选
		住房价格收入比	95%	□入选	房租收入比	3	□入选
		人均住房建筑面积小于15m²的居民户比例	93%	□入选			
	医疗健康	万人拥有社区医院数量	98%	□入选	医疗保险覆盖率	12	□入选
		百名老人拥有社会福利床位数	97%	□入选			
	文体设施	公共文化体育设施覆盖率	98%	□入选	人均公共文化体育设施面积		□入选
					公共文化设施使用率		□入选
	科技教育	教育投入占GDP的比例	97%	□入选			
		R&D经费支出占国内生产总值的百分比	95%	□入选			

续表

目标	专题	选取指标	第一轮反馈入选比例	您的建议	反馈新增指标	提及次数	您的建议
社会和谐	社会公平	基尼系数	98%	□入选	最高收入与最低收入比	2	□入选
		城乡居民收入比	96%	□入选			
	交通便捷	公共交通分担率	100%	□入选	公共交通站点覆盖率	5	□入选
		平均通勤时间	97%	□入选	自行车专用道路连通度	2	□入选
		自行车专用道路网密度	93%	□入选			
	城市安全	每万人刑事案件数	98%	□入选	最近5年自然灾害年均损失占同期GDP的比重	5	□入选
		人均应急避难场所面积	98%	□入选			
		最近5年洪涝灾害年均损失占同期GDP的比重	88%	□入选			
	其他建议：						

示范创新指标(在各专题内，选择1～3个您认为最具有代表性，容易获取，可有效引导生态城市发展，可在城市间进行比较的入选指标)

目标	专题	选取指标	入选比例	您的建议	反馈新增指标	提及次数	您的建议
示范创新	资源节约示范创新	绿色建筑推广程度	98%	□入选	绿色交通推广程度	6	□入选
		绿色照明推广程度	96%	□入选	节能建筑推广程度	2	□入选
		低冲击开发模式推广程度	95%	□入选			
	环境友好示范创新	城市生物多样性保护	99%	□入选	居民对城市环境满意度	1	□入选
		城市生态安全格局构建	98%	□入选	城市环境解说系统建设程度	1	□入选
		城市特色与景观风貌质量	96%	□入选			
	经济持续示范创新	农业产品的本地生产比例	97%	□入选			
		绿色食品发展程度	94%	□入选			
	社会和谐示范创新	绿色生活方式	98%	□入选	公众参与程度	1	□入选
		智能化城市数字管理平台构建	96%	□入选			
	其他建议：						

权重打分表（请根据您对生态城市的理解和第一轮结果进行10分制的权重打分）

注：各目标和专题后数字表示第一轮反馈结果的算术平均值

目标	1. 资源节约 2.6		2. 环境友好 2.8		3. 经济持续 2.2		4. 社会和谐 2.3	
目标权重	[ ]		[ ]		[ ]		[ ] 注：1+2+3+4=10	
专题	专题	权重	专题	权重	专题	权重	专题	权重
专题	1.1 水资源 5.0 1.2 能源 5.0	[ ] [ ]	2.1 空气质量 2.1 2.2 水环境质量 2.1 2.3 垃圾处理 1.7 2.4 噪声 1.2 2.5 公园绿地 1.6 2.6 温室气体排放 1.3	[ ] [ ] [ ] [ ] [ ] [ ]	3.1 产业结构 3.7 3.2 收入水平 3.2 3.3 就业水平 3.1	[ ] [ ] [ ]	4.1 住房保障 1.7 4.2 医疗健康 1.6 4.3 文体设施 1.1 4.4 科技教育 1.3 4.5 社会公平 1.5 4.6 交通便捷 1.5 4.7 城市安全 1.4	[ ] [ ] [ ] [ ] [ ] [ ] [ ]
	注：1.1+1.1=10		注：2.1+…+2.6=10		注：3.1+3.2+3.3=10		注：4.1+…+4.7=10	

注：示范创新指标将额外考评，不纳入指标权重计算范围。

低碳生态城市指标体系第三轮意见征询活动问卷调查表　　　附录 2-3

生态城市评价指标体系第三轮意见征询活动

（截止日期：2011年12月10日）

尊敬的女士/先生：

非常感谢您再次参加中国生态城市评价指标体系意见征询活动。本指标体系经过多轮问卷和专家研讨，初步确定指标项、目标值，现将结果反馈给您，希望您继续对指标的选取、指标的重要性以及指标赋值提出专业意见，非常感谢！

为便于及时向您反馈信息，烦请您告知以下信息，我们将会严格对您的个人信息保密！

您的单位性质：（科研院所、高等院校、政府部门、企业、社会团体、其他）；单位名称：【　　　　】

您的职称：（初级、中级、高级、其他）；　　您的年龄：（30岁以下，30岁—45岁，45岁—60岁，60岁以上）

您的姓名：　　　　　　您的电子邮箱：

根据您对生态城市的理解，请从以下四个方面对本指标体系提出您的建议：

【1】 请在下表中对每个指标的重要性进行打分(最重要为9分，最不重要为1分)。

【2】 请在下表中选出您认为最具代表性的10个生态城市评价核心指标。

【3】 请在下表中提出您对指标赋值的意见与建议。

【4】 请您为本指标体系四大目标的重要性进行打分(最重要为 9 分，最不重要为 1 分)：

资源节约(　　)分；环境友好(　　)分；经济持续(　　)分；社会和谐(　　)分；

生态城市评价指标体系(征求意见稿)

目标	选取指标	【1】指标重要性得分(最低 1 分，最高 9 分)	【2】是否建议列入 10 个核心指标	2015 目标值	2020 目标值	【3】您对指标赋值的意见与建议
资源节约	再生水利用率		□入选	北方≥25%；南方≥15%	北方≥30%；南方≥20%	
	工业用水重复利用率		□入选	≥90%	≥95%	
	非化石能源使用比例		□入选	≥11.4%	≥15%	
	绿色建筑比例		□入选	新建建筑 100%	新建建筑 100%	
	人均建设用地面积		□入选	≤85m^2/人	≤80m^2/人	
	城镇建设用地占市域面积的比例		□入选	≤30%	—	
环境友好	可吸入颗粒物(PM10)日平均浓度达二级标准天数		□入选	≥347 天	≥347 天	
	二氧化硫日平均浓度达二级标准天数		□入选	≥347 天	≥347 天	
	二氧化氮日平均浓度达二级标准天数		□入选	≥347 天	≥347 天	
	集中式饮用水水源地水质达标率		□入选	100%	100%	
	城市水环境功能区水质达标率		□入选	100%	100%	
	生活垃圾无害化处理率		□入选	100%	100%	
	工业固体废物综合利用率		□入选	≥90%	≥95%	
	环境噪声达标区覆盖率		□入选	≥95%	100%	
	建成区绿化覆盖率		□入选	≥40%	≥46%	
	公园绿地 500m 服务半径覆盖率		□入选	≥80%	≥90%	
	特色风貌(注 1)		□入选	定性	定性	
	生物多样性(注 2)		□入选	定性	定性	

续表

目标	选取指标	【1】指标重要性得分（最低1分，最高9分）	【2】是否建议列入10个核心指标	2015目标值	2020目标值	【3】您对指标赋值的意见与建议
经济持续	单位GDP主要工业污染物排放强度		□入选	COD：4.21 kg/万元 SO_2：3.74 kg/万元 NO_x：3.67 kg/万元 氨氮：0.43 kg/万元	—	
	单位GDP能源消耗		□入选	≤0.87tce/万元	≤0.77tce/万元	
	单位GDP取水量		□入选	≤133m^3/万元	≤120m^3/万元	
	第三产业增加值占GDP比重		□入选	≥47%	≥50%	
	恩格尔系数		□入选	≤33%	≤30%	
	城镇登记失业率		□入选	≤4.2%	≤4.2%	
	绿色经济（注3）		□入选	定性	定性	
社会和谐	保障性住房覆盖率		□入选	≥20%	≥30%	
	住房价格收入比		□入选	≤10	≤7	
	千人拥有执业医师数量		□入选	≥1.88名/千人	≥2.8名/千人	
	每千名老年人拥有养老床位数		□入选	≥30张/千人	—	
	人均公共图书馆藏书量		□入选	≥2.3册/人	—	
	人均公共体育设施用地面积		□入选	≥1.5m^2/人	—	
	财政性教育经费支出占GDP比例		□入选	≥4%	—	
	R&D经费支出占GDP的百分比		□入选	≥2.2%	≥2.6%	
	城乡居民收入比		□入选	<2.2	—	
	基尼系数		□入选	0.33≤G≤0.4	0.33≤G≤0.4	
	公共交通分担率		□入选	人口≥1000万，≥40%；300万≤人口≤1000万，≥35%；100万≤人口≤300万，≥25%；人口≤100万，≥15%	≥50%	

续表

目标	选取指标	【1】指标重要性得分(最低1分，最高9分)	【2】是否建议列入10个核心指标	2015目标值	2020目标值	【3】您对指标赋值的意见与建议
社会和谐	绿色交通(注4)		□入选	定性	定性	
	平均通勤时间		□入选	≤35min	≤30min	
	每万人刑事案件立案数		□入选	≤10件/万人	≤7件/万人	
	人均固定避难场所面积		□入选	≥3m^2/人	≥3.5m^2/人	
	绿色生活(注5)		□入选	定性	定性	
	数字城市(注6)		□入选	定性	定性	
	防灾减灾(注7)		□入选	定性	定性	
	公众参与(注8)		□入选	定性	定性	

定性指标解释

注1：特色风貌：

1)建成区内山、江、河、湖、海等自然生态环境要素连通度；2)水体沿岸按照生态学原则进行驳岸、水底处理；3)沿河绿化综合纳入防灾减灾、满足居民休闲游憩等功能；4)历史文化遗产和历史文化街区得到良好保护；5)制定景观风貌专项规划，并进行审批。

注2：生物多样性：

1)制定生物多样性保护规划；2)本地植物指数；3)保护河流生态廊道，河流生物多样性丰富。

注3：绿色经济：

1)主要农产品中有机绿色产品的比重；2)战略性新兴产业增加值占GDP的比重；3)循环经济增加值占GDP的比重。

注4：绿色交通：

1)设定自行车专用道；2)进行TOD开发模式；3)新能源汽车利用比例。

注5：绿色生活：

1)城市开展广泛的绿色生活方式的宣传工作；2)居民对绿色生活理念的认可；3)居民绿色生活普遍程度；4)城市生活垃圾分类回收处理水平。

注6：数字城市：

1) 无线网络覆盖区域；2)智能化城市数字管理平台构建。

注7：防灾减灾：

1) 进行适应性的城市规划和建设，充分避让可能发生的洪水、泥石流等自然灾害；2)前瞻性地制订气候变化可能带来的海平面上升、极端气候条件下的灾害应对方案；3)城市建筑是否满足地震设防等级，制定应急避难场所等专项规划。

注8：公众参与：

制定建立完善公众参与制度，并得到有效实施。

后　记

在全球应对气候变化形势的推动下，世界各地正在经历一场经济和社会发展方式的变革。进入21世纪以来，随着全球资源和能源短缺问题的逐步升级以及气候变化问题的日渐喧嚣，低碳生态城市成为世界各国降低资源能源消耗，转变原有的发展模式，谋求城市新兴竞争力的关键所在。全球因此掀起了创建低碳生态城市的浪潮，城市发展开始步入一个新的轨道。

在中国，建设低碳生态城市是实现城市让生活更美好和可持续发展的必由之路，是未来经济社会发展的一项重要任务。在国内外双重压力的驱使下，中国对于低碳生态城市的关注也从专家学者的理论探索迅速升温至政府倡导的建设实践层面。低碳生态城市这一概念由住房和城乡建设部副部长仇保兴博士在2009年国际城市规划与发展论坛上首次明确提出，一经提出，就受到社会各界的普遍关注和认可。2011年的“十二五”规划纲要提出了24项指标，其中关于资源环境的8项指标中有7项是约束性指标。从中可以看出，生态环境保护与节能减排已经被提到了更加突出重要的位置。未来，中国只有以转变发展方式和调整经济结构为主线，以采用低碳发展模式和建设低碳生态城市为手段，才能实现中国经济社会的转型发展和健康发展。

低碳生态城市概念的提出为我国城镇发展模式的转型提供了明确的方向和思路。建设低碳生态城市，既是顺应城镇低碳化、生态化发展趋势的重要战略抉择，同时也是转变发展方式，践行科学发展观，建立和谐社会的重要举措。

随着低碳生态城市规划与建设理念的不断深入，中国已经有越来越多的城市开始尝试开展相关的实践，可以说，中国正成为世界上探索低碳生态城市最为积极和主动的国家之一。在住房和城乡建设部的大力支持和推动下，2010年1月，住房和城乡建设部与深圳市政府共同签署了共建“国家低碳生态示范市”的合作框架协议，深圳成为全国首个“国家低碳生态示范市”；2010年7月，住房和城乡建设部与江苏省无锡市人民政府签署《共建国家低碳生态城示范区——无锡太湖新城合作框架协议》；2010年10月，住房和城乡建设部与河北省签署了《关于推进河北省生态示范城市建设促进城镇化健康发展合作备忘录》；2011年1月，住房和城乡建设部成立低碳生态城市建设领导小组，组织研究低碳生态城市的发展规划、政策建议、指标体系、示